中国
文化中的
饮食

Food in
Chinese Culture

张光直　主编

王　冲　译

GUANGXI NORMAL UNIVERSITY PRESS

广西师范大学出版社

·桂林·

图书在版编目(CIP)数据

中国文化中的饮食 / 张光直主编;王冲译. —— 桂林 : 广西师范大学出版社, 2023.8(2024.5重印)
ISBN 978-7-5598-4922-9

Ⅰ.①中… Ⅱ.①张…②王… Ⅲ.①饮食－文化－中国 Ⅳ.①TS971.2

中国版本图书馆CIP数据核字(2022)第061402号

ZHONGGUO WENHUA ZHONG DE YINSHI
中国文化中的饮食

作　　者：张光直
责任编辑：谭宇墨凡
特约编辑：王子豪　朱天元
装帧设计：陈威伸
内文制作：燕　红

广西师范大学出版社出版发行

　广西桂林市五里店路9号　邮政编码：541004
　网址：www.bbtpress.com

出 版 人：黄轩庄

全国新华书店经销

发行热线：010-64284815

北京华联印刷有限公司

开本：635mm×965mm　1/16

印张：25.5　　字数：313千　　插页：8

2023年8月第1版　2024年5月第3次印刷

定价：118.00元

如发现印装质量问题，影响阅读，请与出版社发行部门联系调换。

目 录

导　论

张光直

　　进食是生命化学变化过程的关键一环，这种说法虽为老生常谈，我们有时候却没意识到，饮食的重要性远不止于此。对我们及同类同等重要的，除饮食外，非"性事"莫属。战国时期的哲学家和敏锐的人性观察家告子就说过："食色，性也。"然而，这两种活动全然不同。我相信，进行性行为时，我们更加接近动物本性，而按习惯吃喝时却不然。饮食的变化范围也比性事广，无所局限。实际上，在理解人类文化方面，饮食之重要，恰恰在于其无限变化的能力——并非物种生存所需的关键变化能力。如果只是为了生存，那么全天下的人可以吃同样的食物，只要计算卡路里、脂肪、碳水化合物、蛋白质和维生素多少就行了。但事实上，不同背景的人吃得非常不同。做饭的基本食材，食物的储存、切配、烹制（有这个过程的话），每餐的数量和花样，好恶的味道，上菜的习惯，炊具，对食物特性抱有的信念——所有这些都有变化。此类"饮食变化因素"为数巨大。

　　要是用人类学的方法研究饮食，就要分离并确认这些可变因素，有系统地整理，进而解释有些因素搭配在一起的原因，或者不搭配在一起的原因。

为方便起见，叙述饮食变化因素层级时，我们可以拿文化（culture）作为区分标准。我这里使用的"文化"一词，是分类意义上的文化，暗指相同文化背景下人群的行为方式。饮食习惯，不但可以作为区分文化联系的重要标准，甚至是起决定作用的标准。处在相同文化中的人，其饮食变化因素的组合也相同。处在不同文化中的人，其饮食变化因素的组合则不同。我们大概可以说，文化不同，所选择的饮食就不同。（这里的"选择"，不一定使用主动含义，某些强加的选择，而非主动选择，也可能存在。）这些选择的理由是什么？什么决定了这些选择？但凡研究饮食习惯，这些都是首要问题。

同一文化内部，各种饮食习惯不一定完全一致，实际上，通常大相径庭。在总体来说相同的饮食习惯里，因为社会环境的变化，饮食变化因素也会呈现出差异，尽管不大，但仍有不同的变化，即那些适用于不同社会环境的饮食变化。人的社会阶层或职业不同，吃得就不一样。过节、服丧、日常生活的饮食又是不一样的。宗教派别不同，饮食规范就不同。男女在各自不同的人生阶段里，饮食也不同。不同人有不同的口味。有些不同之处属于个人偏好，其余的却完全是规定。确认这些不同之处，解释它们，将它们跟社会生活的其他方面联系起来，是严肃的饮食研究者需要完成的任务。

最后，系统阐述的饮食变化因素，可以从时间的视角来展现，即在长短不一的历史时期内展现。那样我们就看得到饮食习惯的变迁，就可以探索变迁的原因和影响。

如此，把饮食当文化变化过程，而非化学变化过程来研究，其理论和方法论的初始框架就有了简单而实际的线索。考虑到饮食明显对每个个体、每种文化、每种社会的生活都很重要，而人类学文献里却没有饮食研究的框架，这种情况似乎有些奇怪。这种框架要有理论上能自圆其说的边界、公认却通常未解决的问题、已获认可的处理理论内部问题的程序。亲属研究、政府研究、经济研究、宗教研究，都有这种框架。饮食研究及其他一些日常生活类研究，比如服饰研究，就没有这种框架。我认为，饮食研究有可以自圆其说的边界，也与关乎我们切身利益的问题息息相关，而且相关问题可以用合乎逻辑且总体实际的程序来处理。要把我的这种看法变成实践，要探索各种研究方法的益处，我们就得试验一下。有哪个试验对象比中国的饮食更合适呢？

毫无疑问，中国的饮食多种多样，有文献记录的历史也很悠久，很可能比花样相当的其他任何饮食传统都要悠久。至少，在展开"文化中的饮食"这一研究的过程中，正是基于上述假设，我才把中国的饮食当作研究对象。

除了喜爱美食，我对中国饮食的兴趣主要源自商周青铜器研究。礼器的使用跟烹制与呈上饮食有关，可要是不理解关键的饮食变化因素，我觉得难以理解原始语境里青铜器的作用。我的相关研究使我相信，要抵达文化的核心，取道胃部至少是最佳路径之一。1972 年秋天，我在耶鲁大学的两位同事，埃米莉·M. 埃亨及艾莉森·理查德，跟我一起办了一个研究生研讨班，专门讨论人类学里的饮食及进食。我们发现，饮食及进食研究的方法论还有待发展和完善。1973 年春末，我邀请了这一册书的合作者，和我一起首次探索了中国历朝历代烹制食物及使用食物的史实与意义。这个研究相对具体，以单一文化里的饮食变化因素为对象。而且，我们的结论和看法也有助于理解饮食变化因素之间，以及与中国文化中其他部分跨越几千年的变迁之间的相互关系。我们的努力当然会引发中国学者的兴趣，但是，对饮食研究的整体而言，我们的研究也有助于展现某些成果颇丰的研究方法。

虽然我在前文说"首次探索"，但是严格来说不对。篠田统凭借一系列广博严谨的论文，几乎以一己之力打造出中国饮食研究的天地，其最高成就体现于《中国食经丛书》及专著《中国饮食史》。然而，他的重点和我们全然不同。篠田统的研究注重描述历史，我们的研究注重分析与诠释。虽然后两者离开前者就无法实现，但是，由于有了他的作品，汇集大量史实这种必要的任务，我们就省得做了，分析与诠释的第一步就省。因此，可以说本书依然前进了一步。

我第一次与我的同事商量这件事时，他们每一个都接受了我的邀请。这可能暗示着某些意义深远而重大的事情，尽管我还不知道是什么。我的请求很简单：把各自负责的那个时期的基本事实摆出来，并就手头材料和脑海里的突出话题，对其进行讨论。在方法论上，各作者没有统一使用某个预设的框架；各章展现的，都是作者认为对其手头资料最富成效的处理方法。就中国文化传统内部饮食变化因素的存续、变迁方式，各作者负责在各自的分期内说明；只要按正确的顺序阅读各章，就能明白地看到总体的情况。既然我们的努力属于探索性质的，在中国饮食史及研究方法论这两方面都是这样，所以也没有安排结语。

本书有三个目的。它是个案研究。研究饮食文化的学者可以从中看到，我这十个同事如何分析、诠释手头上的材料。它是中国范围内饮食习惯的叙事史。你既能从中发现琐碎的史实（比如豆腐诞生的时间，中国人首次使用筷子的时间），也可以看到意义深远的史实（引进美洲的食用植物——尤其是红薯和玉米——大大影响了中国的人口数量）。最后，食物和饮食习惯在中国文化史里扮演着多种角色，本书对中国文化史也有重大贡献。既然本书的研究领域较新，多人合著就更能保证探索的广度和创新性，不过读者也因之难以发现共同的研究模式，难以归纳总结。

我自己的归纳总结首先与这样一个问题有关，即中国饮食的特征是什么？这个问题当然能分好几个层次来回答。任选一个中国城市，餐馆里的顾客都可以拿着菜单，指着菜品来回答。有的烹饪书迎合当代家庭的需求，一股脑儿地列出了基本的原料、炊具和食谱。研究现代中国文化的学者，既可以从学术角度归纳出共同点，也可以总结出各地的特色。所有这些特征明显是正确的，但是各自的出发点迥然不同。中国的饮食风格跨越了几千年，有些因素始终不变，有些绝迹不见，有些改头换面，也有新的因素增加进来，而本书的材料和研究为描述这种风格的特征奠定了基础。因此，我们的材料总的来说贯穿着以下几个共同的主题：

1. 一种文化的饮食风格首先取决于这种文化可资利用的自然资源。旧石器时期，全世界的猎人都极其依赖动物的肉。其烹调方法少之又少，有热石煮沸法、烤制、晒制、腌制。在史前时代最早时期的相当一部分时间里，原始人类的食材和烹调方法这些变化因素的变化范围很可能也有限。然而，从早期开始，采集——水果、坚果、浆果、蚧蟹、种子及其他能吃的东西——就是提供人类饮食的重要手段。这些补给随地而异，取决于相关植物和动物的自然分布模式。早期人类的饮食——尤其是接近旧石器时代晚期，对当地许多食物资源的更多样化利用愈发普遍时——已经成了当地生态系统食物链的一环。栽培植物和家养动物开始成为许多人群的主要食材来源时，当地的饮食习惯模式就逐渐清晰了，因为驯化的第一批动植物，只能是特定区域自然生长的，或者已经适应特定区域的。

因此，很自然地，中国饮食的特点首要取决于在中国这片土地上兴旺生长起来的动植物组合。不过，在这里详列组合清单并不合适，也没有现成的定性数据。以下的列举多半是凭印象得来的：

淀粉类主食：粟米、稻米、高粱、小麦、玉米、荞麦、山药、红薯。

豆类：大豆、蚕豆、花生、绿豆。

蔬菜：锦葵、苋、大白菜、芥菜、芜菁、萝卜、蘑菇。

水果：桃、杏、李、苹果、大枣、梨、沙果、山楂、龙眼、荔枝、柑橘。

肉类：猪肉、狗肉、牛肉、羊肉、鹿肉、鸡肉、鸭肉、鹅肉、雉鸡肉，以及各类鱼肉。

香料：红辣椒、姜、蒜、大葱、肉桂。

从这个意义上说，中国的饮食，就是把这些食品当作基本的原料来烹调。既然每个地方的原料不尽相同，中国的饮食仅凭所用原料就有了地方特色。虽然单凭原料明显不足以概括特色，却是概括特色的良好开端。比如，把上述清单摆出来，跟奶制品占突出地位的清单相比，人们立刻就会感受到两种饮食传统的重要差异。

就原料的特色组合而言，最重要的是其历史变迁。在食物方面，中国虽引以为豪，却没到抵制外来食物的地步。实际上，自古以来，人们乐于接受外来食物。史前时期，小麦、绵羊、山羊可能由西亚引入；汉唐期间，多种水果和蔬菜从中亚而来；花生和红薯在明代由沿海的商人引入。这些都变成了中国饮食不可或缺的原料。同时，尽管在整个历史初期，奶制品及其制备方法被引入，尽管唐代的上层人士接受了某些精致的奶制佳肴，但时至今日，牛奶和奶制品都没在中餐中占据显要地位。这种选择性就只能从本土的文化基础来解释，文化基础吸收或排斥舶来品之时，会以自身结构或风格上的兼容性为依据。这种选择性也跟中国饮食的内部分野有关，我稍后再论。

2. 在中国文化中，将原材料变为可以入口的食物的这一制备食物过程是各种相互关联的可变因素构成的一个综合体，与世界上其他主要饮食传统有很大的差异。这一综合体的基础是"饭"（谷物和其他淀粉类食物）与"菜"（蔬菜和肉做的菜肴）的分野。要想制备平衡的一餐，饭和菜都必须适量，原料也是分别按照饭和菜两条路径来准备的。谷物会直接烹煮或磨成粉来烹饪，构成了一餐里占一半的"饭"。饭的形式多种多样：米饭、各种馒头（小麦面的、小米面的和玉米面的）、各种饼和面条。蔬菜和肉类被切碎，以各种方式混合到单独的菜肴中，构成了另一半的"菜"。即便在一些餐食中，主食部分和肉菜部分明显是结合在一起的，比如饺子、包子、馄饨、馅饼，但实际上它们是被放在一起而非混合在一起，而且各部分都保持其应有的比例和各自的特点（"皮"就是"饭"，"馅"就是"菜"）。

就做"菜"而言，使用多种食材、混合多种香料是基本的规矩，这首先意味着食材通常是切了用的，而不是囫囵个儿做的，它们会以各种不同的方式组合成味道各异的单独菜肴。比如猪肉，可切成肉丁、肉片、肉丝，或者捣成肉末，而如果再加上其他的肉、各种蔬菜和香料，就会做出色香味形不同的各色菜肴。

"饭"与"菜"的并行结构以及前文描述的制备"菜"的原则，能够解释中国饮食文化中的其他特征，尤其是在器具方面。首先，做饭的器具和做菜的器具是分开的，但不会区分烹饪器具和盛食器具。在现代厨房里，饭锅和菜锅十分不同，一般来讲也不可以交换使用。同样的对比也见于商朝的青铜器，如簋（盛饭器）和豆（盛肉的盘子）之间。要想做出我们之前描述过的那种"菜"，不论在古代还是现代，每个中国人的厨房里都要有菜刀、剁肉刀和砧板。要把烹制过的谷物扫进嘴里并一口一口地吃菜，那用筷子的确要比用手或其他工具（如调羹和叉子，前者在中国会和筷子一起使用）方便多了。

中国饮食这种由相互关联的特征所构成的复杂特征可以简称为中国的"饭—菜"原则。把一名中国厨师送进美国厨房，给他中国的或美国的原料，那他或者她会（a）制备足量的"饭"，（b）将原料切好后以不同组合混合在一起，以及（c）用各种原料做成若干道菜肴，也许还会做一个汤。只要原料合适，那么这餐饭就有了"中国味儿"，即便用的全是美国当地的原材料并用美国的厨具烹饪，这也是一餐中国饭。

3. 从上面的例子可以看出，中国人的饮食方式具有明显的灵活性和适应性。既然一道"菜"是由多种原料混合做成的，那么它独特的色香味就不取决于各种原料的精确分量，而且在大多数情况下，也不取决于任何单个的食材。同理，由各种菜肴组合而成的一餐饭也是如此。年景好时，一些较贵的原材料就会加进来，可如果日子不好过，那些东西就省了，但这样也不会有什么实质的损害。如果时令不太合适，也可以用替代的原材料。只要掌握基本原则，无论是给富人还是穷人，无论年景好坏，一位中国的厨师都能做出"中国菜"，即便身处海外，没有那么多熟悉的原材料，也是如此。中国的烹饪方式在历史上帮助中国人度过了一些艰难时期。当然了，也有人会说，中国人之所以这样烹饪，是因为他们对适应能力的需求乃至渴望。

这种适应能力至少在中国饮食的另外两个特征中得到了体现。第一个特征就是中国人掌握的有关本土野生植物资源的知识令人称奇。《本草纲目》有数以千计的植物，每种植物的评注都有其食用价值方面的说明。中国的农民显然知道周围环境中可食用的植物有哪些，而且中国的植物相当之多。这些植物的大部分通常上不了饭桌，但是闹饥荒时，它们很可能会被加工后用来填肚子。这里再一次体现了中国饮食的灵活性：平常使用的是一小部分熟悉的食材，但如果需要，就会利用更多种类的野生植物。有关这些"救荒本草"的知识被小心翼翼地传承下来成为一种生存文化——显然，这些知识隔三岔五就会搬出来使用。

另一个体现了中国饮食习惯适应能力的特点，就是储藏食品的数量巨大、花样众多。尽管手头缺乏能进行量化比较的数据，但我们明显感受到，中国人储藏食物的方法和数量比其他民族都要多得多。保存食物的方法有烟熏、盐渍、蜜渍、泡制、醋腌、风干、卤制，等等，而且会涉及所有种类的食材——谷物、肉类、水果、蛋类、蔬菜，还有其他一切食材。同样，通过储藏食品，我们可以看出中国人早已为艰难困苦时期做好了准备。

4. 中国人饮食方式的特色，还在于中国人对饮食所持的观念和信仰，而这些有力地影响了食物制备和享用的方式和习俗。在中国，与饮食有关的最重要的观念——这个观念很可能有可靠的但尚未被揭示的科学依据——就是一个人所吃食物的种类和数量与其健康密切相关。食物不仅在一般意义上会影响身体健康，而且在特定时间对食物的适当选择也要看一个人当时的身体健康状况。因此，食物也是药。

无论在西方还是在中国，饮食调节都是预防或治疗疾病的方法。西方常见的例子有针对关节疾病的膳食，还有最近兴起的有机食物热。但是，中国的情况因其底层原则而与此不同。按中国人的观点，身体的功能遵循基本的"阴阳"原则。许多食物也被划分为阴性的或阳性的。如果体内阴阳失衡，身体就会出问题。此时，适当量的某种食物就会被使用（例如，吃下去），以纠正阴阳失衡。如果身体正常，那过度食用一种食物也会让阴或阳过剩，从而引发疾病。这种信仰在周朝时就有记载，在中国文化中始终占主导地位。尤金·安德森和玛利亚·安德森写的那一章对中国南方人的此一方面有详细讨论。埃米莉·埃亨讨论过类似的观念。在中国北方的部分地区也有凉性食物和热性食物这种类似的对立，有时也会说"败火"和"上火"。就后一种说法而言，"火"几乎是先天就不受欢迎，但是在"凉热"对比的这种说法里，没有哪个必然是更有害或是更有益。几乎一致的是，中国传统中，油性煎炸类食物、辣味调料、肥肉和油性植物食物（比如花生）都是"热性的"，而大部分水生植物、大部分甲壳纲动物（尤其是螃蟹）和某些豆类（比如绿豆）都是"凉性的"。举例来说，身体疼痛或者原因不明的发烧，可能是由于热性食物吃得过多；感冒病人要是多吃了凉性食物，比如螃蟹，身体里的"凉"就会过剩，病人身体状况就会更差。

然而，阴阳平衡、凉热平衡不是饮食健康的唯一指导原则。中国本土的饮食传统中至少还有另外两个观念。一个是在用餐时，吃的"饭"和"菜"都要适量。实际上，在两者之中，饭更加基础和更加不可或缺。在全国的餐厅中,"饭"都被称为"主食",即主要的食物,而"菜"是"副食",即补充的或次要的食物。人要是不吃饭就吃不饱;但是不吃菜的话,也只不过是少了点滋味儿。另一个观念就是节约。不加节制的饮食属于大罪,乃至历朝历代都有可能因此覆灭。从个人层面来说,一餐饭的理想分量,正如每个中国家长都会说的,是只吃"七分饱"。和这个说法相关的,是谷物在中国老百姓观念里近乎神圣的性质:粮食玩弄不得,也浪费不得,而且如果小孩没把碗里的粮食吃完,就会被告诫说他或她未来的伴侣会长个麻子脸。最后这些事实清楚地表明,尽管饭菜和节约方面的考虑是基于身体健康的,但这些考虑至少也在一定程度上与中国在食物资源方面经常出现的匮乏有关。

5. 最后,中国饮食文化最重要的方面是食物本身在中国文化里的重要性。说中餐是世界上最伟大的菜肴也许极富争议,而且这种说法也无关紧要。但要说没几个文化像中华文化这样重视饮食,就几乎无人反对了。这种倾向似乎和中国文化本身同样古老。根据《论语·卫灵公》,卫灵公向孔子请教军事策略时,孔子回答道:"俎豆之事,则尝闻之矣;军旅之事,未之学也。"事实上,在中国,成为士最重要的条件之一也许是他对饮食技艺和知识的掌握。根据《史记》和《墨子》,商汤的宰相伊尹是个厨师。实际上,有些文献就说,伊尹最开始是凭厨艺受到汤的青睐。

厨房在王宫里的重要性已经充分体现在了《周礼》的人事花名册中。负责管理王宫内务的有近 4,000 人,其中有 2,271 个,也就是近60%,在处理酒食之事。这些人中有 162 个膳夫,负责国王、王后及世子的日常饮食[1];70 个庖人;128 个内饔;128 个外饔;62 个亨人;335 个甸师;62 个兽人;342 个渔人;24 个鳖人;28 个腊人;110 个

---

1 《周礼·天官冢宰》:"膳夫,上士二人,中士四人,下士八人,府二人,史四人,胥十有二人,徒百有二十人……膳夫掌王之食饮膳羞,以养王及后、世子。"膳夫总数应为152 人。——如无特别说明,本书页下注为译者注,章后注为作者注。

酒正；340 个酒人；170 个浆人；94 个凌人；31 个笾人；61 个醢人；62 个醯人；62 个盐人。

这些专业人员注重的，不仅是国王的味觉满足感：进食本身也是非常严肃的事情。《仪礼》这本书描述了各种仪式，而饮食也与仪式分不开。《礼记》被称为"中华民族向人类献出的最精确、最完整的专著"，满篇都在提及各种场合该吃的食物和该有的用餐礼仪，而且还包含了一些最早的中国菜菜谱。真正的周代文献《左传》和《墨子》多次提及鼎这种烹饪器皿，称其为国家的主要象征。我可以无比自信地说，古代中国人是世界上最重视食物和饮食的民族之一。谢和耐也曾说过："毫无疑问，在这个领域，跟其他任何文明比起来，中国展现了更大的创造性。"

不同文化和文明的民族对饮食的专注程度和在饮食方面的相对创造性，可以用客观的标准来衡量。哪些民族更专注于饮食？中国人是否位列其中？我们如何比较不同民族对饮食的专注程度？以下标准或许可以一用：数量、结构、象征意义，以及心理。

1. 从数量上来说，最直接的做法就是从衡量食物本身入手。食物烹饪得有多精细？一个民族能做的菜的绝对数量，很可能直接反映了其烹饪的精细程度。此外，用于食品的收入百分比也可作为另一种定量衡量标准。举例而言，就拿当代美国人和当代中国人来说，据说中国人的食物开销占收入的比例高于美国人，而从这个意义上来说，前者比后者更专注于饮食。当然，这种情况和一个民族的财富大有关系。但这的确意味着，相较于富裕的民族，贫穷的民族在获取和消费食物方面要花费更大比例的总时间和总能量，而这种差异必定使得各自相对的文化构成大不相同。此外，虽然一个人在食物上的花费是有绝对上限的，他实际想要花多少却没有限制。两个民族的财富可能相等，但他们实际上选择将收入的多大比例用于饮食则会出现很大的差别。

2. 从结构上来说，在各种场合或在特定的社会或仪式环境下，不同的文化会用上哪些不同的食物？一个民族，其在许多不同环境下，饮食种类也许不会太多样，而另一个民族可能需要为每一个环境和场合准备不同的饮食。同样意义重大的还有和特定饮食相关的器皿、信仰、禁忌和礼节。要想弄清楚所有这些，我们可以研究一个民族的食物以及与饮食相关的行为和其他事物的术语系统。用于指称食品和相关事项的术语越多，这种术语系统的层级就越多，那么一个民族对饮食的专注程度就越高。

3. 第三个标准就是象征意义。既然饮食经常用作交流的媒介，我们也就可以试着确认一下，不同的民族把这种媒介用到了哪种地步。仪式中食物使用的程度和精细程度是极佳的指标。此处，术语系统再次与查尔斯·弗雷克（Charles Frake）的通俗分类假说（folk taxonomy hypothesis）相关："特定现象信息必须被纳入其中交流的各种社会环境的数量越多，那么现象被归入其中的、存在差异的层级的数量就越多。"

4. 第四个标准是心理层面的。人们在日常生活中对饮食有多少考虑？或者换句话问，饮食这一因素在短期内对个体行为的规范有望在多大程度上同对其长期行为的影响（比如死亡）一样强烈？正如雷蒙德·弗思谈及蒂科皮亚岛时说："在大多数日子里，吃饭是最主要的工作，而且吃饭本身不仅是工作中的一段休息时间，而且是工作的目的。"林语堂写下的这个段落里有心理专注的另一个例证："除非我们热切地期待食物，讨论食物，吃掉食物，再评论一番，否则食物不会真正让人快乐……我们远在吃到某种特别的食物之前，就在想着，在脑子里颠来倒去，把食物当作要和密友分享的秘趣那样期待，然后在邀请信中写上注解。"林语堂最喜欢的中国美食家是李渔（或称李笠翁）。李渔爱吃螃蟹，还在《闲情偶寄》中写道："独于蟹螯一物，心能嗜之，口能甘之，无论终身一日皆不能忘之。"

这就把我们带回到了此前的观察，即中国人可能是世界上最专注于饮食的民族之一。列维-斯特劳斯在其若干部著作中，试图借助食物、烹饪、进餐礼仪和人们对这些的观念，来确立普遍的人性表达。但这些都是最鲜明的文化特征，而要理解它们，就必须首先理解它们的独特性，以及它们如何成为所处文化独一无二的象征。从这个意义上讲，中国人对饮食的专注有自己的解释。很多人试图将中国的贫困视作烹饪上的一个有利点。谢和耐从"营养不足、干旱和饥馑"这些角度来解释中国烹饪的创新性，认为这些迫使中国人"合理使用各种可食用的蔬菜和昆虫，以及内脏"。就之前讨论过的中国饮食习惯的某些方面来说，这当然是一个有用的解释，但贫穷以及由此引发的对资源的穷尽式搜寻顶多是为烹饪创新提供了一个合适的环境，而不能说是创新的原因。如果贫穷是原因的话，那贫穷的民族有多少，烹饪方面的巨人就有多少。此外，中国人也许贫穷，但就像牟复礼说的，中国人总体上是吃饱了的。中国人之所以在这个领域展现了创造性，可能仅仅是因为食物和饮食是中国人生活方式的核心之一，也是中国人精神特质的一部分。

如上所述，中国的饮食传统是各种原料的独特组合，制备和呈进饮食要符合基本的"饭-菜"原则，以若干种适应性特色为特点，而且与一系列有关各种食物的健康功效的信念有关。此外，这一传统在整个文化领域中占有特殊地位。这一传统至少有三千年的历史，在这期间肯定发生了变化，但没有改变其基本性质。至少，这是我从本书的各章节中看到的结论。

在这种传统内部，无数的饮食变化因素在中华文化的细分领域中，以及各种不同的社会情境中被表达出来。借助饮食在种类、数量和仪式上的不同表现，在使用或看待饮食时，中国人将其当作文化细分领域或具体情境的象征。

最明显的文化细分是地方的烹饪风格。有多种方法可以从地域角度划分中国的烹饪风格，但划分的基础是大都会中心——如北京、上海、香港、台北——的餐馆所属的主要流派。我们听说过北京菜、山西菜、山东菜、河南菜、湖北菜、宁波菜、川菜、福州菜、潮州菜、广州菜，等等——每种菜系都以它所代表的省份或城市为特征。但这更多地是对餐馆的分类而不是对地域风格的归纳。举例来说，每一个北京人都会告诉你，根本不存在所谓的北京菜，在北京以外的餐馆里吃的所谓北京菜，其实结合了北方各地的特色菜肴。要想彻底研究各个地域的烹饪风格——而且不同风格之间肯定存在巨大差异——只能对全中国做一次田野调查，也许还要研究从全中国各地，无论是乡村还是大城市收集而来的食谱。

另一组细分涉及不同经济阶层的食物风格。传统上，饮食被认为是一种经济指标，例如，在官方的王朝编年史中，有关经济的那一卷通常被称为"食货"。在北京方言中，有工作就是有"嚼谷"，丢了工作就是"饭碗砸了"。难怪中国人对比经济阶层的方式就是对比不同阶层的饮食风格。有一种常见的不满，即"朱门酒肉臭，路有冻死骨"。孟子也进行过类似的对比："庖有肥肉，厩有肥马，民有饥色，野有饿莩。"正如史景迁在他关于清朝的那一章中所引用的那样，约翰·巴罗（John Barrow）说："就食物种类而言，中国的贫富差距比世界上任何其他国家都要大。"

节约食物是美德的信念必须结合经济阶层来审视。对农民来说，节约是必要之事，而对精英来说，节约却是个明显的美德，可以随意遵守或弃之不顾。在革命意识形态中，饮食习惯往往被视作区分被剥削者与剥削者的标志之一。1920 年代在湖南，共产党领导的农会对办酒席做了如下规定：

> 丰盛酒席普遍地被禁止。湘潭韶山地方议决客来吃三牲，即只吃鸡鱼猪。笋子、海带、南粉都禁止吃。衡山则议决吃八碗，不准多一碗。醴陵东三区只准吃五碗，北二区只准吃三荤三素，

西三区禁止请春客。湘乡禁止"蛋糕席"——一种并不丰盛的
席面。湘乡二都有一家讨媳妇，用了蛋糕席，农民以他不服从
禁令，一群人涌进去，搅得稀烂。湘乡的嘉谟镇实行不吃好饮食，
用果品祭祖。（《湖南农民运动考察报告》，毛泽东，1927）

除了规定量和奢侈程度，不同的餐食制度也可以在意识形态方面
加以区分。其他与不同饮食变化因素相关的细分，还包括不同的宗教
秩序——每种都有自己的禁忌和偏好，中国境内的各个少数民族，以
及不同的职业群体各自方便的饮食风格。

我早就指出，中国人特别专注于饮食，饮食是许多社交活动的核
心，或者至少与之相伴，又或者是其象征。中国人认识到，在他们的
社会交往中的那些细微和精确的区别，以及区别之间的细微差别，涉
及互动各方的相对地位和互动的性质。因此，他们必然借助饮食——
有无数的变化，很多比言辞更微妙也更有表现力——来表达社会交往
中必不可少的一些语言。在中国饮食文化的每个细分中，饮食再次被
区别地使用，以表达社会互动中涉及的确切的社会差异。

饮食作为社会语言，其作用是由互动各方的地位与行为场合之间
的相互作用决定的。有些例证会展现这种情况的主要类型。吃饭是常
见的与家人、亲戚和朋友聚在一起的场合，但呈上的饮食可以精准确
定参与各方的亲疏远近。许烺光和董一男在他们那一章描写了过年吃
饺子的情况。虽然新年适合吃饺子的理由很多，但是其中一个是，家
人和近亲平时的生活都忙，没法经常见面聊天，新年时大家便可以一
起包饺子、吃饺子，但又不会因复杂的烹饪步骤而影响相互之间的交流。

不过，饺子这种私密而简单的食物通常不适宜招待朋友。主人家
里要是有厨师和女佣，那轻轻松松就能备上一顿大餐招待客人。如果
男主人或女主人亲自下厨做几道私房菜，而且由女主人亲自端菜（就
是从厨房拿到餐桌上），那这些客人肯定十分特别——男主人或者女

主人的烹饪技巧比厨师高还是低，食物的味道比厨师做得好还是差，基本就无关紧要了。母亲为归家的孩子做了最喜欢的菜，待嫁的姑娘为求婚者准备了拿手菜，或者丈夫为产后的妻子做了"醉鸡"，情谊满满的话说出来之后，就会就随着食物一起被吃到肚子里。在这方面，中国人和其他任何民族都一样，但正是这些特别的话（饮食变化因素）凸显了中国饮食语言的特色。

如果是在正式场合，参与者也有既定的社会地位，供应的食物就必须适宜，因为相关各方都确切地知道供应的食物种类和数量背后想要表达的意义——无论是正确的，显示出非凡努力的，还是侮辱性的。史景迁举的例子就充分阐述了这一点：在长崎的中国商人的一等餐有十六道菜，二等餐有十道菜，而三等餐有八道菜；清宫宴会中，满人的宴会有六个基本等级，而汉族的有五个基本等级。我们发现，到了民国，餐馆酒席的等级是按订购价格来评定的：五百块的酒席，一千块的酒席，一万块的酒席，诸如此类。酒席的等级要跟场合和要招待的客人相配。要是酒席等级太高，超出了相应场合或者出席者地位太复杂多样，有人就会说这俗不可耐、铺张浪费，只有没文化的暴发户才这么干；要是等级太低，别人又会说你是个吝啬鬼，抱以嘲笑。知道什么最合适是非常重要的，因为饮食语言变化的范围非常广，而且需要很多年才能学会。

变化的范围随着经济阶层而变化。预期随着经济能力以及相关的假定知识（语言密码）而变化。就像史景迁恰切叙述的那样，《红楼梦》里的贾宝玉遇到的那种尴尬情况，强有力地说明饮食也有阶级壁垒：宝玉难得地去了手底下一个丫鬟家里，丫鬟打量了精心准备的各式糕点、果干儿、坚果。虽然这些是她和她家里人能为少主人提供的最好的东西，她却悲伤地意识到"总无可吃之物"。主人和丫鬟在进餐时不会互动，而且很难找到适合这种场合的饮食语言。

饮食语义学告诉我们，经济壁垒比生与死、世俗与神圣之间的壁垒更难跨越。中国人对丧食有明确的规定，而在用于仪式的食物方面也有复杂的习俗。食物在仪式中使用的各种方式再一次与互动双方的地位直接相关（在仪式场合，互动双方既包括生者和死者，也包括人和神）。埃米莉·埃亨对一座中国乡村的"灵前祭拜"和"坟前祭拜"中食物的多种使用方式的研究尤其具有启发性，选引如下：

> 从整体上来说，坟前祭拜与灵前祭拜存在本质差异。最明显的不同在于，坟前的祭品和祠堂的相反。遇到普通的忌日，祠堂灵位前的祭品或者家中神龛前的祭品，基本都跟村民的普通饮食一样，不过要丰盛一些，肉多，其他美食也更多。碗筷都有提供。祭品做好之后，逝者家属和吊丧的人直接吃，不会再煮别的。
>
> 形成鲜明对比的是，坟前摆放的祭品虽然或可食用，但是没有浸泡清洗，没有调味，也没有煮熟；大部分是干的，不好吃。这些祭品基本由十二小碗食材组成，一般包括各类干蘑菇、鱼干和肉干、挂面，还有豆腐干。
>
> 这些祭品之间的差别，再加上其他有关祭神祭品种类的文献资料，使我想到：献祭给超自然存在的食物种类是一个指标，衡量了被祭者与献祭者之间的差异有多大。这是衡量祭品变化的一个尺度，即从天然状态下的潜在食物向可食用食物转变的尺度……
>
> 超自然存在被献祭的食物越少被改造，也就是说越不像人类的食物，那么这些超自然存在与献祭者之间的差异就越大。举例来说，在所有的超自然存在中，祖先亡灵跟献祭者很可能是最像的。祖先待在祠堂里或者神龛里，他们都是有独特个体身份的亲属；他们可以成为倾诉、道歉、感谢等的对象。他们一般都是可以亲近而熟悉的存在。因此，他们收到的祭品，跟

献祭人吃的完全一样……

　　神跟人的关系更远，收到的祭品也与其神级相符。等级最低的土地公收到的食物和人类吃的相仿，除了没调味，而且没切……土地公跟人类只是有些许不同……

　　再往上看，最高等级的天公，在精细复杂的祭拜场合，会收到加工程度最低的食物：生禽，留着几根尾羽没拔，内脏吊在脖子上；活鱼；整头生猪，内脏吊在脖子上；有时候还有两根甘蔗，整株从地里连根拔起来的，根和叶子仍然完好无缺，是对应于完整动物祭品的植物祭品……天公的祭品之所以和人类的食物明显不同，是因为天公与人类不同，与类似人类而在祠堂、家中神龛里的祖先也不同……

　　比照献祭给各等级神灵的供品，我们来看一下献祭给"灵前"祖先和献祭给"坟前"祖先供品之间的差异……由此，我们被引导去调查这两个不同地方的祖先之间差异的本质。献祭给天公的场合，生的、活的或干的食物标志着天公与人类在神力和亲近性上的距离；坟前供奉的干的食物也许标志着灵堂里的祖先与坟墓里的祖先之间同样遥远的距离……

　　总而言之，墓地在居所之外，和祠堂大有不同，因为进祠堂不受控制，逝者的灵魂可以自由出没。墓地里的逝者，跟埋在那里的祖先一样，还活着，却不再属于我们熟悉的、可见的阳间。如果有人上坟，他就会接触到阴间的一道门，必须按"鬼"的规矩，跟"鬼"打交道。与之形成对比的是，祖灵降临祠堂时，他们就重回阳间了；活着的人可以把他们当作认识而熟悉的祖先，跟他们和睦相处。有了这种不同之处，祠堂里的祭品可以食用，而坟前的东西吃不得，这两者之间的对比就可以理解了。

在上文的讨论里，变化因素是各种"生熟"程度。既然如此，"生熟"就是诸多变化因素里相对简单而鲜明的一个。在那些变化因素所在的区域里，超自然的交流方数量众多、区别复杂，饮食语言的细微之处尤为精妙。从中国最早的献祭仪式记录之中，即商代甲骨文之中，我们会发现，各个君主打算祭祖时，会靠占卜来跟祭祀对象商量理想的牺牲种类和数量：牛？绵羊？小山羊？人？数量为一个？五个？四十个？商代之后以及现在，此类问题就不再提了，可能因为牺牲的花样和数量都有了惯例，也就是说，施祭者和受祭者都没有不清楚的地方。因此，凭借仪式上用的祭品，人类学学者就能确定施祭者跟受祭者的社交距离，以及受祭者在神圣世界里的社会等级。

从上文很明显可看出，在探究中国社会制度或任何一种饮食在社会互动中起重要作用的社会体系方面，饮食语义学为我们打开了一片有丰富成果潜力的领域。所谓饮食语义学，我指的是术语体系（例如，层级分类），还有烹饪过程、烹饪器具、盛食器具、饮食业从业者，以及与这些有关的行为和信念。

我在这里从人类学的角度讨论了关于中国饮食研究的几个问题：中华饮食文化传统的特征、这种饮食文化在中华传统中的细分，以及对饮食可变因素的微观研究，这些研究最终可能让饮食语义学成为研究中国社会互动体系的方法。

中国有悠久的历史文明，如此，针对此类研究，我们就能从历史的角度出发去展开。毫无疑问，中国饮食的叙事性历史，如篠田统的作品，本身就很有趣，而且是历史分析的必要条件。但是，我们对中国历史中饮食的兴趣，还出于另外两个相互关联的原因。第一个是看看历史维度在多大程度上对饮食文化研究的分析框架具有重要意义。第二个是看看饮食史是否——如果是，那能在多大程度上——能为中华文化和社会历史的研究提供新的维度和洞见。

本书只能说是给这类尝试开了个头。阅读本书各章之后，我自己最直接的想法是什么？对此，我有两点要说。第一，在中国历史的这一方面，其连续性大大超过变革性。第二，也有足够的变化，能进行一些初步的努力，为中国的历史分期提供新的视角。前者是不言自明的，只不过是中华文明历史所谓"变革内在于传统"模式的一个侧面，也不需要进一步阐释。就变化而言，本书的各个章节追溯了中国饮食文化诞生至今的演变史，而我将让作者们自己说出每个时期的重大事件。然而，请允许我指出一件事：大多数变化涉及各民族的地理迁移和他们携带的独特饮食习惯，但真正重要的、与社会整体协调一致有关的变化是非常罕见的。

我在中国的饮食历史中至少识别出两个也可能是三个最重要的临界点，它们标志着某些饮食可变因素中发生的变化，这些因素很大程度上影响了其他大多数——如果不是全部的话——可变因素的协调与重组。第一个临界点是农业的出现——北方出现了粟米和其他谷物，南方出现了稻米和其他植物——单凭这一点，大概就能确立中国烹饪的"饭-菜"原则。毫无疑问，与野生动植物有关的前农业知识传承下来，形成了中国特色的食材库。同样，在烹饪和保藏方法以及对饮食和健康的观念上，向农业的转变大概是逐渐累积的。但如果离开了中国的农业，中华饮食风格简直无法想象。

第二个临界点是高度分层社会的出现，也许这在夏朝就出现了，而且在商朝肯定已经出现了。新的社会重组基本上是基于食物资源的分配。一面是食物生产者，他们耕耘土地却不得不把大部分劳动所得上交国家，另一面是食物消费者，他们不事农耕而是充当管理者，这让他们有闲暇和动力去构建一套精致的菜系风格。难怪说这是一个分层的、剥削-被剥削的社会，用老话说就是"人吃人"的社会。正是中国人口沿着饮食这条线分隔开来的这一事实，导致了中国饮食文化在经济层面的细分。伟大的中餐建立在极其悠久的历史和极为广博的地域之上，但其之所以出现，很大程度上还要归功于那些悠闲美食家的努力，以及与复杂的、多层次的社会关系模式相适应的复杂的、严格的饮食礼仪。

第二个临界点开创的历史阶段实际上横跨了整个中国历史，从夏到商，一直到过去的几十年。我们所熟知的中国传统饮食文化就是这一段历史中的饮食文化。

如果所得信息无误，那第三个临界点就出现在我们这个时代。在中华人民共和国，基于食物的社会分化明显让位于饮食资源的国家分配。对此，我了解不多，手头也没有材料描述中国饮食文化其他方面——例如健康、美食家的地位，以及饮食的社会差异——在食物分配已经发生根本替换的过程中，正在如何变化或者已经发生了怎样的变化。但或许，未来还有更多的研究空间。

第一章　先秦

张光直

我们对先秦的饮食研究，上起仰韶文化（约在公元前 5000 年至公元前 3200 年之间），下至周朝（恰在公元前 200 年之前）。后世的多种风格，包括烹饪风格和饮食风格，就形成并定型于中国文明的这个时期。虽然我们可以研究更早一点的时期，从北京猿人的饮食习惯开始，但是中国更新世的饮食资料极度缺乏。北京猿人生存所依靠的是野生动物的肉，大多是鹿肉，如粗角鹿（肿骨鹿），还有野生植物，比如朴树（巴氏朴树）。烹饪食物用火，大概是用火烤，但是我们对他们的饮食细节一无所知。在其他旧石器时代的遗址里，人们同样可以假定所用的食物是野生动物肉（有时会烤），但是，必须有科学调查才能复原古代猎人的饮食习惯，而此类科学调查尚付阙如。因此，只有在中国人开始务农、定居下来，留下食器、炊具和垃圾堆之后，我们才能真正了解中国人的饮食和烹饪。但就算是那个时期，我们还得等书面文献出现之后，才能有相当全面的了解。

在描述古中国各种文化的饮食习惯之前，我们应该概述一下这些文化。我们先讲中国北方。仰韶文化可以追溯到公元前 4000 年到公元前 5000 年，特点为农业村落和彩陶。到了公元前 3000 年和公元前 2000 年早期，以黑陶和灰陶著称的龙山文化，占据了中国北方。随后是商文明，始于公元前 1850 年左右。公元前 1100 年左右到公元前 200 年左右，属于周文明时期。对于中国中部和南部，文化顺序稍有不同。与仰韶文化平行存在的文化，是以绳纹陶器为特点的早期文化，在印度支那有"和平文化"之称。到了公元前 4000 年，好几个种水稻的先进文明，形成于淮河到珠江流域的两岸，考古学上称之为"龙山化文化"。实际上，中国北方的龙山文化或许也可以视作一种龙山化的文化。虽然形成期的龙山文化延续到了中国南方，但是商周文明也越来越多地进入南方。在公元前的最后两个世纪内，秦帝国和汉帝国统一了中国大部分地区。

我们对商周文明的研究，主要以文本资料为基础，但是史前文化的信息主要来自考古学。本章除了第一部分，大多来自我已发表的论文。

食材

谷物

先秦时期，北方的主要谷物是各种粟。仰韶文化的半坡遗址靠近西安，那里有许多粟的遗迹。粟也见于其他遗址的报告中，似乎是中国人在新石器时期的主食。商代称谷类植物为"禾"，有些学者就用禾称呼粟。禾又等同于另一个汉字——稷。稷被认为是西周时期的主食；实际上，周族人的始祖叫后稷，或者稷王。在《诗经》中，稷这个汉字是最常见的谷物名字。但是，从春秋时期开始，稷出现得越来越少，而新字"粱"似乎取代了它。有些植物学家确信，稷和粱都应该是粟，但是属于不同的种类——稷的穗较小且产量低，而粱穗大而下垂。

中国北方在古代有一种同等重要的粟米，就是黍。虽然这种植物的考古学遗迹只出现在一个仰韶文化的遗址里，即山西程村，但是该植物在商周时期的书面文本里明显非常重要。黍这个字频繁出现于甲骨文、《诗经》及其他周代文献。

古代中国人的淀粉类主食，主要靠粟和黍提供；文献里要是提到谷物，大多指的是这两种粟米。对于其中任何一种，植物学家都没有给出获得普遍认可的起源地。许多人说中国北方是它们的起源地，但是也有人认为可能是欧洲的其他区域。虽然它们的植物史还需要、也值得进一步研究，但是考虑到它们在中国北方极其重要，这两种植物可以说是"中国特有"。至少，野生黍是中国北方土生土长的，而且从新石器时期直到周代，中国人都在食用它们。

先秦时期，北方还种植了其他谷物，包括麦、麻、大麦、稻。虽然在商周文献里，这些谷物有不同的重要性，但是从考古学来看，它们的历史并不显著。大麦的遗迹未见于报告。其他的都有一两个遗迹，见于仰韶文化的遗址。小麦已知来自北方的淮河流域，但是其遗迹定年有各种说法，从新石器时代到西周时期都有。也有来自仰韶文化遗址的报告声称，其中有高粱的遗迹，但是有人质疑这个鉴定结果，而且谁也拿不出无可争议的证据，证明中国古代种植过高粱。

到了周朝晚期，中国北方人已经视黍和稷为寻常谷物了，而把粱和稻当作更加优良或者贵重的谷物。稻子之所以受青睐，是因为即便中国北方在古代比现在更加温暖、潮湿，稻子仍然不能于北方广泛种植。然而，在中国中部和南部，稻子的历史久远，可能跟北方的粟米一样古老。碳化谷物、碳化稻草以及它们在黏土上的印迹，广泛发现于青莲岗、朱家岭、良渚文化遗址，以及中国中部和东南部滨水区域的其他相关文化的遗址。这些文化统归于"龙山化文化"

麾下，时间可以定为公元前 3000 年和公元前 4000 年。虽然稻在商代金文里的对应字还不确定，但毫无疑问的是，周代文本里的稻是南方的首要农作物。[1]

其他植物类食物

当今中国种植的豆科植物中，大豆是最重要的，花生也是。通常的看法是，花生起源于南美中部的低洼地带，据说到了 16 世纪才进入中国，跟红薯引入中国的时间一样。但是有报告说，花生的遗迹见于浙江和江西仰韶文化形成期遗址，经放射性碳定年法定为公元前 3000 年的地层。对于在这么早的时期发现了花生的主张，有些学者表示怀疑，并指出，也有报告说同一地层里还有芝麻和蚕豆，而这两种植物引入中国的时间，据说同样晚于报告的时期。也应注意的是，尽管他们发现花生出现于龙山化时期，但是从那之后，花生就从中国的文献里消失了，到 16 世纪才出现。

大豆在周代的文献里叫"菽"。通常的看法是，大豆首先种植于中国。但是，如果以古文字学为基础，它们的历史在追溯到西周之后就没法再向前了，而对于第一个已知的考古学发现来说，鉴定出的时代只能到春秋时期。

植物学家认为，许多别的豆类在中国都有长期的种植史——其中就有刺毛黧豆和赤豆——不过还没有在先秦时期的遗迹中发现它们。蚕豆通常被认为起源于地中海区域，而钱山漾龙山化时期遗址的考古发现里就有蚕豆。无论如何，我们从战国的文献里得知，对于中国北方的部分地区来说，这样那样的豆类，是比较常见的食物，有时候比较便宜。

野芋、甘薯、参薯、薯蓣，在中国南方以及处于热带的东南亚地区都很重要。这已经是共识了。虽然它们中的大部分在中国南方当重要主食的时代，可能比大米还早，不过到目前为止，从考古学来说，中国境内没有发现这些植物在先秦的遗迹。

《诗经》提到的植物名字，至少有 46 种，可以称为蔬菜，而且大部分可能还是野生的。频繁出现的，或者由其他资料来看比较重要的，包括锦葵（葵，即野葵；荍，即锦葵）、瓜（瓜，即甜瓜）、葫芦（瓠）、蔓菁（葑）、韭菜（韭，即野韭）、莴苣（荂）、苣荬菜（荼）、宽叶香蒲（蒲）、蓼类植物（蓼，即水蓼；芩，即华蔓首乌）、各种蒿草（蒌，即北艾；蘩，即白蒿；艾；蒿，即青蒿；蔚，即牡蒿）、蕨（欧洲蕨）、野生豆类（薇，即窄叶野豌豆）、白草（白茅）、藕（荷）。此外，白菜（小白菜）、白芥（白芥、芥菜）、蒜、葱、苋（三色苋）、荸荠（欧菱）、竹笋（萹蓄、毛竹），也有重要意义。但是，其中有考古学依据的少之又少。半坡遗址的种子遗迹已经鉴定为芸薹属植物，然而所属蔬菜的种类有好几种不同的可能。钱山漾的龙山化时期遗址已经出土了甜瓜种子的遗迹，山西的春秋时代城市侯马也有甜瓜种子的遗迹。

动物类食物

动物为先秦时代的中国人提供的，除了兽骨、兽角、兽皮、羽毛，还有肉和脂肪，但是兽奶和奶制品明显不为所用。有些哺乳动物已经被驯化，而别的哺乳动物，外加大部分鸟类和鱼类，还得靠捕猎。驯化的动物中，狗和猪在中国的历史最长，它们大量见于新石器时代的仰韶文化和龙山文化遗址，而且见于商周时代的所有遗址。毫无疑问，它们就是主要的肉类来源。

牛、绵羊、山羊见于某些仰韶文化遗址，但是它们要到龙山文化时期才会被完全驯化。安阳殷墟出土的兽骨为数众多，分属绵羊、牛，还有水牛，但是石璋如指出，它们的骨头大多发现于殉葬品中，而不是生活垃圾中。从甲骨文以及先秦文献来看，牛肉和绵羊肉明显用于仪式。毫无疑问的是，虽然仪式之外的场合也会食用牛肉和绵羊肉，却可能没有猪肉那么普遍。

先秦时期，人类食用最多的野生动物，明显是鹿和兔。最普遍的鹿很可能是麋鹿（梅氏麋鹿）——德日进和杨钟健认为，养麋鹿是为了获得鹿角——梅花鹿，还有獐子。此外，别的许多动物也遭到猎捕，包括野狗、野猪、野马、熊、獾、虎、豹、黑鼠、竹鼠、猴、狐狸、羚羊，但其中任何一种的遭捕数量都不可能相当大，即便猎捕，也只是偶尔有之。鲸、象、獏、乌苏里熊这些动物骨也见于安阳殷墟。因此，德日进和杨钟健猜测这些都是外来的珍馐美味。

周代文献中频繁提及的禽类包括鸡、雉、鹅、鹌鹑、鹧鸪（或者雀）、雉、麻雀、鹬。商代甲骨文屡屡提到鸡。鸡骨也是安阳殷墟的常见发现物。安阳也出土了秃鹫的骨头和孔雀的骨头。虽然鸡是否属于驯化物种还成问题，但是秃鹫和鸡的骨头都在半坡遗址里鉴定了出来。

在属于仰韶文化时期的半坡村，虽然经考古鉴定出的鱼只有鲤鱼一种，但是既然有了好几种鱼的考古遗迹，鱼毫无疑问就是半坡村的主要食物来源。在安阳，鉴定出的鲤属鱼有好几种，有鲤鱼、青鱼、草鱼、赤眼鳟。黄颡鱼既见于安阳，又见于河南西部庙底沟的龙山文化遗址。安阳还出土了鲻鱼这种咸水鱼。

其他水产品包括鳖和各种贝类。蜜蜂、蝉、蜗牛、蛾和青蛙，也在先前所提动物类食材之列。

饮料与调料

周代文献提到了四种酒类饮料（酒）：醴、酪、醪、鬯。凌纯声认为它们都是发酵酒，都由谷物制成，主要是粟米。酪例外，可能由水果或浆果制成。商代中国人饮用的是由粟米发酵制成的酒，不要求精细酿制。文献和考古遗迹（青铜饮器、陶制饮器）都表明，商代贵族以纵酒为乐。考古学家甚至发现，有个遗址可能是酒类饮料生产坊。有些商代饮器见于新石器时代的龙山文化，毫无疑问，中国的酒类饮料至少古老到该时期。至于它们的历史能否推向仰韶文化，还存在争议。

商、周时代的宴会、各种聚餐，以及举行重要仪式的场合，酒类饮料都是必不可少的。用途繁多，广为人知，此处不尽述。但是它们也用于烹饪（本章注释 3 可供参考）。

周代文献提到的醯这种调味品，通常解释为"醋"。但是其生产过程及原料如何，我们一无所知。已知的是，梅可为食物添加酸味。文献里的梅与盐常相伴（盐梅），同为主要的调料。此外，肉酱（醢）也用作调料。酱油则在周代末期就为人所知了。别的香料还有花椒（椒）和肉桂（桂）。

烹饪方法、菜肴和炊具

方法和菜肴

有本中国食谱列出了二十种烹饪方法：煮、蒸、烤、红烧、清炖、煨、爆炒、油炸、煎、烩、淋汁、氽、涮、凉拌、铁板烧、盐渍、腌、浸泡、风干、烟熏。谁要想研究这个领域，文献证据必不可少。证据充足的时代最早只能追溯到周代。那我们就先讨论周代的证据，再把其中一些的时间往前推一下。

虽然有些方法难以在周代文献里准确地鉴定出来，但是也有很多方法确实见于周代文献。爆炒却是个明显的例外。虽然它在今天非常重要，周代的中国人却似乎没用过。他们最重要的方法好像是煮、蒸、烤、炖—煨、腌和风干。

有人说过，从本质上来看，与其说中国饮食的中国特色在于烹饪方法，不如说在于烹饪前制备食材的方法，以及如何将备好的食材加工成不同的菜肴。就像林语堂所说，"中国烹饪艺术完全取决于调和的艺术"。菜肴设计的基础是调和各种风味和原料。虽然这绝不意味着中国的菜肴不存在只有一种风味的，但是从中国菜的整体来说，典型的还是切碎原料、调和不同的风味。从这个含义来说，周代烹饪肯定有中国特色。周代的烹饪技艺常有"割烹"之称，即"切割而烹饪"［日本至今仍然在用"割烹"（かっぽう）这个词］。周代最常见的菜肴是羹，也就是某种肉汤或者炖菜。羹典型地体现了调和风味的艺术。[2] 不过，调和风味只是中国烹饪方法的开端。原料的配比、每种原料所需的火候、加热时长、每个阶段要加的佐料，这些也都是重点。按《吕氏春秋》所说："鼎中之变，精妙微纤，口弗能言，志弗能喻。"

中国人在周代就这么费心烹饪，跟在现代一样，结果就有了数百种，甚至数千种菜肴，从简单的到复杂的都有。由于证据性质的关系，我们有几分了解的菜肴，大多数是仪式、宴会所用，是上层人士享用的。同样由于证据性质的关系，仪式和宴会上不用的东西的菜谱，比如简单的蔬菜菜谱，已知的就少之又少。但是，不管复杂程度如何，许多菜都是精心制备的，被视为生活中最值得珍惜的享受。把这点阐述得最形象、最能令人信服的，非《楚辞》里的两首招魂诗莫属。招魂就是招魂回家，回归美好生活，享受美食，满足口舌之欲。我们会在《招魂》里读到：

魂兮归来！何远为些。室家遂宗，食多方些。稻粢穱麦，挐黄粱些。大苦醎酸，辛甘行些。肥牛之腱，臑若芳些。和酸若苦，陈吴羹些。胹鳖炮羔，有柘浆些。鹄酸臇凫，煎鸿鸧些。

露鸡臛蠵，厉而不爽些。粔籹蜜饵，有餦餭些。瑶浆蜜勺，实
羽觞些。挫糟冻饮，酎清凉些。华酌既陈，有琼浆些。

另外在《大招》这首诗中，为了诱使迷失的灵魂回归，不惜献上
了以下菜肴、美食、饮料：

五谷六仞，设菰梁只。鼎臑盈望，和致芳只。内鸧鸽鹄，
味豺羹只。魂乎归来！恣所尝只。鲜蠵甘鸡，和楚酪只。醢豚
苦狗，脍苴蒪只。吴酸蒿蒌，不沾薄只。魂兮归来！恣所择只。
炙鸹烝凫，煔鹑陈只。煎鰿臛雀，遽爽存只。魂乎归来！
丽以先只。四酎并孰，不涩嗌只。清馨冻饮，不歠役只。吴醴
白蘗，和楚沥只。魂乎归来！不遽惕只。

楚地的烹饪风格，可能跟中国北方的稍微有点不同。但是，这些
诗里描绘的菜肴那么形象生动，让人馋涎欲滴。毫无疑问的是，我们
在同时代作品里，比如《礼记》里发现的描述，就跟这些基本一样，
只不过沉闷得多。在北方，凡是仪式和宴会所用重要菜肴，主料都是
陆生动物的肉或者鱼肉。偶尔有用生肉（腥），动物可能不脱毛、不
刮皮，囫囵着烤（炮）。不过更常见的情况是，肉要风干、煮熟、腌
制。如果要风干，先要把肉切成小块（脯）或者长条（脩），加上生
姜、肉桂之类，然后再风干。如果要煮，切肉的方式有三种：切成带
骨头的肉（殽），切成大块的肉（胾），把肉切细（脍）。切完之后再煮、
炖（濡）、蒸，或者烤（炙、燔、烧），其间可以加入别的原料。如果
其他原料量小，宗旨全在补充，烹饪的结果就是肉菜。如果原料里有
跟肉同等重要的，且为了达成"味道调和"的状态，如果烹饪方法是
煮或者炖，那么就会制成肉汤（羹）。肉菜的例子有一些："濡豚，包
苦，实蓼；濡鸡，醢酱，实蓼；濡鱼。"肉汤的例子是："蜗醢而苽食，

雉羹；麦食，脯羹，鸡羹；析稌，犬羹，兔羹；和糁不蓼。"

最后，肉还经常腌制或者做成酱。这种情况里的肉似乎既有生的，也有熟的。但是，《礼记》的权威注释者郑玄只给出了一个配方：要制作醢（无骨肉酱）和臡（有骨肉酱），必要的是首先将肉风干，再切碎，和发霉的粟、盐、好酒混在一起，放入坛子里。一百天之后，肉酱就做成了。肉酱或者腌制的东西，常常用作热菜或者热汤的原料。

周代菜肴中真正精细复杂的，当属专为老年人制备的所谓"八珍"，《礼记·内则》里有描述。八珍是淳熬、淳毋、炮豚、炮羊、捣珍、渍珍、熬珍、肝膋 [3]。

为了把周代典型的菜肴烹制出来并盛起来，周代的中国人动用了一套典型的食具。此外，他们还有一套精致的饮器。

食具

炊煮器。这一类包括鼎、鬲、甗、甑、釜、镬、灶。所有这些都分陶瓷和青铜两种材料，只有灶例外，已知的只有陶制的。鼎、鬲、镬很可能用于煮、煨—炖；甗、甑和釜则用于蒸。

盛食器。考古遗迹中有盛放谷物的坛子，考古发现里还有肉酱、蔬菜酱、泡菜的记录。没人认为青铜有过这种用法，不过下文有些饮器肯定用于这个目的。但是，或许最常用的还是陶坛和陶瓮。

取食器。在这个类别里，我想列出五个主要的种类——箸、匕、勺、装谷物的容器、取肉菜和蔬菜的器具。前三个没有多说的必要，只有一点：商周时期虽然也用筷子，然而比筷子更常用的，很可能是手。但是，盛谷物和盛菜的器具，在形状和材质上都很复杂。盛放谷物的器具，包括簋、盨、簠、敦，有青铜的、陶的，还有竹编的。盛菜的，诸如豆、笾、俎之类，大多是陶的、木的、竹编的。拿豆来说，在商代，这种最重要的肉菜取食器从来没有青铜材质的。换句话说，青铜材质的取食器主要用于谷物类食物,少用于菜肴。这是个重要的特点,下文还会继续讲。

饮器

盛水器和盛酒器。有青铜的、陶的、木头的,等等。

酒杯。有青铜的、葫芦做的、漆器做的,以及陶的。

勺。有青铜的、木头的,还有葫芦做的。

显而易见,这种器具组合,跟典型的周代烹饪方法关系紧密。周代中国人食用谷物,多是囫囵着吃,而鲜有磨成粉再吃。烹饪时用甑,取食用大碗、匕、箸。肉和蔬菜都是一小份一小份地端上来的。烹饪时用鼎、鬲及其他炊具,取食则用箸(筷子)。

有了周代的典型炊具组合,研究商代和新石器时代中国人的烹饪方法就有了基础,因为后两者的烹饪方法不见于文献记录,和周代的情况不一样。在这种情况下,我们只好笼统地说:从新石器时代的仰韶文化到商周时代,炊煮器和取食器基本相同。因为我们没有找到任何史前的筷子,只能借助另外一种材料——黏土来逆推许多商周青铜器的时间。除此之外,二者完全是一脉相承的。我们的结论只能是:许多甚至大部分的周代烹饪方法,都源自商代或者史前时代。

餐食、宴会、仪式上的饮食

从营养的角度来说,一旦食材做成了菜肴,取食用什么器具都行;简简单单地吃,一旦下到肚子里,吃的事就结束了。有些人的主要生活乐趣就是吃吃喝喝。在他们看来,除了充饥,独自进餐几乎没什么意思。但是,跟别人聚餐,观察人们特定的行为方式,却是极其享受的。

摄取食物是为了维持生命，但是摄取食物跟给予食物、分享食物不尽相同。周代诗歌《诗经·小雅·颊弁》就表达了这种观点：

> 有颊者弁，实维伊何？尔酒既旨，尔殽既嘉。岂伊异人？兄弟匪他。

另有一首诗，《诗经·小雅·伐木》，我们可以在其中看到以下感情：

> 伐木于阪，酾酒有衍。笾豆有践，兄弟无远。民之失德，干糇以愆。

其他诗歌描绘了宴席的气氛和食物。我们从中看出的，肯定和汉学家顾立雅的观点一致：吃喝就是享受生活。但是吃喝也是严肃的社交，有严格的规矩。就像周代的诗人说到祭祖的宴会那样，"礼仪卒度，笑语卒获"。

我们首先来看看一餐饭的外在配置。在中国，安排桌椅是个相当晚才出现的特点，不早于北宋时期。商周时代，士绅阶层都是跪在各自的垫子上进食的；有时候，旁边还放个"几"，好托着手。《诗经·大雅·行苇》这首诗就描写了进餐的配置：

> 戚戚兄弟，莫远具尔。或肆之筵，或授之几。肆筵设席。授几有缉御。或献或酢。洗爵奠斝。醓醢以荐。或燔或炙。嘉殽脾臄。或歌或咢。

《诗经·大雅·公刘》中同样写道：

笃公刘，于京斯依。跄跄济济，俾筵俾几，既登乃依。

每个人前方或旁边都有一套容器，其中装着一餐饭的饮食。一餐饭的定义很重要：一餐饭要有谷物食物、肉菜、蔬菜，要有水或酒，或者兼而有之（后文会详述）。据说，每个人都要四大碗谷物才能填饱肚子。[1]但是，菜肴的数量随个人的地位和年龄而变。按《礼记》来说，高级别的大臣有权获得八豆菜肴，而低级别的只能获得六豆。六十岁的人可以获得三豆菜肴，七十岁获四豆，八十岁获五豆，九十岁获六豆。

食器和菜肴摆放于前方和两侧，具体安排如下：

> 左肴右胾，食居人之左，羹居人之右。脍炙处外，醯酱处内，葱渫处末，酒浆处右。以脯修置者，左朐右末（《礼记·曲礼》）。
>
> 客爵居左，其饮居右；介爵、酢爵、僎爵皆居右。羞濡鱼者进尾；冬右腴，夏右鳍……羞首者，进喙祭耳。尊者以酌者之左为上尊。尊壶者面其鼻（《礼记·少仪》《管子·弟子职》）。

顺便说一句，小孩子幼年时期受的训练就是用右手吃饭。[2]

最后，在餐垫上进食也有严格的规矩。按照《礼记·曲礼》和《礼记·少仪》的说法，以下的几条规矩最为主要：

> 1. 客若降等执食兴辞，主人兴辞于客，然后客坐。
> 2. 主人延客祭：祭食，祭所先进。肴之序，遍祭之。
> 3. 三饭，主人延客食胾，然后辩肴。
> 4. 主人未辩，客不虚口。

1　《诗经·权舆》："于我乎，每食四簋。"
2　《礼记·内则》："子能食食，教以右手。"

5. 侍食于长者，主人亲馈，则拜而食；主人不亲馈，则不拜而食。

6. 燕侍食于君子，则先饭而后已；毋放饭，毋流歠；小饭而亟之；数噍毋为口容。

7. 共食不饱，共饭不泽手。

8. 毋抟饭，毋放饭，毋流歠。

9. 毋咤食，毋啮骨，毋反鱼肉，毋投与狗骨，毋固获。

10. 毋扬饭，饭黍毋以箸。

11. 毋嚃羹，毋絮羹，毋刺齿，毋歠醢。客絮羹，主人辞不能亨。客歠醢，主人辞以窭。

12. 濡肉齿决，干肉不齿决。毋嘬炙。

13. 卒食，客自前跪，彻饭齐以授相者，主人兴辞于客，然后客坐。

我们要记住的是，以上有关餐桌布置和用餐礼仪的规矩，据说代表的是东周时期上层士绅所持的规范。但是，我们不知道他们对这些标准遵守得有多严格；他们所代表的这些规范是否在北方和上层之外的更广范围内适用；不知道商代中国人或周代早期中国人，是否有同样或类似的规矩。从《诗经》里多首诗歌的描述来看，在这些较早的时期，无论餐饭还是宴席，人们都是带着热情和活力参与享用的，并不像《礼记》上记录得那么讲究。孔子豪爽地声称"饭疏食饮水，曲肱而枕之，乐亦在其中矣"，他当时明显想到的是最低要求的一餐饭，没有各种规矩和礼仪，当然，这仍然算得上是一餐饭。但是，孔子这么说会不会只是在做一些哲学思考？（别忘了，从《论语》其他部分来看，[4] 说到口腹之欲，现实生活里的孔子可是相当讲究的，并且很难伺候。）穷人吃饭时一定就跟乡野莽夫似的？难道他们跟朋友吃饭时，就没有他们自己的规矩？肯定有，但可惜，他们的那些规矩并没有在现存的记录中保留下来。

饮食语义学

先秦中国人的膳食制度或者饮食习惯里是否存在玛丽·道格拉斯所说的语言学意义上的一套准则？中国先秦文明的精髓是否写进了中国人为自己和客人提供的饭菜中？下图所示的层次体系，虽然不一定是我们要找的准则，但似乎也有所关联：

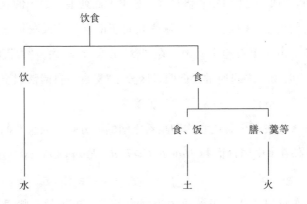

跟英语不同，古代汉语和现代汉语里都有一个可以同时指称吃喝的词，即"饮食"。当然，这是个复合词，由"饮"和"食"组成；而这种二分显见于文献之中，后文会有描述。在"食"之下，"饭"或说谷物食物（狭义的"食"）与用肉蔬烹制的菜肴（现代说法叫"菜"）之间，又有明显而深刻的二分。在我看来，这种饮食分类上的安排，以及与这些分类相关的观念和规矩，就是中国饮食方式的结构本质，而且其至少从周代开始直到今天都没变过。

在先秦文献里，不论在什么地方列举了吃和喝的东西，都会呈现出饮与食之间相互对比的层次体系。以下就是一些突出的例子：

贤哉回也！一箪食，一瓢饮，在陋巷……回也不改其乐。(《论语·雍也》)

黔敖左奉食，右执饮，曰："嗟！来食。"(《礼记·檀弓》)

饭疏食饮水，曲肱而枕之，乐亦在其中矣。(《论语·述而》)

民……箪食壶浆，以迎王师。(《孟子·梁惠王》)

这些片段清晰地表明了最基本的一餐饭至少要有谷物（通常就是粟）和水。但是当我们继续探究餐饭的精巧程度时，我们发现有第三样东西加了进来，即菜肴。《礼记·内则》中，"膳"这一范畴是介于"饭"（"食"）和"饮"之间的。"膳"这个分类下面列举了二十四豆用不同方法制备的肉食。《周礼》中，膳夫负责王的食、饮及膳馐。膳馐指各种菜肴。由于菜肴通常有肉，在"食"这一范畴内，"食"（谷物）和"羹"（肉汤）之间通常会做明显区分："羹食，自诸侯以下至于庶人无等。""一箪食，一豆羹。""豆饭藿羹。"

中国人一餐饭中谷物食物和菜肴之间的区分是一项重要的生活习俗。杨步伟在《中国食谱》(*How to Cook and Eat in Chinese*)里指出：

在中国各地，用餐的方法颇为不同。但不管在哪里，都把饭（狭义上的）与菜相互区分开来。多数穷人吃米饭比较多（大体上来说）或是其他粮食作为主食，而只吃一点菜。吃菜只是为了配米饭。……一旦得到允许，中国的小孩子们就喜欢少吃米饭多吃菜……即便是在殷实人家，大人也喜欢小孩多吃米饭。这些表明了中餐里饭与菜的区分。如果有面条或者馒头，它们会被视为"饭"，也就是粮食。

两千年前与孔子相关的说法，可以和杨步伟的说法做比较："肉虽多，不使胜食气。"我们只能假设，孔子和杨步伟所说的中国孩子（或他们的父母）之所以把谷物食物（主要的、基本的、绝对重要的食物），跟菜肴（用于跟谷物食物搭配，使谷物食物更容易下咽，吃起来更快乐）区分得那么清楚，而且还要求不过度放纵地吃菜，肯定有某些十分有力的理由。

饭和菜之间的二分，也许可以视作谷物食物和火烹食物（主要是肉类）之间的二分。在《礼记·王制》中，我们发现了描述中国四方蛮夷的分类：

> 中国戎夷，五方之民，皆有其性也，不可推移。东方曰夷，被发文身，有不火食者矣。南方曰蛮，雕题交趾，有不火食者矣。西方曰戎，被发衣皮，有不粒食者矣。北方曰狄，衣羽毛穴居，有不粒食者矣。

很明显，食肉而未经火烹和不吃谷物，二者都被认为是非中国的饮食习惯，但是这两点不能混为一谈。一个人可以既吃谷物，又吃未经火烹的生肉，也可以既吃经过火烹的肉，又不吃谷物。这两种人都不是完全的中国人。从定义上讲，一个中国人既吃谷物，又要把肉烹熟了再吃。很明显，在中国的饮食制度中，谷物和熟肉（菜肴的主要原料）彼此是有差别的。

与谷物食物相比，菜肴的第二个性质，不仅体现于"食"这一个字可以既指一般意义上的食物或餐饭，也可以特指谷物食物；还体现在周代中国人的丧葬禁忌之中："既葬，主人疏食水饮，不食菜果……练而食菜果，祥而食肉。"这就意味着谷物和水是基本的，而在基本之外，蔬菜和水果也要排在肉食之前。之后如果可以重新吃肉，那也要先吃肉脯，再吃鲜肉。总而言之，以下两点可以说是相当确定的：第一，食物内部有"饭"和"菜"的二分；第二，"饭"要优先于"菜"，或说比"菜"更为基本。

在周代文献中，我们发现仪式起源有两种不同的解释，一个围绕着谷物，另一个围绕着用火烹肉。首先，谷物的主题和仪式的起源，出现于与《诗经·大雅·生民》有关的一则周人传说中：

> 厥初生民，时维姜嫄。生民如何，克禋克祀，以弗无子。履帝武敏歆，攸介攸止，载震载夙，载生载育，时维后稷。诞弥厥月，先生如达，不坼不副，无菑无害。以赫厥灵，上帝不宁，不康禋祀，居然生子。诞置之隘巷，牛羊腓字之。诞置之平林，会伐平林。诞置之寒冰，鸟覆翼之。鸟乃去矣，后稷呱矣，实覃实吁，厥声载路。诞实匍匐，克岐克嶷，以就口食。蓺之荏菽，荏菽旆旆，禾役穟穟，麻麦幪幪，瓜瓞唪唪。诞后稷之穑，有相之道。茀厥丰草，种之黄茂。实方实苞，实种实褎，实发实秀，实坚实好，实颖实栗。即有邰家室。诞降嘉种，维秬维秠，维穈维芑。恒之秬秠，是获是亩。恒之穈芑，是任是负。以归肇祀。诞我祀如何。或舂或揄，或簸或蹂。释之叟叟，烝之浮浮。载谋载惟，取萧祭脂，取羝以軷。载燔载烈，以兴嗣岁。卬盛于豆，于豆于登。其香始升，上帝居歆。胡臭亶时，后稷肇祀，庶无罪悔，以迄于今。

虽然这首诗里提到了肉，但是后稷最重要的身份还是"稷王"，而在这样的仪式里，谷物起到的是核心作用。

另外一个故事涉及仪式和熟肉的关系，见于《礼记·礼运》的叙述。长期以来，学者们都怀疑其中的许多观点和概念属于道家。比起上面那首与周代统治者传统有关的诗，以下的解释或许更接近农民的传统：

> 夫礼之初，始诸饮食，其燔黍捭豚，污尊而抔饮，蒉桴而土鼓，犹若可以致其敬于鬼神。及其死也，升屋而号，告曰："皋！

某复。"然后饭腥而苴孰。故天望而地藏也，体魄则降，知气在上，故死者北首，生者南乡，皆从其初。昔者先王，未有宫室，冬则居营窟，夏则居橧巢。未有火化，食草木之实、鸟兽之肉，饮其血，茹其毛。未有麻丝，衣其羽皮。后圣有作，然后修火之利，范金合土，以为台榭、宫室、牖户，以炮以燔，以亨以炙，以为醴酪；治其麻丝，以为布帛，以养生送死，以事鬼神上帝，皆从其朔。故玄酒在室，醴盏在户，粢醍在堂，澄酒在下。陈其牺牲，备其鼎俎，列其琴瑟管磬钟鼓，修其祝嘏，以降上神与其先祖。以正君臣，以笃父子，以睦兄弟，以齐上下，夫妇有所。是谓承天之祜。作其祝号，玄酒以祭，荐其血毛，腥其俎，孰其淆，与其越席，疏布以幂，衣其浣帛，醴盏以献，荐其燔炙，君与夫人交献，以嘉魂魄，是谓合莫。然后退而合亨，体其犬豕牛羊，实其簠簋、笾豆、铏羹。祝以孝告，嘏以慈告，是谓大祥。此礼之大成也。

以上两种描述，即《生民》和《礼运》，主要与"饭—菜"二分的一个方面有关。为什么挑这种二分来解释？为什么"饭"和"菜"在这两个独立的描述中有不同侧重的解释？人们很想结合两个阶层或族裔的传统来解释中国饮食系统的这个基本概念。有趣的是，被认为是"饭—菜"中主要的食物（如谷物）却是其中较晚的发明，而这一发明也被认为与"是中国人而非蛮夷"的身份认同紧密相连。但是，所有这些，再加上对这两种仪式起源的详细解释，必须在日后做进一步的研究。就目前情况而言，我倾向于认为，餐饭中的这种二分从属于中华文明这个整体中普遍存在的二元论，"阴"与"阳"的概念也在这里起了作用。虽然现在无望完整地或者令人满意地证明这一点，但是我想暂时回到食器和考古学，正是在这些地方，我看到了闪烁的光。

饮食观念

我在前文主张过，商周的青铜器和陶器，可以在同时期中国饮食习惯的背景中加以研究。既然我们已经初步提供了这种背景，就食器考古来说，我们获得了——如果有的话——什么新的洞见呢？

我自己获得的最重要的洞见是，研究食器这样的器皿一定不要囿于某种单一材料制成的器皿。考古学中，我们习惯于把青铜器、陶器、漆器之类当作相互独立的类别来研究。但是，无论是用于盛放餐饭的，还是用于仪式的器皿，在实际使用中，不同材料的一直都是混着用的，有青铜器、陶器、葫芦瓢、木器、漆器，象牙器、骨器，等等。我推测因各种材料的物理性质不同，器皿的用途跟器皿的材料之间存在某种关联，尽管这种关联并不总是那么明显或确凿。一个有趣的问题是，是否存在一些规矩，对不同材料器皿的混用做出了规定？

一个明显的规矩是，青铜器大多限于盛放谷物食物和由谷物制成的饮料。端上肉菜时，最重要的两个容器是笾和豆，有木制的、竹编的，还有陶制的。商代和周代早期，还未发现青铜制作的。东周时，有了青铜制的豆，但推测，即使在这一短暂的间隔内，陶制的和木制的豆也比青铜的多得多，而且汉初以降，豆这种器具几乎又只有木制的了。石璋如认为，商代之所以未能制造青铜豆，是因为青铜这种金属的物理性质："兹检查殷代的铜质的容器，大都宜于盛流质的物品，不宜于放置固体的物品，豆似乎宜于放置固体物品的器物。尤其木豆雕刻朱漆，最为壮观，不但有华丽的纹饰而且有鲜艳的色彩。殷代所以不用铜铸豆的原因，是否因豆的质地不宜用铜铸造？或者用铜铸造而不能达到如此艳丽的程度，或者当时的铸造工业尚未发展到用铜铸豆的阶段？"

另一种解释是，商代将食具和饮器分为两类，一类用于盛放由谷物制成或来自谷物的饮食（比如烹饪过的谷物、发酵过的谷物、酒），一类用于盛放肉食。这两类容器都有陶制的、木制的和竹编的，但青铜只用于盛放谷物类食物，不能用于盛放肉类食物。也就是说，青铜器不能用于盛放菜肴。

我们只能推测这种做法的原因。也许，食物和饮料在商周人的认知上被划分为与五行有关的不同类别，而且，不同的器皿材质，根据特定的规矩，只能与某些特定种类的食物和饮料接触。我们不知道可以将"五行"——金、木、水、火、土——的观念追溯到多久以前。按照刘斌雄的解释，在商代，五行的五种元素不仅是普遍和基本的宇宙观，而且与王室的社会分工息息相关。但是，根据李汉三等人的说法，阴阳理论和五行之说起源较晚。无论如何，在战国时期的文献（《墨子》）和汉代早期的文献（《淮南子》《史记》）中，火元素和金元素是相克的，而且二者相遇时，火通常克金。我们在前文说过，在周的概念里，谷物食物和土有关，以熟肉为主要原料的菜肴则与火有关。土与金相生，而火与金相克。这一观念的起源要是更早，或许有助于解释菜肴为何不应用青铜容器来盛。可以肯定地说，每道菜不必都有肉，有些菜可能只有蔬菜。但为富人和由富人烹制的仪式菜肴中，肉一直都必不可少，而青铜器也是富人才会使用的。如果仪式主持者回避使用某些种类的青铜器，那肯定事出有因。我们发现，《礼记·郊特牲》多次提及食物的性质及适宜的器皿：

> 飨禘有乐，而食尝无乐，阴阳之义也。凡饮，养阳气也；凡食，养阴气也……鼎俎奇而笾豆偶，阴阳之义也。笾豆之实，水土之品也……
>
> 郊之祭也……器用陶匏，以象天地之性也。
>
> 恒豆之菹，水草之和气也；其醢，陆产之物也。加豆，陆产也；其醢，水物也。笾豆之荐，水土之品也。

因此，饮为阳，食为阴。但在吃这件事内部，有些食物是阳性的，有些则是阴性的。火烹的肉菜很可能属阳，而来自谷物（即来自土地）的食物和饮料很可能属阴。什么食物用什么材质的器皿盛放或有一定之规，而总的原则可能是，阳性的食物要配阴的器皿，反之亦然。我们对这些规则一无所知，但在此处所说的食物和食器方面，我们很可能再次遇到了曾在社会组织领域遇到过的二元论原则。阴阳二元论如何跟五行之说协同运行是一个极其有趣的问题。

还有一些相关的问题，涉及器皿的装饰与器皿在商周中国人饮食系统中所扮演的角色之间可能存在的关联。当时是否有用动物图像装饰器皿的尝试，器皿中盛放的就是图像上的动物的肉吗？从表面上看，我们很容易看到否定的答案，因为神话里的动物明显不是食材，而装饰商周青铜器的肯定是神话里的动物。然而，神话里的动物几乎都是以现实中的动物为原型，其中牛、羊、虎最为常见。它们大概率是食用动物，而像鹿、象、犀牛和山羊等不怎么常见的象征动物，可能也都是食用动物。禽鸟是最重要的装饰主题。虽然它们的种类难以断定，但是，毫无疑问，各种禽鸟也是重要的食材。因此，这个问题不是轻轻松松就能处理的，尚需多加研究。

有趣的是，从宋代学者开始，许多神话类动物都被说成是饕餮。我们不清楚饕餮是否是周代青铜器的装饰主题[1]。然而，按《左传·文公十八年》的说法，饕餮为一古代恶人之名，因暴食贪婪而为人知晓。《墨子·节用》中有这样的描述：

> 古者圣王制为饮食之法，曰："足以充虚继气，强股肱，耳目聪明，则止。不极五味之调，芬香之和，不致远国珍怪异物。"

---

[1] 《吕氏春秋·先识》："周鼎著饕餮。"不过，青铜器上装饰饕餮纹的说法已经过时，是宋人根据青铜门纹饰，硬和古籍对应而得出的结论。今天学界一般用"兽面纹"来称青铜器上的动物纹饰。

何以知其然？古者尧治天下，南抚交阯北降幽都，东西至日所
出入，莫不宾服。逮至其厚爱，黍稷不二，羹胾不重，饭于土塯，
啜于土形，斗以酌。俯仰周旋威仪之礼，圣王弗为。

当然，这只是墨子个人的哲学。但是无论古今，恣意饮食都可能
受到劝诫。我们还记得，孔子也"不多食"。很有可能，食器上的饕
餮图案是要提醒人们克制和节俭。但是，如果有关商代饮食的记录属
实，那么，我们也可以看到这样的提醒明显被人们所忽视。

暴食是只有上层阶级——青铜器的使用者——才负担得起的。大
部分人用得最多的大概还是陶器。在所有材料中，至少在那些经久耐
用且于考古学意义重大的材料中，陶器似乎适用于所有的基本用途：
烹饪、保存、储藏、饮酒水，既能盛饭，也能盛菜。考古遗迹确实表
明，陶器可用于盛放各种食物。在两个周代墓葬遗址，其中一个靠近
西安，另一个靠近洛阳，为数众多的墓穴里都有陶器。在绝大多数墓
穴中，个人墓室内都有发现用于盛放所有种类食物的成套容器，包括
烹饪、盛放谷物的器皿（鬲、簋），盛放肉菜的器皿（豆），饮器（壶、罐）。
这表明，我们从周代文献之中推定出的等级分类系统，于考古学而言
意义重大。同时也表明，在对古代中国进行的考古学研究中，包括对
青铜器和陶器的研究，文字材料以及只有文字材料才能提供的那种信
息是不可或缺的。

注释

[1] 据《周礼·职方氏》记载，周晚期和汉，"九州"的主要农作物为：扬州（长江下游）——稻；荆州（长江中游）——稻；豫州（河南及淮河流域）——黍、稷、菽、麦、稻（根据郑玄的注释）；青州（山东东部）——稻、麦；兖州（河南北部、山东西北部、河北南部）——黍、稷、稻、麦（根据郑玄的注释）；雍州（陕西中西部）——黍、稷；幽州（河北北部）——黍、稷、稻（根据郑玄的注释）；冀州（河北中部、山西东北部）——黍、稷；并州（山西中北部）——黍、稷、菽、麦、稻（根据郑玄的注释）。

[2] 根据《左传》的记载，羹成为隐喻话语的基础可能发生于公元前521年，最早使用的是周的一位哲学家、政治家：

> 齐侯至自田，晏子侍于遄台，子犹驰而造焉。公曰："唯据与我和夫！"晏子对曰："据亦同也，焉得为和？"公曰："和与同异乎？"对曰："异。和如羹焉，水火醯醢盐梅以烹鱼肉，燀之以薪。宰夫和之，齐之以味，济其不及，以泄其过。君子食之，以平其心。君臣亦然。君所谓可而有否焉，臣献其否以成其可。君所谓否而有可焉，臣献其可以去其否。是以政平而不干，民无争心。故《诗》曰："亦有和羹，既戒既平。鬷嘏无言，时靡有争。"先王之济五味，和五声也，以平其心，成其政也。

以烹饪为隐喻，传递深思的周代哲学家，不止晏子一人。庄子也是如此。他以厨师的切菜技巧来阐明道家的精妙观点。

[3] 《礼记》里的菜谱如下：

> 淳熬：煎醢，加于陆稻上，沃之以膏曰淳熬。
>
> 淳毋：煎醢，加于黍食上，沃之以膏曰淳毋。
>
> 炮：取豚若将，刲之刳之，实枣于其腹中，编萑以苴之，涂之以谨涂，炮之，涂皆干，擘之，濯手以摩之，去其皴，为稻粉糔溲之以为酏，以付豚煎诸膏，膏必灭之，钜镬汤以小鼎芗脯于其中，使其汤毋灭鼎，三日三夜毋绝火，而后调之以醯醢。
>
> 捣珍：取牛羊麋鹿麇之肉必脄，每物与牛若一捶，反侧之，去其饵，熟出之，去其饵，柔其肉。
>
> 渍：取牛肉必新杀者，薄切之，必绝其理；湛诸美酒，期朝而食之以醢若醯醷。

为熬：捶之，去其皽，编萑布牛肉焉，屑桂与姜以洒诸上而盐之，干
而食之。施羊亦如之，施麋、施鹿、施麇皆如牛羊。欲濡肉则释而煎之以醢，
欲干肉则捶而食之。

糁：取牛羊豕之肉，三如一小切之，与稻米；稻米二肉一，合以为饵煎之。

肝膋：取狗肝一，幪之，以其膋濡炙之，举焦，其膋不蓼；取稻米举糔溲之，
小切狼臅膏，以与稻米为酏。

[4]　"食不厌精，脍不厌细。食饐而餲，鱼馁而肉败，不食。色恶，不食。臭恶，
不食。失饪，不食。不时，不食。割不正，不食。不得其酱，不食。肉虽多，
不使胜食气。惟酒无量，不及乱。沽酒市脯不食。不撤姜食。不多食。"(《论
语·乡党》)

第二章　汉代

余英时

公元前558年，姜戎首领驹支对来自中原的范宣子说："我诸戎饮食衣服不与华同。"文化有时候可以被定义为生活方式。如果是这样的话，那对一种文化而言，还有什么会比吃喝更基本吗？正是基于这个前提，我开展了下面的研究，试图通过研究汉代中国的饮食，来理解汉代的文化。[1]

近来，几位杰出的人类学家开始了一项雄心勃勃的计划，要找出全人类共有的、具有普适性的饮食意义。作为受过训练的历史学者，我远没有资格参与这一人类学家的新游戏。因此，在本文的研究中，我为自己规定的核心任务，主要局限于弄清汉代中国人的饮食种类和吃喝方式。幸运的是，近三四年来，中国考古学为汉代的烹饪史提供了大量线索。尽管考古发现既重要，又有趣，却难有效利用。一方面，考古发现极其分散。另一方面，这些考古发现需要结合历史背景才能为我们所理解，要知道我们跟汉代中国人差了大约有两千年的时间，没法跟他们共饮共食。即便下文数页的成果只能算作这种历史背景的初探，我依然认为这一努力并不是一无是处。为什么汉代人会以他们那种方式吃喝呢？我要把这个有趣而迷人的问题留给那些更聪明、更有学问的人。

马王堆中发现的饮食和食物

1972 年，湖南长沙东郊有了一项惊人的考古发现，发掘了现在人人知晓的"马王堆一号汉墓"。一开始，这项发掘之所以闻名世界，是因为墓主的尸体保存状况非同寻常，开棺之时，皮肤、肌肉、内脏都还有些弹性。起初，这座墓的时代被推定为公元前 175 年至公元前 145 年之间。但是，多亏 1973 年发掘的二号墓和三号墓，墓中女士的身份才得以准确判定。她十分可能是轪侯利苍（前 193 年至前 186 年在任）的妻子，死于公元前 168 年之后的几年内，时年五十岁左右。有人恰当地指出，这具尸体历经两千一百余年，保存状况还如此完好，肯定称得上医学史上的奇迹。但在这里，尤其令我们感兴趣的，则是整个发掘工作对我们了解汉代饮食所具有的极端重要性。

在这位女士的食道、胃和肠里，考古人员发现了 138.5 粒黄棕色的甜瓜籽，这清楚地表明，她随丈夫赴黄泉不久前吃了甜瓜，而利苍埋葬在二号墓，就在她的墓西边。后来发现，她生前享用过的食物众多，甜瓜只不过是其中之一。一号墓里发掘出了丰富的墓葬遗迹，其中就有 48 件竹笥和 51 件不同类型的陶器。其中大部分中都装有食物。此外，墓室的侧室里还发掘出好几麻袋的农产品。所有这些食物遗迹都被一一鉴定，完整清单如下：

谷物：稻、小麦、大麦、黍、粟、大豆、赤豆
种子：大麻籽、锦葵籽、芥菜籽
水果：沙梨、大枣、梅子、杨梅

根茎：姜、莲藕

牲畜肉：华南兔、家犬、猪、梅花鹿、黄牛、绵羊

禽类肉：雁、鸳鸯、鸭科、竹鸡、家鸡、环颈雉、鹤、斑鸠、火斑鸠、鸦科、喜鹊、麻雀

鱼肉：鲤、鲫、刺鳊、银鲴、鳡、鳜

香料：桂、花椒、辛夷、高良姜

除了食物遗迹，墓中还有 312 枚竹简，对饮食和烹饪给出了更多的信息。竹简分条列出了许多遗迹中未发掘出的食物。举例来说，蔬菜类有瓜、笋、芋、蘘荷等等[1]，还有属于禽类食物的鹌鹑、凫和蛋。总之，这些竹简提供了非常有益的补充。更重要的是，我们由此对汉代所使用的调味品和烹饪方法有了非常充分的了解。调味品有盐、糖、蜜、酱、豉、曲。烹饪和保存食物的方法有炙、灼、煎、蒸、炸、炖煮、盐渍、晒干、腌制。

竹简上提到的各种菜肴也值得注意。第一种要注意的是羹（炖煮），这是种黏稠的液体菜肴，其中加了肉块或者蔬菜，或者兼而有之。竹简上记载的菜肴以九鼎大羹（酐羹）开始。[2]需要指出的是，从先秦到汉代，羹都是最常见的主菜。下文将会说明，羹的特点是多种原料混合在一起，但只有"大羹"不然。汉代的儒家，如《礼记》的作者和郑众都一致认为，大羹不论用来祭祀还是待客，都不应该调味，是以其质朴为贵。[2] 王充也说过："大羹必有淡味。"竹简上列的九鼎大羹分别是由牛、羊、鹿、豕、豚、狗、凫、雉、鸡的肉烹制而成。

"和羹"通常要调味，由肉和谷物或者蔬菜组合而成。第 11 号

1　原文还列有"goosefoot"，即藜属植物，但《马王堆一号汉墓》第 154 页所列"瓜菜"类中未见藜属植物。

2　《礼记·郊特牲》："大羹不和，贵其质也。"另见《周礼注疏》卷四郑玄注引汉郑司农曰："大羹不致五味也，铏羹加盐菜矣。"

竹简提及的是"牛白羹"，精确鉴定后发现是由牛肉和稻米熬制而成。值得注意的是，由肉和谷物炖煮而成的羹在汉代非常普遍。竹简上还记录有其他组合类型的羹，包括鹿肉—鲍鱼—笋、鹿肉—芋、鹿肉—赤豆、鸡肉—葫芦、鲫鱼—稻米、鲜鲟鱼—腌咸鱼—莲藕、狗肉—芹、鲫鱼—莲藕、牛肉—芜菁、羊肉—芜菁、猪肉—芜菁、牛肉—苦菜、狗肉—苦菜。

竹简还揭示出中国人的嘴已经变得多么挑剔，汉代中国人已经注意到烹饪时需选用不同动物的各种不同的部位。除了其他的，竹简上还提到了牛腹胁肉、鹿腹胁肉、狗腹胁肉、羊腹胁肉、牛肩胛肉、鹿肩胛肉、猪肩肉、牛肚、羊肚、牛唇、牛舌、牛肺、狗肝。第 98 号竹简列有一个盛放马肉酱的陶器。众所周知，从文献来看，汉代中国人特别喜欢以马肉做菜，但已发现的遗迹里却没有马的遗骸。在汉代，马身上唯一不能吃的部位是肝脏。与马王堆汉墓一号墓主人同时代的汉景帝曾说："食肉不食马肝，不为不知味。"汉武帝也曾经跟宫廷里的方士栾大说："文成食马肝死，而非为天子所诛。"不管这种说法是否属实，汉代人普遍相信马肝能毒死人。大量墓藏出土的食物清单里都没有马肝，基本肯定了这是个普遍的看法。

根据马王堆另外两座汉墓的初步报告，三号墓里发现了类似的食物遗迹和食物清单。谷物和肉类跟一号墓的基本相同，不过鉴定出了另外一些水果，如橘、柿、菱角。必须强调的是，对汉代饮食研究而言，马王堆汉墓的发掘是迄今为止唯一的、最重要的考古贡献。

让马王堆的发现倍加有趣的是，一号墓的食物清单跟《礼记·内则》中列出的清单出奇地一致。上文所列食材和制备的菜肴几乎都见于《礼记·内则》。但是，两千多年以来，《礼记·内则》一直都是纸上的规定，就像中国俗语说的那样，是在画饼，很难充饥。正是马王堆的考古发现，使纸上的规定有了现实参照。

汉代壁画和画像石上的庖厨场景

　　最近的考古学为中国汉代的饮食研究增添了另一个重要的维度。这里特指的是汉墓里的壁画和画像石上描绘的庖厨和宴饮场景。汉代文学，尤其是诗和赋，经常描绘庖厨和宴饮的场景，不过，论及生动活泼、栩栩如生，它们都无法与壁画和画像石上的描绘相提并论。在本节和下一节，我们将讨论几座汉墓里的壁画和画像石上的此类场景，并引入更多的考古学和文学证据来完善讨论。

　　1960 年至 1961 年发掘的河南新密县打虎亭汉墓的壁画和画像石上就有精心描绘的庖厨场景。画中有十个人在厨房工作。画面的中上方，一个男人正在搅动大鼎里烹煮的肉。鼎的另一侧，一个男人正拿着木柴向右上角的灶台走去。另一个男人似乎是在灶上烹饪。画面中间靠左的地方，有两个人似乎正走出厨房，走在前面的人端着一盘鱼，后面的人端着一个圆形托盘，上面是饮酒水用的杯子和其他盛放食物的器皿。左下角立有一釜，釜中似在煮羹，因为釜侧的男人手持长柄勺，可能要把羹从釜中舀出。与这个男人相对，就在画面中间靠下的地方，另有一名男子蹲着，左手在盆里淘洗或混合着什么东西，右手正在比手势。看来蹲着的人是在指点拿勺子的人该把羹放在哪里。在蹲着的男人的右后侧，一名男子正将双手伸进一个大容器里干活。最后，右下角有一口井，井上有木架，架上挂着吊桶。在井与右侧的一口大坛之间，一个端着盆的男人正要打水。

　　除了上面描绘的这些活动，这一生动的场面还让我们对汉代的庖厨有了其他方面的了解。比如，它让我们看到了汉代的各种不同类型的器皿和炊具及其各自的用途，这些器皿和炊具散见于画面各处。更有趣的是画面左上角的两个肉架，上面挂着各种肉。尽管我们不能轻易地鉴定出上面挂着的具体是什么肉，但肯定不外乎禽肉和兽肉。不过，就在这两个架子下面，我们可以清楚地看到地上放着一个牛头和一条牛腿。

另一个重要的庖厨场景来自辽宁省辽阳市西北郊棒台子屯发掘的一座东汉晚期的绘有壁画的墓。这座墓最早是由当地村民于1944年秋天发现的，但直到1955年才有了详细的报道。1945年夏天，一队身在辽阳、技艺高超的日本临摹师傅得知了这座墓以及其中的壁画，将其命名为东瓦窑子墓。虽然日本人复制了这些画，但遗憾的是，他们在"二战"结束后空手离开了东北，未能让学术界了解他们长达数月的劳动成果。因此，到目前为止，棒台子墓的庖厨场景还没有相应的摹本。以下讨论完全基于李文信的报告和线稿素描。

这一庖厨场景里的炊事活动规模之大，远超打虎亭的那幅壁画。厨房里共有二十二个人在工作。与打虎亭那幅画中的厨师和帮厨全是男人不同，这里至少有四名女子。不过，跟其他十八位男性相比，这些女子的工作好像没那么辛苦。举例来说，其中一名女子正要从灶上端起一个容器，而另外一个则正从橱柜里取出容器。另外两个坐在地上，明显是在做一些轻巧的工作。与之形成对比的是，男性做的工作，比如烤肉、搅拌食物或者把食物捣成糊状，要么需要技巧，要么需要很大力气。这里的厨房工作种类也比打虎亭的更多样。杂活很多，从宰牛杀猪一直到给鸭去毛。

与打虎亭壁画一样，肉也是挂在庖厨的木架子上。但在这里，各种肉都被仔细描画，大部分都能认得出是什么肉。按李文信的说法，从左到右分别是鳖、某种动物的头、鹅、雉鸡、种类未知的禽鸟、猴、动物的心肺、乳猪、干鱼和鲜鱼。每一样都挂在看起来牢牢钉在架子上的铁钩上。值得注意的是，这种肉架在汉代的庖厨里肯定很常见，因为最近在河南的一座汉墓里至少发现了五个铁质的肉钩。

棒台子墓的庖厨场景里，还有一种在其他汉墓壁画里没见到的肉类支架。这是一根很高的杆子，杆子上头有两根横杆。这些横杆上挂满了肉条、肠（可能是香肠）、肚子，等等。横杆太高了，画面里能看到有个人用长柄的钩子来够取食物。这是可以理解的，肉放那么高，就是为了防止陆地的生物，比如狗之类的来吃。这点很好说明，杆子正下方就有条狗，很明显它已经馋涎欲滴，抬头凝视着横杆上的肉。

类似的庖厨场景也见于其他绘有壁画的汉墓，辽阳的尤其多，比如三道壕二号黏土坑、四号黏土坑，以及三道壕一号墓。在著名的武梁祠和沂南汉墓（均在山东）的画像石上，庖厨场景也被展现了出来。特别值得一提的是发现于内蒙古的两处类似场景。1956年5月，内蒙古托克托县发掘出了一座有着丰富壁画的汉墓。这种墓还是头一回在那个地区被发现。庖厨场景画于左墓室的后墙、左墙和前墙上。场景中画有若干容器、一个灶台、一头黑猪、一条黄狗、两只鸡，还有一个肉架，架子上挂了一对雉鸡、一块肉、一对鱼、一对鸡和一块牛肉。1972年，另一个重要的绘有壁画的汉墓在绥远被发现。其中的庖厨场景里，人们在烹饪和取水，而且同样有个肉架，上面挂着一些食材，如兽首、肠管、鱼、肉、雉鸡、野兔。这里描绘的两个场景，几乎跟发现于辽阳、河南、山东的一模一样。我们不禁得出结论，即汉代上层阶级的厨房布置很可能是标准化的，不管是在内陆的河南和山东，还是在边疆的东北和内蒙古。

例如，在汉代，将肉挂在木架或横梁上是很普遍的做法。一幅来自四川的砖画和一幅新近在甘肃嘉峪关发掘的壁画，都出现了庖厨场景，其中的肉架都位于中心位置。正是各种肉悬挂在架子上的景象催生了"肉林"这一描述性的词语。但是这种做法显然起源于汉代之前，因为司马迁已经说过，商代的亡国之君纣王，曾经"悬肉为林"。总体来说，从各地发现的汉代壁画来看，我们几乎察觉不出各地区在食材和炊具方面的差异。特别有趣的是，这些场景中，挂在肉架上的三大类动物肉（陆上的、空中的、水里的），基本与马王堆一号墓竹简中列举的相同。

但是，汉代庖厨中的一个有趣特色迄今为止还未见于各类壁画所描绘的庖厨场景中，那就是冰室。冰室从先秦就开始使用了。根据王充的说法，在冬季，汉代中国人破冰造冰室，以储存食物。如何让食物，特别是肉类，保持低温而不致变质？这肯定是一直困扰着汉代中国人的问题。王充进一步说到，一些富有想象力的学者甚至幻想在厨房里发明一种"肉扇"，它可以自动吹风，使食物保持凉爽。[1]

壁画及现实里的汉代宴饮

汉代壁画里的宴饮场景数量远胜庖厨。为方便起见，我们还是从打虎亭墓里发掘的一处场景开始讨论，然后引入其他考古及历史证据，以作进一步阐明。

这个场景从中部展开，一名男子坐在一个非常低矮的长方形木榻上，身后和右侧都有屏风。[3]榻上的男性极可能就是主人。在他右边，我们可以看见一位落座的宾客正看向主人；在主人左手边，两位客人并排坐着，明显是在礼貌地交谈。客人们坐的都是垫子，而不是榻。场景最右边，在主人后面，一个仆人正引导另外两位客人入座。此外，还有四个斟酒递食的男仆。

主人的榻前有个低矮的长方形送餐桌，汉代称之为"案"。案上放着酒杯和餐具。这种长案似乎是专门为搭配木榻的尺寸而做的。三道壕四号墓的壁画里也有两个一模一样的、围有屏风的榻，也有尺寸相配的长案。非常有趣的是，三道壕的其中一张长案上很清楚地随意摆放着一支毛笔。我们似乎可以有把握地得出结论：与带屏风的榻相配的案并非专用于呈递饮食，它还可以当写字台用。一般的食案要小

---

1 《论衡》："儒者言亶脯生于庖厨者，言厨中自生肉脯，薄如亶形，摇鼓生风，寒凉食物，使之不臭。"

得多,就跟这个宴饮场景里摆在客人面前的一样。这就解释了为何《后汉书》中记载淑女孟光每次给丈夫梁鸿奉食都能"举案齐眉"了。一般而言,汉代的食案分两种形状,圆形和长方形(有时是正方形)。不用时就叠放在厨房里,正如棒台子墓的庖厨场景中表现的那样,而洛阳烧沟墓的陶案也是如此叠放的。如果食案是圆的,则称其为"檈"。

　　我们还不知道打虎亭场景里的宴会是在什么场合举办的。墓主暂且推定为东汉弘农太守张伯雅。这个场景展现的,可能是他在太守府为下属举办的一场宴会。不管怎么说,主人占据了场景的中心位置,或许就是所谓的尊位。在汉代,对于太守及其下属来说,这样的座位安排完全是顺理成章的。类似的座位安排,在山东孝堂山汉祠画像石的宴饮场景中也能清楚地看到。

　　打虎亭的场景只展示了一场宴会的开始,所以画中只描绘了呈递酒水的场面,而看不到食物。因此,我们必须求助于历史上有记录的宴会,这样才能具体了解一场汉代"宴会"的构成。这一时期最著名的宴会就是公元前206年的"鸿门宴"。但是,在讲述这一重大历史事件之前,我们先介绍一幅汉代壁画,经过鉴定,郭沫若认为其是对鸿门宴的艺术再现。这幅壁画出自1957年在洛阳发掘的西汉墓,所用颜色为朱红色、绿色、蓝色、黄色、棕色。这座墓的年代鉴定为公元前48年到公元前7年之间。既然我们所知道的所有绘有壁画的汉墓都属于东汉,这座墓肯定是中国迄今发现过的最早的绘有壁画的墓。

　　郭沫若在《洛阳汉墓壁画试探》中对此壁画进行了考证:

　　　　墓中后室背壁上亦有画……

　　　　从右侧起算。二人在准备飨事,一人盘膝坐于有脚方炉前烤牛肉,一人立而向左倾斜,手持杖,目睨视着火炉。背部悬钩上挂有牛肉并一牛头。

　　　　火炉之左,二人席地而坐,相向对散,态颇安详。右侧蓝衣者较肥壮……左侧褐衣者较文雅……此二人为画面之核心部分。

文雅者之左侧，一人立而向左，目睨视……其左为一坐兽像，似猫而大于人，殆是虎……

虎形像之左有二人拱手并肩而立，着宽博之衣。着紫衣者貌如女子……衣褐黄色者无冠，有髭，年较老，面向右，睁目怒视。

最左一人貌最狞猛，张目露齿，侧向右……

案此所绘者乃"鸿门宴"故事。

席地而坐、相向对饮者为项羽与刘邦。较肥壮者当为项羽，较文雅者当为刘邦。

立刘邦之侧者为项伯，即有意掩护刘邦者。

拱手而侍者，一为张良，一为范增。张良，司马迁称"其相貌如妇人女子"，画中似女子而紫衣佩剑者是也。有髭而怒目者必为范增。

貌最狞猛，执剑欲刺者则为项庄……

类猫而大于人的兽像是门上所画虎像。

毫无疑问，此场景描绘的是一场在军营中举行的宴会。但是，说这描绘的就是鸿门宴还存在争议。太史公在《史记》中完整而生动地描述了鸿门宴：

项王即日因留沛公与饮。项王、项伯东向坐。亚父南向坐。亚父者，范增也。沛公北向坐，张良西向侍。范增数目项王，举所佩玉玦以示之者三，项王默然不应。范增起，出召项庄，谓曰："君王为人不忍，若入前为寿，寿毕，请以剑舞，因击沛公于坐，杀之。不者，若属皆且为所虏。"庄则入为寿，寿毕，曰：“君王与沛公饮，军中无以为乐，请以剑舞。”项王曰：“诺。”
项庄拔剑起舞，项伯亦拔剑起舞，常以身翼蔽沛公，庄不得击。
于是张良至军门，见樊哙。樊哙曰：“今日之事何如？”良曰：“甚
急。今者项庄拔剑舞，其意常在沛公也。”哙曰：“此迫矣，臣
请入，与之同命。”哙即带剑拥盾入军门。交戟之卫士欲止不内，
樊哙侧其盾以撞，卫士仆地，哙遂入，披帷西向立，瞋目视项王，
头发上指，目眦尽裂。项王按剑而跽曰：“客何为者？”张良曰：“沛
公之参乘樊哙者也。”项王曰：“壮士，赐之卮酒。”则与斗卮酒。
哙拜谢，起，立而饮之。项王曰：“赐之彘肩。”则与一生彘肩。
樊哙覆其盾于地，加彘肩上，拔剑切而啖之。项王曰：“壮士，
能复饮乎？”樊哙曰：“臣死且不避，卮酒安足辞！夫秦王有虎
狼之心，杀人如不能举，刑人如恐不胜，天下皆叛之。怀王与
诸将约曰‘先破秦入咸阳者王之’。今沛公先破秦入咸阳，豪毛
不敢有所近，封闭宫室，还军霸上，以待大王来。故遣将守关者，
备他盗出入与非常也。劳苦而功高如此，未有封侯之赏，而听
细说，欲诛有功之人。此亡秦之续耳，窃为大王不取也。”项王
未有以应，曰：“坐。”樊哙从良坐。坐须臾，沛公起如厕，因
招樊哙出。

　　将这段叙述与壁画核对之后，我们立刻就能发现，两者之间差异
多过一致。如果壁画描绘的故事是鸿门宴，画中的座次和樊哙的缺席
就很难解释。画左那个被郭沫若认为是项庄的彪悍男子，长得更像太
史公笔下的樊哙。但是如此一来，这一幕里就缺了项庄。此外，项庄
和项伯应该都在宴会上表演舞剑才对。

　　不过，此处主要关心的不是鉴定洛阳壁画呈现的到底是哪场宴会。
我们特别感兴趣的是，鸿门宴为我们理解汉代宴会带来的启发。首先
要注意的是宴会的座次，《史记》对此有所记载，但《汉书》没有。

如上所见，项羽和他的叔父项伯面东而坐。因此可以说，项羽和他的叔父共享尊位。毫无疑问，朝东的座位是汉代宴席上的尊位。汉武帝时期的宰相田蚡的情况也可作为例证："尝召客饮，坐其兄盖侯南乡，自坐东乡，以为汉相尊，不可以兄故私桡。"[4]另外，公元前32年，丞相匡衡也因为将面东的尊位安排给他的一位下属，违反了礼制，受到责难。必须指出，这一特定规矩不是汉代的发明，至少可以追溯到周晚期。因此，鸿门宴上的座次安排肯定是有意义的。它传达了一个重要的信息，即刘邦实际上承认项羽比自己尊贵。这也许可以解释为什么大家就座后，项羽就不忍除掉刘邦了。事实上，饮食方式也可能成为一种微妙的政治艺术。

关于这场历史上的宴会，我想说的另一个观点与肉的烹饪有关。在洛阳壁画墓的宴饮场景里，一个男人正在炉上焙（或烤）一大块带骨牛肉。那个长方形的四脚炉的原型，可能是紧邻的烧沟汉墓里的铁炉。非常有趣的是，这幅画中的整个操作就像户外的明火烧烤场景一样，给现代人留下了深刻的印象。但是，我们要是说，壁画的这一部分让人联想到鸿门宴上烹肉的方式，大概也不算太牵强。我们可能还记得，樊哙吃的是没切的生猪腿。不难想象，"生"的猪腿不过是一块烤了一半甚至不到一半的肉，还没到能呈上进食的程度。也就是说，项羽突然下令时，厨师根本没时间把肉烤完。仔细阅读原文的读者会同意，如果食物是在宴会当场制备的，那么从项羽下令到樊哙吃生猪腿，事件发生的顺序就更加合情理了。毕竟，我们必须记住，这场宴会是在战时的军营中举办的。另外，焙肉或烤肉在汉代可谓珍馐了。举例来说，贾谊为了吸引匈奴，就为边疆的餐馆拟了一份菜单，其中就有烤肉。他的推测很乐观："以匈奴之饥，饭羹啖膱炙，嘬漼饮酒，此则亡竭可立待也。"甘肃嘉峪关的东汉晚期壁画墓中也发现了烤肉或焙肉。但是，在这里，肉被切成了小块，串在三齿叉上，准备呈进。

　　最后，在鸿门宴上，项庄为舞剑找了个借口，说"军中无以为乐"。如此，他就向我们介绍了汉代宴会的另一个重要组成部分——娱乐。正式的汉代宴会，虽非总是但也经常伴有各种娱乐活动，包括奏乐、舞蹈、杂技。实际上，在许多汉代壁画和画像石所描绘的场景里，娱乐活动都必不可少。从考古学的角度来说，在济南无影山汉墓发现的一整套人形俑，就形象地阐释了这一点。这些人形俑可以分为四组：面对面跳舞的两个女孩、表演杂技的四个男人、奏乐的二女五男，以及边饮酒边看表演的四个士人。但是，通常情况下，与汉代宴会相伴的是音乐和舞蹈。傅毅和张衡所作的《舞赋》都以"舞"命名，这清楚地表明，一场正式的宴会通常伴有音乐和舞蹈。关于宴会上的表演顺序，张衡为我们提供了更具体的信息。按他的说法，音乐起则上酒，饮者醉则美女起舞。就算是非正式的晚宴，有时也有音乐助兴。张禹经常带他最喜爱的学生戴崇进入内堂，以酒食待之，并设乐相伴。

　　汉代壁画所描绘的宴饮场景只能为汉代现实生活里的宴会提供一个骨架。一般来说，历史记录对宴会所呈食物和饮料的种类及其呈送方式也无着墨。因此，要想了解一场汉代宴会的血肉，我们必须转向叙述性的文学作品。但是这样做之后，我们又遇到另一种性质的困难：此类文学作品中提及的许多食物，对今天的我们来说，只能知道个名称。从枚乘到徐干，汉代作家写的十几篇赋中提到的食物名字都是这种情况。

　　我发现，在那些可以识别的食物中，以下是在汉代宴席上经常提到的食材或菜肴：[5]

　　　动物肉：犒牛之腴、肥狗、熊蹯、豹胎、豚（乳猪）、鹿肉、羊臑。

　　　禽鸟：炙鸹、兔羹、雀臛（麻雀肉羹）、炙雁、鸡、雪雁、鹤。

鱼：鲜鲤之脍、鲈鱼（来自洞庭湖）[1]、鼋羹、煮龟。

蔬菜：竹笋、可食用的蒲菜、葱、韭、芜菁。

香料：姜、桂、椒。

水果：荔枝、梨、榛、瓜、橙、杏。

调味品：芍药酱、盐、梅子酱、醢（肉酱）、糖、蜜、醯（醋）。

不必说，以上清单肯定不完整，但它确实让我们了解了汉代人通常在宴会上喜欢吃的食物。

不过，为了让以上清单变得更有意义，有些话还是得补充一下。第一，汉赋提及的烹饪方法包括炖、煮、炸、烤、焙、蒸、腌。五味（苦、酸、辣、咸、甜）相混以求"调和"也被认为是烹饪技艺的根本。从这个方面来说，汉代的烹饪更为传统，而不是更为创新。但是，汉代似乎比前代更加强调切菜的技艺。东汉诸多作家都说过，对于鱼和肉，无论是切丁还是切片，都要到极精细的程度，这是美食的必要条件。实际上，我们会在后文看到，汉代的食物和烹饪也有重大的新发展。谁要想当然地以为，汉代的饮食只是沿袭先秦的饮食传统，那就错了。

第二，关于汉代宴会的文学描述里总是有谷物食物。稻米（普通稻米和糯米）和粟米（特别是粱）尤受称赞，有美味之誉。因此我们可以猜想，它们比其他种类的谷物更受欢迎。

第三，按照宴会的定义，酒水是不可或缺的。公元前 2 世纪的散文家邹阳曾在写酒的赋中，区分了两种酒精类饮料——"醴"和"酒"，并且还进一步说酒是由稻米和小麦酿造。醴与酒的对比也见于张衡的《七辩》，我们从中得知，酒色浊，而醴色白。西汉初年，楚元王宫廷

1　原文为 "perch（from Lake Tung-t'ing）"，即此意。但根据《全上古三代秦汉三国六朝文》所记，洞庭湖的著名鱼类不是鲈鱼，而是"洞庭之鱄"或"洞庭之鲋"。

中一位名为穆的儒生不喜欢酒，因此，楚元王每次都要为他准备醴。按经学家颜师古的说法，醴尝起来是甜的。与酿酒相比，酿醴所需的麹要少些，而所需的稻米更多。先秦以降，宴会上的醴和酒都是放入两个不同的"樽"里的。这种做法延续至汉朝。正如东汉歌谣《陇西行·天上何所有》中所唱，"请客北堂上……清白各异樽"。另一方面，酒（或者说清酒）好像是更受欢迎的饮料。可以想象，酒比醴烈得多。东汉的辞书《释名》告诉我们，醴可一宿而成，而根据贾思勰的说法，清酒的发酵过程非常复杂，因此耗时更久。

1968 年，河北满城的两个西汉墓总共发现了三十三个陶制酒缸。其中几个有铭文，写的是酒的种类，比如"黍酒""甘醪""稻米酒""黍上尊酒"。公元 3 世纪初，蔡邕给袁绍写信，其中也提到了小麦酿的醴。因此我们得知，在汉代，几乎所有的谷物都可以拿来酿酒，包括稻米、粟米和小麦。

"上尊"一词需要解释几句。根据曹魏时期的官员如淳所引汉律，由稻米所酿的酒属"上尊"，由稷所酿的酒属"中尊"，由粟所酿的酒为"下尊"。但颜师古认为，酒的等级跟酿酒所用的谷物种类无关。事实上，汉代酒的等级取决于酒体的厚薄。酒味越醇厚，酒的质量越高。现在既然发现了"黍上尊酒"的铭文，而铭文正好出自中山王刘胜及其妻之墓，看来颜师古的理论还是正确的。

我们之前已经知道了汉代宴会上常见的食物和饮料。现在我们要重现饮食呈给宾客的相对顺序。最开始，会先给宾客上酒。这点不仅表现在前文所引的东汉歌谣《陇西行》里，鸿门宴上也是如此。我们大概还记得，樊哙先领了一杯酒，接着领了一条猪腿。上酒之后，羹将是宴会的第一道菜。《仪礼》中也说"羹定，主人速宾"。公元 2 世纪的应劭说过："今宴饮大会，皆先黍臛。"吃完羹，其他菜肴（如果有的话）会接着端上来。我们有理由确信，谷物食物最后才会端上来。《陇西行》还进一步告诉我们，宴会接近尾声时，主人会催促厨房准备谷物食物(实际就是“稻米”),免得客人因为等米饭吃而耽搁太久。[1]汉代的中国人，和今天的中国人一样，认为一顿饭如果没有某种谷物食物是不完整的。因此，公元2世纪初的葛龚向友人写信道歉，因为友人来访时，葛龚只招待他吃了点儿虾，而没有提供谷物食品。[2]

最后，餐毕，还要给客人呈上水果，水果或许不是一顿饭的组成部分，而是西方所说的餐后甜点。举例来说，王充认为“孔子先食黍而啖桃,可谓得食序矣”。傅毅也在《舞赋·七激》里明确表达过这一点:“既食……乃进夫雍州之梨。”但是，宴会结束并不一定意味着停止吃喝。根据应劭的说法,有时候宴会都结束了,主人还想继续跟客人饮酒。遇到这种情况，后厨就来不及准备新鲜的食物了，只好转而端出用花椒、生姜、盐、豆豉调过味的肉干和鱼干。这个故事似乎说明，早在东汉，中国人已经有了饮酒时佐以某种食物的习惯。

在结束对汉代筵席的讨论之前，让我们先引用王褒所写名篇《僮约》中的一段。《僮约》的创作时间为公元前59年，略带幽默地叙述了王褒在四川成都买髯奴便了的故事。王褒给家奴安排了各种任务，其中就有为客人置办宴席。《僮约》写道：

> 舍中有客，提壶行酤，汲水作哺。涤杯整案，园中拔蒜，斫苏切脯。筑肉臛芋，脍鱼炰鳖，烹茶尽具。

这段话的意思不言自明。唯一要稍微注意的是，中国是否在这么早时就已经在用茶了。但是,基于包括《僮约》在内的各种文学作品,顾炎武得出结论认为：“茗饮之事始见于四川，其时又在汉代之先。”饮茶之风传到中国其余地方，尤其是北方，大概又是很晚的事情了。

---

1 《陇西行》:“谈笑未及竟，左顾敕中厨，促令办粗饭，慎莫使稽留。”
2 《与张季景书》:“夜从刘伯宣舍西垂过龚，家无饭，噉炒虾。”

日常生活中的食物及饮食

由于手头证据性质所限，到现在为止，我的讨论仍然局限于汉代上层阶级的食物和饮食。马王堆的食物遗迹和食物清单，各种壁画墓里的庖厨及宴饮场景，具有历史意义的鸿门宴，文人墨客描写的那些令人馋涎欲滴的珍馐美味，所有这些都只属于有钱有势之人，而他们只是汉代六千万人口中的一小部分。我们现在必须努力搞清的是，汉代绝大多数人的日常饮食到底为何。然而，说起来容易，做起来难，因为历史记录和考古发现所反映的一般都是拥有财产之人的生活。此外，将富人纳入随后的讨论中进行对照和比较也是有益的。

谷物是汉代中国人的主食，也是今天中国人的主食。那么，汉代种植了哪些谷物？汉代中国人因袭先秦传统，经常谈论"五谷""六谷""八谷"或"九谷"。不过从汉代至今，对于这些谷物的鉴定，学者们从来都没有完全一致的看法。然而，尽管在语言学上存在困惑，但多亏了考古发现，我们现在有了更坚实的基础来确定汉代人赖以为生的主食谷物。

跟本章开头列举的一样，下面这些谷物也出土于马王堆汉墓一号墓：稻、小麦、大麦、两种粟、大豆、赤豆。除了赤豆，长期以来，所有这些都以某种方式被列入传统经学家和文献学家的鉴定名单。其他地方也发现了谷物的遗迹。1953 年，在洛阳西北郊的烧沟，从年代可确定为西汉中期到东汉晚期的 145 座墓中，总共发掘了 983 个陶仓。许多陶仓的谷物遗迹如下：各种小米（黍、稷、粟等）、麻、大豆、稻、薏苡。此外，大部分容器都有题记，说明内藏之物。除了上面提到的谷物，我们还在题记中发现了以下名称：小麦、大麦、大豆、小豆、白米等。有趣的是，日本专家中尾佐助分析了烧沟的稻谷遗迹，认为这些稻米更接近印度香米。1957 年，洛阳的另外一个遗址金谷园村又出土了更多带有此类铭签且盛有谷物遗迹的容器。根据这些考古发现，我们现在可以自信地说，汉代中国人一般都吃得到的谷物包括各种粟米、稻米、小麦、大麦、大豆、小豆和麻。特别值得注意的是，这份考古学意义上的清单跟氾胜之的农书《氾胜之书》所记录的"九谷"非常吻合。汉代的经学家，比如郑兴、郑玄，他们的农业知识主要来自书本，而氾胜之不同，他是专业的农学家，还曾在长安附近实际教授过农业技艺。

不必说，这些谷物食物在汉代并非各地都有。从先秦开始，各类粟米就是北方的主食谷物，而南方的主要淀粉食物是稻米。这种情况似乎一直持续到汉代。此外，我们有理由相信，总的来说，汉代产的粟米比稻米多。按照《淮南子》的说法，只有长江之水适合稻米种植。在《汉书·地理志》中，班固把蜀和楚单列出来，视之为稻米的两个主要产区。这个观点得到了考古发掘的证实。1973 年，由九座墓组成的西汉早期墓群在湖北江陵的凤凰山被发掘了出来。八、九、十号墓里发现了各种食物遗迹，以及 400 多枚竹简。食物遗迹包括稻谷、瓜子、果核、禽蛋、小米、板栗和菜籽。许多竹简上也有谷物的信息。竹简记录了稻米、稻秫米、稷、小麦、豆和麻。从竹简和食物遗迹的数量来看，我们似乎可以有把握地认为，稻米和粟米，尤其是前者，就是这一地区在汉代的谷物主食。有趣的是，与此形成鲜明对比，洛阳烧沟墓出土的粟米比稻米多得多。即使考虑到南北之间的地理差异，但要说粟米在汉代作为主粮的普遍程度要高于稻米，也许并不牵强。先秦时期，即使贵族也认为稻米这种谷物食物虽然美味但也昂贵。没有证据表明这种情况在汉代发生了巨大的变化。

受欢迎程度仅次于稻米和粟米的是小麦、大麦、大豆和麻。先说说麻。众所周知，麻纤维是中国传统织布的基本材料，但是麻籽也被证明是可食用的，因此，古人经常将其归为一种"谷物"。《盐铁论》里就提到汉初儒学家浮丘伯就把麻的种子当作粮食吃。但是，麻籽作为食物，其重要性似乎不能跟其他谷物相提并论。

　　对于极度贫穷的人来说，要想生存，大豆和小麦比粟米重要得多。尽管汉代产出的各种粟毫无疑问比其他谷物多得多，但是粟米的消耗量恐怕还要更大。因此，作为替代的大豆和小麦，它们的需求一直很迫切。正如班固指出的，穷人只能"含菽饮水"。《盐铁论》也提到"菽羹"是最简单的餐食。为什么大豆是最简单的餐食？对此，氾胜之已经给出了一个合理的解释："大豆保岁，易为宜，古之所以备凶年也。谨计家口数种大豆，率人五亩，此田之本也。"

　　小麦跟豆类，同有粗粮之称。有个著名的故事讲的就是在一次军事行动中，冯异为光武帝和士兵们匆忙准备了一餐饭，吃的就是豆做的稀粥还有麦饭。多年后，光武帝写信给冯异，说自己还没有报豆粥麦饭之恩。王充也说过，"豆麦虽粝，亦能愈饥"。到了公元194年，京畿大饥荒，谷物涨到天价，"谷一斛五十万，豆麦一斛二十万"。[6]这样看来，同为谷物食物，豆和麦就比粟低等得多。如果一个官员身后财产只有几斛小麦或者大麦，他就会大受赞誉，说他生前生活简朴。[1]

　　但是，即便是同一种谷物，也有精细和粗粝之分，相差甚多。在汉代，一斛未去壳的"谷"或"粟"，正常情况下，经过去壳，能产出十分之六的谷米或粟米。如果产出的米跟之前未去壳谷物的比例是七比十，这种米就被认为是"粝"（糙米）。有时候，穷人吃的谷物更加粗粝。糟（酒糟）和糠（谷物壳）也会当作谷物食物而被提及。《史记索隐》甚至说"糟糠，贫者之所餐也"。但是，这种说法可能只是文学上的夸张。按孟康的说法，所谓糠，仅仅是没有去壳的剩麦子。不管怎么说，糟糠这个词，就指最为粗粝的谷物。

1　死后留下几斛小麦的是《后汉书·郭杜孔张廉王苏羊贾陆列传》里的羊续："续妻后与子祕俱往郡舍，续闭门不内，妻自将祕行。其资藏唯有布衾、敝祇裯、盐、麦数斛而已，顾敕祕曰：'吾自奉若此，何以资尔母乎？'使与母俱归。"死后留下几斛大麦的是《后汉书·酷吏列传》中的董宣："年七十四，卒于官。诏遣使者临视，唯见布被覆尸，妻子对哭，有大麦数斛、敝车一乘。帝伤之，曰：'董宣廉絜，死乃知之！'"

　　在汉代，日常与谷物食物搭配的菜肴（如果有的话）是什么呢？答案通常是羹。《礼记》有言："羹食，自诸侯以下至于庶人无等。"郑玄注："羹食，食之主也。"这位汉代经学家明显是从自己的日常经验出发来说的。羹可以有肉也可以没肉。以下是我们所知的关于汉代肉羹唯一现实的描述。汉明帝在位时，会稽（今江苏南部、浙江大部）名士陆续被囚禁在首都洛阳。一天，他吃到了一碗肉羹，当时他立刻就知道自己的母亲来洛阳看他了。他跟周围的人说，刚刚收到的肉羹只可能是他母亲做的。他的原话是："母尝截肉，未尝不方，断葱以寸为度。"我们从这个故事中可以看出，加葱炖煮的肉就是一种常见的羹。但是，在汉代，肉羹主要是奢侈品，而不是日常的必需品。王莽在位时，一位宦官从市场上买了精粟米和肉羹，想要欺骗王莽，说长安居民平常就吃这些。这名宦官的欺骗行为证明，肉羹不是资财一般的人吃得起的。公元1世纪，太原的学者闵仲叔，家贫，身弱，年事已高，他急需吃肉，却买不起，只好每天到肉铺买一块猪肝。他或许不知道，猪肝里有丰富的维生素。就闵仲叔这件事来看，他想要的肉很可能是猪肉。不过，汉代的市场上需求更多的是牛肉和羊肉。牛肉特别珍贵，因为牛非常有用，政府有时候还要禁止宰牛。理论上讲，肉是专门供老年人和贵族享用的。公元前179年，汉文帝下令，官府每月要为老年人（八十岁及上）提供粮食、肉和酒。汉代一直都在颁布类似皇令。不过，有证据表明，负责的官员绝少严肃对待这样的命令。

　　在所有的动物肉中，普通人吃得起的更有可能是鸡肉。地方官员也颇费心思地鼓励人们把养猪和养鸡作为家庭副业。许多汉墓，尤其是东汉的墓，都发现了陶鸡、陶猪、陶猪圈。这很可能是汉代一个普通家庭的真实写照。但是，杀猪对于单个家庭来说是一件大活。根据崔寔的说法，每个家庭一年中只在春节前的几天才会杀一次猪——中国农村到现在还都普遍因袭这种做法。因此，如果有一两个客人来吃晚饭，汉代的中国人，跟他们与孔子同时代的祖先一样，通常只能宰鸡待客。实际上，无论是在汉代以前还是在汉代，鸡肉配黍都是招待客人非常拿得出手的食物。然而，对于极贫之人来说，连吃鸡肉的快乐都被剥夺了。公元 2 世纪的茅容只有一只鸡，要给他年迈的母亲吃，却拿不出什么招待贵客郭林宗。同样是在东汉，据说有位老妇人偷了邻居家的鸡，烹熟了，准备与儿媳同吃。

我们已经知道了，跟有钱有势的人不一样，普通人要吃畜肉和禽肉不是件容易的事。因此，在汉代绝大多数中国人的日常餐食中，另外一个还能占据重要位置的就是各种蔬菜类菜肴。正如前文提到的，羹未必有肉，尽管马王堆的羹类清单会给人留下羹必有肉的印象。实际上，无论在汉代之前，还是在汉代，谈论蔬菜羹都是完全合情合理的。举例来说，韩非子就把"藜藿之羹"与"粝粢之食"相提并论。藿就是豆类植物的叶子，按氾胜之的说法，藿可以当绿叶菜来卖。虽然我们不确定藜是什么，但是有人将其描绘为类似葱的植物。[1] 到后来，"藜藿"这个表达就固定下来，合在一起表示穷人所吃的所有种类的粗劣蔬菜。

我们在历史中只发现了少数几个与穷人有关的饮食细节。前文提到的闵仲叔，在另外一个场合，朋友赠送给他一些大蒜，他便就着豆子和水吃了下去。[2] 同样，在公元 1 世纪，有人曾向井丹赠送麦饭葱叶之食，尽管如此，他却拒而不食。我们因此得知，蒜和葱很可能在穷人的食物清单上。但是我得赶紧补充一句，在汉代，葱有时候也可以很昂贵，这要看是谁在吃。公元前 33 年，召信臣获汉元帝批准，关闭了宫中种植反季蔬菜的温室（太官园），其中就涉及葱和韭。这

1　疑似讹误。在原书夹注中，余英时此处依据的是颜师古为《汉书》第 62 卷写的注，以及王念孙《广雅疏证》（1939）第 7 卷第 1170 页。颜注作"藜草似蓬也"，王书引《陶隐居本草注》作"藜芦根下极似葱而多毛"，均未言藜似葱。

2　《后汉书》卷五十三："太原闵仲叔者，世称节士，虽周党之洁清，自以弗及也。党见其含菽饮水，遗以生蒜，受而不食。"此处的"含菽饮水"是形容生活清苦，饿食豆羹，渴饮清水，而非大蒜的烹饪方式。即闵仲叔的大蒜只是"受而不食"。

样一来，宫中每年就省了数千万钱。但是一般来说，葱、蒜、韭在汉代似乎十分平常。各种文献中都有种植它们的记录。

另外一种平民买得起的蔬菜就是芋或者薯蓣。汉成帝在位时，因丞相翟方进之故，汝南郡（在今河南和安徽境内）的一座灌溉大坝崩塌，整个汝南的农业都受到了严重影响。汝南人民为了表达对翟方进的不满，就编了一首歌谣，歌词是这样的："坏陂谁？翟子威。饭我豆食羹芋魁。"颜师古的注说得很清楚，第二句的意思是，人们烹饪大豆当"饭"，以芋为羹。薯蓣或者芋是汉代的主要蔬菜，这一点可由氾胜之的农书充分佐证，书中详述了种植和培育此类植物的方法。

在汉代人的日常生活里，还要提到一类食物，就是糒、糗、糒这几种干粮。这三样干粮不容易区分，只知道糒和糗相传是"干饭"（煮过的谷物去除水分），而糒是粉末状的谷物。另外，也有人认为糒是由火烘干或烤干的。稻米、小麦、大麦、粟、豆类都能变成干粮。很可能早至周代，干粮就为士兵和旅人广泛食用。但是，到了汉代，这种食物才在日常生活中发挥了至关重要的作用。

第一，汉代的旅行者，不论地位如何，都以此为主要食物。比如，公元 14 年，王莽命令手下太官为巡视准备了干粮和干肉。汉和帝的邓皇后，也在离宫别馆储存了很多干粮。宫中实际上有官员（导官令）专门负责挑选粮食，以制备干粮，供皇室所用。第二，由于汉王朝不断发动对北方匈奴的大规模战争，汉代将士就全靠干粮活着。根据严尤的说法，士兵一旦被调遣到北方沙漠，与匈奴作战，那一年四季都要靠干粮和水生存。按严尤的估计，对于一次长达三百天的远征，每个士兵需要十八斛糒。这么一算，一个人每天恰好消耗 0.6 升糒。公元前 99 年，李陵的军队被匈奴困于敦煌附近，他就为每个战士发了两升糒和一大块冰，让大家各自突围，然后在边塞重新集结。很明显，从边塞到战场的行程肯定在三天之内。第三，汉代政府经常储备大量干粮，以备军需之用。公元前 51 年，汉廷向匈奴赠送三万四千斛糒，以奖励其投降之举：在汉代历史记录里，这是单笔数量最大的一批干粮。最后还有重要的一点，在田地耕作的人也吃干粮。正如应劭指出的，将士和农民都随身携带糗。《四民月令》劝诫人们："麦既入，多作糒，以供入出之粮。"事实上，我们当然可以说，在汉代，几乎每天都有人吃干粮。

在结束这一节之前，我想就汉代的盛食器再说几句。但是，这个主题过于重要和复杂，要广泛论述的话，至少要另写一章的内容。因此，接下来，我仅指出汉代盛食器的几个突出特点，尤其是汉代壁画庖厨场景里展示的盛食器，与普通大众日常生活里实际使用的盛食器，这二者之间的差异。

学者们时不时就有把握地做出一般性的总结，即在汉代，社会上层主要用漆器，而平民在烹饪、饮食时则完全依靠陶器。之前提到汉代漆器时，人们都是举乐浪和诺彦乌拉的两个重要考古发现来说明。不过现在，在这方面，有了马王堆一号墓和三号墓发现的漆器，乐浪和诺彦乌拉就相形见绌了。可以毫不夸张地说，马王堆发现的是现存规模最大、保存最好的西汉漆器群，在迄今为止中国的考古挖掘中，其漆器类型也是最为多样的。马王堆一号墓和三号墓出土的漆器涵盖了大部分种类的食器和饮器。

先秦时期，"饮"与"食"之间有着本质的差别。这种差别一直持续到汉代，这一点在上面列举的许多例子中得到了充分的证明。马王堆的两座墓里出土的漆器也表明，这种差别也反映在了器皿上。有趣的是，食器和饮器被两种截然不同的铭文清楚地区分开来，一个是"君幸食"（请君进食），一个是"君幸酒"（请君饮酒）。另一个有趣的观察是，食器和饮器似乎各自成套。

根据上述两个不同的铭文，我们可以轻松地区分出哪一套是饮器，哪一套是食器。前者包括钫、钟、瓴、卮、勺、盛酒的耳杯，后者包括鼎、盒、奁、盘、盛食物的耳杯。有些饮食器皿在发掘出来时还带有饮食的遗迹，因此我们可以清楚地了解它们实际的功能。另外，杯和盘的尺寸多种多样。举例来说，酒杯的容量有四升、两升、一升半和一升。亲自检视这些考古发现的学者表示，有些器物，如果想要更好地理解，最好从成套的角度来理解，而不是只看单件器物。额外要注意的是，漆器里的卮、耳杯、瓿是汉代用得最普遍的饮器，而食杯是用来盛羹的。没有哪样是上层阶级专享的。不用说，虽然普通人用的也是相同类型的器具，但是器具的材料——陶或木——其质量就差得多。但是，考古发现表明，汉代的陶器有时候也是成套的，这或许是在模仿漆器。众所周知，汉代的漆器价格，不仅比瓦器（粗陶器）和木器高，也比青铜器高。劳榦说汉代的漆食器基本代替了先秦的青铜器，这话肯定没错。

在饮食器具的材质方面，汉代中国人也同样具有地位意识。西汉末期，身居高位的唐尊用陶器，被指虚伪。光武帝在位时，桓谭在一篇写给皇帝的劝诫文章中，指责某些虚伪的宫廷高级官员，说他们为了博得简朴之名而在饮食时使用普通的木器。有趣的是，刘向在《说苑·反质》中借孔子弟子之口，表达了陶器和"煮食"只适合穷人。"煮食"之所以被认为是劣等食物，大概是因为穷人在烹饪麦、菽、藿时都用煮的方法。

最后，汉代人最必不可少的炊具有哪些？答案是脱口而出的："釜"和"甑"。这两种炊具是汉代厨房里最基本的东西，无论贫富。釜（煮器）主要用于做羹，甑（蒸器）主要用于蒸饭或者煮饭。实际烹饪时，甑一般放在釜上。因此，从考古学的角度来说，二者总是同时被发现，似乎是不可分离的一对。大部分的釜和甑都是陶土做的，在马王堆、山东禹城、广州和烧沟发现的都是如此。但是也有金属材质的釜。烧沟发现了铁釜。广州发现的墓里出土了七个青铜釜，其中有许多鱼骨。1955 年，浙江绍兴漓渚的汉墓里出土了好几个釜，既有陶和青铜的，也有铁的。但是，铁釜的数量比其他两种多。在历史文献里，如《史记》

《汉书》和《后汉书》，我们也经常发现釜甑同时出现。我们可以有把握地认为，既然羹和饭是汉代人的两种基本食物，那么釜与甑的搭配使用无非只是反映了汉代这一基本的饮食状况。

走向烹饪革命

本章到目前为止，还没着重提到汉代烹饪上的重大创新之处。现在，作为结论，我想着重指出，汉代在饮食方面既坚守传统，也拥抱创新。接下来，我先列举几样首次引入的重要外来食物，再继续讨论汉代对烹饪技艺做出的两个重大贡献，私以为，这两大贡献在中国烹饪史上具有深远的革命性影响。

汉代的特点之一就是扩张，而扩张必然对外来事物敞开了大门，其中就包括食物。汉代以后的文学作品把几乎所有从西域引入的外来食物归功于张骞这位西汉初年最伟大的旅行家、外交家。举例来说，这份外来食物清单里就有葡萄、紫苜蓿、石榴、核桃、芝麻、洋葱、葛缕子籽、豌豆、大夏的芫荽、黄瓜。实际上，桑原骘藏已经在《张骞西征考》中证实，这些植物里没一个是由张骞亲自引入的。但毫无疑问的是，在张骞出使西域后不久，上述食物就有部分被引进了中原。葡萄和苜蓿籽，就是由汉代使节于公元前 100 年左右从大宛引入的。东汉时期的一篇文学作品进一步提到了葡萄。最晚到公元 2 世纪末，由西域引入的葡萄酒就极受珍视。孔融曾给朋友写信感谢他相赠核桃。在《四民月令》中，我们能发现苜蓿、芝麻、豌豆和洋葱。芝麻似乎特别重要，因为文本中只有芝麻出现了三次。汉灵帝享用的"胡饭"，很可能就是在饭中加入了可口的芝麻。

还有知名的龙眼和荔枝，虽然它们来自地处热带的南部边疆，但有汉一代，一直被认为是外来的。这两种水果都由快马从广东送至宫中。汉顺帝在位时，王逸作《荔枝赋》称赞荔枝为"贡果之最"。东汉末年，仲长统还在批评同代之人沉溺于荔枝之味。

我们在前文说过，大豆和小麦主要是普通人的食物。但是，正是由于大豆和小麦，一场烹饪革命在汉代悄然兴起。此处，我特指的就是"豉"和小麦粉的制作。正如石声汉指出的：

> 豉在中国广受欢迎，特别受过着极简生活的农村人欢迎……豉几乎是他们唯一能享受得起的美味。豉出现的日期还没有很好地溯源，但是司马迁在《史记》里提到，豉是城市里的商品之一，因此豉在当时肯定已经大规模生产了。其制备之法首见于《齐民要术》。

但是，在唐代孔颖达和宋代周密这样的博学之士看来，豉的发明时间在公元前 200 年左右。豉在汉代初年就已经成了基本的调料，而淮南王刘长因图谋叛乱被谪之后，朝廷给他供应的少数几种食物里就有豉。"豉"这个字甚至进入了汉代的学童识字书，即《急就篇》——这就明显说明豉多么受欢迎。现在，随着马王堆一号墓的发掘，豉的遗迹首次成为一个确凿的考古事实。最早的豆腐据说也出现于汉代，但是文献证据太弱，不足以支撑这一观点。

不过，我们今天所称的"面"明显是汉代对中国烹饪技艺所做出的独特贡献。在汉代，广义的"面食"称为"饼"，而在《说文》中，"面（麪）"这个字对应的解释为小麦磨成的粉（麦末）。面食到了汉代才出现，这或许可用一个简单的事实来解释，即到了汉代，中国人才掌握了大规模研磨面粉的技术。这样的技术很可能是由于西汉后期的扩张而从西域引入的。例如，有人怀疑，面粉磨就是从另外一种文化借鉴而来，而非本土发明。烧沟墓里就发现了三副石磨，可以确定其年代在西汉末到东汉初之间。因此，我们可以假定，晚至公元前 2 世纪下半叶，汉代人就在制造面粉了。"麨"这个字就专指磨麦。

到了东汉，面食花样繁多，包括煮饼、馒头、胡饼（芝麻饼）。根据《释名》，面食被称为"饼"，因为这个字表示混合（"并"）面粉和水。与此相关，揉面的场景已在汉和魏晋的墓中发现，比如沂南墓和嘉峪关墓。煮饼和水溲饼也见于《四民月令》。公元 2 世纪，煮饼非常受欢迎，连皇帝都吃。从王莽时代开始，卖饼的生意就引人注目了，这大概并不是巧合。

西晋的束皙作了一篇《饼赋》。按他的说法，周代人知道麦饭，而不知面食，后者在他那个时代才刚刚出现。他专门提到了揉面的技艺，生动描述了厨师如何运用灵巧的双手将面团揉成了各种形状。他还提到可以在面食里加入肉（尤其是猪肉和羊肉）和调味品（包括生姜、葱、花椒，还有最重要的豉）来做更精致的料理。但从历史的角度来看，他对面食起源的看法更让我们有兴趣："或名生于里巷，或法出乎殊俗。"换言之，正是因为汉代人发挥聪明才智，实验了最常见的食材，再加上愿意向其他文化学习借鉴，才最终开启了中国饮食历史上一个全新的篇章。

注释

[1]　本书即将出版之际，我注意到林巳奈夫详细研究了汉代饮食（用日语写成）。林巳奈夫的研究跟我这章一样，既依靠考古证据，又依靠文献证据。不过我们的处理方法不一样。因此，读者要想获取额外信息的话，可以参考林巳奈夫的大作。借此机会，我想感谢香港中文大学中国文化研究所，因为在 1974—1975 年秋季学期，我从研究所里得到了协助，这有助于写成本章的内容。我还要感激苏珊·康弗斯女士，因为她在研究和编辑方面帮助过我。

[2]　从马王堆三号汉墓发现的竹简看，把酤羹鉴定为大羹还有待商榷。

[3]　我们知道，这种榻在汉代并非不常见，因为不仅壁画里有发现，四川的画像砖里也有发现，只不过后者的两侧没有屏风。此外，《高士传》也说公元3世纪的管宁经常坐在一个木榻上（"常坐一木榻上"）。

[4]　但是，按照《汉书》的说法，盖侯面北（《汉书·窦田灌韩传》）。

[5]　这些说法的基础是严可均收集的各类文学作品。

[6]　根据劳榦的研究，正常来说，一斛没去壳的谷物的价格只有百钱。

第三章　唐代

薛爱华

　　研究唐代饮食和烹饪时，如果查阅那些可以合理利用的同时代文献，你就会发现可兹利用的材料相当丰富。唐代正史的参考书目部分列出了大量的名为"食经"的书籍，而且把"食经"融入了更长的标题里[1]。不幸的是，其中有很多书，不论是唐代编撰的，还是前代保存到唐代的，如今要么全本无存，要么部分散佚，若能发现后世的汇编资料引用了其中的只言片语，那就已经算是幸运的了。不管怎么说，把这些古籍当作现代意义上的食谱是错误的。这些古籍是精英阶层的饮食指南，首要目的是指导他们如何正确制备平衡的膳食，平衡的膳食非但不会扰乱躯体的平衡，还能改善身体内部状况，最终有助于延年益寿。

　　博学的医药学家提供的建议必定对厨师的烹饪实践有巨大影响，

1　见《新唐书》卷五十九所记《淮南王食经》《四时御食经》《太清神仙服食经》《神仙服食经》《神仙药食经》等。

后者的菜谱也因此做出了及时的调整，进而被认为是美味佳肴的权威方案。鹿肉加姜和醋，起先是当补药被推荐的，最终却成了受重视的珍馐美味。因此，举例而言，在研究唐代饮食时，不可避免地要涉及公元 7 世纪医药学家孟诜的现存著作。他的著作现在仅以残篇和引文的形式存在，其中最出名的是他所撰食经的部分内容，保存在后世日本人编撰的概要《医心方》中[1]。然而，细究起来，这些特别的引文对研究饮食史的学者来说并没有多大的吸引力。几乎每份食谱都是推荐给内科医生的，甚至不限于内科。举例而言，有个药方说，把核桃仁磨成粉，再跟白铅粉相拌制成浆糊，可治秃顶。对唐代人来说，这依旧完全属于"食物"的范畴——即改善身体状况的物质。即使是我们这些开明的现代人，如今也会提到"吃出好肌肤的食品"之类的东西。

最后，虽然我们应当谨记食与药之间有着密切联系这一事实，但说到唐代饮食习惯，质量最高而最有趣的信息，并非出自有关食材功效的官方正式资料，而是出自文学作品——其中最重要的就是诗歌。正是从唐代有教养之人所写的诗歌中（很庆幸这些诗歌大部分都保存下来了），我们才了解到何为当时真正的美味，用来招待贵客的是什么，以及在自家庭院的安逸中愉快享用的是何种食物。[2]

食材

古老而可靠的食材在唐代仍然很受欢迎。匆匆一瞥便可确知，粟米、稻米、猪肉、豆类、鸡肉、梅子、大葱和竹笋依旧是重要的食材。但自汉代以来，小麦的重要性肯定大大提高了。至于薯蓣和芋这类地方范围的主食，其重要程度的相对变化就难以确知了。

有些饮食方面的变化与中原人和其他少数民族的争端有关。举例来说，在南方，山谷中早先的种植者正逐渐为中原人所取代，越来越多的当地人觉得有必要放弃水稻田，上山居住，而在山上，他们必然只能采取原始的刀耕火种技术。我怀疑，这种古老的耕作方式在一段时间内不断扩张，对土壤和森林造成了损害。尽管生产的性质和产量都发生了各种变化，但唐代人正克服自己古老的偏见，而且，至少在上层人士那里，尝试新鲜事物的风气日盛。但总体而言，粟米糕和米饭依旧在唐代人的日常饮食中占据核心位置。

尽管小麦日益重要，而且南方的水稻田也在不断扩张，但"真正的"粟（稷），也就是中国人培育的最经典的禾本科植物，依然是唐代重要的食物来源。稷是中国最北地区的典型食物，也是塞北地区出产最丰富的食物。在种糯米的北部区域，传统上会用有黏性的粟（秫）来酿酒。粟在南北方都有种植。在北方，种植粟需要除草，以防被杂草侵害。在南方，粟很容易就长得很好，因为其是在火耕地的草木灰中生长的。其中有一种优良品种，每年会作为地方贡品由山东西部进献皇宫。还有其他一些地方品种，如陕西南部的紫杆粟、长江口的黄粟。

唐代都城所在的陕西，似乎是小麦的生产中心。

在中国，大麦的种植历史比小麦更加悠久。大麦是秋种夏收的农作物，用于制作羹汤。大麦广泛种植于黄河平原。古代医药学家建议，做羹时大麦不要去皮，这样才能最好地平衡热性（来自麦面）和凉性（来自麸皮）。另外还有一种白大麦，种植于首都长安西北方的鄂尔多斯，于春季播种。

稻米虽然在史前时代就为中国人所知，但是在向南方扩张好几个世纪之后，它才逐渐在中国人的饮食里扮演了越来越重要的角色。但是，在唐代，稻米即便在北方也有种植，却无法与小麦和粟抗衡。稻有水稻和旱稻之分，也分有黏性的糯米和没有黏性的粳米。最南面的少数民族发现，在火耕田里种旱稻（"火稻"）最好。但在潮湿的南方山谷地区种植的水稻才是最受欢迎的。粳米的最大产地在淮水和泗水之间，即从河南东南到江苏、安徽的大运河流域。还有个亚种叫籼，熟得早，农历六七月间就能收获。这种早籼稻就包括占城稻（占稻），于10世纪从占城经福建引入，但是到了11世纪初才在长江流域被普遍接受。备受赞誉的香粳（不黏而有香气的稻米）会从浙江和江苏进贡到皇宫。糯米广泛种植于南方，因可用于酿酒而受到珍视。

在这些一般的种植谷物之外，偶尔还有一种禾本科植物可作替代，那就是有着珍珠般白色种子的薏苡。薏苡有个带软壳的南方变种。尽管在常规的中国饮食叙述中，这种植物不太常见，但它在中国有着悠久而重要的历史。在人类历史破晓前，大禹的母亲吞了这种神圣植物的种子，之后就怀孕了。东汉的伏波将军马援，出征瘴气弥漫的热带地区时，就是吃了这种谷物——大概是南方变种——才能保持健康。在唐代，无论是野生的还是培育的薏苡，一直是重要谷类作物的补充，二者之间的关系，就跟桄榔和用桄榔树皮制成的面粉之间的关系一样。就像公元9世纪的韦庄指出的：“米惭无薏苡，面喜有桄榔。”

豆类是中国饮食的重要组成部分。下面的几个例子都是从唐代有重要意义的种类中挑选出来的。大豆用途多样，格外为唐代医药学家所重视。他们主张大豆的不同烹饪方式对身体会有不同的影响。举例来说，翻烤的大豆过热，煮出来的过凉，制成豉很凉，而做成酱就凉热适度。但是，翻烤的大豆配酒服用，据说可以治疗某些种类的瘫痪之症。有一种被称为“白豆”的大豆变种，因其风味而颇受人喜爱，无论是煮熟了吃还是生吃，都对肾脏有益。豌豆起源于欧洲，早就引入了中国。在唐代，豌豆有各种各样的名字，如胡豆、豌豆、毕豆。

叶菜、根菜、种子（谷物和豆类以外的）有着令人眼花缭乱的不同变种，它们在唐代饮食里扮演着或大或小的角色。我们在这里只能挑几个来讨论。其中很多都是引入物种，有些早已引入，有些晚近才引入，比如菠菜和球茎甘蓝就是从西方引入的。看来，在皇家园林之中，一定做了相当数量的实验，用于栽培优品种的果蔬，这些果蔬有外来的，也有本土最上等的，都为皇家餐桌增色不少。一些有趣的逸事——其中某些已不可考——倾向于支持一种说法，即"司苑"（园林监管人员）一职不仅仅负责繁育已经被接受的品种。有个可信的例证是，公元751年，也就是唐玄宗在位时，御花园的"柑"成功结出了果实，之后玄宗收到大臣上表，称皇帝陛下的神力使柑结了果。这说明，宫中必定设置有某种温室，好能在北方都城模拟出亚热带的气候条件。

我们先快速看一下唐代典型的食用叶菜、茎菜和根菜。有一种特别重要，以至于宫内要设置一个专门的部门，即司竹监。这个部门负责管理宫中竹园，而这座竹园可以为御厨提供嫩竹笋。长江三角洲地区上贡了极佳的竹笋品种，而陕西南部有种冬季食用的优质品种。但是，普通的品种要春天才吃得到，白居易的诗说明了这一点，而且某些地方出产的竹笋极多。最可口的要数湖南的斑竹笋，这种竹子成熟时会出现斑纹，据说是舜帝妻子娥皇与女英的泪痕。

然后还有大黄，其具有相当的药用价值，适宜于西北的环境。水生的莼菜可以用来做美味的羹，而葵的各个品种都有柔软且会分泌黏液的芽和叶子，被认为是中国古代最重要的叶类蔬菜，这两种蔬菜仍然是唐代饮食的重要组成部分。后来，它们的重要性就下降了，逐渐为白菜（菘）所取代。当今时代，昔日颇受尊崇的锦葵却被视作杂草。

王禹偁在诗中说，如果身在偏远的山中寺庙，可以期待吃到做熟的蕨；[3] 水芹（不同于旱芹）也是唐代人熟悉的蔬菜，生长于野外，在水田里栽种；蓼的叶子辛辣而可食用；薲菜（莘荶）是种小型蔬菜，后来跟锦葵一样，仅仅被当杂草对待；还有龙须菜（天门冬、武竹）、川芎（芎䓖）、构树叶、堇菜，甚至还有当作普通草料的苜蓿，这些都是唐代餐桌上的绿叶菜。沿海水域的藻类也在饮食中占有重要地位。紫菜从沿海的江苏到广东一带采摘而来，唐代人十分熟悉，但唐代人饮食里也有青苔或者石莼（海白菜）这类含有丰富碘的藻类植物，还有属于褐藻的昆布，富含甘露醇。

　　葱属植物的叶子和鳞茎充满香气，在唐代的烹饪中大量使用，并因其温热和滋补的特性而备受追捧。蒜很明显是早期从西域引入的，经常会加入煮熟的菜肴里食用；其中备受人们喜爱的是出产自陕西南部的、在夏天收获的大蒜。另一方面，薤原产中国，分红、白二种，而白者更受人喜欢，其鳞茎常用于腌制。大葱在中国也古已有之，分好几个品种。它可作调料，而其发热特性可作为冬季御寒的首选。原产中国的还有野韭——与西方人熟悉的韭葱不同。孟诜警告同时代的人，韭不应与牛肉或蜂蜜同食。

　　根类蔬菜在中国人的饮食习惯里有重要作用，但是它们不如谷物那么受尊重，有些最多被当作救荒食物。从先秦开始，中国的中部和南方就有了薯蓣。其中，白色品种可晒干、磨粉，被认为味道极好；青黑的品种价值较低。宫廷要求，只有江南的薯蓣才能作为贡品。芋头起源于热带，却被认为是最早在中国栽培的植物之一。唐以前，芋头被认为是最重要的块茎作物。芋头有蓝、白、紫三个品种，还有些个头较小的品种，主要生长于中国较温暖的地带。蓝色品种有毒，要过滤之后才能烹食。野芋头的毒性强得多，任何情况下都吃不得。此外，用芋头做肉羹是极好的。宫廷曾从湖北得到过一种品质极佳的根茎作物。小萝卜（radish，莱菔）的根和嫩芽[4]，在唐代显然不像在今天这么重要；萝卜已经逐渐取代了芜菁。芜菁跟萝卜一样，也是北方植物；芜菁的根通常烤着吃。有人相信，莲属植物和甘草植物的根都有药用，就跟人参一样，药效大于食效。

　　广州附近，在做饼方面，西米是一种可以与碾磨的谷物相媲美的粗粉——尽管其地位比稻米要低。这种食材产自当地的若干种棕榈树和苏铁类植物，其中最重要的是桄榔。其一般与水牛奶同食。桄榔树还产出一种糖，名为棕榈糖，是棕榈酒的原料。但是，东南亚西米的经典来源则是西谷椰子（莎木），因其出产的黄白色粗粉的清香味道而最受喜爱。

　　我们应该把茄子归入水果，确切地说，事实上，这是唯一的一种我将其归入蔬菜的水果，尽管这会令西方读者感到困惑。不管怎么说，这种植物起源于热带（隋炀帝因此称之为"昆仑紫瓜"），而且，中国境内显然有好几个品种。茄子既可以生食，也可以做熟了吃。

　　我们很难估计蘑菇在唐代饭菜里的重要性。王贞白有首诗，赞美了一位佛教尊师以古鼎烹制蘑菇的行为，但这首诗也仅仅证明了这位尊师的古朴美德。对于日常生活里的现实状况，这首诗什么也没有说。[1]有医药学家曾说"牛粪上黑菌尤佳"，而其他人则推崇桑树、构树、榆树、柳树和其他许多树的树干上的檐状菌（木耳）。

　　水果、坚果和种子本质上是一类的，从严格的植物学意义上来说，我们最好统称其为水果，先不管它们各自对味觉的吸引力如何。在唐代，每个人知道有一些经典的水果——也就是为先秦之人所熟悉的那些——这些水果的优点都记载了从遥远的过去传承到唐代的典籍之中。餐桌上经常能见到它们，而且与外来水果明显不同，尽管贵族阶层日益了解了外来水果，甚至在一些原本保守的膳食中，外来水果还被奉为名贵菜肴。不过，重要的是，基本原则应当在官方文件中得到维护，也因此，在唐代宫廷，河南中部这个中华文明古老中心出产的水果和花卉被视作全国最好的。据说，花园城市洛阳是无数种美丽、可口的植物的天堂。相应地，王室对水果的公开评价忽略了长江流域的新美味，更别说岭南地区那些更新颖、更美味的东西了。

　　任何一份中国经典水果清单都会以桃子开头，无论是在民间传说、传统宗教、文学作品中，还是在民众感情里，桃子的形象都非常突出。在唐代，桃子的一些新颖的外来品种被从中亚引入。举例来说，康居国（撒马尔罕）的金桃，如鹅蛋般大小，就成功地移种到了长安

1　《寄天台叶尊师》："师住天台久，长闻过石桥。晴峰见沧海，深洞彻丹霄。采药霞衣湿，煎芝古鼎焦。念予无俗骨，频与鹤书招。"

的御果园里，不过没有证据表明这种桃子传播到了这些圣地之外。在文学作品中，相比其果实而言，樱桃更受关注的部分是在春天绽放的花朵。李子在文学里同样常见。孟诜指出，李子不能跟雀肉和蜂蜜同食。文学作品中更引人注目的是梅子，常误称成李子。鼠李（椑）在上流社会很受欢迎，因此也正式被从湖北南部引入了皇宫。梨，包括叫凤栖梨的特级品种，属于北方水果，其中最好的出自陕西。和梨关系密切的是海棠，这种树很漂亮——有个品种叫海红，是从朝鲜半岛引进的——但是很明显，在唐代的饮食里，海棠的果实并不重要。跟海棠关系密切的是甘棠，有些分类学家认为甘棠也属于梨。在南方，用蜂蜜和朱砂浸泡之后的海棠果，可在饭后佐酒食用，是一种增进健康的灵丹妙药。杏却要风干了才吃，而且认为其有益于心脏。美味水果的花名册几乎没有尽头。还有小小、酸酸的沙果（林檎、文林郎果、花红）、长江以南百姓广为食用的山楂，以及山楂可食用的近亲，即鲜红的野山楂。当时也有人吃木瓜。柿子被认为可以解酒。杨梅多见于岭南有瘴气的山麓丘陵地带。当时也有常见的枇杷。在中古时代的餐桌上，瓜类也极其重要。吃得到的种类有南方的越瓜、胡瓜（即黄瓜）、冬瓜以及瓠瓜。[5] 除了果实，这些瓜的叶子也可以食用。

　　还有其他许多西方鲜有人知的水果也不同程度出现在唐代人的饮食中。与其把它们列举出来，不如让我们看看那些在本土扮演重要角色的引进水果。源于西域的水果就包括鲜食葡萄，其种植于陕西。有人认为它太脆弱了，等运到长安的时候就没法吃了。不过，葡萄被以各种形式从中亚的高昌引入："葡萄五物酒浆煎皱乾。"显然，光葡萄干就有好几种。大枣在中国的历史悠久且备受尊崇。食用枣有好几个品种，种植于北方州郡，其中就包括酸枣，但香枣产于今天的新疆。除了其他蔬菜，伊朗的土地还结出了无花果。大食商人苏莱曼曾认为，无花果在公元 9 世纪中叶就在中国栽培了。

　　还有许多产自岭南的水果。这一地区最有名且名副其实的是各种柑橘属水果，其中一些最终走向了全世界。与南方人引以为豪的水果相比，北方只能拿出枳。枳的果实会从陕西南部和河南北部送到宫中。这种水果在南方也有竞争者，其中最广为人知的就是橙（苦橙、广州橙）。在唐代，这种优良的橙在岭南以北远至四川和湖北南部的地区也可茁壮成长。其中较酸的品种，在9世纪或者10世纪时，也就是阿拉伯人统治西亚时，被引入了地中海地区，最终变成了所谓的塞维利亚橙，可用于制作品质一流的柑橘酱。另外，其中较甜的品种，于14世纪随十字军传到了欧洲，培育成了现在的瓦伦西亚橙和脐橙。在中国本土，更加受重视的是美味的南方柑橘，即"苦皮"的橘和"甜皮"的柑，这些柑橘也生长于长江流域中部的许多地区。橘多用于药物，品种多样，其中就有朱橘、乳橘、山橘，尤其是生长于南方腹地且在冬天成熟的金橘。用蜂蜜浸渍的金橘果皮在岭南备受珍爱。如果要说有什么区别的话，柑在分布范围上比其更酸的表亲更广，产地从广东一直延伸到甘肃东南部。柑也有多个品种：朱柑、黄柑、乳柑、石柑等等，其中，乳柑被认为是最好的。最后，还有早期从印度支那引入的两种水果，一种是柚，果皮厚而甜，果肉有苦有甜，另一种是香橼（枸橼），包括外观奇特的品种"佛手"。

　　但是，广州地区真正的珍味是令人称奇的荔枝。这种水果种植于福建和四川，但是公认最好的品种出自岭南。其中有种大而无核的、表皮呈黄色的被称为"蜡荔枝"的品种。广州的荔枝是被宫廷要求作为地方贡品进献的，而且据记载，杨贵妃嗜荔枝，唐玄宗就为其特别设置了驿马，以便荔枝运送到长安时还能保持相对新鲜。不过，这个故事可能是杜撰出来的，因为唐代的医药学家说过，这种水果的气味一天就变，果肉在两天内就会变味。人们愉快地认为，吃了这种无与伦比的水果就可以解酒。荔枝的这一优点在广州的农历九、十月份肯定尤其重要，那时候，人们举行盛大的活动庆祝荔枝成熟，树上猩红的荔枝壳光彩夺目。与荔枝密切相关的是令人愉快的、稍带酸味的红毛丹（韶子）和龙眼，龙眼比荔枝小，也不是特别美味。[6] 张九龄在《荔枝赋》中曾写到，尽管他听说有人把荔枝与龙眼甚至葡萄相比，但这根本无法相提并论。他认为，荔枝应当送进宗庙——这种说法明显不当，因为荔枝不属于传统食物——而且值得敬献给王公贵族。

唐代人食用的热带水果清单上必有三种榄仁树的果实，即庵摩勒（油柑、余甘子）、毗黎勒、诃黎勒（诃子、藏青果）。这三种苦涩的水果在南亚和东南亚声名远播，甚至其野生品种也可用于贸易和医药。广州附近就生长着这三种榄仁树果实，有些是野生的，有些则是引自南方的园艺植物。它们作为滋补品和延年益寿佳品的名声非常响亮：实际上，它们是与人参同属一类的神奇药物，因此在医药上比在烹饪上更为重要。

还有几种蕉，在唐代，它们既装点了花园，也满足了人们的口腹之欲。蕉的基本形式是芭蕉，其叶可以产出有用的纤维，可用于制造纺织品和纸张，但芭蕉主要还是花园里的观赏性植物。甘蕉的用途类似，但主要是食用植物。美人蕉也有可以食用的果实，但是它之所以在南方受人喜爱，主要还是因为其红色花朵光彩夺目。

南方还有许多为人们所熟悉的棕榈树。我们之前已经提到过两种能产出桄榔面的。此外，还有两种具有重要技术用途的品种，即棕榈和蒲葵。蒲葵在技术上有重要的用途。不过，与此处所论主题最为相关的是椰子树、槟榔树以及枣椰树。李珣注意到了椰浆的好处，认为椰浆虽似酒，饮之却不醉人。槟榔果如今在整个东南亚仍然被当成咀嚼剂来使用。槟榔果磨碎之后，加上生石灰（常从燃烧海贝中获得），有时还会加上些婆罗洲的樟脑，放在一片叶子上，这被认为是招待客人的应有之礼。在唐代，这种美味的兴奋剂在广州地区很有名，而且每年都要向宫廷进献——毫无疑问是看重其药用价值。波斯的椰枣被引入广州，因其外观与当地的枣子相似，得名波斯枣，而到了9世纪，同一地区就开始栽培枣椰树。

另有一种小型水果，个头与枣差不多，那就是橄榄。橄榄树这种热带树木还会产出榄香脂，可用于制造船漆。这种水果在南北方都很受喜爱。鲜果味道是酸的，而用蜂蜜浸渍再吃，味道就异常地甜。据说，橄榄还有清新口气之效，胜过丁香。

各种各样的坚果，不论是本土的，还是外来的，都被大量食用。最好的榛子出自陕西西部。柏实（侧柏的种子）也很受重视，产于河南及陕西北部。松实或松子也可以在多山的陕西找到，但是最好吃的来自朝鲜半岛。朝鲜半岛产的松子是红松的种子，个儿大，有芳香，营养丰富。栗，早就是人们的心头好了，最好吃的生长于河北北部。栗子吃之前得晒干或者烤熟，有时还会磨成栗子粉。栗子被认为对肾有益。中国榧产出的美味坚果榧实，食之可助消化。长江以南的小叶青冈也产出一种可食用的坚果——槠子。通草的茎髓最有名，因为茎髓可以拿来制造"米纸"，而通草的种子在唐代被视作美味。

有些重要的坚果和种子来自西域，其中一些也是唐代的园艺家种植的。据传（很可能有误），胡桃是张骞从西域引进的。到了唐代，北方果园已经在种植胡桃了，但是医药学家警告说，胡桃吃多了于心脏不利，可能会引起呕吐。阿月浑子（胡榛子）是从波斯引进的，据说可提高房事能力，也可以改善整体健康。到了9世纪，岭南就开始种植阿月浑子树了。我们熟悉的扁桃仁是从中亚引入的，而按照商人苏莱曼的说法，中国在唐代末期就开始栽培扁桃了。胡麻（芝麻籽）很可能起源于波斯，但很早就为地中海各族所熟知。不清楚的是，胡麻何时为中国人所知——可能在唐朝以前。有时候，胡麻会跟远东地区的亚麻混淆。人们对亚麻的兴趣主要在于它可以榨油，不过亚麻籽也可以炸干后食用。

唐朝的普通人好像不怎么吃肉。一方面，家养牲畜还有除食用外更重要的用途。不过，更重要的原因是人们对谷物食品的长期偏好，也许这最终与一个古老的观念密切相关，即家养牲畜更应用于侍奉神灵而非供养人。不管怎么说，在先秦，干肉和腌肉确实是上层阶级的主要食物，而且在某种程度上来说，这种现象一直延续到了唐代。但是，唐代的美食清单里没有多少肉菜，医药学家对肉类的评价很低，特别是牛肉。比如孟诜认为，吃了普通的黄牛肉容易生病，而黑牛肉则无论如何也不能吃。他认为，牛只适合用来帮助人们种庄稼。不过，牛肉多多少少还是有人吃的，比如南方的水牛肉。这种任劳任怨的牲畜的肉在岭南获得的评价很高，通常会做成烤全牛或者用其肉做烧烤。

这条普遍规律的最大例外是富人和贵族阶级的饮食——尤其是在宫廷。诗人韦应物指出，人们随意享用炖煮的小牛肉和烤羊肉，这是宫廷宴会奢侈浪费的标志。羊肉更多时候是北方游牧民族的食物。孟诜和孙思邈都曾警告人们，猪肉吃得过多会有害——这大概意味着猪肉可能比牛肉更容易出现在普通人的餐桌上。另一方面，人们相信吃狗肉对身体有益，特别是可以补肾。在北方，双峰驼既有野生的，也有驯养的，是种可靠而不可或缺的力畜，偶尔也出现在宴席上。杜甫和岑参都曾说过，驼峰是贵重肉羹的重要原料。不过，这种肉仍然不可能是唐代人的日常饮食。

血制食物也存在，难的是推测它们的受欢迎程度。有道菜叫“热洛河”，唐玄宗在位时，宫廷中就会呈上这种食物。有种调配食物就是山羊血里加调味料和酒，还有种肉馅羊肚既用了羊血也用了羊肉——但是这些可能在当时都是稀罕物。

然而，出于操持家务该有的审慎，人们更愿意吃野生动物的肉，而不是家养的牲畜。事实上，地主和农民似乎都很依靠野味来补充饮食。（地主想吃野味，很可能是组织人打猎，或者找专门设陷阱捕野兽的人；农民则靠弓箭、巧妙设置的陷阱以及训练有素的猎鹰。）长期以来，鹿肉都是中国北方饮食的重要组成部分。这种情况在先秦比在中古更甚，因为越往后，人口大幅增长，同时北方森林遭砍伐，这必然导致所有野生动物的数量下降。麋鹿就是其中之一，这是种生活在沼泽地以及水边的大型鹿。汉代之前，麋鹿都是贵族猎人的主要猎物，如今却在原产地灭绝了，尽管它在一些西方动物园中被保存了下来。在唐代，麋鹿仍然在野外成群结队出现，因此，这些野兽不难成为人们的盘中餐。但是，孟诜建议人们不要过度食用麋鹿肉，而且事实上，麋鹿肉似乎一直被视作平庸的饮食——已然远离古时一等肉类之列。

除了大型的麋鹿，中国还有许多其他鹿类能够提供蛋白质：有南方的水鹿这种大型鹿，有梅花鹿之类的中型鹿（几乎到处都有），还有麝（多因其可作药物和香水而受重视）、獐、毛冠鹿、赤麂这类小型鹿。麂加上生姜和醋煮熟，既美味又滋补。

还有其他的野生动物，其中包括中国特有的羊羚——鬣羚、斑羚、扭角羚——也都被捕猎和食用，它们的肉也被人们所珍视。野猪肉是串在烤肉叉上烤的，这样一来，赴宴之人就不用看着家猪被杀，心中就没了道德上的负罪感。野兔在先秦时就是普通人捕猎的对象——炖锅中总也少不了。抓野兔要靠设陷阱诱捕，或者放出训练有素的苍鹰和雀鹰。野兔是野味的代表，在这方面能与之相提并论的就是雉鸡。尽管野兔的肉很受欢迎，陈藏器还是警告人们别吃得太多，但秋天除外。毫无疑问，这种告诫还是有根据的，因为古代有禁令，在动物交配、产子的季节，不得食其肉，而秋季确实是公认的死亡和屠杀的季节。另有一种小型动物也注定成为锅中之物，名叫狸，形似狐狸。孙思邈认为狸肉可谓滋补上品，但孟诜警告人们正月不能吃狸肉。在甘肃、四川、西藏的西部高地，当地人把旱獭从洞穴里挖出来当食物（它们的毛皮也可以拿来制成暖和的衣物）。这些都是所谓的四川旱獭，其蒙文名字叫"达剌不花"，转为汉语后则称"土拨"。

即便是一些卑贱的哺乳动物也会成为食物。竹鼠曾被河北节度使进献给御厨。在岭南，新生的鼠被灌满了蜂蜜，在宴会的桌子上缓慢匍匐，无力地唧唧叫着，等待被筷子夹走，生吃了下去。很明显，这是当地的习俗，但被外来移居者接受了。即便是顽皮的海獭，活动范围从中国北部水域延伸到白令海峡和南部的加利福尼亚，也在唐代成了鼎中之物。

南方餐桌上公认的特色菜中，数大象肉最有特色。在唐代，这种厚皮动物在遥远的南方仍然有很多，因此，在中国中部的偏远地区，成群的大象并不罕见。岭南的当地人会杀死这些庞然大物——尤其是皮为黑色而象牙呈粉红色的品种——在宴会上烤制它们的鼻子（象拔）。这种美食的味道可与猪肉相比，不过比猪肉更容易消化。蚺蛇也是受人喜欢的食物，尤其是切成薄片配醋一起吃。

从先秦开始，较小的鳖和较大的鼋就成了美味羹汤的基本原料，而这些爬行动物的卵也很有价值。陈藏器赞成以"五味"烹煮鳖肉，孙思邈却严肃地警告人们，鳖肉不可与猪肉、鸭肉同食，尤其不能跟芥菜籽同食。但这些美味与在全世界热带地区常见的、著名的绿海龟（龟鼊）所提供的愉悦相比，就显得过于粗粝了。绿海龟生活在南海，从其腹甲中提取的凝胶，无论是在长安宫廷宴会的浓汤中，还是在英国的白金汉宫，都同样受人喜爱。

现在我们来说说禽类。此处不必区分家禽和野禽。许多品种都是很久以前从东南亚的原始森林中进化而来的，而且唐代的专家都热衷于指出食用这些外形、颜色各异的不同物种对人体的不同影响。举例而言，孟诜发现黑母鸡的肉极易消化，但同时警告说，不能吃颜色较深的、白头的母鸡。孟诜赞许白色家鸭的肉，但是他又怀疑黑鸭的肉有毒。孙思邈认为，喝了鸭肉汤，分居的夫妇可以重归旧好。鹅，不论是野生的还是家养的，同样都是绝佳的美食，尤其是串起来烤的。不论是法律还是习俗，都没有禁止食用鸣禽——一年到头都有人吃——不过，至少陈藏器认为，最好在冬季吃，因为那时候吃可以壮阳。

中国是一个多雉鸡的国家，雉鸡自古以来就是常见的食物。环颈雉（野雉或雉）尤为常见，但其他种类的也会被食用，比如褐马鸡（鷩鸡）。和其他食用动物一样，吃雉鸡也有禁忌。举例来说，雉鸡不能跟核桃同食。或许值得注意的是，雉鸡一般是用训练有素的苍鹰捕获的，而猎隼更倾向于用来捕捉苍鹭和其他猎禽，游隼则用于捕鸭子和其他水禽。乡下农民如果幸运的话，可能会有一只雀鹰，可以捕猎鹌鹑这样较小的林地禽鸟。

不管怎么说，野禽在唐代饮食里具有极其独特而显要的位置，鹧鸪和鹌鹑的重要性仅仅比雉鸡差了一点点。体型小而有斑点的东方鹌鹑（鷃）被大量食用，尽管孟诜建议人们不要将其与猪肉同食。广受欢迎的鹧鸪肉——据说比鸡和雉都好吃——也有差不多的禁忌，即不能与竹笋同食。南方禽鸟中那些最漂亮的，那些我们会留着装点花园和鸟舍的鸟类，早已在人类的肚皮里走了一遭：端庄健美的绿孔雀被人用文火慢慢煨炖——味道据说像鸭肉——而且孔雀肉有时也会被做成肉干储存起来以备日后食用。就连岭南五颜六色的长尾小鹦鹉，也没躲过类似的命运。

鱼也是唐代人饮食中非常重要的一部分。它们从海洋、河流、湖泊和池塘中捕获而来，种类繁多，应有尽有。用网和鱼梁捕鱼能带来利益，用鱼竿和鱼线钓鱼能给人带来快乐。食用鱼也有其他用途：某些鱼的卵——尤其是鲩鱼（草鱼）的——可以撒到水稻田里，等卵变成鱼，贪婪地吃够了水草，长得肥肥的，就可以拿到集市上去卖钱。实际上，许多别的有用并可食用的生物，比如软体动物和甲壳动物，都会被养殖在水稻田和荷塘中。

最受喜爱的还是最具观赏性的鲤属鱼，这不仅是因为它的肉好吃，还因为这类鱼有着金色的鳞片且性情温和适宜家养。鲤属鱼有许多种，其中备受赞誉的要属金鲫鱼（金鱼），这种鱼在南方湖泊里十分常见。有时这种鱼会长到很大，不过也有小得多的品种。不管怎么说，这种鱼堪称美味。白鱼是另一种鲤鱼，而青鱼也叫黑鲩。新鲜的白鱼配豆豉可以做羹，用酒糟腌制的还被当成地方贡品由安徽进献宫廷，薄如雪片的黑鲩肉配橙被认为是美味。黑鱼（鳢）最受推崇的做法是在鱼身内塞满胡椒和大蒜，或者和豆类、萝卜、葱一起烹煮。岭南的鲳鱼烤着吃味道很好。岭南沿海还出产小银鱼（鱠），将其切成如鹅毛一般纤薄，加盐调味，味道绝美。鲈鱼既可以指多刺的杜父鱼（松江鲈），也指其他类似的鱼（比如花鲈）。鲈鱼最被推崇的做法是切成如雪的薄片，然后加嫩菜以文火慢炖。红点鲑（嘉鱼）生活于岩石岸边的岩穴和岩隙之中，堪称美味。南方山涧中栖息着一种石鮅鱼（赤眼鳟），可用来制作美味的鱼露。

沿岸与河口是有条纹的鲻鱼（子鱼）的栖息地，甚至在东北被当作贡品进呈皇宫。同样受欢迎的还有红娘鱼、泥鳅和"比目鱼"（可能是鳎鱼或者庸鲽）。大江里还有鲟鱼（库页岛鲟），通常被称为"黄鱼"，但是陈藏器描述其为"纯灰色"，并补充说鲟有化龙的能力。这种鱼古时也被称为鳣。类似的是所谓的白鲟，也叫"象鱼"，是中国特有的硬鳞鱼。白鲟也与龙有亲缘关系，但是会与干竹笋同食，或者做成能刺激味觉的佐料。白鲟的卵"食之健美"。南方海岸附近鲨鱼（鲛）颇多，可细切成鱼片（脍），或做成佐料。淡水中生长的鳗鲡鱼（白鳝）也会被食用，不过唐代人更重视它们的药用价值。鳝鱼会用来烹煮黏稠而营养丰富的肉羹。就连海马（水马）也免不了要进唐代人的肚子。

"脍"（鲙）这个专有术语在制备鱼肉的叙述中很常见，尽管有时候它也指切得又细又薄的猪肉或其他哺乳动物的肉。我在上文中其实也涉及了这个术语，只不过都大概地说成了"切细"或者"切碎"。这其实说得有点儿简单了。这个字实际上说的是顶级大厨的精妙技艺。鱼——尤其是有纯白色鱼肉的那些——会被切得纤细，而人们经常会用雪堆和霜堆来形容这些切好的鱼肉。爱好美食的杜甫经常在诗中提到这些美味的"雪片"在厨师的巧手下飞舞的场面。例如，杜甫就写过"鲜鲫银丝脍"这样的诗句。《酉阳杂俎》里写到，安禄山还受唐玄宗宠信时，获赐的珍贵礼物中就有一把切鱼用的鲙手刀子。《酉阳杂俎》里还写到一位厨艺高手的故事，他可以把鱼切成薄薄的鱼片，轻到几乎可以被风吹起来。有一回，一阵暴风袭来，这位高手切好的鱼片全都化作蝴蝶飞走了。不过，陈藏器告诫说，各种鱼脍都不能吃得太多，他建议人们晚上别吃鱼片，也不要就着冷水、奶制品和瓜类一起吃。

甲壳类动物、软体动物和头足类动物在唐代人的饮食中几乎和鱼类一样重要，尽管重要性不一定是按这个顺序排列的。它们统称为"海味"，其中最好的品类会从沿海的浙江进献皇宫。各类螃蟹的制作方法也有很多种。举例来说，人们非常喜欢吃醋腌的螃蟹，而螃蟹肥美的蟹黄，加五味调之，则是岭南人的一大乐事。人们还会吃虾以及与虾类似的海味，不过唐代的医药学家则用怀疑的眼光看待它们，认为用它们制成的各种发酵型的调味酱（鲊）可能致命。之所以有这种想法，可能与在农渠和排涝田里作为肥料的排泄物造成的污染有关，而这些小生物正是在这些地方茁壮成长。马蹄蟹（鲎）表面上跟甲壳动物类似，但马蹄蟹根本不是螃蟹，而是蜘蛛的近亲——这是地球上遥远生命历史中一个奇特的幸存者。它更恰当的称谓是剑尾目节肢动物。韩愈说它是南方的特色菜。南方人制作腌菜和酱料的时候就会用到马蹄蟹的肉。

在软体动物中，我们听得更多的是双壳类动物，而不是像蜗牛那样的腹足纲动物。当然，不管哪种软体动物，都是在唐帝国漫长的海岸线上找到的。最有名的就是带有花纹的双壳类软体动物——文蛤。文蛤是个很宽泛的分类，包括了满月蛤科的成员，尤其囊括了帘蛤科的帘蛤。这些海味从山东到福建的岩石海岸中被捕获，并成为北方上层人士的珍馐美味。还有几个品种的牡蛎，一方面广东沿海的采珠人会吃，另外，美食家也喜欢拿它们作下酒菜。我们一般认为牡蛎能提高房事能力，但生活在唐代的人还没有这个观念。相反，孟诜宣称，牡蛎可以治疗梦遗。朝鲜半岛有种名为担罗的双壳贝很有价值，可与昆布一起做成对身体有益的羹。贻贝科的水产外形和刀子差不多，其中包括樱蛤属和贻贝属，都是沿海居民最爱的食物。淡菜在其中属于模式种。当时的医药学家告诫说，淡菜不能直接烤着吃，要想吃得更有益健康的话，得和萝卜、瓜及其他主菜一起煮。在智力水平更高的头足纲动物中，乌贼在唐代饮食中最为重要。乌贼要盐渍风干后储存，也可炸熟后佐姜、醋而食。

有一个习以为常的观念是，东亚可以分为两个文化群——一个依靠动物奶和奶制品（如印度人以及许多中亚的游牧民族），一个拒斥甚至厌弃动物奶和奶制品。大体来看，中华饮食可以归入后者。事实上，可以在中国历史的每一个时期找到此一分类的相应证据，尽管加热的动物奶早在先秦时期就被盛赞为极有营养的食物。但是，汉代以后，当中原与西部边疆的习俗有了更显著的融合时，偏见似乎被打破了。到了唐代，奶制品成了上层阶级饮食的重要组成部分。这种变化一方面肯定是因为汉唐之际中原统治阶层与边疆显贵家族之间结成的亲密关系，另一方面则是因为各民族之间出现了渐进的融合，而不同民族的口味在过去被认为是不可调和的。

在唐代，北方人普遍认为山羊奶是一种有益健康的饮料，尤其对肾脏有益。白居易在《春寒》中直接指出，在春寒料峭的清晨，没有什么比得上地黄加奶更能让他愉悦了。于国家战乱时期在位的唐懿宗曾赐"银饼"给翰林学士，而奶就是其中的重要原料。南方也是如此，动物奶被用于制备许多受欢迎的食物，这里主要用的似乎是水牛奶。南方人取桃椰面与牛奶同食，觉之甚美。一种名为"石蜜"的甜食，出产于四川和浙江，不过也有从波斯进口的，就是用牛奶（尤其是水牛奶）和糖制作的。

奶有许多种加工方式。举例来说，可以使奶凝结做成"乳腐"，类似于豆腐。事实上，比纯牛奶更受欢迎的，是一些发酵过的或有酸味的奶。尤其有三样颇受重视，传统上，它们之间是有等级之分的，而由此形成的等级体系体现了这三样东西之间的衍生关系。这三样东西以隐喻的形式出现在文学作品中，代表了灵魂发展的各个阶段——尤其是在佛教信仰中。其中最常见，因此也是三者中等级最低的是"酪"，通常是在平底锅中加热动物奶，在乳酸菌的作用下，发酵而来的。[7]（值得注意的是，唐玄宗给安禄山赏赐的诸多贵重物品中就有"马酪"，也就是由马奶制成的马奶酒。）更高一级的是"酥"，也就是现在所谓的凝脂奶油（德文郡奶油）。它是在马奶酒冷却后，从其上撇下来或者干脆就是卷下来的那层。酥多用于高级菜肴。最后这第三样，也是最受欢迎的一样，就是"醍醐"，与无水黄油非常像。醍醐是一种有甜味的油，是将酥加热，待其冷却凝固后在最上面撇下来的少量黄油。[8]相应地，在宗教意象中，醍醐代表着佛陀精神的终极发展。

　　古代早期，名为"酪"的饮料也会由谷物甚至是水果制成。但是，纵贯整个中国历史，"酪"这个字几乎专指奶制品，尤其是马奶制品，尽管最为丰富的其实是水牛奶。还有一种干酪，很可能是粉末状的。湿酪是许多复杂菜肴的原料。湿酪混合桃榔面可制成好吃的饼；[1]加上面粉和樟脑，然后冻起来，可做成与冰激凌相媲美的夏日消暑美食。酪凝结后得到的酥在北方尤其被当成美味：宫廷每年向安徽、陕西、四川等地的牧民征收一定数量的酥。（至于牛奶做的酥和山羊奶做的酥哪种更优质，医药学家们意见不一——苏恭偏爱前者，孟诜青睐后者。）酥的鲜美味道在皮日休的《送润卿博士还华阳》一诗中得到了证实。"仙市鹿胎如锦嫩，阴宫燕肉似酥肥"，这实际就是把"燕

1　《本草纲目》卷三十一："皮中有白粉，似稻米粉及麦面，可作饵饼食，名桃榔面。彼土少谷，常以牛酪食之。"即牛酪（湿酪）是食用饵饼时搭配的饮品，而非制作饵饼的原料之一。

肉"这道菜抬高了，说它和酥一样美味。酥也用于制作最精美的糕点。在韦巨源的烧尾宴菜单上，就有好几种用酥制成的糕点。其中一种由酥与蜂蜜混合制成（"酥蜜寒具"），另有一种叫"玉露团"，还有一种有着令人着迷的名字"贵妃红"。醍醐与印度的酥油类似，从象征意义上说，比酥更精炼，正如《涅槃经》要比其所出的《般若经》更精妙一样。醍醐要用来制备最精致的菜肴，而且孙思邈认为，醍醐有大补之效，可填骨补髓、延年益寿。诗人们也发现这种极好的油非常适合用来比喻佛寺。正如沈佺期在《从幸香山寺应制》中描绘山林里一座宏伟的寺庙，他在"旃檀晓阁金舆度，鹦鹉晴林采眊分"之后，又妥帖地写下了"愿以醍醐参圣酒，还将祇苑当秋汾"。

庄稼歉收或闹粮荒时，唐代人就不得不去寻找正常饮食外的替代品。对上层阶级来说，这可能意味着他们得去吃他们原本当作"穷食"的东西，也就是穷苦农民的日常饮食，比如简单的燕麦稀粥和豆饭。穷人的情况更糟，可能不得不转而吃酒糟之类的东西。有时候也有必要放弃非野生植物，而去吃野生植物。唐代文献资料里提到最多的就是土茯苓和萍蓬草，还可以把飞蓬籽磨成粉，用槐树叶来腌制酸菜。

一些最严重的饥荒发生在被长期围困的城里。这种情况下，只要是咽得下去的东西，老百姓都不得不吃下去，无论平时有多么厌恶这些东西。公元759年，郭子仪围困安庆绪于邺城，当时城内一只老鼠的价格就要四千枚铜钱。公元887年，杨行密长期围困广陵，不幸的老百姓被迫以黏土做饼而食，而为增加滋味，不管是哪种杂草，见着就吃。还有更多令人不快的不得已：公元869年，叛军围困濠州，城内居民为获肉食，转而自相残杀。在与战争无关的饥荒中，也会出现人相食。一个例子就是公元761年末生发在长江、黄河流域的大饥荒，当时很无奈地出现了人相食的情况。

甜味剂

　　蜂蜜或许是最古老且理所应当最受重视的甜味剂之一。尽管唐代出现了其他甜味剂，但蜂蜜的优势地位没有改变。中国北方大部分地区的蜜蜂为大人物的餐桌提供了蜂蜜，而关中一带的白蜜直到今天也被认为是佳品——比长江以南出产的要好。西藏也有一种优良的蜂蜜。"石蜜"这个含义不甚明确的词，有时候从字面上看指的是从悬崖峭壁上的蜂房中得来的蜂蜜。不过，这个词更多用来指的是小蜜糕或小糖糕——我们马上就会讲到。不管怎么说，许多用蜂蜜制备的食物都很受欢迎，比如蜜笋和蜜姜。

　　古代的另一种甜味剂是饴糖，一种来自发芽谷物（尤其是大麦）的麦芽糖。其生产与酿酒密切相关。糖用甜菜或许是唐代时从西域引入的。据说当时在南方，糖用甜菜是蒸着吃的。但不清楚的是，糖用甜菜是否只是被当成普通甜菜（荞菜）的一个较甜品种。

　　对唐代人来说，甘露不是从天而降的，而是来自中亚地区的贫瘠土地，尤其是高昌周围地区的土地。那是一种类似蜂蜜的分泌物，来自没有叶子的沙漠植物，这种植物通常叫作"刺蜜"，但有时又称"羊刺"。西方人称之为"骆驼刺"。波斯人和阿拉伯人都熟知这种植物，非常自然地，中国人将其跟吉祥的"甘露"联系起来。据说只有在极其罕见的情况下，甘露才会从天而降，降下甘露就标志着百姓迎来了和平安定的时期。

　　通常可以拿来替代蜂蜜的，是从枳椇的种子、树枝、嫩叶里提取的甜味汁液。枳椇生长于南方，中文里有时称之为"树蜜"。另有一种半外来的甜味剂，尽管使用得不那么广泛，那就是从桄榔汁液中提炼的糖了，而桄榔的其他优点，我们之前已经说过了。

　　现在我们回头说说前文提到的"石蜜"。石蜜一般指由蜂蜜和牛奶制成的小糕点。这种美味的小吃产自从四川到杭州湾的长江流域。然而，最适合宫廷餐桌的品种来自陕西南部、湖南和四川。尽管这些蜜糕讨人喜欢，但它们很容易变质，因此，那些买得起昂贵替代品的人，他们的心头好很快就变成了糖糕。这些糖糕是从国外进口的，由摩揭陀国的精制蔗糖制成。事实上，引进的不光是精制蔗糖，还有从甘蔗汁里提炼蔗糖的技术。这一技术就包含了熬煮制作砂糖所要用的甘蔗汁，砂糖无疑类似于我们所说的粗糖。这种技术的相关知识在公元 7 世纪由东天竺传到中国。大运河和长江交汇之处的扬州，既是生产重镇，也是娱乐之都，迅速变成了制糖中心。虽然这种新的甜味剂要比之前的优质得多，但是很快就出现了更好的。实际上可以肯定的是，名为"糖霜"的精制白糖已经在唐末的四川被生产出来了，这是一种我们可能也会在自家餐桌上认出的一种糖。糖似乎已经成了一种令人愉快的添加剂，就连过去认为不合适加糖的菜肴也都开始加入了糖，比如唐代中部沿海地区出产的"糖蟹"。

调味品和香料

唐代的医药学家研究了所有的潜在食材，希望确定它们的功效及其对人体的复杂影响，尤其是跟其他食物相生相克的影响。他们特别感兴趣的功效是青春永驻、延年益寿、白发变黑、壮阳，以及其他类似的好处。经过浓缩的刺激性原料更有可能具备上述功效，而且对嗅觉和味觉的刺激越大，功效就越显著。因此，在做好的菜肴中加入少量烈性物质作为添加剂的需求非常大。但是，唐代烹饪对这些物质的利用程度并不总是能找到明确的证据来证明，因为运用药物和香料的技艺并不能与庖厨技艺明确区分开来。举例来说，丁香和肉豆蔻就很难明确说是作为香料还是药物来使用的。

　　数百年来，胡椒在西方菜肴里扮演的角色，到了中国就由花椒植物的辛辣种子来扮演了。一般的品种都被赋予了本地名字，比如秦椒或蜀椒。与花椒非常相似的植物是食茱萸或吴茱萸 [9]，它们的种子气味刺鼻，为浙江和福建的居民所熟悉。有时候喝茶也放花椒，还会加入凝结的乳脂。不过，对于这种过于刺激的烹饪艺术，也有些异乎寻常的反对者，诗僧寒山——在有些归在他名下的诗句里，他表现得像个愤怒的清教徒——曾难掩厌恶地写下了"炙鸭点椒盐"。

　　随着中国与东南亚国家之间贸易的逐步发展，像花椒和吴茱萸这类传统的调味品就失宠了，在美食家的餐桌上逐渐被胡椒（即我们所知的黑胡椒）所代替。这种来自摩揭陀国和其他热带国家的、味道更加辛辣的物质备受推崇，甚至绝大多数人都觉得外来的肉食菜肴不加胡椒简直不可思议，这就好比我们很难想象吃印度咖喱不加酸辣酱。其他类型的胡椒也是从南天竺经由所谓的"波斯贸易"进口而来的，它们跟黑胡椒一样，用于为某些食物添加一点更辛辣的味道。其中较重要的是长胡椒，也种植于摩揭陀国，要比黑胡椒更加辛辣。唐代人称之为"荜拨"（中文这个音译词与其产地名称 pippali 在发音上稍有出入）。唐代人所称的"荜澄茄"也是引进自印度的一种胡椒，这个名称来自梵文词语 vidanga 的某个同根词。荜澄茄因其有开胃功效而广受欢迎。最后要说的是，蒟酱广泛种植于岭南，和其他胡椒一样，当地人认为其有消食的功效，而且会加进一系列不同的食物和饮料中。

　　此处还有必要论及若干种豆蔻，它们要么是在岭南种植的，要么就是从印度尼西亚引进的。豆蔻一词主要指的是脆果山姜，但是也可以泛指山姜属其他植物的种子。益智子（黑色或味苦的豆蔻）主要是印度尼西亚植物，在岭南偶有发现。它的种子较苦，碾碎后用盐干炒，被认为是极好的补药。它们也可以用蜂蜜烹煮成类似粽子的食物。红豆蔻对食欲有碍，因而不受欢迎。最后要说的是现在的厨师都很熟悉的肉豆蔻，也被视为豆蔻的一种，由南太平洋地区引入。岭南最迟在宋初就开始种植了。之后形成全球贸易基础、源自印度尼西亚的那颗种子或那朵花，此时也刚刚开始为中国人所熟悉。这就是丁香（丁子香）。它不仅可作优质的口气清新剂，而且深受医药学家的好评，但似乎在这一时期的烹饪里并非十分重要。在唐代，丁香被称为"鸡舌香"，明显因其外形而得名，后来又被称为"丁香"，也是因为其外形（"丁"同"钉"）[10]。这可以和丁香的英文 clove 对照来看，这个英语单词源自古法语的 clou，也是钉子的意思。

　　姜，不论是生姜还是干姜，自先秦起就备受欢迎，既可作药，也可作为食物添加剂。姜大体上起源于南方，唐代时姜在南方的长势也最好。宫廷会从浙江和湖北甄选最优质的品种。姜对人体的影响并非一直很稳定，要想发挥姜的最大治疗效果，就得小心处理姜的根。例如，如果想利用生姜中和一餐饭或一副药方中其他组成成分的影响，尤其是想发挥其散热的功效，那就要完整保留生姜的皮。相反，如果寻求的是相反的效果，要散寒，就得剥去外皮。还有一种也是姜科的植物叫蘘荷（阳藿），生长于阴凉的地方，时有栽培，也可以提供可以食用的花柄和嫩芽。至少从名字上来看，中国人还把另一种根用作物也看作是某种姜。这就是所谓的高良姜，产自广东南部和海南岛，而且每年也要从这两个地方向宫廷进贡规定的数量。

　　在外形和价值方面都与姜相近的就是著名的人参，被普遍认为是灵丹妙药。例如，唐代医家甄权就指出，人参"主五劳七伤"，还能"补五脏六腑"。有些归于人参的功效肯定属于巫术范畴了，就像被我们的祖先归于曼德拉草（又叫毒茄参）的根的那些功效一样。实际上，李珣确实说过，最好的高丽参（就像毒茄参）呈人形，有"手"有"脚"。唐代大部分人参来自朝鲜半岛，不过贡品名单上的人参也有来自陕西东部、河北和东北的。毫无疑问，人参很名贵，只有富人能消费得起，地位就像今天的松露。

一种更经济的香料来自芥菜籽。芥菜的叶子有时也被用于制作食物。有个品种的芥菜，其籽大而白，名叫白芥，又称蜀芥，唐代时生长于中国北方，但原产于西域。白芥被认为要比本土产的芥菜更辛辣也更好吃。更受欢迎的本土品种之一是芸薹。

这里最好再考虑另外一些植物产品，它们会为制备好的菜肴增添风味和药效，但并非是饮食中不可或缺的组成部分。其中就有中国肉桂，在南方生长茂盛。事实上，在湖南南部和岭南地区曾有茂密的桂树林，如今已经看不到了。最好的肉桂皮是从桂树嫩枝上刮下来的树皮，也就是通常所说的"桂心"。但是，桂树未成熟的果实或者种子也极受重视。甘草是另一种评价很高的添加剂，甄权说它能"治七十二种乳石毒，解一千二百般草木毒"。有香味但不如前述那些浓烈的是产自湘南的甜罗勒，在中国叫作零陵香，是以当地一个很重要的地方命名的。不过，有时候零陵香似乎会跟草木樨混淆。胡荽属于外来的调味品，原产地中海地区，不过很早就引入中国了。还有大家都很熟悉的莳萝（土茴香），类似的还有藏红花，也是在波斯贸易中从印度引入的。

现如今，食盐和胡椒都是一起使用的，但情况也不总是如此，这在东西方都是一样的。虽然唐代人人都需要食盐，但只有少数人熟悉胡椒，或者说买得起胡椒。结果，食盐由政府专营，生产和销售都受到严格监管——虽然有监管，但这也防不住盐务官员偶尔中饱私囊。对于食盐这种矿物质，医药学家赞不绝口。例如，陈藏器就说盐能"除风邪，吐下恶物，杀虫，明目，去皮肤风毒，调和腑脏，消宿物，令人壮健"。主管食盐专营的盐政机构有四处，位于沿海的浙江及杭州湾[11]。这些地方离大运河南端的垄断中心扬州很近。

李白就盛赞"吴盐如花皎白雪"。这里的吴盐并非产自沿海地区，而是在其他地方通过开采和蒸发生产的。有种晶体状的粗盐，产自陕西北部，是通过蒸发卤水生产的，不过，其使用的很可能是沙漠湖里的高浓度卤水。这种盐又被称为印盐。还有石盐（岩盐），是从甘肃东部的"盐山"得来的。但是，盐及其替代品也可以从植物里提取，比如可以烧竹取盐。华中地区有种漆树，其种子（盐麸子）表面有一层盐，可用来做羹。

腌制食品及防腐剂

中国很早开始就用醋来做食物的防腐剂了，这种做法也一直延续到唐代。醋由各种物质调制而成，其中有稻米、小麦、桃和葡萄汁。有时候，醋里可加入金橘树的酸叶子之类的物质，以增强酸味，就连加入桃花也能达到类似的目的。醋有许多替代品，其中就有从南方某种树的树皮里提取的汁液，这种树据说长得像栗树，其会和卤水一起作为食物的防腐剂。（这种树的具体品种仍不确定，只知道名字叫杬。）其在唐宋时期被用来保存鸭蛋，而经此保存的鸭蛋会变成深褐色。

但是，中国人最具特色也最传统的储存蔬菜和肉类的方法则是通过发酵、水解、诱导分解这样的过程来腌制——也就是说，在酶、酵素、霉菌的作用下，将蛋白质分解成氨基酸和氨化物。"酱"就是一种非常典型的豆类腌制品。我们现在说的酱油与此关系密切[12]。但是，在现代之前，"酱"指的不一定是大豆制品。事实上，这个字有时候指由肉类和海鲜制成的腌渍食品。还有些酱是由葫芦之类的蔬菜制成的。有些酱是由鲨的卵制成的，在南方很受欢迎，另外还有用蚂蚁卵制成的酱也很受欢迎。豉是种很受欢迎的调味品，由分解的大豆制成，推测是因为大豆的水解过程被中止或在高温下脱水而呈黑色。有很多种混合物都被称为"豉"，有些是加酒制备而成的，有些加了醋，还有些加了卤水，等等。这些不同的做法往往体现的是地区间的差异。有位权威人士曾经提到，河南某地特有的一种豉是由蒸大豆制成的，还加了食盐和花椒。天气暖和的话，这种豉两三天就能发酵成熟，据说，可以存放十年而不变质。

腌制的蔬菜被称作"菹"，是借助微生物发酵而成，而微生物则利用植物汁液里的乳酸大量繁殖。盐或酒有利于菹的制造和储藏。腌菜的种类繁多，正如杜甫所写"长安冬菹酸且绿"。全面考察如此之多的种类会显冗长，不过有几种值得一提：有种用水芹菜腌制的菹很受欢迎；还有种是用了睡菜有轻微麻醉作用的根茎做的，睡菜和莲花一样，生长于水田之中；另外还有种是用开白花的蕹菜（空心菜）制作的，而这种蕹菜是红薯的水生近亲，原产于岭南。用醪糟腌制的瓜是送往宫廷的贡品，出自陕西南部和河北北部。莳萝已从苏门答腊岛引入并被用于腌制，尽管有人警告说莳萝不能跟阿魏同食，否则会失其味。

豆腐可由多种豆类和豌豆发酵而成。豆腐古已有之，为世人所熟悉。

"醯"这个字在唐代指的是非常重要的一类腌渍食品，我会称之为腌肉类，制备这种食品时，正常情况下要用到醋、酸性物质、氨基酸。例如，《新唐书》特别提到了御膳里的鹿醯、兔醯、山羊（或绵羊）醯和鱼醯。这种食物的悠久历史和名望，无需我多加介绍。

腌鱼是腌肉里的一个重要子类，其有一个专门的名字叫"鲊"。这种南方特色菜种类繁多，它与现代中南半岛难闻的鱼酱很相似，更与古罗马的鱼露旗鼓相当。正常情况下，制作鲊时会把鱼肉放入乳制品（即丁酸）里发酵，不过也有用稻米和盐腌制的。篠田统提及所用之鱼有很多种，其中就有白鲟和鲻鱼 [13]。有些种类的鲊，就其味道之美和制作之精来看，已经不能算作日常食用的鱼酱了。吴越地区产的一种鲊即是其例，在公元 10 世纪被称为"玲珑牡丹鲊"。它是由切得极薄的粉红色鱼肉做成，鱼肉摆在上菜的大盘子中，就像初开的牡丹花。这难免让人想到生鱼片，不过，这大概是误解，因为我们这里讲到的是经过特殊加工和储存的鱼肉。"鲊"这个字偶尔也会用在腌鱼之外：它不仅指鱼类食物，还可以指其他腌制食品，所以我们会读到野猪肉做的鲊，制备方式想必也与鱼鲊关系密切。

还有其他防止食物腐败的方法，有的甚至更简单。我们已经提到用盐加醋之类的方法可以制作腌菜，而且盐也可以做调味品或佐料——也就是我们所说的食盐。但是，盐也可以当简易的密封剂来用，能使新鲜食品尽量保存得久一些。一个例子就是保存在盐里的橙子。据说，用这种方法保存的橙子会有解酒的功效。

脱水也是一种简单但历史悠久、备受重视的食物保藏方法。脱水在唐代的重要程度，或许跟先秦比不了，不过我们发现，唐代朝廷向安徽地区要求的贡品就有风干的鹿肉。一些蔬菜食品尤其适合用这种方法来保藏。从西域传来的不只有葡萄汁（大概是某种糖浆）和葡萄酒，还有三种似乎有很大区别的葡萄干——煎葡萄、皱葡萄、干葡萄。山西是唐代主要的葡萄种植地，也会向宫廷进贡煎葡萄，而最晚在9世纪，云南就有了大量的葡萄干。和脱水关系密切的是烟熏的技法，湖北的烟熏杏子就是一例。

为了在炎热的夏天里保存食物，就得在冬天或者初春时从高山上取冰。冰会贮藏在冰窖中，而冰窖对于水果和蔬菜的冷藏很重要，尤其是对瓜类的冷藏。正如大家所想，皇宫里有许多冰窖。采冰这个行业无论对皇室还是富裕的贵族来说都一样重要。凡是买得起冰的人，他们不仅用冰块来为蔬果保鲜，还在夏季拿来给房屋降温。唐代文献也屡屡提及冰壶和冰瓮，不过其中许多段落都属于比喻用法，暗指真儒士的纯净心灵，就像是"一片冰心在玉壶——这种比喻很像我们今天描绘某个志向高洁的南方参议员那样，说他是装了冰镇薄荷酒的杯子或者香槟桶。

烹饪

　　我已经数次提及唐代的烹饪食品，而且在本章的后几节里，也会提及其他的一些。因此，这里只需要简单介绍一下常见的烹调方式。在唐代文献里，我们最常遇到的烹饪术语有煎、炒、煮、熬、炙、烹和炮。（某些词的现代用法跟唐代不同，而且大概指的也是不同的烹饪技法。一些现在很常见的烹饪技术，比如"炒"，在唐代并不常见。）其中许多烹饪技法在过去都主要指烹调肉食，但并非全部，比如煎，同样适用于煎小麦、天门冬、荔枝和杏。蒸既能用于蒸乳猪，也能用于蒸梨。牛肉可以煮着吃。驼峰可以像传统的大块牛肉那样将肉扦子戳入肉中，以便放在火上烤着吃。肉脯、小麦粉和竹笋都适合做羹。一种奇特的烹饪方法是在天然的硫黄温泉中加热猪肉、羊肉或鸡蛋，用这种方法做出来的菜肴被认为非常有益健康，尤其于患者有益。关于这些烹饪技法的变化和改良，可以一直说下去。我们不妨把它们放在一边，转而留意烹饪食物的几个例子，这几种食物的制备过程完全不在上列常规类型之中。

　　我想到的是这样一类普通的菜肴——通常被认为是穷困之人的饭菜——如朴素的麦粥、稀粥，以及其他主要由谷物和水做成的普通食物，尽管有时会在其中加点儿肉或更可口的东西。通常来说，这些都是贫病之人不得已的选择，不过有时候，那些超脱俗世的隐士和爱铺张的神职人员也会选择这些食物来苦修。然而，这些传统的食物，比如糁（肉丸米羹）和膏糜（粥上浮油脂），在何种程度上被人们食用，以及它们在唐代到底是普遍性的食物还是地方性的食物，这些都还很难断定。"糜"和"粥"（比糜稀）肯定都是唐代文献里非常普遍的通用名称——有时候出现在描写隐士住处的文字中，有时候则出现在描写军营的语境里，甚至还可以指路边获得的救命饭，或者是颤颤巍巍的老人消化得了的食物。这些不甚美味却不得不吃的食物，有时候是凉着吃的。

　　然而，唐代文献最看重的是"饼"。很明显，"饼"这个字所代表的各种类型、形状的面团似的东西非常受欢迎。"饼"这个字的广泛使用，暗示饼在唐代人的餐桌上非常重要。做饼的方法多种多样，唯一不变的似乎是始终用研磨的谷物作为主料。简而言之，"饼"这个字的内涵就和意大利语里 pasta 这个词一样多变而广泛。在唐代，人们做饼时更青睐某些谷物。举例来说，虽然我们在文献里读到过名为"黄蒸"的大麦饼——外面裹着黄麻叶，故而得名——但很明显，大麦并不享有什么声望。最受欢迎的饼和小饼是用小麦和稻米做的。

　　油煎似乎是最受欢迎的烹饪方式。大量关于油腻的煎制美食的文献流传下来——不幸的是，它们并未指出烹饪的细节。举例来说，我们可能会对"馓子"这种甜甜的环形煎饼感兴趣，但它确切的制作方法，甚至连其所用的面粉为何，都非常不确定。所幸，考古学家已经发现了唐代饼的实物。公元 8 世纪或 9 世纪的一个油煎小麦面卷保存了下来。同时代遗存下来的还有一对饺子，这是现在依然很受欢迎的美食。唐代并未流行"饺子"这个词，那对化石"饺子"很可能在当时被称为"馄饨"。"馄饨"这个词可能与天文学家在描述天空时所用的表达（"混沌"）密切相关，意谓天空是一层把所有人围起来的球形膜，而不是传统的半圆伞——这就像馄饨，面团把肉完全包裹起来。馄饨以稻米作为原料，是南方的特色食物，后来在北方流行起来。经常与馄饨归为一类的是"馒头"，一种蒸饼，而现代日本作为礼饼的日式甜馒头的名称（万十、万頭、曼頭）与这个词同源，但二者有本质的不同，日式甜馒头中包的是甜豆沙。在唐代，馒头就是米饼，像馄饨一样深受北方精英人士的喜爱。不管怎么说，人们认为不同形式的米饼都是起源于广州的特色美食。

　　唐代特别受欢迎的还有胡饼，明显是从西域引入的油煎面包和蒸面包的变种。特别受人喜欢的是含有芝麻籽的蒸饼[14]。在首都长安，这些都是胡商（大部分似乎是波斯胡）在街角售卖的。一种用骆驼脂做的煎饼颇为有趣，据说可以治疗痔疮。我们也发现很多文献资料提到了名为"毕罗"的酥皮糕点。这种甜点有许多种，比如樱桃毕罗和一种气味芳香的天花毕罗。这些丰富了唐朝饮食的花式甜点，其中有许多都是新引进的。它们与众不同的地方就在于融入了外来的原料，尤其是香料和芳香类物质，而其他一些，虽然原料在本土都能找到，但参考了外来的食谱而颇有名气。用小麦面团蒸制的婆罗饼就属于后者。不用说，这些面团、饼和各种面食会跟其他原料相结合（比如前文提到的馄饨）。例如，面团外面包裹了菰叶的"粽子"就是其中之一。

饮料

从很早的时候开始，饮酒就是中国人日常生活的一部分，无论是在最高规格的仪式上——这些香气十足的饮料会被供奉在祭坛之上——还是在社会底层缓解工作疲惫或情绪焦虑的休闲时刻，都会饮酒。但是，将"酒"翻译成英语的 wine（果酒），一般来说都是错译。西方流行的技术定义是说，果酒由水果发酵而来，啤酒由谷物酿制而成 [15]。酒（虽然最终这个字泛指所有类型的酒精饮料）原本指粟米和小麦酿的饮料，有时候也指用其他谷物的，通常都会添加药或调味品。这些添加物和本笃会甜酒（Benedictine）还有法国查特修道院所酿酒（Chartreuse）中的神秘原料发挥着同样的功效，无论我们现在如何看待这些酒，但在过去，它们一度被认为是万灵药和长生不老药，其中的草药成分有益于身体平衡和健康。有些添加剂是为了仪式而加的，因为献祭的酒精饮料里会冒出丰富的蒸汽，蒸汽精华上升，可以供贪婪的神祇享用。

　　不过，让我们先暂时忽略这些精致的酒精饮料本身，来看看基本的酿造过程，所有的酒都是这一酿造过程的衍生物。谷物会先被制成浆，之后在麴饼的激烈反应下改变性质，而麴饼可以提供反应所需的霉菌和酵母。它们反过来又为最终产品创造了必不可少的酒精。在先秦，粟是酒的主要原料，但到了唐代，粟米酒被认为是最北方的特产。当时，稻米酿的酒正大量地从南方引入，所以我们完全可以说，唐代的酒不是用糯粟米做的，就是用糯稻米做的[16]。有人认为，隋唐时期从扬州到黄河流域修建的大运河，不仅将高级的酿酒技术——包括从外来的葡萄酒酿造技术中学到的东西——传入了稻谷种植的核心地区，而且也为南方的饮酒之人带来了巨大的利益。

　　传统上酵母会在农历六七月培育繁殖。酒本身在九月份开始酿造，酿成则成为"冬酒"。但是，在唐代，有种酒更受欢迎，经常在诗中被盛赞，那就是"春酒"。春酒完全酿制成熟且最好喝的时候，就是樱桃树和桃树开花的时候。在许多标志着一年四季轮回之始的节日里，春酒都发挥着重要作用——有些是庄严肃穆的节日，有些是很轻松的节日，通常在农历一月末或者二月初。酒、爱情和鲜花都是表面的象征，象征着对一件严肃的宇宙事件的真诚奉献。由于广受喜爱，春酒在许多地方都有生产，而行家们都在热切地搜罗最佳产地的春酒。从贡品记录来看，唐代最好的春酒酿于四川中部。

　　酿酒技术不只与原料的调配有关。不仅是添加到酒里的草药有时会有魔法般的功效（几乎无法与药效区分），制备酒麴——柔软而关键的物质——的过程中也要念咒语，还要运用其他方式获取超自然力量的协助。

　　酒可以按酿造所用的谷物来区分，或者按酿造技术来区分。此外，还有一些特殊的亚品种。未过滤的琥珀色酒（醅）就是其中之一，经常可以通过漂浮在酒里的谷物外壳辨认出来。[17] 这些外壳有个很好听的名字，叫"浮蚁"。从汉至唐，诗歌里经常提及它们。这些残留物也以其他名字而著称。[1]

但是，不论颜色如何，或者被何种杂质所污染，谷物酿制的酒一直都很重要，不管是好酒还是坏酒。就后一点而言，即便是博学的医药学家们也没有一致意见。例如，孟诜就警告大家不要长期喝米酒，因为米酒"伤神损寿"。他还反对酒醉后洗冷水澡，并且告诫服用丹砂之人要完全戒酒。另一方面，陈藏器却强调酒有益于通血脉。他还告诉我们，酒可以滋润皮肤。最重要的是——或许没几个同时代的人会反对——酒可以解忧。[18]

粟米酒和稻米酒是广受认可的酒，但唐代那些讲究吃喝的人还可以选择其他种类的酒，包括加了胡椒或花椒调味的酒、菊花酒、石榴花酒、姜酒、波斯的诃子酒（长安的酒馆里有卖）、竹叶青（因酒的颜色而得名）。其中一些是年度特定节日要喝的，包括番红花酒和蜜酒——很明显不是真正的蜂蜜酒。有位权威人士评论道，有些酒徒渐渐开始喜欢用"有灰的"添加剂（即含碱的成分）来降低酒的酸度，甚至有一种非常受欢迎的酒是用从石灰岩洞穴中提取的液体酿造的。这种岩洞水的碱含量肯定很高，此外，这种水由于长期与这些神秘的地方——超自然存在的地下住所——接触，于是就有了神效。苏州有种名为"桑落"的特色酒，由糯米酿制而成。据说，桑落之名取秋天桑叶凋落之意。贵族阶层钟爱这种酒。宫中也有熟悉桑落酒酿造过程的酒匠。唐玄宗赏给安禄山的珍贵礼物中就有桑落酒。还有一种酒里加进了紫藤籽以防变质。其他类型的酒多以知名的酒产地命名，于是某些饮料就被冠以本不应得的名声，有时甚至颇为离谱，比如新丰美酒的酿造地与汉代的新丰村相距甚远。

从岭南引入的酒自成一类。这类酒的产地以棕榈酒和果酒闻名。

1　即"玉浮梁"。见《清异录·酒浆门》："旧闻李太白好饮玉浮梁，不知其果何物。余得吴婢，使酿酒，因促其功。答曰：'尚未熟，但浮梁耳。'试取一盏至，则浮蛆酒脂也。乃悟太白所饮盖此耳。"

并不是说北方没有果酒，北方有葡萄酒、梨酒和枣酒，而是说南方的新品种更多样、更奇特，有些情况下味道很可能更好。[19] 有时候，运到当地的酒不够，美酒鉴赏家只好前往北回归线以南，尽情享受棕榈酒——尤其是从椰子树的花中发酵的酒，以及从槟榔和其他棕榈树中提取的棕榈酒。

葡萄酒既特殊又重要。葡萄——我指的是起源于西域的葡萄，而不是中国本土的野生葡萄——早在汉代，也就是张骞出使西域之后，就为中国人所知了，既是水果，也是广为人知的酿酒原料，但我们无法确定这些葡萄是否都是张骞引进的。唐代初年，即便中国人已经了解了酿造葡萄酒的技术，但还是会从中亚地区进口一定数量的葡萄酒。这显然表明当时的葡萄酒酿造业没怎么发展起来。据称，西域的葡萄酒放置十年之久也还能饮用——波尔多葡萄酒的消费者对此不会觉得奇怪。我们听说唐朝初年就进口了好几个品种的葡萄。名为"龙珠"的球形葡萄就是其中之一。公元 640 年，唐王朝征服高昌后，细长的紫色"马奶"葡萄就成功地扦插到了皇宫内苑之中，而在 647 年，统叶护可汗又将这种著名的葡萄作为礼物送到了皇宫。与外来植物的通常情况一样，当栽培技术被宫廷园艺师掌握之后，相关的栽培技术很快就会扩散传播到乡村地区。在唐代，葡萄的主要产地是甘肃和山西，后者尤其多产。旅行者到了这些地方便可以纵饮一杯"燕姬所斟的葡萄酒"[1]。尽管公元 7 世纪时，还有大量的葡萄酒进口，但到了公元 8 世纪中叶，由于中原与西域各地的联系减弱，山西的葡萄酒继而开始受到欢迎。这表明，饮用葡萄酒不再只是一时的流行时尚，其存续也不必依赖外部因素。本土其他地方也产葡萄酒。凉州位于西北，是丝绸之路上的绿洲城镇。这里的葡萄酒为唐朝人所尊崇，据说杨贵妃就

1 　白居易《寄献北都留守裴令公》："羌管吹杨柳，燕姬酌蒲萄。"

是用嵌有珠宝的酒杯喝凉州的葡萄酒[1]。酿造葡萄酒的技艺很快就用到了一种山东本土的野生小葡萄（蘡薁）上。显然，汉唐时期，没有人想到这种紫黑色水果的汁液可能会受到外来技术的影响。

最后，我们要谈蒸馏酒。16世纪时，李时珍写到，蒸馏酒的生产技术是元朝时引进的。他把"烧酒"和"火酒"等同于西方人熟悉的亚力酒（arrack）[20]，李时珍用的名称是"阿剌吉"。篠田统证实了这一观点。不过，至少有两首唐诗提供的证据是很难无视的，这两首诗都提到了公元9世纪四川的知名烧酒。[21]［中文里说的"烧酒"可以类比英语里的brandy（白兰地），后者跟德语单词Branntwein同源，意为"烧焦的葡萄酒"。］

从植物学的角度看，南方产茶叶的植物是山茶树的近亲。汉代时似乎就有人泡茶喝，但到了唐代，喝茶之风才真正在中国北方盛行。那时候，喝茶就是日常生活的一部分。我们甚至可以更具体地确定饮茶的流行时间：《茶经》[22]这部茶叶权威指南的作者陆羽生活于8世纪中期到晚期之间，而且唐代历史明确记载，饮茶之风在公元8世纪后半叶极盛。这种风气甚至影响了回纥人，他们那时在中原王朝的势力和影响都处于鼎盛状态：无论哪个回纥人到了首都长安，他们必定都会立刻赶往茶市，大量采购这种新奇、提神且对他们来说颇为奇异的饮料。

用于煎煮的茶叶已经出现了多种制备方式。茶有时候以"饼茶"的形式出售，有时候又以"末茶"（粉末状的茶）的形式出售。有些种类的茶会用姜皮和陈皮等物质调味——这些花式混合物类似于茉莉花茶。[23]就连酥油也可以跟茶一起喝。竹茶形似竹子，深受人们喜爱。受尊崇的还有浙江西部的银花茶，宜作贡品。[24]虽然许多地方都种茶，南方尤甚，但品质最好的则是浙江和四川产的茶。（奇怪的是，《茶

1　李濬《松窗杂录》："太真妃持颇梨七宝杯，酌西凉州蒲萄酒，笑领意甚厚。"

经》只是随意提及了福建和岭南产的好茶。）因此，一艘艘驳船满载着最优等的茶叶，沿着大运河，从浙江载往首都长安，为扬州这座商业和娱乐之都带回了财富，而扬州早就因地处食盐运输的要道而日益富足。[25]

无论如何，中唐时期的饮茶之风直接导致了茶道的确立，确切地说是出现了若干种精致的茶道仪式。这些时尚仪式中最有名的一个要归功于陆羽和他的《茶经》。[26] 茶道已经精致到了相当的地步，甚至连泡茶水的水源地也有明确的等级，说明了它们之间的相对质量差异。至少有一处文献资料断言，最好的水要去长江口附近的一处地方去找。即便是位于浙江和安徽的特定地区的二等水源也备受尊崇。在这两地，人们似乎偏爱佛寺附近的泉水和其他水源，之所以如此，其中一个原因想必是水源地附近强大的超自然力量会给那里的水添加某种超自然的属性。

饮茶对身体和精神有何种影响还存在争议，但总体上还是认为喝茶有益。人们普遍认为茶可以提神醒脑。因此，喝茶和进餐有时候是分开的，尤其是作为打盹后的提神剂使用时。茶也有不好的一面，可能会引发失眠。

器 皿

唐代之前，厨房里的釜和其他容器都是陶制的，有时也有石制的，这种情况一直延续到唐代。但在唐代，这些越来越多地被金属器皿所取代，尤其是在富裕之家。铜制器皿很常见——除非政府因造铜钱缺铜而禁用铜制器皿——也有铁质器皿，可能还有其他金属器皿。中国传统的灶配有灶门和烟囱，到了唐代仍在使用。灶通常是陶制的，甚至还有用干黏土制成的（泥灶）。一般来说，釜上可能会放甑（蒸器），二者一起放在灶上。这种组合很适合全谷物烹煮的古老模式，但到了唐代，谷物产品大多以面粉形式售卖，而且金属炊具开始全面取代陶制炊具，于是这种釜甑组合就逐渐被"锅"取代，后者更适合烹饪当时流行的麦饼。[27] 在文献中偶尔会遇到"鼎"这个字，比如在杜甫的诗里。很难确定"鼎"在这些作品里是否指字面意思。我怀疑这种用法属于诗歌里的拟古主义，故意以鼎代釜。

至少在唐诗中，最常见的描述次要加热装置的字是"炉"。炉是种炭火盆，用于温酒和其他饮料。炉一般是陶制的，但也有石制的。我们也读到过金属制成的"铛"，用于温茶或酒。我们还不清楚，唐代的铛是否仅仅是金属做的炉。

上流社会餐桌上用来盛放食物和饮料的餐具是由许多种贵重材料制成的。我们更加了解的就是这些精美的餐具，而不是那些材质粗陋的容器，比如木质的——大部分唐代人只用得起这种材质的容器。因此，我们有必要把绝大部分注意力集中于前者。

金属，尤其是贵重金属，在唐代的重要性远非前代可比。那时，金属工匠已经学会了伊朗将金和银打成薄壁器皿的技术，这些器皿对于唐代人来说，就像沉重、厚壁、经模铸而成的金属器皿对前代人的意义一样重要。作为贡品的金器主要来自扬州和广西南部。银器也产自同一地区，但安徽南部和广西北部也有。铜器生产的分布也大致如此。餐具，包括杯、碟、碗、坛，也都是用玛瑙、光玉髓、玉石之类的宝石雕刻而成，尽管其中一些是外来的，就像某些贵金属器皿一样。其中，以玉容器的名气最大，也有别于其他材质的容器，因为在国家祭祀典礼上必须要用玉制器皿。

有些蔬菜也用于制造有用的物件。葫芦就是典型，不过葫芦制成的容器并不常见于显贵家庭。椰子的内壳经过抛光和装饰，就可以制成各种坛坛罐罐。

瓷器作为一种珍贵的制造品刚刚崭露头角，尤其适合做杯子。贡瓷来自杭州和河北南部。漆器自先秦以来就一直在使用。至少在汉代，漆木是最广泛使用的容器材料。到了唐代，人们也没有忘记漆器，据说最好的漆器来自湖北北部。

吹制玻璃器皿出现得相对较晚。高品质的玻璃器皿形状各异，装饰方法繁多，其中许多都明显受了西域的影响。用银和金制成的碗、盘子、杯子之类的也是如此，并以镂刻、冲压、镶嵌或包金来装饰。（最好的镂刻贵金属器皿来自四川。）这些器皿的装饰和形制也体现了伊朗的强烈影响（尤其是波斯萨珊王朝的影响），而唐代的许多玻璃器皿的形制也是如此。精心展示的花卉、动物和神话场景是这些装饰的典型特征。但是，某些图案（如动物形象）有汉代遗风，就像用黄玉雕成的实用物件会采用东周设计风格一样。关于形制还有一点要说，唐代的碟子经常形似一片树叶或一串树叶，其中许多下面有短的支座。

有些特殊的装饰技术使得唐代器皿更引人注目。"紫金"就是其中之一。例如，公元903年，唐昭宗把"紫金酒器"赐给了朱全忠。这里说的紫金，制作方法可能与图坦卡蒙坟墓里发现的紫金一样：之所以有这种颜色效果，是因为在熔化的金子里加了少量的铁。陶瓷器皿也可以很华美，例如可以用三色釉来给普通瓷器提亮，而瓷碗可以用圆形浮雕花纹来装饰。漆器可以通过雕刻或用油彩上底色而变得更精致（最好的漆器产自湖北北部）。有种奢侈的工艺叫"平脱"，用金或银的薄叶镂切成图像花片，以胶漆粘于器物的表面，上漆后细磨，使花片脱露出来。在唐玄宗赏赐给安禄山的诸多物件中，有些就是用这种工艺来装饰的，包括金平脱犀头匙、金平脱犀头箸、金银平脱隔馄饨盘。在木头上作油画是唐代的标准技法，赏赐给安禄山的各种奢华礼物中就有"油画食藏"（绘有油画的食品柜）。[28] 吹制玻璃容器的一个重要特质就是其色彩，正仓院的藏品中就有一个深蓝的大口杯、一个绿杯和一个褐色的碟子。

这一时期用于某些器皿的还有其他材料，包括藤条、玛瑙和玉石。

但是，有些更加不同寻常的物质也用于制造酒杯和大口杯：硫黄[29]、樟脑、红螺壳、有红黄斑纹的虎蟹壳、鲨壳、红虾壳、珍珠母、犀鸟的盔状突、栗子壳、莲叶。茶杯似乎都是瓷的。我不知道源自布哈拉和撒马尔罕的那些用鸵鸟蛋做的精美杯子是何用途，不过，小小的犀角杯可能意在解除食物里的毒性。筷子可能是由玉石、象牙、犀角、竹子制成的，可能还会嵌入金平脱装饰。

视 觉 效 果

通常来说，端上桌的食物除了要好吃，还要好看，节庆里的食物尤其如此。有时，与插花类似的花式装饰纯粹是为了展示。这些视觉上的艺术品可能是精心雕刻的水果，常常会点缀令人愉悦的色彩和图案。这其中的大部分可能起源于中国南方。例如，岭南就专擅用朱槿花的渗出液把晒干并抹了盐的杏子染成粉红色，然后装入小瓶小罐。[1] 这些堪称工艺品的装饰有时会非常复杂。陶谷在《清异录》中写到，曾有一位比丘尼梵正，用蔬菜、肉脯和各种腌制品制作了五颜六色、令人叹为观止的冷盘。南方的女性把枸橼雕镂成花鸟，浸在蜂蜜里，又点上胭脂。这些东西制成之后，会被送往首都的贵族之家，作展览之用。在湖南，瓜果上雕镂的装饰与此类似。

酒的颜色也很重要，但往往要看个人喜好。绿酒备受大部分人推崇，经常出现在唐诗中。不过黄酒也不乏支持者。此外还有白酒、红酒、碧酒。尤其被提及的是像竹叶一样颜色的酒，这说明人们更偏爱的绿

---

1 段公路《北户录》卷三之"红梅"："岭南之梅，小于江左，居人采之，杂以朱槿花，和盐曝之，梅为槿花所染，其色可爱。又有选大梅，刻镂瓶罐结带之类，取棹汁渍之，亦甚甘脆。"此处，作者似有两处误读：染成粉红色的是"梅"，而非杏；装在瓶罐中腌渍的是"大梅"，而非染成粉红色的梅（作者以为的杏）。

酒种类颜色更淡。绿酒的颜色与精心挑选的红色或紫色酒杯相得益彰。红酒——李贺《将进酒》中提到"小槽酒滴真珠红"——虽然听起来像红色的勃艮第葡萄酒或波尔多葡萄酒，指的却不是葡萄酒。红酒是一种谷物酒，其颜色源自容易培育的红曲霉菌。

至少从现存的版本来看，《茶经》把紫茶置于绿茶之上。我们大概可以推测紫茶的味道好些。不过，颜色本身也是一个原因：极品茶叶冲泡时呈现的微红色彩可与合适色调的茶碗互补。最好的茶碗产自越州（中心在今浙江绍兴），呈冰青色。

地理差异

我们已经注意到，中国各地的食物偏好和饮食习惯多种多样，此外，在唐代菜肴中，不断有外来食材引入且占有一席之地，产生了或短暂或深远的影响。这些主题都需要详细说明。有一件事，我们感觉很好奇，游历四方的和尚义净是一位优秀的观察家，在对比了他游历过的南亚佛教国家的饭菜之后，他认为中国的饭菜淡而无味，而且过于简单。他对这件事的描述是这样的："东夏时人鱼菜多并生食，此乃西国咸悉不食，凡是菜茹皆须烂煮，加阿魏、酥、油及诸香和然后方噉。"如果这个观察指的是唐代一般大众吃的食物就说得通了。无论如何，唐玄宗在位的公元 8 世纪，贵族人家的情况与此非常不同。外来食物（更别提异域的服饰、音乐和舞蹈）在贵族精心准备的宴会之上都有严格的规定，而且必然也有印度菜肴。其中，蒸或煎的糕和饼地位十分高。但是，这里也有一处难以理解的地方：油煎的糕饼在唐代本就是日常饮食的一部分，尽管如此，人们还是认为这些印度食物奇特而有异域风格。毫无疑问，正是这种异国性质增加了它们的吸引力。这样的菜肴一定具有某种魅力，就像希腊橄榄和夏威夷迈泰在美国的混杂文化中所散发的魅力一样——虽然熟悉，但象征着开阔心胸。简而言之，中国餐桌上的食物正在经历一场革命，当时人们可以选择的口味极其多样，而对域外礼仪和习俗的开明态度，最终使中国的饮食变得丰富而多样。

进口的食材跟进口的药品几乎难以区分。它们的进口受到严格的管控，必须得确保其对生理有益才可进口。它们从市舶司引入中原之前，海关官员负责核验货物的性质、纯度，并要确定其价值，之后才能进入首都，即它们通常的目的地。但实际上，比较流行的外国菜肴并不要求使用外来原料。在许多情况下，做外国菜肴讲究的是烹饪方式，而非所用原料。给唐代精英阶层的餐桌增色的婆罗门轻高蒸饼即为明证。事实上，本土食物与外来食物之间的差异常常难以分辨。举例来说，唐代正史特别指出，在遥远的尼泊尔，羊肉常常用于祭神，还高傲地加了一句，尼泊尔人吃羊肉时用手直接抓，而"无匕和箸"。我们也听说，"全蒸羊"是于阗的特色菜。但是，羊肉也是中国常见的菜肴，尽管通常要留到某些特殊的宴会上吃，但也没法视作外来珍馐。当然，这种异域色彩可能是人们自觉加诸其上的，羊肉也是一样。唐太宗的儿子李承乾喜欢说突厥语，还住在突厥帐中，会用他的剑从煮熟的羊身上切下一块块的肉。他的这种表现，与其说事关食物本身，不如说事关举止和态度。总之，唐代人似乎对此类事情很轻松地就接受了，尽管存在某些中原本位主义者的傲慢和排外以及佛教徒的责难。就后者而言，7世纪时，玄奘的徒弟怀素不无鄙视地写道："老僧在长沙食鱼，及来长安城中，多食肉。"

唐代饮食的地方多样性有目共睹。但是，尽管有些人被外来的特色饮食所诱惑，其他一些人则很排斥。一般来说，华中地区的特色水果和蔬菜，像柿、梨、杏、桃、茶之类，都是北方士绅所看重的。毕竟，它们都产自气候适宜、温暖惬意的南方。但来自南方较偏远和危险地区的产物，比如香蕉、荔枝、龙眼和许多别的柑橘属果实就不好说了，接受度并不高，尽管有些美食家为了采购这些和其他半外来食材而大费周章。

但是，我们还不太了解唐代的地方饮食习惯。可以这样说，槟榔饼在广东地区很受欢迎，就像干生蚝配酒一样。我们会看到，鹿舌是甘肃的特色菜，帘蛤是山东的特色食物，干蝮蛇肉是湖北的特色美食，以及许多其他地方特色食物，其中有些还成了宫廷宴会上的美食。但是这张清单是永远列不完的，而且也不能提供我们想知道的信息，即地方的饮食习惯和偏好。我们了解到的只是北方贵族根据一时兴起或流行而从当地产品中挑选的东西。长安和洛阳，可能还有扬州，这些地方可能有些人称得上"风雅评判人"[1]，但保守的北方人还持守着传统的口味，没有完全准备好接受南方省份能够轻松提供的丰富香料、水果以及奇怪的海味。总体说来，相较于南方，北方的烹饪是一门更加克制的技艺，只因为传统观念的负担还很重。

我手头的证据表明，相较于北方，烹饪在南方更可能是一门女性的手艺。北方男性占优势地位，是古时的传统使然，男性因之独占了所有的技艺，无论是实用的还是要有想象力的。在中国传统文学里，我们根本读不到和厨娘相关的内容，但与南方相关的文献则是例外。在北方，女性可凭充当世家大族的门面而表现出众，也可以成为娱乐事业的明星而耀眼夺目，但她们的烹饪才能鲜有人承认。或许她们从来不被鼓励运用这种才能。在传统的各项"妇功"之中，比如养蚕、刺绣，以及更受欢迎的弹琵琶、弹琴之类，我们并没有注意到烹饪的存在。不过，在岭南，人们并不那么看重古老的偏见。在那里，一个女人会因为她的厨艺而受到尊敬。这不是厨艺好坏的问题，而是文化地理的差异。在岭南，你要是腌菜做得好，就能婚姻美满；你要是在

---

1 原文为 arbiter elegantiarum，是拉丁语，意为典雅的评判人，后引申为"社会礼仪和口味的权威评判人"。

保存蛇和黄鳝方面追求完美，注定能获得天赐良缘。

不管怎么说，南方的烹饪是唐代人非常感兴趣和关心的事情，而且也经常是一个有争议的话题。据称，由于南方没有真正的冬天，人们就不用担心食用植物会枯萎和消失。植物和动物的生与死体现了季节的循环，这是北方人关于自然的基本观念。这些变化具有伦理和道德方面的意义。对于所有"土生土长"的中国人来说，这些变化在南方相对来说不那么明显，则是一件令人惊讶甚至会感到焦虑的事情。

在每一种被北方人认可为美食的南方特色佳肴背后，必然有其他许许多多的奇异食材没能吸引北方美食家注意，自然也就难以移植到新的栖息地。明显的例外是柑橘和荔枝之类的水果，它们的优势是能在像四川这样的中间地带茁壮生长，而在这些中间地带，北方人的舌头很快就适应了它们。不过，我们还是要举一个南方食用植物在北方不被接受的具体例子。那就是高良姜，功效和外形都跟生姜很像，药用价值和味道同样受到重视。高良姜实际上是山姜属和山奈属这两种不同种属植物的统称，其实与之对应的中文名"山姜"和"廉姜"也一样不准确。在岭南地区，这些植物的根茎是最受欢迎的真生姜的替代品，但北方人依然对高良姜感到奇怪和陌生。唐代的诗人似乎比一般大众更了解这类来自南方的奇物。让我们举个例子。元稹在《酬乐天东南行诗一百韵》中提醒要前往东南的朋友白居易，路上的饮食会有莼菜、黄鳝、菰米、芋头汤、鱼鳖，以及其他许多在贵族餐桌上不常见的食物。尽管元稹见多识广，他的选择却很传统，诗中的语气大概是"亲爱的朋友，这就是你要经历的。即便这些不是你之前常见的饮食，但是没有哪样是从未有过的"（哪怕是鳖肉，自先秦起就被北方所接纳）。这种语气和韩愈那首写南方食物的《初南食贻元十八协律》大不相同。后者在诗中写道："我来御魑魅，自宜味南烹。调以咸与酸，芼以椒与橙。"诗中提到的这类咸与酸、花椒与橙子的组合对于今天吃粤菜的人来说不会感到陌生和惊讶。

　　但还有更不可思议的食物，尤其是南方当地人都觉得奇特的食物。水牛胃中之物[1]即为其例。就算是最宽容的中国人，也很难想象自己会觉得这道菜可以下咽，就算加了盐、姜、桂和酪也不行，尽管他可以接受炰或炙的水牛肉[30]。还有一道南方菜，可能无论是唐代人还是现在的我们都会很反感，尽管原因可能不同，即一种有小芋头或竹笋的羹汤：活青蛙会被扔进做汤的釜中，而青蛙会抓着汤里的蔬菜，最后端上桌时，汤里的青蛙也保持着这样痛苦的姿势（"抱芋羹"）。

　　南方烹饪中令人惊奇之处无穷无尽，不论人们接受与否：配有青菜和浓酱的细虾；被认为能够解酒中之毒且能作为上等口气清新剂的橄榄果实；用山羊、鹿、鸡和猪的肉和骨头，再加入草药、香料、葱和醋做成的浓汤。但是，在这些奇异的食物里，让北方的美食家们最苦恼的要数上文提到的那种以青蛙作为主料的菜肴了。南方许多地区都会吃青蛙，桂林尤甚。但是，几乎所有北方人都无法接受。白居易的《虾蟆和张十六》就表达了这种负面态度。诗中，他写了适合"荐宗庙"的水生生物，而特别提到"蠢蠢水族中，无用者虾蟆。形秽肌肉腥，出没于泥沙"。但是，身在逆境之中的韩愈已经习惯了南方的情况，对青蛙有了一点点容忍。公元819年，在寄给柳宗元的诗《答柳柳州食虾蟆》中，他写道："余初不下喉，近亦能稍稍。"但是，他又在诗中接着说，怕自己染上了"蛮夷"之风。

---

1 《岭表录异》卷上："𪌾是牛肠胃中已化草，名曰'圣𪌾'。"

禁忌与偏见

　　青蛙并不是唯一被以这种带有偏见的方式看待的动物。事实上，博学的医药学家还认为，有些动物的肉不仅令人恶心，还有剧毒。举例来说，孟诜就告诫人们，豺肉有害，不能吃。被陈藏器归为禁忌肉类者有白头黑牛、白头黑羊、独角山羊、面北而死的六畜、带豹纹的鹿、马肝，以及狗都不吃的肉。毋庸置疑，这些禁忌中有很多都源于古代的巫术信仰——跟不好吃之类的理由不是一回事——但当然，很多人觉得这些食物不好吃，仅仅是因为这些肉曾被视为有毒之物而禁止食用。这些禁忌可以与一些药方做对比，只不过药方是主张吃某些肉的，例如，陈藏器称苍鹰的肉能"治野狐邪魅"。人们相信，谁要是吃了鹰肉，鹰的力量和凶猛就会转移到谁身上。

　　简而言之，相当数量的饮食规定，我们最好还是将其当作陈腐过时的巫术禁忌为好，即便它们宣称的目的是促进身体和谐。举例来说，要达成凉热平衡，有一个要求是晚秋和冬天要喝温酒，而春夏要喝冷酒，尽管人们普遍认为提供冷酒有点不妥。但是，在寻求凉热平衡之时，可能出现用力过猛的情况。因此，陈藏器就出言告诫说"夏季食冰，恐致诸疾"。

　　一些饮食禁忌源于宗教。这种情况在佛教信仰里尤其明显。从传统上来说，最广为承认的一类禁忌食品是"五荤"。一般来说，这类食物包括葱属植物，比如蒜、洋葱、大葱，但也有不同的说法。有时候，兽肉也包括在其中。道家也有类似的禁忌清单。

　　自成一类的还有那些短时间存在的禁忌，尤其是饮酒方面的禁忌。一则833年的诏令就要求国忌日禁饮酒。但是，禁止凶日寻欢作乐的诏令众多，禁酒只是其一。

　　最后，个人也有饮食禁忌，最突出的例子就是天子要遵守的饮食规矩，即皇帝自己的饮食也要顺应四时。但这种规定是建立在宇宙基础之上的，而且可以归入起源于宗教的那类禁忌。

仪式和特殊场合的饮食

约翰·赫伊津哈已经指出了宴会和节庆的独特之处，即将各种轻浮之事结合在一起，并玩一些神秘和献祭的事情。这适用于任何一种文化，当然也包括唐代的中国，而且在宫廷餐桌上体现得淋漓尽致。实际上，御膳都具有仪式性质。我们已经注意到，君主膳食设计中融入了宇宙和季节因素，反映了天子半神的性质与地位，他始终要与宇宙的变化和谐一致。为协助选择合适的食物，宫廷专设尚食局，其中最重要的就是八名"食医"——此外还有准备肉食的、做糕点的、腌制食物的、酿酒的，以及其他技术人员，还有十六名监督服务的"主食"。食医不仅必须保证君主的饮食计划合宜，还要为宴会和盛大的仪式安排合适的食物。

有一种场合很特殊，某种程度上与一般的宴会和仪式不同，那就是招待来访的外国人——前来朝贡的首领及其随从，以及使节。关于选择什么样的酒食来招待他们，唐代有各种精细复杂的规定。但是，天子不能与来访的外国人一起吃饭、喝酒、听音乐。简而言之，古老的传统禁止天子与外国人分享他生活中仪式化的部分。

所有类似的事情都表现出强烈的保守倾向。虽然我们从其他地方了解到，新颖的外来食物在皇宫里很受欢迎，但官方史料表明，君主的餐桌应该按照传统先例来摆放，而且要选择传统的经典食物，无论多么寻常可见，比如各种腌制食品。

无论皇宫内外，按照惯例，在任何重要的仪式之前，司仪都要用各种方式净化自己，其中最重要的就是禁食。典型例子就是"亲蚕礼"，由皇后主持，率领众嫔妃祭拜蚕神螺祖，并采桑喂蚕。在以这种习俗为基础的小型祭拜仪式里，皇后就像是高等女祭司。她会在宫殿的各个建筑里禁食一段时间，为她的年度仪式做准备。

在面向自然神祇和祖先亡灵的国家级重大仪式中，古老而传统的食物和饮料被着重强调。这些场合里最突出的祭品就是各种香气四溢的酒，按照《礼记》等古籍的记载，其中大部分都要有花椒。摆在祭坛上的食物要么盛在竹器（笾），要么装在木器（豆）里，又或者是其他类似上古所用的容器里。食物的数量有严格的规定，要和神灵的地位和神力相称。比如在公元 7 世纪，祭天地，每种食物都要装四笾、四豆；祭拜帝王的祖先，每种食物应该有十二笾、十二豆。但是，人们认为祭风师、雨师之时，每种食物只值得献上两笾、两豆。

按惯例来说，献给神灵的祭品中有一部分是肉制品，包括用五牲之一做成的肉羹——到底用哪种肉取决于所祭祀神灵的尊贵程度。祭品里也有更加保守的鱼肉和肉脯。令人有点意外的是，唐代祭天仪式上出现了野生动物的肉。从某种程度上来说，这些食物似乎代替了家养动物的肉。其中的鹿脯、鹿醢，兔醢自不必说，还有一堆其他的食物。

在这些盛大的场合里，蔬菜制品也起着重要作用。其中大部分都经过了腌制和盐渍，比如菱角、栗、枣、榛、竹笋以及其他多种蔬菜。

我们已经提到了在重要祭祀中通常会有的香气四溢的酒。（值得注意的是，主要的政府工作人员在宫廷仪式里饮酒属于常规。）但是，有必要注意，唐代有人提及为星宿之神献祭奶及奶制品，尽管这不是官方的仪式，而是佛教的习俗。举例来说，马奶酒就献给了昴宿的星官月精。[31]

酒也会在婚礼、生子、葬礼之类的场合扮演重要角色。在更简单的社会层次上，这些仪式可能会有古代萨满表演的性质。唐朝诗人王建在《赛神曲》中就写到新妇为神灵上酒，“男抱琵琶女作舞”，这跳舞的女子无疑是一位萨满。在这种场合下，新娘在一定程度上就等同于萨满，或者可能等同于受召唤而来的主事女神。

也有季节性的饮酒场合。例如，8 世纪中期，所有地方官员都被要求监理一个正式的宴会，会上要演奏音乐，斟酒，以向他们辖下最值得尊敬的老人致敬。要不然，按习俗来说，在重阳节也要喝菊花酒。

一种非常特殊的仪式食物是人肉。唐代愤怒的老百姓会将贪官酷吏大卸八块而食其肉，这绝不是什么少见的事。《资治通鉴》就记载过几个仪式性食人的例证。公元 739 年，宫廷官员牛仙童深受皇帝宠信，却受贿帮同僚掩盖罪行。事情败露后，皇帝下令把他毒打一顿。之后，监管其事的官员杨思勖把他的心挖了出来，还吃了他一块肉。公元 767 年，周智光的宿敌举报他行为不端，他就把对方杀了，将肉切成小块，自己还分了几块吃。公元 803 年，军官李庭俊举兵背叛长官，杀之而食其肉，其间大概有手下的协助。

与上文所论仪式饮食关系密切的是更加世俗的宴会，礼节的繁杂程度不一。或许其中最讲究的是一种饮酒的节日，由君王亲自宣布开始，所有人都参与其中，由官府承担人们纵酒宴乐的费用。节日上一般都有彩车游行之类的娱乐表演，会展现历史或神话场景，既有教化作用也有娱乐功能。[32] 这种官方的纵酒狂欢活动有固定时间，通常是三到五天，其公开目的是表达举国欢庆的喜悦。唐代举行这类欢庆活动的例子，一次是在公元 630 年，为了庆祝两次对突厥作战的胜利；另一次在 682 年，为了庆祝皇太孙的出生；一次在 732 年，是在皇帝祭祀地祇之后；还有一次在 754 年，是在唐玄宗上尊号"开元天地大宝圣文神武证道孝德皇帝"之后。

规模较小的那些庆祝活动，是为了向各地参加会试的举人表示祝贺，会试取中者最终可能会跻居高位。就最低等级的宴会来说，各县选出最贤能的年轻人（举人）之后，要分别举行酒宴。宴会上以芦笛奏乐，还会展示举人自身的诗歌成就 [33]。同样，新科进士榜在长安大慈恩寺塔张贴之后，[1] 更高级别的大型宴会将在曲江池举行，也就是在长安城的东南角，这是为了向要参加殿试的幸运儿表示祝贺。唐代中期——或许其他时期也有这种情况——大臣有了新的任命，就会大办宴会以示庆贺。这种宴会就叫"烧尾宴"。

上引每个例子都说明了赫伊津哈的观点：所有的宴会都有半仪式的特征，即有特定的举办时间、目的，部分脱离日常事务。

跟这些宴会相似，而性质更为私人的——有时候实际只有两个人赴宴——就是各省举行的履新前的离职宴，或者带着耻辱被流放前的告别宴。此类践行宴通常都是在城门附近举行，即面向旅行者目的地方向的城门。在这些场合，很多人都会即兴赋诗，而诗中常常带着忧愁。举例来说，如果离别的官员因政治斗争而获罪，要流放到蛮荒之地，告别诗常常会充满瘴气、木魅、取人头颅的野蛮人这类意象，因为这些是可怜的旅行者迟早要面对的，心里觉得恐怖，提出来又让人觉得不快。

最后一点要说说招待客人。为客人提供食物或饮料是全世界的惯例。唐代的一个例子讲述了唐玄宗屈尊俯就的故事，不同寻常。《新唐书》记载，有人把李白介绍给那位皇帝之时，皇帝赐食并且亲自为他调制羹汤。在唐代，喝茶日益重要起来，向访客奉茶就成了惯例。饭后向客人奉酒，也是常事。这就和宋代的习俗不同，因为那时候每上一道菜都要喝酒。

1　实际上，进士放榜的地方在"礼部南院"。《唐摭言》卷十五："进士旧例于都省考试，南院放榜，张榜墙乃南院东墙也。别筑起一堵，高丈余，外有壖垣，未辨色。即自北院将榜就南院张挂之。"大慈恩寺塔本身指大雁塔，是进士题名志喜的地方。《唐摭言》卷三："慈恩寺题名游赏赋咏杂纪，进士题名，自神龙之后，过关后宴，率皆期集于慈恩塔下题名。"

旅店和酒馆

谈论饯别宴和待客自然会注意到酒铺和客栈，民众可以在这些地方买到饮食。关于供应食物的场所，证据确实非常单薄，但是唐代文学作品里随处可见供应酒水的地方。这里仅需举几个例子。

在唐代，疲惫的旅者会遵循古已有之的习俗,留宿佛寺或道观。《全唐文》中记载，德宗颁布的一条诏令要求这些遍布全国的机构应该保持良好的状态，以接待世俗的访客，他认为所有宗教的一个重要目标就是为所有生灵谋福利。[1] 此外，全国都有名为"馆"的客栈，尤其是在交通要道上。"馆"这个汉字的字形就表明其与"官"这个字有关。简而言之，从语源学上看，"馆"指的是"官员因公出差时的住宿地"。到了唐代，名为"馆"的客栈可能会招待其他旅人，但从唐代官宦所写的大量提及"馆"的诗歌来看，似乎这个字主要还是在原本的意义上来使用的，而且我注意到有两篇文章直接点出了此类场所的官方性质一直在延续。[34]

城镇和乡村都有档次更低的地方，那里专门卖酒，有时还有娱乐活动，明显是专为进门之客提供的。这些地方名为"酒店"，有时又称"酒肆"或"酒楼"。不过,我们偶尔发现有人提到了路边的"旅店"，可能是为过夜客人提供住宿的。《新唐书》记载，8世纪最繁荣时期，商品丰富，食物便宜，旅行安全，官道上到处都是餐馆（肆），"具酒食以待行人"。客栈选址倾向于人流密集的地方，比如大的市集、上层人士的宅邸附近，以及船舶停靠处等。供应酒水的人也很容易找到，因为他们都挂了特殊的"酒旗"，这在诗歌之中也屡有提及。

有种特殊的酒肆会有美女提供额外服务来吸引顾客，而那些美女通常是胡人。李白在《金陵酒肆留别》中提到劝他饮酒的"吴姬"时，

---

1 《修葺寺观诏》："释道二教，福利群生，馆宇经行，必资严洁。"

可能只是在用"吴姬"这个典故以及作夸赞之辞——尽管他写诗之时实际就在吴地。不过，我们在这里只讨论经典的、近乎异域的沽酒美女。途经岭南之人，遇到照管酒肆的女性试图用自家酿的酒来招揽顾客，他们当时会有何种浪漫的想法，我们或许永远也不得而知了。但是，真正来自异域的侍女——中文统称为"当垆"，即"照管温酒器的女性"——提供的服务很容易在大城市里找到，尤其是在长安。这些外来的赫柏[1]肯定有吐火罗或者粟特血统，其中许多人都是金发碧眼。这些年轻美女通称"胡姬"，她们会为客人奉上珍贵的美酒，有时以宝石雕刻的高脚酒杯盛之，载歌载舞，丝竹并作，客人欢喜异常。

注释

[1]　10 世纪的日本食物与药物名词汇编，大量取材于中国的食物与药物。出自中国中古早期饮食学书籍的其他引文就保存于其中。但是，其他引文的性质基本跟丹波康赖资料集里那些引文的性质一样。

[2]　下文的许多讨论已经见于作者先前出版的作品。如无例外，文中不会专门提及。下文引用或者提及的文学材料，都可以在《全唐诗》和《全唐文》里找到。

[3]　虽然王禹偁生活于宋代，但是我认为他的证词也适用于唐代。他的诗叫《赠湖州张从事》。

[4]　radish 这个词似乎跟 rape、rapa、raphanus 同源。

[5]　有人发现葫芦泡水可以治疗脚气病，即以大米为主食的南方人所患维生素 B_1 缺乏症。韩愈就是观察到这种效果的人之一。也有人认为槟榔可以治疗这种疾病。脚气病的常见症状是水肿。

[6]　对于这些水果之间的亲缘程度，分类学家们还有分歧。分类学家并没有把

1　赫柏（Hebe），即希腊神话里的青春与春天女神，曾经为众神斟酒，后来为伽倪墨得斯（Ganymedes）所取代。此处指代斟酒的胡姬。

它们全部归入韶子属。

[7] 篠田统论及石榴酒、椰酒之类外来酒时，对于西藏的乳酒及蒙古大草原的乳酒有些疑惑。这种乳酒其实显然就是酪的别名。

[8] 这些对应的东西是我个人认为的。尽管它们的用法跟中国现代的用法不完全对应，但是我仍然有几分相信它们就是对应的东西。

[9] 有些分类学家把吴茱萸归为花椒之类。

[10] 同样出于形状的原因，唐诗里的"丁香"经常指丁香（lilac）的小花朵。这种模棱两可的情况导致了许多荒谬的翻译错误。

[11] 这四个盐政机构的位置在永嘉、临平、新亭和兰亭。有关盐池行政控制的信息，可参见《新唐书》。

[12] 现代的酱油的制法是：煮熟大豆，发酵，浸于盐水之中。

[13] 篠田统讨论了一些有趣的鲊类食物，其中一种让人联想到日本的寿司。但是他提到：描述用词不一定表达自身的意思，而明显是语音转写。蒲叶不适合用来包寿司。他认为，蒲字的发音代表某些表达的开头音节，比如现在泰语 pura-hā 的开头音节，因为这个表达代表某种寿司。

[14] 在某些情况下，胡饼是胡麻饼的缩写。但是，两者最终要表达的意思一样。比如可以参见白居易的诗《寄胡饼与杨万州》。诗名里的胡饼到了诗句中，就变成了胡麻饼。诗人所写"面脆油香新出炉"，明显指煎饼。我不确定的是，名为"餬麷"的煎饼和名为"餲"的甜蒸饼在唐代的流行程度如何。

[15] 我们可能希望在醴中找到跟啤酒类似的东西，因为醴的重要原料为大麦芽，醴因此可以跟英国的优质强麦酒对比——但是，我们很可能被欺骗（关于醴的原料为大麦芽，可参见凌纯声的著作）。

[16] 篠田统提到"秫"就是粘粟的通称，"糯"则是黏稻的通称。粟属于黍类，或者毛线稷。中国酿酒者所用发酵饼里的典型酵母（名为曲或者酒母）会产生黑色的霉菌，以及其他常见于面包上的霉菌。

[17] 浊酒和清酒之间也有区别，前者有点为酒渣所污染，而后者经过了过滤或澄清。人们偏爱用清酒来比喻高一等的人，但篠田统认为这种文学上的偏好没影响到浊酒，因为浊酒绝不是受鄙视的酒。

[18] 唐代的酒时不时地受到政府控制，有时只是向私酿的酒征税，有时候却是政府垄断酵素和酒的销售（详情参见丸龟金作的著作）。

[19] 唐代有位权威房千里强调，在"南方"（从上下文来看，他指的是岭南），人们不用常见的曲蘗，而是用当地植物的提取液来启动发酵过程。

[20] 显然源于阿拉伯语，然后经各种印度—伊朗语方言而传播开来。

[21] 这两首诗指雍陶的《到蜀后记途中经历》和白居易的《早春招张宾客》。

[22]　这本经典书的影响之大，都使得日本产生了茶道。然而，我们有理由相信，现存的版本不完全等同于其假定作者的原著。举例来说，其中的地名与唐代著名茶叶和瓷器生产中心的地名不符。那些地名到了宋代的版本，可能就被校正过了。

[23]　举例来说，我们发现王建在《饭僧》中写过，姜茶与饭同食，有提神的功效。

[24]　最优质的茶叶由叶芽，即茶芽制成。

[25]　茶税最初征收于 793 年，不过相反的证据说的是，自王涯奉命当上榷茶使，茶税才开始征收。而王涯的任命发生在唐文宗在位时期，即 9 世纪。

[26]　布目潮沨在茶道里发现了道家的元素——比如寻找长生不老药。

[27]　《字海》这本现代词典，把锅视作釜在方言里的同义词。李洞的诗《题慈恩友人房》里有"茶锅"的说法，即其证。但是，我倾向于同意冈崎敬的看法：锅与釜的关系事关文化史。我也观察到，皮日休写过一首，诗名为《茶灶》。我以为，这个诗名指的小灶，专为烧水泡茶而设计。

[28]　大概处于同一时期，而有油画装饰的标本，在日本留存了下来。

[29]　硫黄因其发热的特性，而用于制造盛冷饮的杯子，而热饮的平衡方式则是盛之以瓷器，且令瓷器漂浮于水上。

[30]　20 世纪的因纽特人的口味可资对比。我们在雷伊·坦纳希尔的书里发现，反刍类动物的胃结构复杂，而草类物质就在胃里部分发酵，这就明显让它们变得可口一些。

[31]　与此相关的是，奶制品通常在印度和其他许多地方被人们食用，而恰好这些地方处于佛教的影响之下。因此，佛教和食用奶制品之间的联系只是历史里的巧合。

[32]　这种习俗的起源可以追溯到周代。其唐代版本至今还在日本保留着，变成了京都的祇园祭。

[33]　这个信息出自后唐的法令，恢复了明显已经弃置不用的习俗。

[34]　有些客栈，又或许所有这些客栈，都有优雅而美妙的名字。神女馆即其例，为杜甫所提及。其店址恰好在长江上，也就是女神逗留的地方。

第四章　宋代

迈克尔·弗里曼

在女真人南下而北方陷落的那个时代，名不见经传的宫廷艺术家张择端画出了他唯一存世的杰作《清明上河图》。[1] 这幅画以无与伦比的鲜活细节带领我们一步一步地欣赏旧日都城的生活。乡村长冬已去，草木新绿，万物复苏。穿过热闹的城郊，到达画中的终点，也就是北宋的都城——东京开封府。这座大城通衢四开，各族旅行者涌动其间，店铺林立，私人府邸鳞次栉比，公共酒肆热闹繁华。我们跟随这幅长卷渐次观看，心情越发激动。如今，我们称张择端所画之城为开封，夏季炎热多尘，冬季寒冷潮湿，易涨洪水，军事上易攻难守，完全不是建立大型王朝首府的有利位置。张择端对这些一无所知。他把这座城市称为汴京，即建于汴的首都，认为汴京既有商业都会的热闹与刺激，又有伴随天子之居的高贵。看着《清明上河图》，见于眼前的景象不仅是对昔日生活原本模样的复原，而且是对其应有模样的想象。作者对这座城市既有丰富得过分的记忆，又抱有同样丰富的感情，如此才有了这样一幅作品问世。

这一景象的焦点并非皇帝和官府——这些在中国历史上都是用来

展示伟大军事力量的——远在进入内城之前，这幅画的内容就结束了。相反，这幅画的中心是城市生活和城市里的人，尤其是他们所吃的食物。食物——从生产到销售再到消费——是这幅画的主要叙事主题。我们先穿过乡村准备春耕的田地。道路与大河交汇，河上挤满了装盛粮食的大船，准备运往都城。画面开头，客栈和茶肆还比较简陋，再往后面看，就越来越多，也越来越豪华。这之后，我们就进入了汴京城，城内的酒楼装饰得很精致，建了门楼，摆了鲜花，酒旗招展，把汴京的富裕与宏伟表现得淋漓尽致。街上的小吃食摊密密匝匝，小贩们叫卖着来自各地的知名美食。到处都暗示着烹饪的丰富性和多样性；在画家深情回忆中心不远处，是对旧都美食的思念。

许多宋代人都很将食物放在心上。诗人赞美食物，传记作者罗列食物，就连学者也觉得食物值得仔细思考。可喜的是，他们之所以被食物打动，并非因为贪吃，而是因为食物本身的乐趣，他们对食物的丰富性异常着迷，而这种丰富性远超他们先人的想象。宋代的厨师是农业革命和商业革命这两场同时发生的革命的受益者，他们享受着前所未有的富足，尤其是在两个首都（开封和杭州），城里的居民可能是当时世界上吃得最好的人口。曾经还很奢侈的食物变成了必需品，无论是张择端所画大街上挤满的官吏，还是大量的商人、店主和手艺人，都可以享用这些美食。

任何一个如此成功地养活了自己民众的社会，其饮食的历史必然值得我们好好研究。不过，物质的丰富也在各个方面促使宋代社会中相当一部分能吃得好的人，更加审慎和理性地对待食物，而且这种态度一直在发展和完善。宋代，尤其是南宋，出现了世界上第一个菜系，而正是这种复杂而自觉的传统，经过新原料和新技法的修正与充实，一直传承至今。

经常有人尝试回答菜系（cuisine）与一般烹饪传统的区别在哪里，但大部分讨论的都是西方的烹饪。人们通常认为，不存在所谓的美国菜，却有所谓的法国菜。一种菜系肯定不只是词典上定义的"烹饪方式或风格"，就像我们几乎不会说"快餐菜系"。我们的定义是历史的：一种菜系、一种有意识的烹饪和饮食传统的出现，表明某些物质因素（食材原料的可得性和丰富性）与一整套针对食物及其在人们生活中的地位的态度融合在了一起。

菜系的形成首先意味着使用了多种原料。这种多样性可能部分是因为厨师和食客想要制备和摄入一些看似不可能的物质——也许是出于现实的需要。这就是中国的救荒饮食传统，其中蕴藏了大量饥荒时期可用的民间知识。但是，要想发展出一个真正的菜系，必须经过广泛实验，这就需要有许多原料，包括某些并非本地自然产出的原料。在宋代，能吃的东西丰富多样，但这说的不是还秉持民间饮食传统的乡村，而是城市，尤其是都城——北方陷落前的开封以及后来的杭州。国内外产品汇集于此，厨师可以尽情实验。此外，菜系也不会只从单一地区的烹饪传统发展而来。单个地区的原料往往很有限，而厨师和食客也太保守。从历史上看，一种菜系并非衍生自单一的传统，而是将若干种传统中最好的部分融合、精选并组织起来。

菜系的发展还需要一大批挑剔且大胆的食客，他们不拘于自己家乡的口味，愿意尝试不熟悉的食物。这种能够鉴赏优秀烹饪的精英食客一定为数众多。一种菜系的存在必然包含一系列比传统烹饪更宽泛也更包容的标准，尽管如此，这些标准仍是真实的，而且这些标准的维持仰赖大量足以超越个人口味的食客群体。单个统治者或精英小圈子可能会享受到顶级厨艺，却没法创造一种菜系。食客也得不落俗套，如此才能鼓励烹饪方面的大胆创新，而这意味着一定程度的理性思考。只要四川当地人，比如宋代诗人苏轼，认为家乡的食物仅仅是用来维持生计的，那就无法促进一种菜系的发展；如果他把家乡食物当作"有四川风格的食物"，并将之与其他烹饪传统的菜肴结合起来，那他就是在参与创造一种中国的菜系。

最后，一种菜系的出现也要归功于一系列态度，也就是更看重享用食物所带来的真正的快乐，而非其纯粹的仪式方面的意义。许多研究法国菜的历史学家认为，法国菜开始于凯瑟琳·德美第奇携她的意大利厨师抵达巴黎之时，然而，法国菜的真正开端并不是随后出现的法国宫廷料理，而是法国大革命之后法国宫廷料理的烹饪风格传入了社会更广泛群体之中的时刻。法国菜的发展一直以来都远离繁复，趋向更加简单、更忠实于原料的烹饪风格，尽管这种风格仍极其复杂。主要用于仪式的食物很可能极其丰富和精致，却因味觉以外的关切和因循守旧而被禁锢住了。

再者，菜系的出现，还涉及原料获取的方便性、许多不落俗套的消费者，以及不受地区或仪式传统束缚的厨师和食客。可巧的是，宋代的农业和商业发展起来——与政治事件有关，并伴有对食物态度的转变——并促使一种至今为人称道的"中国菜"的诞生。

供应与运销方面的变化

宋代烹饪发展的一个重要因素，也许是决定性的因素，是当时农业领域发生的变革。这种变革之所以重要，首先是因为它增加了总体的食物供应。在宋代，农业资源并不稀缺，饥荒罕见，即使有饥荒通常也只是局部的，而且与运销系统的崩溃有关。当时的人口增长到了一亿左右，而这是宋代之后的几个世纪里都没有再达到的人口高峰，尽管如此，当时的生产增长速度也超过了人口增速。此外，农民能够生产更多种类的食物，因此，曾经几乎买不到的东西也在市场上变得很常见，包括茶叶在内，过去只有一小部分人才能消受的东西如今也传入寻常百姓家。来自中国、日本和西方的许多学者都为我们理解宋代农业和商业的变化贡献了力量。[2] 在总结他们发现的过程中——我们只需要把这些发现作为我们理解食物供应的背景——我们认为有两个变革尤其重要。第一，新品种稻米的出现大大提升了这种谷物的产量，再加上依赖小麦和粟米的地区落入女真族之手，转而依赖稻米的需求大大增强。第二，在许多粮食高产区，相伴而来的农业商业化不仅大幅提高了粮食产量，而且导致了多种多样的原料的出现，而这些丰富的原料成为宋代烹饪的特色。

1027 年，为应对福建干旱引发的饥荒，宋真宗敕令分发一种从占城（今越南中部）引进的新稻种。朝廷之所以如此，不仅仅是体恤百姓，更是因为无论首都还是军队都要依靠从东南征收的税粮。因此，仔细监测并鼓励东南地区的粮食生产，从唐代开始就一直是朝廷利益之所系。得到广泛应用的新稻种有两个优势——占城稻成熟得早，某些地区能实现一年两熟。同样重要的是，占城稻高度耐旱，极其有望成功栽种到海拔较高而此前种不了稻谷的地方。换言之，占城稻可能使得某些庄稼地的产量翻了一番，而且开辟了新的农业区域。

从某种意义上来说，宋真宗的政策反映了一场更为广泛的变革。长期以来，长江三角洲地区的农民一直在寻找早熟的稻种，而且他们倾向于采用在某一地区最有效益的品种。在三角洲最高产的地区，比起占城稻，农民偏爱成熟得更慢的粳米，因为粳米更加高产，而且产出的粮食味道好，耐储存，因而更为征税者所偏爱。南宋的观察家舒璘写道："所谓粳谷者，得米少，其价高。轮官之外，非上户不得食。所谓小谷，得谷多，价廉，自中产以下皆食之。"占城稻是私人稻谷贸易里的主要品种，也是城里人吃得最多的品种。

这两种稻谷绝非宋代种植和食用的全部稻谷品种。占城稻本身就有八十天、一百天和一百二十天成熟的不同品种。谷蛋白含量极高的特殊稻谷品种是被当成经济作物来种植的，常用于酿酒。时人提到过许多种能在市场上买到的稻米，包括红米、红莲子、黄籼米、香米以及"陈米"，即官方粮仓折价出售的米。

由于降雨量不足，无法种植水稻，所以当时的情况和现在一样，北方的主要作物是小麦和各种粟米。很明显，稻米栽培技术的改进没有延伸到其他谷物；小麦和粟米的产量没有提高；北方经济的重要性在整个宋代持续下降。高粱——可作食物、饲料，以及酿造烈性的高粱酒——最开始在中国栽培就是在南宋时期，很可能是在四川，而且可能产量也不大，因为马可·波罗在宋朝被蒙古人打败后途经中国时喝的酒几乎都是用稻米和香料混合制成的。

好几种食物的生产主要都是出于商业方面的考虑。虽然这些食物从大众利益上看远不如稻米重要，但它们清楚地表明可获得的食物正在大幅扩增。在宋代，甘蔗开始成为四川和福建部分地区重要的经济作物。甘蔗自古就为人所知，但只有在唐代，提炼蔗糖的技术才广泛传播开来。《糖霜谱》这部有关糖的专著的作者断言，在四川遂宁，超过四成的当地农民都被雇来生产蔗糖。南宋的方大琮对此不以为然，他认为"仙游县（位于今日的福建省）田耗于蔗糖，岁运入淮浙者，不知其几千万坛"。有位作家主张甜食为"蛮夷和乡野之人所偏爱"，不过，有许多文献提到了甜食、糕点、蜜饯，说明城里人在这方面没落后多少。

在进入大众消费的食材里，茶也许是最为重要的。饮茶并非新事，但社会各个阶层都饮茶说明在大众消费模式和茶叶制作方面出现了变革。宋代的评论者一致认为，茶不再是一种奢侈品，而成了日常的必需品，连最卑微的家庭都没法不喝茶。政府精心监管着茶的生产和运销，经由控制茶叶贸易而大获其利。

稻米、茶、糖，在很大程度上，代表了一系列较次要产品的典型生产模式的变化。它们的运销情况也反映了宋朝经济中普遍存在的商业化，主要消费品常常经由极其复杂的路径抵达市场。吴自牧就说："每日街市食米，除府第、官舍、宅舍、富室，及诸司有该俸人外，细民所食，每日城内外不下一二千余石，皆需之铺家。然本州所赖苏、湖、常、秀、淮、广等处客米到来，湖州市米市桥、黑桥，俱是米行，接客出粜，其米有数等，如早米、晚米、新破砻、冬春、上色白米、中色白米、红莲子、黄芒、上秆、粳米、糯米、箭子米、黄籼米、蒸米、红米、黄米、陈米。且言城内外诸铺户，每户专凭行头于米市做价，径发米到各铺出粜。铺家约定日子，支打米钱。其米市小牙子，亲到各铺支打发客。又有新开门外草桥下南街，亦开米市三四十家，接客打发，分铺家。及诸山乡客贩卖，与街市铺户，大有径庭。"官员们经常抱怨，那些随大船而来的米商把一个地区的所有产品都买光了，导致供应不足。

有些次要商品的生产，很可能比主要农作物的生产更加商业化。蔡襄在《荔枝谱》中解释过，荔枝树刚开花时，商人就以林为单位估算荔枝产量，并以此为基础签订合同。这些商人能预测收成的好坏。蔡襄指出，商人在荔枝交易中获利颇丰，可种植荔枝的农民却没机会吃他们自己种植的水果。商人有办法将各种各样的食品运送到利润丰厚的城市市场，甚至还有活的娃娃鱼，放在竹篓和纸篓里，运送的人要持续不断地加水并搅动。

尽管我们可能会认为最优秀的商人在首都或者大城市做生意，但宋代形成了由地方的定期市场组成的一整个网络，这些地方市场通常每十天开一次，但更经常的是三天或六天开一次。这些市场的大部分交易都是小规模的实物交易，但大型集市里有商店和客栈，供行商使用。显然，即便在偏远落后的地区，也有这类集市，经常有商人和小贩出摊，能使农民们至少享受一点城里人的快乐。运往首都的大多数商品，要么直接卖掉了，要么就会在大城市的市场上转售。这些市场天刚微亮就开始了，有时要开到深夜，是同时代观察家眼里的奇迹。马可·波罗写道，杭州"城中有大市十所，沿街小市无数，尚未计焉，大市方广每面各有半里，大道通过其间。每星期有三日市集之日，有四五万人挈消费之百货来此交易。由是种种食物甚丰，野味如獐鹿、花鹿野兔、家兔，禽类如鹧鸪、野鸡、家鸡之属甚重，鸡、鸭之多，不可胜计。平日养之于湖上，其价甚贱，物搦齐亚城银钱一枚，可够鹅一对、鸭两对"。马可·波罗还描写了多种蔬菜、水果，尤其是"每个重十磅"的大白梨。他还观察到了数量巨大的鲜鱼，"有见市中积鱼之多者，必以为难以脱售，其实只需数小时，鱼市即空，盖城人每餐皆食鱼肉也"。

　　无论在开封还是在杭州，大部分大型市场都专卖单一品类的产品。杭州的米市在北门外的黑桥头。猪肉市场有两个，南猪行在候潮门外，北猪行在打猪巷内。此外还有菜市、药市、肉行、鲜鱼行、鱼行、蟹行、青果团[1]。卖柑子的市场在一块特殊的区域，即"后市街"。南宋的一位作者写道：杭州人都是贩卖饮食之人。他为城内买得到的原材料所列的清单就是明证，所列食物种类之多，令我们眼花缭乱，记都记不住。他提到了三十种蔬菜和十几种豆类。售卖蔬菜和水果的地方一般在众多邻近居民区的市场。制备肉类的地方在肉铺，全城都有。在开封，"肉坊巷桥市，皆有肉案，列三五人操刀，生熟肉从便索唤，阔切、片批、细抹、顿刀之类。至晚即有燠曝熟食上市。凡买物不上数钱得者是数"。南宋时的杭州，此类肉铺非常多，每个铺子每天都要悬挂不下十余扇猪肉。到了冬季的两个节日（春节前后），每个铺子每天要卖几十扇猪肉。城里的厨师还能买到其他现成的肉类，包括牛肉、马肉、驴肉、鹿肉、兔肉、多种禽肉，以及鱼肉和各种海鲜。

　　宋代的商品价格，跟其他时代一样，难以精确测定，尤其是因为商品价格的波动跨越了三百年，波动相当大。仅仅看蔬菜贸易的体量——宽度为两百里的小岛都用于蔬菜生产——就知道，大部分人都买得起蔬菜。

1　"青果"即应时水果，"团"就是市场的意思。

　　关于收入的具体数据很少，也不可靠，因为我们难以判断那些数据是否有代表性。在政府出租的船上，普通水手的日工资是 100 文钱，再加 1.2 升左右的大米，而且在受雇当天能得到五贯钱的奖金。在 1156 年、1167 年、1173 年，政府买进一石（约为 59 公斤）糙米，分别支付了 1.5、1.3、1.5 贯钱。换句话说，水手买得起的大米数量，比他需要吃的多得多。但是，即便是这种简单、大略的对比，在解释方面也有诸多困难。

　　北方陷落之后，孟元老深情地回忆道，昔日开封餐馆里的一道菜，只要十五文钱就能买到。他还有进一步的记述，"卖生鱼，则用浅抱桶，以柳叶间串，清水中浸，或循街出卖。每日早，惟新郑门、西水门、万胜门，如此生鱼有数千檐入门。冬月，即黄河诸远处客鱼来，谓之'车鱼'，每斤不上一百文"。即便手头上的这些材料不典型，但很明显的是，至少在正常时节，普通劳动者为了换口味，偶尔买些新鲜食物或者现成食物，还是负担得起的。数量极多的人还能比他们吃得更好。历史学家们早就认识到，文官制度在迅速发展，即社会精英阶层发生了转变，这一阶层原本人数相对较少，由持有大量土地的贵族构成；现在的构成则更广泛，由土地持有量为中等阶层人群组成。南宋的官吏通常估计数量为一万二千人左右。这个人数并不多，但是算上门生、家庭以及其他靠官吏生活的人，总人数就庞大得多。当然，并非所有想要谋得官职的人都能如愿。此外，让道学家们非常恼怒的是，商人、店主、牙郎及其他从事可疑职业的人数量过于巨大。陈舜俞的痛心之处就是道学家的典型想法，他在《都官集》中写道："古之四民，而农民其一；今之民，士、农、工、商、老、佛、兵、游手，合为八，而农居其一……今者工商之取于农诈伪无厌。"这一类人能够负担得起锦衣玉食和豪华的宅邸。朝廷觉得有必要经常颁布限制铺张浪费的法律，以便控制炫耀奢侈的不当行为，这种法律实在太多，我们甚至能够合理推断这些规定并未被实际执行。

宋代中国的农业体系和运销体系的运行效率已经达到一定水平，允许人们消费相当广泛的食品和饮料，远远超出了生存所需。传统烹饪中可以做的所有事，一度几乎是皇帝和少数大贵族专享，现如今，即使大众还享受不到，但已经有相当一部分人口可以吃到了，而这一人群的数量又足够大，能够支撑起一个发展良好的包含高级餐厅、宴会承办商以及专业厨师在内的餐饮服务业。

消费模式

在宋代，饮食习惯反映的是社会地位。地位优越的富人比穷人获得的食物更丰富多样，即使数量不一定更多。然而，富人和穷人在烹饪方式和食材方面并没有完全脱节。穷人的主食是粟米或占城稻；富人买得起更受欢迎的"官米"，之所以叫"官米"，是因为官府只收这种米当税粮。但是一般来说，饮食方面的差异是档次上的而非种类上的。穷人吃更少的饭，吃更少和更差的菜，但富人跟穷人的烹饪方式大体相同。

吴自牧在南宋晚期记述道："盖人家每日不可阙者，柴米油盐酱醋茶。或稍丰厚者，下饭羹汤，尤不可无。虽贫下之人，亦不可免。"虽然这种最低限度的饮食听起来很难让人有什么食欲，却相当有营养，因为其中有大米提供的碳水化合物和纤维质、大豆的蛋白质，以及醋里的各种维生素。

阐明了后来所谓的"开门七件事"之后，吴自牧和同时代的人继续指出——通常是间接地——如何给这种饮食提供必要的补充。大量的腌鱼被运往杭州，在专门的店铺里出售。在像开封这样的内陆城市，鱼很可能不如动物内脏重要，尤其不如猪内脏重要。马可·波罗提到"复有屠场，屠宰大畜，如小牛、大牛、山羊之属，其肉乃供富人大官之食，至若下民，则食种种不洁之肉，毫无厌恶"。凡是跟宋代首都饮食信息有关的主要文献资料都提到了劳动者经常光顾的特定酒铺或者餐馆，而且其中的菜单，既证实了马可·波罗的观察，也让我们知道动物身上哪怕再小的肉都会被利用。浓汤在开封很常见——血羹、粉羹，甚至有用心、肾、肺做成的汤。这些菜肴中的许多也在杭州供应，同样供应的还有各种饼，要么是蒸的，要么是炸的，而且常常有馅。

　　借助提及炊具的文献以及面向底层客群的饭馆所使用的烹饪方法，我们能推测出下层社会家庭使用的烹饪方法。举例来说，我们读到一段资料，说杭州有修补镬和铫的地方，也有地方售卖烤炉、勺、筷、碗、杯、蒸笼之类的物件。这些物件现如今在中国的厨房里也很常见。文献中还提及餐馆或者摊贩会卖油炸食物，这就说明油炸也是常见的烹饪方式。

　　无论在北宋还是在南宋，人们都是一天吃三顿饭。吴自牧说，摊贩们早上卖二陈汤、馓子和小蒸糕，中午卖糖粥、烧饼、炙焦、炊饼、春饼之类。晚饭最为丰富，大概包括好几道菜。一日三餐之外，还可拿点心来补充。餐馆深夜都还开着，小贩深夜也不打烊，"缘金吾不禁，公私营干，夜食于此故也"。孟元老在描述北宋开封之时，发现开封"夜市"非同凡响。他记述道，夜市一直开到三更才打烊，到了五更又重新开门迎客。另一方面，提瓶卖茶的人要到三更才出来。"冬月虽大风雪阴雨，亦有夜市。"

　　富裕的商人和店主，还有官宦人家，他们的消费水平比穷人高得多。但是，烹饪技巧、餐食的基本结构，还有许多菜肴，这些都是富人和穷人共享的。"血羹"就是这样的一道菜，开封和杭州都有，无论是在廉价的餐馆还是宫廷宴会上都有人吃。

　　饮食方面的阶级差别可能在南宋时期比之前更为明显。像"尊贵之人不去此类地方"或者"此处不甚尊贵"之类的话经常出现在南宋的一些文献评注中。相比之下，孟元老就从来不用此类有阶级意识的表达，不过，他确实指出，开封有些餐馆的顾客都是劳动人民。孟元老提到，北宋的餐馆不仅绝对不会将平民百姓拒之门外，反而十分愿意招待他们，甚至还会让他们使用店里贵重的银杯和银筷。孟元老是否夸大了昔日旧都生活的和谐氛围，正如他有时会夸大旧都的魅力一样，或者他是否真的在其有生之年看到了社会环境的变革，这些都很难说。不过，宋代的饮食习惯有相当大的社会灵活性，这是毫无疑问的。

流传下来的宋代风俗画表明，有钱有势的人会在舒适且优雅的环境中用餐。至于一些真正值得注意的奢侈，我们以后再谈，而即便是普通的富裕人家，也不缺物质上的享受。宋代完成了从席地而坐到使用桌椅的转变。在绘于五代或北宋初年的《韩熙载夜宴图》中，我们发现各个场景片段里的"纵酒狂欢之人"都在享受美食与音乐。他们坐在罗汉床之上，罗汉床的围屏上有装饰画。他们吃的食物摆在平头案上，平头案看起来涂了漆。还有场景展现的也许是围在桌旁的南唐乐女各自坐在椅子上。这可能属于时代错置，或者极可能是在暗示，在五代或者宋初，这两种就座方式可以互换。《宋史》中写开国宰相的《赵普传》说，宋太宗曾造访赵普府邸，二人坐地共饮。[3] 几案之风肯定延续到了南宋，因为好几幅画中都有所描绘。

餐馆和客栈肯定认为摆放几案不方便，因为我们在《清明上河图》中发现，食客和饮客都是坐在大方桌前的条凳上，无论是在路边茶房还是在顶级餐馆里皆是如此。席地而坐的风气完全被抛弃的准确时期不太能够确定，而终宋一代，临桌而坐与临几而坐的习惯都没有断绝过。

富人吃饭用瓷盘，每位食客都要用好几个，因为每顿饭有好几道菜。筷子与勺子都有使用。筷子、勺子、酒杯，还有碗及其他菜盘，这些也都有用金属制成的，而在有钱人家和顶级餐馆里，这些器皿都是银制的。

有钱人家的食单并没有流传下来，但是既然所有这类人家都至少有一名厨师，那么在一个注重饮食的社会中，人们在家里大概也吃得很好。有钱人家和穷人家在饮食方面的不同之处，主要在于有钱人家用了罕见而贵重的原材料，而且相对来说不那么强调主食。南宋的阳枋就曾抱怨仕宦子孙，"食不肯疏食、菜羹、粗粝、豆麦、黍稷、菲薄、清淡，必欲精凿稻粱、三蒸九折、鲜白软媚，肉必要珍馐嘉旨、脍炙蒸炮、爽口快意，水陆之品，人为之巧，镂簋雕盘，方丈罗列"。

富人和穷人都吃猪肉、小羊羔肉、小山羊肉，但富人会吃更好的部位。此外，他们还吃马肉、牛肉、兔肉以及各种野味，包括鹿肉、雉鸡肉，还有其他各种大大小小野禽的肉。野味在宋代的许多食单中都特别突出，很可能是因为有钱的城里人觉得像鸮肉、喜鹊肉、狸猫肉这类不常见的原料很新颖。不出人们意料的是，这些较为罕见的肉有时是假的，要买的是鹿肉，吃到的可能是驴肉。某些格外好的珍馐美味，比如驼峰，是专门留着做御膳的。

绵羊羔肉、山羊羔肉、成年绵羊肉在宋代食材里出乎意料地受欢迎。尽管没有猪肉那么常见——要知道猪肉在文献资料里一般直接称为"肉"——但羊肉也广为食用。此外，几乎没有什么理由认为对羊肉的喜爱与北方草原民族的影响有关。当时的宋朝人很清楚他们的北方邻居大量食用羊肉，但无论他们是接受还是拒绝吃羊肉，似乎都不是因为这个。我们还发现，诗歌里偶尔会意外地出现羊和羊群，甚至在南方写成的诗歌也会提及，这就表明，羊这类动物在农村很常见。除此之外，我们必须直言不讳地说，这些肉都是宋代饮食的一部分，没有人会不喜欢，而且有些顶级美味，比如"羊头肉"，就来自绵羊和山羊。

社会的各个阶层都吃鱼，而东南沿海大城市的鱼尤其丰富。马可·波罗在描述杭州时说道："每日从河之下流二十五里之海洋，运来鱼类甚多，而湖中所产亦丰，时时皆见渔人在湖中取鱼。湖鱼各种皆有，视季候而异，赖有城中排出之污秽，鱼甚丰肥。"许多种类的淡水鱼大概要比海鱼更受欢迎，如果在描写一道鱼做的菜时不直接说"鱼"而是叙述得更具体，那多半指的就是淡水鱼。但是，现代菜里的美味——鱼翅，似乎在这个时候就已经流行起来了。出自海中的贝类生物多种多样：扇贝、海螺、贻贝、蛤蜊、凤螺。虾和蟹备受推崇，尤其是后者。[4]

不论是叶菜还是根菜，富人能吃到的蔬菜种类多得惊人。在南方，新鲜的绿叶蔬菜一年四季都能吃到，但孟元老说，在开封，"前五日，西御园进冬菜。京师地寒，冬月无蔬菜，上至宫禁，下及民间，一时收藏，以充一冬食用"。然而，他在后文的几页里提到了十二月的"韭黄、生菜、兰芽、勃荷、胡桃、泽州饧"，我们就应该认为他只是说，冬月的蔬菜供应量及种类有限。富裕人家热切地想要得到当季刚采下来的茄子，还有其他应季蔬菜，如各种甘蓝、芥菜，还有几种葱属植物、菠菜、芜菁、黄瓜，以及一些不太常见的蔬菜，比如各种山中药草，还有芦笋。各种瓜和其他植物的芽尖都掐掉了，通常还要磨成粉，然后用油煎。

宋代有钱人吃的新鲜食物中，最让人艳羡的肯定是水果。很明显，水果在当时的饮食中比现在更常见，而且不仅作为饭后甜点，也会在餐前和每餐饭之间享用。马可·波罗特别提到一种大梨，软白而且剖开后散发芳香，很可能就是今天我们所说的雪梨，而且古籍中还提到梨的其他几个品种，比如沙梨和"凤栖梨"。当时的人还食用几种白桃和黄桃，以及梅子、山楂果、野草莓、杏子、李子、石榴。宋代的水果比我们这个时代更加多样，但有一个例外：宋代似乎只有一种苹果。

虽然最常提起的是"时令"鲜水果，但是水果也有若干保藏和腌制的方法。街头小贩叫卖的或在汴京用罐子装起来卖的糖渍水果或蜜渍水果尤其受欢迎。大部分水果也都能制成果干，尤其是香蕉，因为香蕉连临安温和的冬天都顶不住。有些易腐的水果是从非常遥远的地方送到首都来的——来自四川的杏子，还有据说来自越南的有形似人脸纹路的"人面果"。橙子、橘子和葡萄在早先的朝代，尤其是在北方，可能还算新鲜之物，到宋代已经很常见了。陈皮被大量生产，而且出现在高级餐馆的许多菜肴中。从斯波义信引用的产量数字来看，单单是一个柑橘种植区，每年的陈皮产量就有 75,000—90,000 磅。

尽管饮茶已不是新鲜事，但茶仍然是宋朝最具声望的饮料，而且与唐代一样，茶是许多鉴赏家的品鉴对象。比如，北宋最为博学而挑剔的学者欧阳修就仔细研究了哪里的水泡茶最好喝。茶之所以吸引文人，其中一个原因大概是茶的种类繁多——主要种植于四川和福建，少量散种于全国多地——吸引文人品评和对比。茶可能在产量上也比酒多。马可·波罗告诉我们，在杭州，加有各种香料的米酒比葡萄酒更受欢迎，葡萄酒并不常见，但也不是买不到。蒸馏酒的技术形成于宋代。第一本蒸馏酒技术手册至晚出现于 1117 年，却少有人提及，这表明它并未广为人知 [5]。

宋代人经常消费的饮料中，最出人意料的就是马奶酒了，而在之后的时代里，马奶酒却被看作是蛮夷喝的酒。毫无疑问，马奶酒在宋代饮食中很有地位：皇帝安排了专司的部门负责马奶酒生产，有些餐馆专门供应马奶酒，宴会食单上也多有出现。在宋代，虽然人人都知道北方游牧民族非常爱喝马奶酒，却不认为其与北方游牧民族有特别的联系。北宋的类书《事物纪原》只是说马奶酒古已有之，绝没有说马奶酒是来自域外或是蛮族的。马奶酒也有许多不同的质量等级和相应的不同价格，反映了不同马奶酒之间的差异。

富人储备的食物之充足，前面所列的并非详尽无遗。绝无疑问，实现各色烹饪的技法都已经具备了。但是谁来烹饪呢？家里的烹饪能胜过顶级餐馆里的烹饪吗？在这里，我们必须明确区分两种在厨房工作的人，一种是大富之家的，他们数量庞大，例如北宋蔡襄家厨房的工作人员据说有数百人之多；另一种是在一般的富贵人家厨房工作的人。钟鸣鼎食之家的厨房里的菜肴无论在质量还是花样上都可以与餐馆媲美——实际上，有些餐馆标榜自己可以供应"官府菜"。一般的富裕人家恐怕就做不到了。尽管大富之家的饭菜很精致，但事实上，大部分最精致的菜肴还是出自餐馆。即便是资源远胜哪怕是最富平民百姓的皇宫内苑，有时候也会派人到宫外餐馆寻找特色美食。据说宋孝宗还亲自造访过市场，享用那里的食物。此外，大型活动和盛大宴会基本不在家中举行，而是在环境更宜人的场所举办，比如在杭州，就是在西湖两座小岛上的宫殿中举办的。

　　吴自牧说，在他家乡父老眼中，烹饪跟唱歌、跳舞、女红一样，都是适合女性的。我们听说有些官眷会为丈夫做饭，而且杭州的大户人家显然有雇用厨娘的传统，尽管数量不多。然而，有些餐馆从名字看是女性开的，但是开封和杭州对厨师的称谓表明，大部分或者几乎所有厨师都是男性。除了明显的例外，烹饪往往是下层阶级才会干的，因为孔子说"君子远庖厨"。

　　富贵之极自然是帝王家。在宋代，为这一权势集团制备食物是件规模庞大而复杂的事，应当被视为一项独特的事业。帝王之家有自己的供货渠道，并且需要好几个不同的政府部门来提供饮食服务。前代皇帝的食物多半都是直接取自以实物缴纳的赋税，到了宋朝，情况就变了。两座京城的皇宫门外都有市场，专门为皇室提供食物。如你所料，这些市场"凡饮食珍味，时新下饭，奇细蔬菜，品件不缺"。宫里各处会将采买需求送到一个负责饮食的部门，后者会从市场上获取所需的食物。南宋时，这些供给要送至嘉明殿的御厨。吴自牧说，御厨"禁卫成列，约栏不许过往"。他非常详细地描述了负责清点进入御厨食材的人。要是吴自牧获准进入厨房，他大概会见到一千多名厨师及帮厨在制备餐食，而餐食包含的菜肴如此之多，甚至把这些菜肴送到膳堂需要四十个食盒。除了厨房，宋代的皇帝还有各种粮仓和库房，以满足他们的需求。北宋还有酒库、牛羊司、制造马奶酒的机构，以及油醋库。

　　显然，很多为皇帝烹饪的食物并不是为他自己准备的，也没有反映皇帝对食物的喜好。如此过剩的菜肴，纯粹是拿来炫耀的，是一种夸张和仪式化的展示，表明皇帝是天下之主，可以掌控世间万物。宋代时，此类引人注目的消费在平民中也绝非没有，但规模肯定没这么浩大，而且大概用上了全部的食材。有人认为，对于大多数皇帝来说，如此无情地日复一日地重复这种炫耀性饮食，更多的是负担而不是乐趣，而他们偶尔会渴望吃到市场里的食物，也就不难理解了。

售卖的食物

　　对宋代人来说，在各种餐馆或小贩那里购买现成的食物是很平常的事，而且这一行为又让人深刻地感觉到，他们非常接近世界上最伟大城市的市民。孟元老的经历和记忆里充满了食物，如双熟紫苏鱼、煎鹌子、西京雪梨[1]。凡是有名的京城生活回忆录，几乎都会提及几家大受欢迎的餐馆、有趣的饮食习俗，以及最受人喜爱的食物。孟元老在《东京梦华录》的序言里评论道："集四海之珍奇，皆归市易；会寰区之异味，悉在庖厨。花光满路，何限春游，箫鼓喧空，几家夜宴？"

　　身为城市居民，下馆子是必不可少的。餐馆既令人愉悦又充满危险，既有流言也有独特的风情，如此便创造了一个风流场。《都城记胜》里写到，如果没下过馆子的人进入餐馆，店家会冷漠地给他们上

1　此处"西京"指洛阳，与"东京"的开封对称。

筷子，其人也会成为众人嘲笑的对象。[1]作家们由此引领着我们，穿过一个满是交际花和娼妓的花花世界，其中，低级餐馆供应的是"糙食"，而在那些雅致的餐馆，盛菜的银器就有三公斤之重。从黎明到深夜，街上商贩云集，叫卖着各式各样的饮食。我们了解到可以去哪里吃到各地的食物，如何在泛舟西湖时举行宴会，如何在租来的宫殿里举办一场交托他人承办的宴会。这个世界排斥因循守旧的儒家卫道士，同时又让普通的儒士着迷。宋代的饮食以餐馆为中心，食物在其中获得了独一无二的特色。

宋代的餐馆生活与妓女的世界交织在一起，而且马可·波罗说妓女"其数之多，未敢言也"。除了极少数例外，餐馆并不排斥妓女。相反，大型餐馆旁边还有妓女的住所。《东京梦华录》中就说"别有幽坊小巷，燕馆歌楼，举之万数"。《都城纪胜》还有一个叫"庵酒店"的地方，人们可以只在里面就餐，但也"有娼妓在内，可以就欢，而于酒阁内暗藏卧床也"。餐馆也与饮酒分不开。无论是开封"七十二正店"这样的大型餐馆，还是杭州的茶肆、酒馆，大部分皆为时人喝酒的地方，如此一来，吃饭就跟饮酒之乐、交欢之乐紧密地联系起来了。去这种地方就是为了纵情声色的，在一小时或者两三天的时间里，把责任和规矩抛诸脑后。

这个餐馆和享乐的世界以开封的"正店"和杭州御街的茶馆为中心。实际上，这些中心符合所有大型城市房屋的布局：入口、前院都有，后部还有大厅。在开封，这些餐馆都是坚固的建筑，屋顶铺瓦，有多达一百一十间单人客房。有文献说，有些餐馆宣传说他们供应的食物类似官家食物，而有些餐馆就是以前的官邸改建的。《东京梦华录》中说，像宋门外"仁和店"这样的地方都是"不以风雨寒

---

1 疑有讹误。见灌圃耐得翁《都城纪胜》："初坐定，酒家人先下看菜，问买初坐定，酒家人先下看菜，问买多少，然后别换菜蔬。亦有生疏不惯人，便忽下箸，被笑多矣。"客人之所以受嘲笑，是因为他不知道酒家一开始摆出来的是样菜，就直接动筷子吃。

暑，白昼通夜"的。

　　《东京梦华录》写到，"凡京师酒店，门首皆缚彩楼欢门，唯任店入其门，一直主廊约百余步，南北天井两廊皆小阁子，向晚，灯烛荧煌，上下相照，浓妆妓女数百，聚于主廊槏面上，以待酒客呼唤，望之宛若神仙"。进门的地方精心布置了门楼，门楼上有灯、旗，还有红绿花彩。两个走廊通常还有第二层，妓女们就在走廊后面的房间里，房外的帘幕下垂以相隐。《都城纪胜》中说杭州的酒肆有时有两层甚至三层。这样的酒阁又可叫作"山"，比如"一山""二山"之类。但如果店外牌额写着"山"，但只有一层，那就表明这家的酒很烈。

　　开封和杭州的酒肆、茶肆吸引顾客，靠的是奢侈品，如著名艺术家的画作、名贵花朵、盆景，银制或者瓷制杯子和器皿，当然，还有上等食物。我们手头上的大部分文献资料都没有像描述食物那样详细描述各种店里提供的酒或茶，而且人们通常根据食物的质量而不是饮料的质量对这些店铺进行排名。南宋的一份文献随意列出了此类店铺供应的两百三十四道名菜，而北宋的一份清单则列出了五十一道。食客们可能会先用一份汤或者"百味羹"之类的肉汤，这两份清单上排第一的都是百味羹。之后，食客几乎可以选择任何一种肉类、禽类或者海鲜制成的菜肴——乳炊羊、炒蛤蜊、炒蟹，等等。好几种"下水"，即肺、心、腰子或胎头羊膜，也有各种各样的烹调方法。这些店铺里也有好几种包子和饼，尽管专做包子和饼的是其他类型的餐馆。菜单上的"假"菜占了较大的一部分，比如"假河鲀"和"假炙獐"。

　　食客们能在酒肆里点到的，绝不仅仅只有厨房做的那些菜肴。小贩们会端着托盘入店，卖些烤鸡、烤羊小腿，以及各种果干。他们拿来的食物往往是预先做好的，不是客人现点的，但其中也包括餐馆菜单上的某些菜肴。除了小贩，其他行业的从业者也经常出没于餐馆。有被称为"大伯"的年轻伙计。还有"绾危髻，为酒客换汤斟酒"的街坊妇人，被称为"焌糟"。另有一些称为"闲汉"的人，他们会趁着少不更事的青年醉酒，劝他们"买物命妓，取送钱物"。还有在筵前歌唱的下等妓女，给些小钱就能打发走，谓之"札客"，也叫"打酒坐"。"又有卖药或果实、萝卜之类，不问酒客买与不买，散与坐客，然后得钱，谓之'撒暂'。"很明显，这种喧闹的场景仅限于楼下，客人上楼之后就避免了其中一些喧闹。不过，《都城纪胜》中说，"大凡入店，不可轻易登楼上阁，恐饮燕浅短。如买酒不多，则只就楼下散坐，谓之门床马道"。

杭州的点餐方式与开封近似，所有餐馆都有菜单。《东京梦华录》写道："每店各有厅院东西廊称呼坐次。客坐，则一人执箸纸，遍问坐客。都人侈纵，百端呼索，或热或冷，或温或整，或绝冷、精浇、膘浇之类，人人索唤不同。行菜得之，近局次立，从头唱念，报与局内。当局者谓之'铛头'，又曰'著案'讫。须臾，行菜者左手权三碗、右臂自手至肩驮叠约二十碗，散下尽合各人呼索，不容差错。一有差错，坐客白之主人，必加叱骂，或罚工价，甚者逐之。"

在开封，以及尤其在杭州，餐馆经常起起落落。《东京梦华录》中写到，在开封，有七十二家"正店"，其中"第一白厨，州西安州巷张秀，以次保康门李庆家，东鸡儿巷郭厨"，等等。但政和年间以降，景和宫东墙外的长庆楼尤其兴盛。杭州市民更是善变，喜欢赶时髦，尽管有证据表明，在杭州——开封也是如此——人们会是某个餐馆的常客[6]。

比酒肆低一个等级的，是那些专做特定食物，或者专用特定烹饪方法，或者像面馆这样专做某一类食物的餐馆。专做特定食物的餐馆在杭州更加典型。这类餐馆供应冰镇的食物，或者加了马奶酒或者鱼的食物，又或者供应"斋食"。

面馆比酒馆低档得多，属于孟元老所说的劳动者之店。面馆虽然不供应酒，却要提供各种面食，不是专卖肉面，就是专卖菜面。另外还有一种廉价餐馆，主要卖汤，于门上悬一葫芦以宣传其特色。这些店铺不提供正餐，只是方便匆忙的客人吃午饭或者零食而已。店址不固定，店面也不大。有些明显占用了空置土地，常常不比加盖茅草的格栅结构好多少。

有两种常见的熟食店是卖饼的。饼主要有油饼和胡饼两种，后者得名于胡人，胡饼的烹饪方法就借鉴自北方游牧民族。店铺通常会专卖其中一种饼：油饼店提供蒸饼、糖饼及馅饼；胡饼店售卖各式油炸的蓬松面点，类似于现在的油条。跟所有就餐的地方一样，胡饼店也是气氛活跃，闹闹嚷嚷。孟元老回忆道，"每案用三五人捍剂卓花入炉。自五更卓案之声远近相闻。唯武成王庙前海州张家、皇建院前郑家最盛，每家有五十余炉"。其他的熟食店售卖馒头、点心、熟猪肉、腌肉、腌鱼。有些店铺专卖孩子喜欢吃的，如糖果、虾须和稠饧。根据各种记载，卖各式熟食的地方非常多。至少有一部分熟食的生产进一步专业化了，至少南宋的情况是这样，熟食的生产是在大型作坊中进行的，有馒头、团子、燠炕鹅鸭、燠炕猪羊、糖蜜枣儿、灌肺、盐豉汤。

这些作坊至少会为部分小商贩供货，后者充斥着城市的大街小巷，从早干到晚。清晨，商贩叫卖的是早餐，也卖茶水和洗脸水；到了深夜，卖的就是热气腾腾的辛辣烤制食物了。很明显，人们只要踏出自己家的大门，就会被卖熟食和生食的，以及卖饼、卖焦䭔和卖水果的小贩盯上。甚至在夜间，"顶盘挑架者"会售卖各种食物，大部分是各种饼。他们会"遍路歌叫"。"都人固自为常，若远方僻土之人乍见之，则以为稀遇。"商贩卖的食物虽然跟餐馆里的相比，既不精致，也不昂贵，味道却好，人们想都不想就会吃下去。

凡是足够富裕的人，都能在杭州享受到一种非同寻常的服务。宴会所需的一切，"茶酒厨子"都会准备好：订餐馆，安排饮食、交通、盘碟、餐桌用布，如有必要，还能在聚会礼仪方面提供指导。有些商行甚至出租适当的丧服给送葬者。若是租船游宴于西湖之上，一切所需皆由船家置办。节日时，此类短途旅游之风极盛，租船就成了难事。

大富之人都养着自己的船。

马可·波罗写得明明白白，"行在云者，法兰西语犹言'天城'，既抵此处，请言其极灿烂华丽之状，盖其状实足言也，谓其为世界最华丽富贵之城，良非伪语"。对杭州城里有钱花天酒地的人来说，其中最大的享受莫过于美食了，而且最重要的是，餐馆让美食既成了一种感官享受，也成了一种冒险。

对饮食的态度

尽管人类对饮食的需求是必要的，也是容易表达出来的，但是大多数民族对饮食的态度是复杂的。宋代社会，大部分人吃得饱，而且有相当一部分人吃得极好，饮食不仅仅是为了生存，吃饭不仅仅是为了补充能量。用餐是一种极富表现力的行为，透露了用餐者的出身、社会和经济地位、对共餐者的态度，以及很可能还有他的宗教和思想倾向。某种意义上，我们几乎可以说，一个人吃什么和怎么吃这件事可以看作是一种自我认同行为、一种在与他人的关系中定义自身的行为。

人生中的大事或者重要场合几乎都与某种形式的进食有关。祭祀就是向逝者或者神灵献食的仪式。出生、嫁娶、亡故都与食物相伴。旅行就是去体验没吃过的各色食物，待在家里就要遵循四时节气进食。人们可能会跨越不同的文明，而凭借食物就能知道自己是否进入了新的文明地带。食物支撑了仪式秩序和政治秩序。如果人们正确理解了用餐，那么，"吃"就可以帮助人们适应仪式秩序和政治秩序之上更高一级的秩序，还能确保健康长寿。从吃中可以获得纯粹的生理愉悦，而若被称为"吃"方面的行家里手可能会带来更微妙的快感。人们可以在追求食物的过程中研究自然，也可以在典籍中钻研菜肴的典故——这些菜肴的具体做法多半都遗失了。"吃"使整个人从纯粹的身体满足上升到思辨哲学的最高境界。描述吃什么、怎么吃、谁来吃，这些只是研究宋人饮食的基础，因为在那个时代，人们很少简单地描述"吃"这件事。理解食物的方式比较复杂，至少要先从定义开始。在这里，我们将食物和饮食视为一种仪式、一种时间和空间的定义者、一种思想追求，以及一种自我表达。

要全面描述食物在仪式和宗教方面的使用情况，是件涉及面太广而不可能完成的任务，先不提别的原因，要知道中国各地都有大量不同的宗教实践和仪式表达。我们在这里所能做的，就是指出食物是如何在不同的环境以及不同的信仰体系和仪式实践中被使用的。当然，在宋代社会，食物作为仪式用品，其重要性有很大变化。按照谢和耐的观点，城市居民更看重实践，对待实践比对待信仰更加虔诚，因此，他们对食物的仪式用途没多大兴趣。社会的其他阶层——农民也许是，但肯定包括统治者——在仪式活动方面，比城里人更加小心谨慎，也更加狂热。可以预见的是，史料对皇帝的仪式活动记录得最为详尽，一方面是因为，在同时代的人看来，政治权力的行使与其仪式实践密切相关，另一方面是因为大型的祭祀和仪式，其场面相当宏伟，都是极好的表演，两宋的都城都很喜欢这种表演。

如果我们认为，总的来说，宋代的特点是理性和经验主义的态度，那么必须补充的是，佛教和道教都产生了一些影响，它们都有自己的饮食习惯。宋代并不是一个虔诚的时代，佛教却很特别，它影响着每个人的生活，这仅仅是因为佛教的习俗和节日几乎是被人们普遍遵守和庆祝的。大型寺庙继续繁荣且有势力，寺内的市场经常在新的商业时代扮演重要角色。寺院住持的生活极尽奢侈。寺庙还会在佛教节日里提供丰富而精致的斋宴。道教的饮食习惯没有佛教的那么普遍，这倒不是因为道教失宠了，而是因为道教禁绝谷物的养生之道，实践起来要比吃素成本高得多。

佛教对宋朝饮食最重要的影响，就在于让牛肉相对来说没那么受欢迎了。斯波义信描写了牛是如何被赶进市场的，但在宴会或餐馆的食单和菜单中没有明确提到牛肉，这就表明，牛肉不太受人喜欢，人们吃牛肉只是图新鲜。不管怎么说，宋代的牛肉也不会特别好吃：南方牛和水牛都是耕畜，完全抛开宗教感情来说，犁地用牛的肉肯定嚼不动、多筋、干巴巴的。

有许多菜肴和糕点是佛教节日才吃的，包括九月九日吃的一些特殊的饼，以及十二月八日才吃的"七宝五味粥"。这些食物在宋代并不特殊，之所以成为那个时期的特色，是因为这些食物和节日本身失去了宗教意义，仅仅作为世俗的和季节性的习俗而存在。

人们向祖先供奉食物，这是一种最古老的习俗，并得到了佛教的认可，因为佛教相信"饿鬼"的存在。各种文献都暗示，这种为神灵或死者准备的仪式食物，在很大程度上是按照日常饮食来制备的，而且祭拜者在仪式结束后很有可能会吃掉这些食物。举例来说，我们发现，负责皇帝肉食的牛羊司也要负责准备祭祀用的动物。在某些情况下，仪式食物是过时的。举例而言，有一种粟米，当时的人已经不再食用了，而农民还在种植，以作祭祀之用。仪式食物与日常食物之间的这种脱节是很容易理解的。就当时的饮食而言，食物主要来自南方，与宋代之前一千年北方文化的饮食大为不同，而仪式活动却是在曾经的北方被规范下来的。

食物对生者和死者的仪式都至关重要。诸如结婚、生子之类的大事，不仅都要举办宴会，还需要制备、食用特殊的食物，而这些食物往往有象征意义和双关意义。在孟元老描绘的冗长的结婚典礼中，新郎的家人会收到一个蒸饼当礼物，名曰"蜜和油蒸饼"，象征着不同元素的结合。妇女孕期足月和分娩时会有许多特殊的食物和菜肴。家人送来粟秆和特制的馒头，名曰"分痛"。洗儿会时，洗澡水里会放入包括果子和葱蒜在内的各种食物。"盆中枣子直立者，妇人争取食之，

以为生男之征。"（"枣子"取"早子"之谐音）

在宋代，最盛大的仪式是由皇帝来履行的。作为统治者，最重要的职责和活动是履行仪式，也许比收税和发动战争更重要。祭祀、祭祖、宣扬帝国的扩张，这些都属于盛大场合。即使统治者的都城——相较于行政性质，其商业气息更浓——不像前代那么适合履行仪式，但这些城市仍然按照皇帝每年例行仪式的节奏生活。正如开封和杭州是上演仪式表演的舞台，皇帝本人在其日常生活的大部分时间里，也是一名因循习俗的演员，而且出于国家的原因，他要扮演主角。

公元 10 世纪到 13 世纪，皇帝履行的仪式仍然具有强烈的政治色彩。在描绘北方陷落前皇帝在宴席上招待外国使节的情景时，孟元老说，只有来自辽国这个在大部分时间里都是北宋大敌的使节，才有特制的猪肉和羊肉，还有葱、韭、蒜、醋各一碟。这种偏离常规菜单的做法不能忽视。皇帝的所作所为意在表明他作为世界中心和人类文化仲裁者的地位。仪式秩序反映了更大的政治秩序，并最终反映了宇宙秩序，而对仪式秩序的偏离，要么透露出皇帝的软弱，要么体现了道德堕落，要么两者兼而有之。因此，即使在不像招待使节这么正式的场合，我们也发现，皇帝进食所坚持的仪式惯例反映了皇帝在整个秩序中的地位。《武林旧事》中记载，绍兴二十一年十月，宋高宗巡幸清河郡王的府邸。清河郡王为皇帝举行了一场盛大的宴会，其中，主菜超过三十道，菜肴几百种，上菜、撤菜都安排得井井有条。上过新鲜的水果和腌制水果之后，又上油炸而加蜂蜜的食品，再上腌制之物，再上腊肉。接着还有肉串、劝酒菜，以及许多别的菜肴，"扫尾的食物"就有五十种之多，而且自始至终，上每道菜的间隙都会奏乐。

这种豪华大餐用的都是最上等的餐具。周密记述道，玉器、银器、珠器都用上了。盛器中有一个"龙纹鼎"、三个商代盛器、四个周代盛器。宴会上还特别悬挂装饰了精美的丹青和书法作品，拿我们最熟悉的画家来说，其中就包括吴道子、巨然和董源的作品。大量的上等匹帛都分发给随皇帝出行之人。皇帝所能指挥的这一切——海量的顶级食物和全世界最好的物件——某种程度上，有助于表明皇帝掌握着取之不竭的资源。古董和艺术品体现了皇帝作为华夏传统传承者的角色，也体现了皇帝对中国往昔精华的鉴赏能力与精通程度。

　　宴会的形制本身反映了从皇帝开始的政治权力的等级变化。宫中的高级官员（直殿官）享用十一道大菜；第三等的官员"各食七味，蜜煎一合，时果一合，酒五瓶"；第四等的官员"各食五味，时果一盒，酒二瓶"，而第五等的官员"各食三味，酒一瓶"。这些从食物角度完美反映了朝廷的正式结构。同时代的文学作品经常描绘此类社交活动，我们通过这些描写可以看出，尽管饮食很丰盛，但这些活动之所以受欢迎，并不是因为进餐，而是安排有唱歌、跳舞、挥旗和武术等美妙而精彩的表演。虽然没有哪个皇帝可以遍尝进献的食物，但这不是重点。皇帝可以要求准备丰盛的饮食，而如此一来就宣示了他的地位。

　　宋高宗的这餐饭是重视象征意图而非口腹之欲的极端例子。然而，几乎所有的公开宴会必然都是既有仪式的一面——食客会努力展现对特定社会价值观的认同，并将自己置于一个特定的宾客群体之中——也有纯粹享受食物的一面。同时代的人在描述皇室宴会时，想到的是仪式性的肯定，满足于控制感官愉悦的能力，而不是快乐本身。就这种情况而言，城里的富裕居民比他们的统治者要幸运得多，因为他们在满足这种社会意识需求的同时，也不至于丢掉饮食的乐趣。餐馆用餐也有相应的仪式和习惯，但态度自由而轻松，仪式的作用只在于提高饮食的质量。宋代食客跟现代食客比起来，受习俗的限制很可能要少一些。餐馆喧闹嘈杂，顾客点菜靠吼。食客善变而要求多，"度量稍宽"："凡酒店中不问何人，止两人对坐饮酒，亦须用……银近百两矣。""虽一人独饮，碗遂亦用银盂之类。"这是种新仪式，一种自我定义的行为作风，并非局限于所述阶级，而是面向所有讲究而有钱的人。

我们手头上有关宋代城市生活的文献包含了大量有关盛大节日的材料，其中部分是佛教节日，而其他一些与季节更替有关。这些文献资料叙述了每个节日的特色习俗，还极冗长详尽地描述了时令食物。对于乡下人来说，季节的标志当然是当季任务的变化：耕耘、播种、移栽、收获等等，年年如此，周而复始。但对城市居民来说，工作不是季节性的，或者至少可以说远没有那么明显，所以，时令的标志是市场上能买到的水果蔬菜的更替，以及节日上吃到的特殊食物。

春分之后十五天就是清明节，开封人会"用面造枣锢飞燕，柳条串之，插于门楣"。到了清明节，人人都离城扫墓，随身带着枣锢、炊饼和鸭卵。同样是在这一天，有人卖稠饧、麦糕、乳酪和乳饼。夏季临近，杏和樱桃就上市了。五月初五，人们会吃香糖果子和粽子。此后，桃子就上市了。到了六月，人们可以买到甜瓜、各种桃子，还有梨。中秋节时，人们就开始吃螯蟹、栗、葡萄、枨橘。到了九月初九，人们"各以粉面蒸糕遗送，上插剪彩小旗，掺钉果实，如石榴子、栗黄、银杏、松子肉之类。又以粉作狮子蛮王之状，置于糕上，谓之'狮蛮'"。秋季是吃枣子的最佳季节，梁门里有个地方的枣子最好，就连皇宫大内都派人来买。[1] 冬季到来，开封人就开始吃姜豉、鹅梨、榅桲，还吃蛤蜊和螃蟹。

时令中充斥着食物，因而记忆中也到处是食物的印象。对大自然这位诗人来说，四季更替表现为春天的李子和秋天的菊花这类常见的意象。孟元老则努力重现自然的韵律。当他试图描述一个时节而不是一个地方时，他常常诉诸时令食物，这些食物塑造了城市居民生活中

---

1 《东京梦华录》卷八之"立秋"："是月，瓜果梨枣方盛。京师枣有数品，灵枣、牙枣、青州枣、亳州枣。鸡头上市，则梁门里李和家最盛。中贵戚里，取索供卖。内中泛索，金合络绎。"皇宫大内派人来买的不是枣子，而是鸡头。此处的"鸡头"是炒栗子的别称。

的时节，而且显然常常是他脑海中最重要的事物。食物被认为是自然的，人们强烈地感受到食物与时令、与自然的大流动联系在一起，而且像自然一样，食物也在不断更新。

商人会在各地做生意，而官僚也因不能在本乡本土任职的回避制度而经常在路上，如此一来，不管他们愿不愿意，都要接触许多地方的烹饪。有时候，比如在首都这样的地方，从某个地方来的人可以吃到家乡的菜肴和特产，因为城里有些餐馆专门做地方菜。不过，更常见的情况是，尽管有偏见，旅人也不得不勉强下咽他们不熟悉的饮食。于是有些人发展出了对不同地区食物的嗜好，如此一来，比如说开封一些餐馆，它们迎合了来自东南地区官员的口味，开始有了更广的客群。宋代人喜欢新颖的东西，爱追逐时尚，在饮食习惯方面更是如此。尤其是在杭州，餐馆顺应时代潮流，不仅提供罕见原料所做的菜肴，还会钻研各地的烹饪风格。

同时代的人认可的地方烹饪风格主要有三种：北方菜、南方菜、四川菜。我们还补充了第四种，也就是粤菜，但广东地区在宋代比较落后，其烹饪风格还未融入主流。前述三种烹饪风格的性质从那时到现在基本没什么变化。北方食物往往清淡，多食羊肉和许多腌制食物——北宋的地理学家朱彧就说北方人喜欢"酸"食——而且北方食物的基础是小麦和粟米，会做成面条、馒头、包子、饼（通常有馅）来吃。沈括和苏轼在《良方》的序言中宣称，南方人吃猪肉和鱼肉有益身体健康，北方人则相反。南方烹饪指长江三角洲地区的饮食，而非岭南地区，以稻米为基础。同时代的人认为，南方饮食比北方饮食更重调味，还注意到鱼肉跟猪肉一样都是广为使用的原料，有的地区甚至"鱼贱如土"。四川饮食在评论家的口中并不十分辣，但评论多提及辣椒和一种味辣的豌豆，这表明川菜还是辣的。四川的烹饪以大米为基础。实际上，在谈论四川饮食时，最常提及的是茶和草药，因为四川在宋代是这两类东西的大型生产中心。《良方》说道，"蜀中有菜，如豌豆而小，食之甚善……性甚热，食之使人呀呷，若以少酒晒而蒸之，则甚益人，而不为害"。

自然，有些人接受不了其他地区的饮食，还有许多人喜欢打趣那些自己认为出格的饮食习惯。朱彧在《萍洲可谈》中写道："中州人每笑东南人食蛙，有宗子任浙官，取蛙两股脯之，给其族人为鹑腊，既食，然后告之，由是东南谤少息。"这种诽谤之所以少了，到底是因为他们觉得青蛙好吃，还是因为族人的捉弄让他们有所收敛，作者并未明言。

此类有关中国各地饮食习惯的微词并不多见。大多数文人都曾尝试过其他地区的饮食。这并不是说这样的人会尝试不熟悉的、在当时还不被认为属于中华的饮食，人们一般认为这些饮食令人厌恶甚至有害。举岭南的例子来说，朱彧曾在《萍州可谈》写过，广南部[1]的人吃蛇，苏轼的妻子朝云随苏轼一起贬谪惠州时，她遣一个老军士去买吃食。当时她以为那是海鲜，就问这是什么肉。卖她食物的人说是蛇肉，于是她就吐了出来。之后，她病了好几个月，最后撒手人寰。"琼管夷人食动物，凡蝇蚋草虫蚯蚓尽捕之，入截竹中炊熟，破竹而食。"广州蕃坊之人则吃腥臭的鱼肉和糖蜜渍的麝香鹿脑。[2]北方游牧民族的饮食也不太适合文明开化之人。朱彧写他父亲出使大辽时，就没法接受上面漂着油脂的乳粥。

这位讲究的士人口味广泛，但他区分了哪些食物属于中华文明的范畴，哪些食物不属于。来自其他省份的饮食在他眼里可能并不算外来的，但是其他文化吃的食物似乎就是外来的、令人反感的，而且大概也是有毒的。

1　广南路，宋代行政区划，下分广南东路，治所广州；广南西路，治所桂林。
2　疑有讹误。《萍洲可谈》卷二："顷年在广州，蕃坊献食，多用糖蜜脑麝，有鱼虽甘旨，而腥臭自若也。"原文谓在蕃坊胡商所献的食物中，加了糖、蜜、麝香、龙脑以除去鱼腥，但结果只是鱼肉变甜，腥臭犹在。

饮食与思想

宋代知识分子生活的特征就在于，他们迫切地渴望对宇宙学和博物学层面的自然，以及伦理学和历史学中的人，进行排序、分类和组织。宋代知识界的巨著，不论是哪个学科的，其意图都是将经验组织成一个能让人理解的统一体。当时最伟大的科学家沈括、最伟大的历史学家司马光，或者理学家朱熹，都是如此。人们对饮食的态度也体现了类似的旨趣，即将人类经验的这一个方面整合进一个可以理解的统一体。

宋代思想的主流分为两支，有时互为补充，但更多时候是相互矛盾的。一方面，宋代的知识精英通常注重实践和经验，愿意试验。尤其是沈括、苏轼这类人，他们对所有类型的经验都极度好奇。作家们以寻找独特而不同寻常的事物为乐：旅行文学很常见，这些作品会收集与政治、风土、名人生活等有关的奇闻逸事，汇集在杂乱无章的巨著中，而这类大部头著作的编纂原则往往只有作者自己知道。这些作品是宋代生活的信息库。诸如《东京梦华录》或《武林旧事》之类大家之作，已然是一个时代的画像。有这种秉性的人都是大收藏家，而且我们发现宋代是第一个古董收藏和名画鉴赏的伟大时代，而且在这个时代，学者们对编纂百科辞典的热情并不高。很明显，获取知识——无论是通过经验的、历史的还是经典的研究——比整理知识重要。

另一方面，宋代思想也有极重逻辑和理性主义的一面，比起经验本身，其更关心经验的伦理意涵，有时带有禁欲的色彩。持此立场的是理学家，他们把人类生活和经验的各个方面纳入伦理秩序。这些人绝不会从不加区分的经验里寻求知识，而是认为经验有碍于获取真正的知识。

宋代思想这两方面之间的关系并不简单。有时候，我们有可能识别出一个人或一个学派所持的思想立场，但更经常的情况是，这两种思潮会在一个学者的观念中同时存在。因此，司马光虽然在历史地理实践方面不拘一格，狂热收集各类知识，但他也是个坚决而古板的道学家，认为获得真知的方法不是寻求经验，而是避开经验。事实上，这种截然相反的矛盾对立在宋代思想中很常见，在思考饮食时也是如此。

不难看出书写开封和杭州的那些作者，他们对包括感官在内的各种经验的态度立场如何。城里人爱享乐，正如马可·波罗观察的：城市是各种新奇和多变经验的源头。热爱城市就会采取一种明确的思想和道德立场。在饮食方面，这意味着热衷于新口味、新原料和新菜肴，意味着一定程度的自我放纵和享乐主义。热爱城市——爱城市里的餐馆和市场——就是认可奢侈的商业文化，这在宋代思想中是颇令人憎恶的一部分。

在另一个极端的是这样一些思想家，他们受道家以及更主要是受教条的儒家伦理的影响，厌恶城市的一切。大部分儒士都把自己归为这一类，他们热情支持乡村简朴生活的美德，但绝少生活在乡村。然而，这些人所持的态度对宋代的饮食和饮食观念有独特的影响，尤其是与医药有关的部分。

饮食和医药研究实际上密不可分。《良方》既可以解释为"好的菜谱"，也可以说是"好的药方"，因为《良方》本身没有在书面上明确区分健康的饮食和药，事实上，二者被归为一类。在中国的大部分历史时期，炼丹在文化精英那里都很普遍，而且他们摄入了大量物质——从会导致服食丹药者死亡的汞化合物，到药效有所记载的各种有机物。就我们的饮食研究而言，重要的是诸如"阳秘丸""治风气四神丹""肉桂散"之类的调和物在多大程度上与日常饮食构成了一个统一的连续体。

何为健康饮食？对此，医生们绝不可能达成一致意见，实际上，

甲之蜜糖可能是乙之砒霜。北方人吃不下猪肉和鱼肉，南方人却靠它
们生存繁衍。如要知道对每个人来说最健康的膳食为何，就要将天文、
地理和个人的各种因素纳入考虑。纵观饮食的各种规矩、宜忌和制度，
可以发现几个基本原则，其中最一般的规则就是任何食物都不能过
量食用。虽然许多常见食物被认为是"有毒的"，但如果避免过量食
用，那也可以非常安全地吃下肚。在饮食方面，也很讲究自然。也
就是说，应避免食用不得令的食物。一道凉性菜在夏天有益身体健康，
但在冬天食用可能致命。另外，自己种植和制备的简单食物、香草、
蔬菜也有益健康。苏轼认为，人们不一定非得摄入稀罕的或异域的
原料才能获得健康。《良方》中写道："药至贱而为世要用，未有若
苍耳者。他药虽贱，或地有不产。惟此药不问南北夷夏，山泽斥卤，
泥土沙石，但有地则产。其花叶根实皆可食。食之则如药，治病无毒。
生熟丸散无适不可，愈食愈善。久乃使人骨髓满，肌理如玉，长生
药也。"

　　一些宋代文人认为，官宦生涯里锦衣玉食的生活不利于健康，反
倒是山村居民的简朴饮食更值得追求。然而，对乡村饮食带着欣赏
的描写和对平民饮食的讨论，并不仅仅是理论上的理想主义。在一
些鲜为人知的乡野开始其职业生涯的最低级官员，以及在首都派系
斗争中失败还乡或被流放外省的人，有时会发现自己不得不满足于
农民的生活。那么从某种意义上来说，这些赞颂简朴烹饪的人其实
是把他们不得不过的一种生活说成了一种美德。苏轼在《东坡羹颂》
中对此有所解释。"东坡羹"是种菜汤，是他退隐（实际上是政治流放）
期间做出来的。这种菜汤"不用鱼肉五味，有自然之甘"。东坡羹的
具体做法如下：取用"菘若蔓菁、若芦菔、若荠，皆揉洗数过，去
辛苦汁。先以生油少许涂釜缘及瓷碗，下菜汤中。入生米为糁，及
少生姜……"。[7] 在就同一道菜所写的《菜羹赋》的序言中，苏轼回
忆自己是在极度贫乏的状态下发明了这道菜，而且"其法不用醯酱，

而有自然之味"。

　　理解宋代健康饮食观念的一个关键术语是"自然"，苏轼在描写东坡羹时用了两次。在某种程度上，极讲究的精英人士将药草收集起来放在一起炖煮，本身没什么自然可言，而在都城餐馆奢华用餐也并非不自然。自然与否端赖食客：食客必须对吃和饮食有自觉的态度。对苏轼以及其他许多知识精英来说，自然本身就是一种价值，而他们对山中药草以及农民菜肴的兴趣，反映了对健康、社会和自我定义的广泛关注。赞颂简朴的饮食——与城市精致的烹饪和昂贵的食材相对立——与知识分子的一般关切相一致。首先，从儒家伦理的角度来看，这是值得称赞的：这把农舍和乡民摆到中心位置，远离奢靡之风，以朴素为乐。其次，博学之人可以周游各地，东寻西访，品尝别样的风味，把所有东西都收集起来。对此类简朴饮食的兴趣将体验和实验的机会与展示博学的机会结合在了一起。《本心斋疏食谱》就反映了这种联系。它包含二十份食谱，更确切地说是二十份对菜肴的描述说明，而且所有菜肴都属于"粗粝草具"或者"疏食"。前五种菜谱取自典籍，其余都是已退隐而正在研究道教的作者所烹制的药草食蔬。

　　宋代所谓自然之食的概念十分复杂。它首先包括可以食用的植物、根类、蘑菇，以及采于山林之中的类似食物。之后进一步扩展，囊括了常见的或容易得到的原料，如此，北方的自然之食，可能不同于南方的自然之食。最后，自然之食的概念还意味着一种不事雕琢的烹饪风格——"有本真才有优雅，要展现其明晰之处"——拒绝通过掩盖其味道或外观来否认菜肴原料的基本性质。因此，《良方》中说，"世之用金罂者，待其红熟时，取汁熬膏用之，大误也。红则味甘，熬膏则全断涩味，都失本性"。这种烹饪观念与理学家的偏好非常吻合，他们追求天人合一的境界，不是狭义的机械论上的一体化，而是寻求人与自然界之内／间的和谐与秩序。他们一致同意，无论

放纵还是克己，君子或者圣贤绝不会走极端，而是与个人及其社会
地位保持动态平衡。

　　但是，有些人走了极端，以至于他们的暴饮暴食在历史编纂的传
统里成了他们性格缺陷的明证。举例而言，王黼的黄雀鲊装了三个储
藏室；南宋最后一任奸相贾似道，储藏了几百坛糖霜、八百斛胡椒。[1]
说来也奇怪，对自己的食物不上心也和暴食一样糟糕。王安石的几个
政敌都回忆过关于他的一则故事，说的是王安石还是年轻官员时，参
加了宋仁宗举行的一场宴会，其中一项娱乐活动是钓鱼。王安石却心
不在焉，结果把鱼饵吃了下去。传闻说他因此给皇帝留下的印象不佳，
皇帝也就从未给他封高官，因为宋仁宗认为只有不近人情且做作的人
才会把鱼饵吃光。

　　朴素的乡野之食对知识精英的强大吸引力有助于解释一个问题，
即尽管各种宴会和各个餐馆流传下来的菜肴名称有数百种，但有菜谱
留存的是像东坡羹或"玉延"这类食物。饮食与烹饪的正统研究，并
非以餐馆或者大户人家的厨房，而是以知识分子类似哲学-医学的冥
想为中心。最精细的烹饪都掌握在厨师的手中，而他们大多没有能力
把自己的秘诀写下来。不难想象，许多宋代美食作家在赞颂粗粝饮食
的同时，却也在享受那些无名厨师所创作的精致佳肴。

---

[1] 《齐东野语》卷十六之"多藏之戒"作："王黼盛时，库中黄雀鲊自地积至栋，凡满二楹……
近者，官籍贾似道第果子库，糖霜凡数百瓮，官吏以为不可久留，难载帐目，遂辇弃湖中，
军卒辈或乘时窃出，则他物称是可想矣。胡椒八百斛，领军鞋一屋，不足多也。"作者
此处引斯波义信《宋代商业史研究》（1968）英文节译本，斯波误将"二楹"读作"三楹"，
作者ン承其误。另外，"胡椒八百斛，领军鞋一屋"均为刺贪的典故，而非贾似道实际
所贪污的物什。前者出自《新唐书·元载传》："及死，籍其家，钟乳五百两，召分赐中书、
门下台省官，胡椒八百石，它物称是"，后者出自《颜氏家训·治家》："邺下有一领军，
贪积已甚……后坐事伏法，籍其家产，麻鞋一屋"。宋人常以胡椒军鞋对称，如陈与义
《食薑》诗曰："君不见领军家有鞋一屋，相国藏椒八百斛。"

宋代饮食与中国菜

宋代的皇帝，与中国历史上的所有君主一样，掌控了丰富多样的饮食。但实际上，宋代皇帝的宴饮几乎成了纯粹的奇观。如果不考虑新添的食材，以及由于交通的改善，其他食材的供应也更加频繁，那么我们没有理由认为，宋朝的宫廷烹饪在既定模式之上会有所变化和完善。迄至宋朝，在中国社会结构变革中获益最丰者就是规模远比前代庞大的精英官僚阶级和得益于商业革命的商人。这两个群体引领了饮食习惯方面的持续变革。他们能获得的原材料之丰富多样，是其先辈难以想象的。他们灵活多变、讲求经验、注重平等，而且也甚少受到饮食禁忌的束缚，如此，他们便开创了我们所说的中国菜。

吴自牧在《梦粱录》中评论南宋烹饪状况时表达了一点儿反对意见："向者汴京开南食面店、川茶分饭，以备江南往来士夫，谓其不便北食故耳。南渡以来，几二百余年，则水土既惯，饮食混淆，无南、北之分矣。"与皇室和许多大的官宦家族一样，各个餐馆老板在旧京沦陷之后也迁到了杭州，重操旧业，继续为有钱的客人服务。但是，正如有位评论者强调的，这些餐馆的名字虽然没变，但早就不是以前的餐馆了。在迁到杭州的餐馆里很难指望吃到正宗的家乡味。一种烹饪被从原产地带出，与其他各种烹饪相接触，很难不受影响。它会持续吸收一个地区的原料，又会吸收另一个地区调味品的细微之处，烹饪到最后其实是"混合的"。更重要的是，也许一种特定的地方烹饪不再是一群人的饮食习惯的无意识表达，而他们的饮食习惯过去取决于当地可用的食材。在杭州做北方菜，意味着在多种可能的原料和可能的烹饪风格中有意识地进行选择。换句话说，它变成了一种脱离当地束缚的烹饪方式，也成了自觉维护传统的产物。

如果烹饪风格和饮食习惯的这种混合在餐馆里非常明显，那么在光顾餐馆的那些人中就更为明显。见多识广的讲究食客喜欢享用某一地区的一道特色菜乃至一餐饭，然而，大多数人更喜欢在某个时刻享受餐饮的更多可能性。顾客想法多变而且要求高，以至于餐馆要是没有某种菜，就会派人去找。点菜，这一几乎是在色香味形的无限可能中权衡的行为，意味着要有一定程度的思考和知识。尽管食客和厨师借以创造平衡而精美之餐食的若干制度直到后世才规范化，但宋代见证了饮食方面的若干变化，而正是这些变化使得此类制度变得可能和必要。

　　尽管杭州盛行的这种混合的烹饪风格吸纳了许多宫廷烹饪的菜肴和技法，但这种烹饪风格并未往宫廷饮食的方向发展。知识分子对简易的饮食、寻常的食材、精心平衡的食谱的热情在宋代得到了体现。这种相当抽象的关切在大城市的餐馆里没有什么影响力，但它为丰富与简单、优雅与粗糙之间的动态张力奠定了模式，而这种张力正是中国菜的典型特征。

注释

[1]　本章采用的是《清明上河图》长卷影印版，质量非常好，由加州大学伯克利分校的教授詹姆斯·卡希尔提供。我深表感谢。

[2]　我大量参考了研究早期中国饮食的权威学者篠田统的开创性著作，以及斯波义信的著作《宋代商业史研究》。

[3]　《赵普传》的作者描写一顿饭用了二十三个字，而且精确地描述了赵普的地位，即受皇帝重视且与皇帝关系很近的顾问。"炽炭烧肉，普妻行酒，帝以嫂呼之。"（《宋史》）

[4]　宋代作家高似孙写过一篇文章，名曰《蟹略》。

[5]　这部著作名为《北山酒经》，作者为朱翼中。篠田统在《中国饮食史》中对其有极佳的解释。

[6]　吴自牧说道："市食点心，四时皆有，任便索唤，不误主顾。"这种情况大

概跟餐馆的惯例不一样。

[7]　　五味指甜、酸、苦、辛、咸。在以五种元素为基础的各种五行理论中，五味跟土、木、火、金、水有联系。

第五章　元明两代

牟复礼

　　此处讨论的时期由两个朝代构成，跨越了四百年的时间。我想提醒读者的是，同时期的欧洲史可资对比。同一时期的欧洲见证了中世纪的兴盛与衰退、文艺复兴、宗教改革、反宗教改革，以及近代"民族国家"的出现。十字军东征、君士坦丁堡陷落、发现美洲及环球航行、重商主义登台，以及欧洲开始在非洲、亚洲和美洲建立殖民帝国——所有这些大事都属于世界发展链条上的一环，借助世界历史的这种发展，此前各种分立的历史界限被突破了，人类愈发意识到自己被卷入一部融合的世界历史[1]。从 10 世纪起，一个又一个来自草原的征服者进入中国北方。13 世纪，元朝的建立短暂地连接起了欧亚大陆的广大地区。到了 17 世纪，欧洲人把新大陆的新奇事物带到了中国，也带来了旧大陆的宗教、技术和思想，意在换取东方的财富。1644 年之前，葡萄牙连同其他西方国家，已经租用了澳门一个世纪之久。从另一个方向，"马尼拉大帆船"定期从阿卡普尔科驶往菲律宾，将全球许多国家连接在一起，这一贸易的关键是用新大陆的白银交换中国的奢侈品。到 1644 年，中国已经是世界历史的一部分，世界贸易中的白银流动、改变农业的农产品和食材的传播、武器和战争、影响到中国人日常生活的瘟疫和商品，都对中国产生了深刻的影响。在各民族的意识中，不论是中华民族、欧洲民族，又或者其他民族，欧亚大陆的各个国家实体是相互分立的世界，直到很晚近的时代这种情况才出现改变。然而，它们的饮食——包括食品、生产、运销——在多方面带来了强烈影响，如此，欧亚大陆各个文明实体和国家实体开始日益相互响应。

食物的供给与人口构成

　　人口统计数据的变化不能充分反映食物供给和营养状况，但是人口增长必然表明食物供给增多，或人均消耗食物量减少，而在前工业社会，人均食物消耗量基本没什么变化。纵观中国的整个历史，中国本质上是个自给自足的食物经济体。直到 20 世纪，中国才开始大量进出口食物，以及肥料、机械以及燃料之类与食物供给有关的产品。当时的中国人基本上是一个农业民族，通过扩大可耕种土地和精耕细作，中国人提升了对土地的利用水平，而且改善了农业，尤其是在帝制时代的最后一千年里，本章所论的元明时代就处于这一时期。

　　最近的计算结果认为，13 世纪早期，中国的人口（南宋和金都包括在内）约为 1.5 亿，到 14 世纪末，中国人口不到 1 亿，而到明末，也就是 17 世纪中期，中国人口再次达到 1.5 亿。如果这些测算是正确的，那就表明，在 11 世纪和 12 世纪，中国人口有了大幅增长，而在此之前中国人口从未超过 1 亿。之后，元朝的人口数量下降了 40%或者更多，只有到了 17 世纪中叶才再次达到 13 世纪 1.5 亿人口的高位。既然这些计算结果基本针对同一地理区域，那就表明人口数量出现了一系列巨大的倒退，尤其明显的是，两段逐步上升的曲线被一段急转直下的曲线拦腰斩断。这些情况该如何解释呢？

上升的两段曲线反映了食物生产和分配的提升和改善。具体而言，这两段曲线呈现了两个农业盈余较高地区的人口增长，即四川盆地和长江中下游地区。急转直下的曲线反映了元代的战争和破坏造成的影响，而这一方面让元朝得以在1215—1280年间统治中国全域，另一方面也带来了元朝的覆灭和明朝的建立。仅就这些数据而言，单纯的人口估计只说明直到明末人口才完全恢复，但无法揭示伴随这一人口发展的社会巨变。

在中国人的饮食生活中，我们可以看到所谓的农业革命的两个阶段。第一阶段的广泛影响在1250年之前的几个世纪里尤为显著，而且很大程度上可以解释人口如何在13世纪早期达到了1.5亿的峰值。在农业革命的前一阶段，早熟的占城稻于11世纪引入，广泛应用于全国的稻谷种植区，而且凭借中国农民的选择育种而提高了质量[2]。这使得谷类作物复种率提高，也促进了梯田的开垦、洼地排水以及小规模的水利建设。更重要的无疑是，如果第一季稻为洪水、旱灾或者昆虫所毁，人们还有可能在稻谷生长季的后半段再生产一季，抵抗饥荒的能力将大为改善。由于稻谷品种的引入伴随并鼓励了中国人口中心向稻谷种植区迁移，所以，农业条件的改善也日益拓展到了中国其他地区。其他的新农作物，尤其是高粱，也于12世纪首次出现在官方记录中。南宋时，中国各行各业都处于繁荣和增长的顶峰。

元代时，北方遭到破坏，一些地区人口枯竭，国内经济关系混乱，人口出现了内部流动。蒙古为征服金和宋进行了长达数十年的战争，而元朝的覆灭也伴随着更久的内战。这一时期，官方对农业振兴并非不感兴趣，甚至可以说农业有了一定程度的复兴。[3]此外，华中富裕地区的一般生活水平并没有像北方那样剧烈下降。然而，从总体上来看，这一时期对大部分民众来说都是极其艰难的，这也反映在了人口的减少上。

　　明朝建立了一个切实关心农业状况的政府。此外，明朝维持和平与秩序的时间超过二百年。从明建立后的第一个一百年到 15 世纪中叶是农业逐渐恢复的时期。在华中富庶地区，土地利用持续集约化，这得益于农业技术的持续改善和水利设施的持续投入。湖泊和沼泽都被排空并种上了农作物，沿用了南宋的模式。防波堤也建了起来，意在保护从杭州到今上海之间的江浙海岸，使其免受风暴潮之害，而此前风暴潮会定期淹没三角洲的低洼土地。与复垦沼泽相对应，排水渠和航运渠都有了改善，后者进而巩固了食物和所有商品运销网络的扩张。

　　明代最后一个半世纪，即大约从 1500—1650 年，是恢复增长的时期。此外，在这一时期末，来自美洲的新食物开始通过三条重要途径在中国各省传播：驶入东南沿海港口的中国船舶和其他船舶；经由东南亚进入云南的陆路交通；以及从波斯到土耳其的漫长丝绸之路。这些新农作物中最重要的当属玉米、红薯、花生和烟草。正是有了这些农作物，农业革命的第二阶段才得以开启并持续。这些食物大概在 1550—1560 年代就开始出现于中国，偶尔会在晚明的文学作品里提及。尽管这些都是新奇的原料，但大概可以说，它们在世界各地传播的那段时期里，比起其他地方，中国对这些新原料的接受速度更快、广度更大。尤其引人好奇的是，对世界饮食来说日益重要的其他美洲食物，即白马铃薯（爱尔兰马铃薯），从 18 世纪开始就成为欧洲非常重要的食物，但它是这些引入中国的新世界食物中营养价值最贫乏的，也是对中国人最没有吸引力的。无论我们赋予新农产品何种角色——这是一个颇具争议的问题——晚明时期在食物供给历史上的重要意义在于，土地利用和技术的持续改善为 1650 年后中国人口的迅速激增创造了有利的条件。

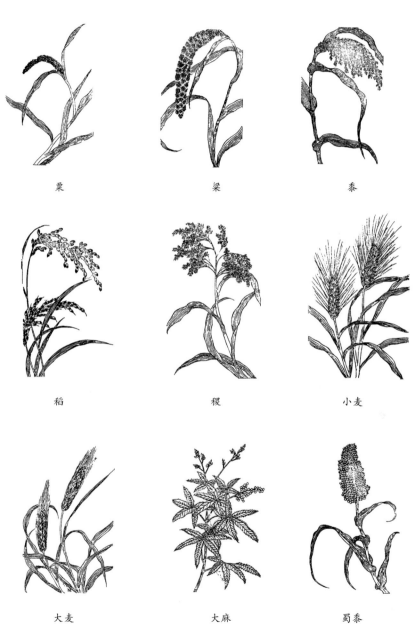

粟　　　　　　　　　梁　　　　　　　　　黍

稻　　　　　　　　　稷　　　　　　　　小麦

大麦　　　　　　　　大麻　　　　　　　蜀黍

谷类，出自清人吴其濬著《植物名实图考》（1848）

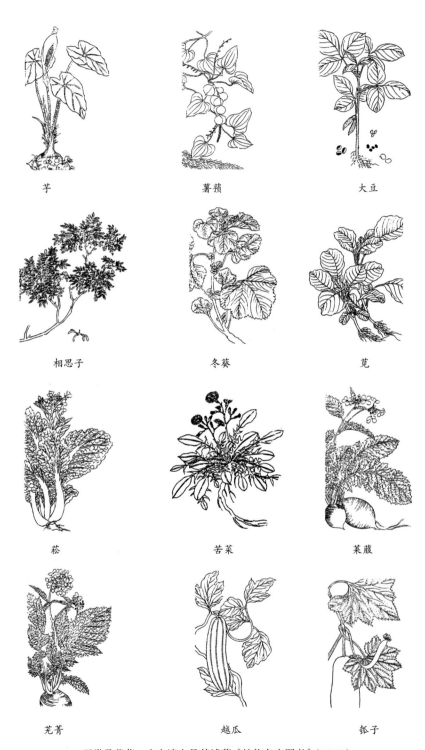

芋　　　　　　　　薯蓣　　　　　　　　大豆

相思子　　　　　　冬葵　　　　　　　　苋

菘　　　　　　　　苦菜　　　　　　　　菜菔

芜菁　　　　　　　越瓜　　　　　　　　瓠子

豆类及蔬菜，出自清人吴其濬著《植物名实图考》（1848）

《牛耕》，1999年发行邮票，取材于1962年陕西省绥德出土的汉代画像石

耕犁图，甘肃省嘉峪关的魏晋墓砖画

进食图，甘肃省嘉峪关的魏晋墓砖画

牛耕图，陕西三原县唐代李寿墓壁画

庖厨图，河南省密县打虎亭汉墓壁画

庖厨图，辽宁省辽阳棒台子汉墓壁画

庖厨图，四川省彭州义和乡征集的汉代画像砖

战国青铜碗上的仪式图，现藏于上海博物馆

宴饮百戏图，河南省密县打虎亭汉墓壁画

A 3,4-inch long jade, once an ornate hairpin head, shows a woman's profile and her severely upswept hairdo.

THE GAY LIFE
OF THE LORDS

The peasants of Shang times had a hard and lowly existence, but the privileged nobility lived it up with great gusto and unprecedented sophistication. Men and women alike dressed in silks and the finest furs. The ladies wore fancy hairdos which were kept in place by equally fancy hairpins (*above*). For their diversion, music was played on ocarinas, bells, drums and hanging soundstones, which were pitched closer to the West's familiar 12-note octave than to the East's traditional five notes.

The high-living nobles relished the hubbub of the hunt as they did the blare of warfare. On long forays in the wilds, they not only killed game for food but bagged live animals for the royal zoo. Says one Shang inscription, "Hunting on this day, we actually captured one tiger, 40 deer, 164 foxes, 159 hornless deer. . . ." Often they devoured their plunder at raucous feasts (*right*). This high living, according to one ancient historian, led to debauchery which, after about 600 years of magnificence, helped to topple the Shang Dynasty.

Bronze bells without clappers were held by musicians and struck with a st Each is decorated with a characteristic Shang motif of a stylized animal. The bells were sounded only for military and religious observan

Carousing nobles and their ladies celebrate a hunting trip by feasting meats and heady millet wine. The painting is inspired by a description from the First Century B.C. of gay living under the last Shang king.

At meals the Shang used chopsticks and kneeled on mats. Though chairs eventually took over in China, the custom of kneeling spread throughout Eastern Asia and is still followed today in Korea and Japan.

《商代宴席》（*A Shang feast*），当代，美国画家奥尔顿·S. 托比（Alton S. Tobey）
《生活》杂志 1961 年 9 月 29 日号

《宴饮图》，陕西省长安县韦氏家族墓出土的壁画
描绘了唐代曲江宴的场景，九名男子围坐于方案，品尝珍馐。

《唐人宫乐图》，唐代，佚名
画中有女乐十二人，中有四人吹奏笙、箫、古筝及琵琶，余人闲适坐听，或品茗，或
行酒令。

《韩熙载夜宴图》（局部），五代，顾闳中

相传为南唐后主李煜派画院待诏顾闳中至韩熙载宅绘制了这幅夜宴画卷。众人一边倾听琵琶，一边享受美食。

《卓歇图》（局部），五代，相传为契丹画家胡瓌所绘

画中人物多为髡顶，脑后留双辫，戴方顶黑巾，均系女真人特征。作者可能为金代汉族画家。描绘了女真贵族邀请宋使观舞、享宴的情景。

《文会图》，北宋，宋徽宗赵佶

描绘了文士在庭院中品茗雅集的场景，桌案上摆设有食盘、酒樽、杯盏等，文士们围坐交谈；旁边的茶床处陈列有茶盏、茶瓯、茶炉等，童子们正在点茶、斟茶。画右上有赵佶亲笔题诗《题文会图》："儒林华国古今同，吟咏飞毫醒醉中。多士作新知入彀，画图犹喜见文雄。"

《乞巧图》（局部），北宋，佚名

描绘深宫中布置宴会、七夕乞巧的热闹场景，宫女们在乞巧楼下设一大一小两张食桌，陈列瓜果酒炙、面花巧果。

《清明上河图》中的酒家，北宋，张择端

《清明上河图》中的食店，北宋，张择端

1717 年的北京街景，展现了食店、餐馆及酒坊的风情。这幅木刻版画来自清代画家王原祁等人纂编的《万寿盛典初集》。

《万树园赐宴图》，清代，郎世宁等

1754 年 5 月，乾隆皇帝在避暑山庄万树园举行盛大的宴会，招待投奔清廷的蒙古杜尔伯特部首领。画左上，布帷外的树林中，膳夫正在杀鸡宰羊，准备膳食。

《卖浆图》，清代，姚文翰

描绘了市井卖浆的场景，画右刻画了站立品茶的众人，有人正在用长颈壶注水点茶，有人则以火钳夹炭，有人持茶盏一饮而尽，还有饮毕者一边刷茶碗、一边交谈。

《岁朝欢庆图》，清代，姚文翰

描绘了过年时阖家团聚、庆贺佳节的情景。画右上，妇女们在厨房里调理酒食。

现代中国的美食
具有宫廷膳食风格的宴席

广东街头寻常可见的烧腊店

主食和日常饮食

据计算，在整个帝制时代末期的几个世纪里，中国人是亚洲，或许也是世界上吃得最好的民族之一。当时的中国人平均每天摄入的热量超过 2,000 卡路里，而且在本章所论的几个世纪里一直在增加，延续到之后人口增长的几个世纪里，至少保持到 19 世纪。这似乎与任何传统经济体取得的成绩一样好，而且远远好于大多数经济体。有人认为，这证明中国农业有能力满足人们对农业的期许，也有人认为，中国农业也为这种期许的产生创造了条件。不论因果关系是什么，中国农业的成就有目共睹。但是，跟许多传统社会的农民相比，中国农民的税负相对较低。社会的组织能力以及某些文明特色——比如偏爱热食、坚持喝茶或者开水——都有利于健康，也就有利于人们的生产能力。尽管中国随时都可能遭受区域性、地方性的饥荒，元明时期历史记载的全国大饥荒却少之又少，也没有全国性的灾难，更没有西欧中世纪黑死病那样的大流行病。中国民众在历史的大部分时间里，基本上都能吃得饱、穿得暖、住得好。就理解中华文明的饮食和食物而言，关键是要意识到，大部分中国人吃得都足够好，而且对生存有足够的安全感，进而能够思考生存之外的问题。因此，食物既可以被严肃地利用，也可以被戏谑地使用——作为仪式的辅助物，作为实现健康和长寿的手段，或者作为展现美学兴趣和感官乐趣的舞台。

中国社会的分层清楚地体现在食物的各色利用方式和美食家口味的刁钻程度上，但食物利用背后的态度在社会各个阶层中似乎是一致的。制作各种各样美味食物的技能并不为精英阶层独享。所有中国人，尤其是我们在元明两代通俗文学里遇到的中国人，似乎都对食物精细复杂的利用司空见惯。就此论断而言，最佳的证据应该到下面这些地方寻找：一年四季都能吃到的各色食物、中国各个地方和社会各个阶层、对食物在仪式环境和社会环境下的复杂关注，以及对食物质量和种类的专注程度。

水稻在元明两代是大部分人的标准日常食物，只限于在华中和华南地区种植，这并非受限于温度、生长季节和土壤条件，而是降水量。日本学者篠田统发现这种情况的时候，感到很惊讶，因为到了17世纪或者更晚的时期，水稻才成为日本民众的标准日常食物。他指出，在与晚明相对应的时期内，日本精英阶层还在食用小麦，或者用其他面粉制成的面条——那时候的大米不是太罕见就是太贵。相反，在中国，不仅养活了众多人口的稻米种植区域的各个社会阶层都在吃稻米，就连北方的精英阶层也普遍吃稻米。每年运送到元大都的大米，大约有二百万公斤，都是从长江三角洲征税征来的，明朝时运送的数量更巨大。宋朝末年，稻米就已经成了主要的商品，在全国都有市场，而且有四通八达的运销网络。晚明作家宋应星调查了全国基本粮食的生产状况，在其著作《天工开物》中写道："今天下育民人者，稻居什七，而来、牟、黍、稷居什三。"

元明时期的中国人一如既往地将谷物作物当作每餐饭的主食。在南部和中部，主食指的就是稻米，不论是煮的或蒸的，又或者做成稀粥。在北方，人们吃的是麦粉或其他面粉做成的馒头、烤饼、面条，或用全谷物粟米做成的糊糊或者稀粥。（任何时期的赤贫之人，以及饥荒时期的一般人，吃的是糙米、糠、油菜籽榨油之后剩下的壳，以及各种豆类。）如此大量的谷物消费是均衡饮食的基础，还是优秀美食传统的基础？既然历史证据表明，中国人在这两方面都成就突出，那么，对这个问题的回答就必须要解释和描述中国人是如何使用那些谷物的，以及制备日常食物时往里面加了什么。至于奢侈的食物以及美食的乐趣，我们放在另一节里讨论。

最佳的学术解释是，在过去六七个世纪里，中国人生产的谷物量足以每年为每个人供应大约三百公斤粮食，而且只把粮食中很小一部分用于做饲料、酿酒和其他非进食用途。对于一个不吃谷饲肉类的社会来说，这是很高的人均产量。实际上，这个数量已经接近人类的最大食用量了。中国人吃的肉非常少，似乎几个世纪以来都稳定在某种低水平上。由于几乎不食用乳制品，为了保证营养，中国人供应蛋白质、钙、脂肪和维生素的方式就和西方社会大相径庭。不管怎样，蔬菜提供了上述所有的营养。大豆无疑是最重要的辅食，因为大豆的蛋白质含量比等量的红肉高，可消化钙含量也比等量的牛奶高，大豆也是油脂和维生素的重要来源。高品质的烹饪用油也可用芝麻、芜菁籽、油菜，以及其他植物类原料制成。中国人经常大量种植的其他种类的豆和豌豆也提供了重要的营养元素。与西方人不同，中国人每日饮食都要有大量的新鲜蔬菜。在冷藏时代来临之前，北欧人常用盐腌制几缸甘蓝，在根菜作物窖里储藏一些苹果、梨子以及块茎（18世纪后还会储存马铃薯），还会储藏一些极度耐寒的植物，比如羽衣甘蓝、韭葱和抱子甘蓝（霜冻之后，这几种植物却都还能生长）。然后，他们拿出用盐腌制的肉类，安安稳稳地度过食物匮乏的冬天。北方的中国人为了吃到新鲜的东西，很久之前就改进了种植方法，以便在整个冬天都能种植各类蔬菜。他们发现了抗寒的蔬菜品种，也发现了让集约经营的商用蔬菜园抗寒的方法：他们会在菜园上盖稻草垫子，遇到暖和晴朗的天气又把垫子卷起来，又或者在肥料堆上种菜，等等。这种新鲜的产品，并不仅仅是精英阶层餐桌上的奢侈品。就这方面来说，中国的穷人比欧洲的富人吃得好，也比后来的美洲富人吃得好。

　　跟过去一样，中国人往往是把肉类当作蔬菜的调剂，或当作酱的底料，而不是一道菜的主料。但是所用肉的种类非常多。猪肉是基本的，禽肉次之。许多人可能是受了佛教的影响，避免吃牛肉，而且很多人觉得牛羊肉的味道令人反感而难以下咽。在众多常见的鱼类和贝类生物中，淡水鱼比海水鱼更受偏爱，也是出于同样的原因。鱼通常养在鱼塘里，定期捕捞，市场上卖的也是活鱼。最常见的禽类是鸡、鸭、鹅，一般也是买活的，因为人们极其注重食品的新鲜度。（超过一天的新鲜肉类和蔬菜价格会急剧下降。）肉的种类繁多，部分原因在于屠宰方法：动物身上几乎所有部位都会被食用，而且畜体会被仔细宰杀以呈现每个部位的最佳状态。食肉方面的多样性也体现在人们会吃许多一般不认为是食物的肉上。除了如野兔、鹌鹑、乳鸽、雉鸡（"鹳雉"）等（在西方）相对普通的肉类，明代文献也提到了别的流行食物：鸬鹚、猫头鹰、鹳、鹤，孔雀、燕、喜鹊、渡鸦、雁、狗、马、驴、骡、虎、几种鹿[1]、野猪、骆驼、熊、野山羊、狐狸、狼、几种啮齿类动物[2]，以及多种贝类[3]。我们很难用英语列举这些食物，因为中国人日常的餐桌用语涉及大量食物，没有合适的英文名称来表达，列举种类多得多的新鲜蔬菜和水果时也会遇到一样的困难。

扩展基本的谷物饮食以获得营养和多样性的途径是显而易得的。对多样性的追求体现了一种对食物的态度，这种态度也表现在对烹饪艺术的专注上。接下来，我们会借助元明文献提供的证据，从仪式、饮食保健学，以及感官和审美等诸维度来审视食物。不过在此之前，有必要思考一个问题，即中国人基本饮食和饮食习惯的新模式是否在元明时期就已经出现了。

答案是谨慎的"没有"。虽然上文的几个段落用了元明两代的资料来表现特定的细节，但是，基本饮食的许多描述都不是元明两代特有的，那些描述也能恰切地适用于之前和之后的时代。帝制时代最后一千年的饮食历史是一段模式稳定、变化有限的历史。这并不是要忽视饮食中一些明显是新加入的东西：中国人喜好饮茶的风气至早出现于汉代，而随着饮茶日益盛行，与饮茶相关的习俗也发生了巨大的改变；由于唐代生产工艺提升，宋及后世的商业又让糖的供应范围变得更广，于是用甘蔗制糖的情况也大幅增多；高粱作为重要的新谷物作

---

1 《饮食须知》卷八所举：麀、麋、麂、麕、香麝。

2 《饮食须知》卷八所举：老鼠、土拨鼠、貂鼠、黄鼠。

3 《饮食须知》卷六所举：蚌、蚬、蛤蜊、蛏、蚶、淡菜、田螺。

物在 12 世纪引入，并在元代从四川开始向全国传播¹；酒精饮料的蒸馏技术（在中国主要是高粱蒸馏酒）到 12 世纪或 13 世纪才为人所熟知。如果这些属于饮食舞台上重要的新角色，那么，饮食舞台上也有次要的新面孔，随着时间的推移，这些舶来品带来的积累效应越来越大。但是，它们并没有从根本上改变中国长期以来形成的模式。辽金元时期，人们就接触到了一些异域食物和饮食风俗。例如，从金传入的一些女真族菜谱，不久之后就在南宋时期标准的家用百科全书《事林广记》里翻译了出来²，这本书后于元明两代再版，增补了些新材料。不过，这些菜谱出现于旨在广泛流传的图书中，与其说反映了饮食习惯的转变，还不如说是反映了人们对与味觉相关的所有事物都抱有兴趣和好奇。

帝制时代曾有这样一个时期，在短时间内引进了大量新的农产品，对中国的农业——进而对中国人的饮食——产生了革命性的影响，那就是 16 世纪。当时最重要的四五种新世界植物从西班牙的美洲殖民地被带到了东亚（同时也在全球传播）。最终，它们彻底变革了中国的农业经济。何炳棣把这一变革过程称为农业革命的第二阶段。不过，这一评价并未得到相关领域专家的一致认可，就连视这些作物为变革动因的说法也面临诸多困难。但无论如何，就所能看到的材料而言，尽管元明两代在涉及社会和思想的许多方面日趋保守，但在农业和饮食方面的观念非常开放且进步。在那些由品位而非生存来左右选择的社会阶层中，人们一心追求卓越和丰富的食物，渴望得到美食的刺激。与此同时，在所有社会阶层，经济压力和经济诱惑都在鼓励能够增产

1　高粱的野生种多数分布在非洲。中国已发现拟高粱和光高粱两种野生高粱。据考古推断，西周至西汉期间高粱已在许多地方种植并有相当产量。公元 3 世纪时的《博物志》中已载有高粱的古名"蜀黍"，可见其在中国的栽培当可上溯到更早的年代。

2　《事林广记别集》卷九之"诸国食品"记载的五道菜：女真厮辣葵菜羹、女真蒸羊眉罕、女真挞不剌鸭子、女真鹌鹑撒孙、女真肉糕縻。

的创新。多种因素结合在一起，新世界的作物得到迅速而广泛的利用似乎顺理成章。然而，由于仅仅掌握一些有启发的零碎信息，缺乏更充分的证据，我们能够确定的只是中国很早就接受了这些作物。

元代仪式中的饮食

纵观历史，元明两代的中国可谓高度仪式化的社会，而且形式化的礼仪行为从特定的宗教活动延伸到世俗生活的许多方面。这里所讲的仪式（ritual、ceremony）是取最宽泛的意义，包括了人们普遍承认的、具有正式礼仪规则的所有社会行为。如果像在西方社会那样，从 ritual 和 cermony 这两个词使用的角度来区分中国人的宗教生活和世俗生活是有些误导性的，一方面是因为中国的宗教本质上是"世俗"的（也就是说"属世的"和"独立于任何教会的"），另一方面是因为，鉴于这种说法中隐含的中国宗教的特点，要证明某些宗教因素或起源不是所有礼仪准则的基础是很困难的。不管怎么说，食物的仪式用途多种多样，而且遍布于所有社会阶层。另外，具有传统权威的典籍也规定了仪式及其行为的细节。早在公元前 2 世纪，《周礼》《仪礼》《礼记》这三部礼仪典籍就已经出现了，而且和元明两代人熟知的版本没有什么不同，无论是在过去还是现在，这三部典籍都被认为是对更古老传统的记录。这些典籍为各色仪式表演和仪式行为规定了相应的形制、礼仪准则、基本原则和外在的服饰。典籍中描述的仪式在传统上分为吉礼、凶礼、宾礼、军礼、嘉礼五种。《周礼》又把五礼进一步细分为三十六小类，并推荐了各种仪式行为适用的数百个特定场景。有学者认为，把这些规范应用于全社会的做法基于一种理念，而这种理念到了汉代才拓展开来，实际就是汉代的发明。直到理学时代，日常守礼的儒家理念才在中国社会中普及开来。

实际上，这种观点应该是正确的，到了元代，仪式和仪式准则被普遍接受并在社会中产生了深远影响，而且这些仪式和准则的重要性在一部分重要人口中大大提升了，因为他们的异族统治者缺乏这些仪式和准则。此外，远在元代之前，仪式相关典籍早就为厚厚的学术评注和传统所包裹。元明两代，此类学术活动有增无减，但仪式行为的传统和实践似乎没有在质的方面有新的发展。如果说元代统治者多多少少对中华礼仪行为不甚了解甚至不屑一顾的话，明王朝则非常注重恢复过去的传统，并在恪守礼制方面一丝不苟。元明两代仪式生活里对食物的多种用法揭示了上述事实的一些方面。

尽管元朝统治中国长达一个多世纪，但元朝统治者仍对自己的文化保持着深厚的感情，同时为了治理国家也在表面上适应中原王朝的政治形式。难怪人们认为，除了祭祀方面，元朝统治者多多少少都与传统礼仪保持了距离。祭祀活动有重大政治意义，国家的大型祭祀活动在展现统治合法性以及美化统治方面尤其必要。明朝初年，经历过元朝统治的文人编纂了《元史》，开篇评论写道：

> 元之有国，肇兴朔漠，朝会燕飨之礼，多从本俗。世祖至元八年，命刘秉忠、许衡始制朝仪……而大飨宗亲、锡宴大臣，犹用本俗之礼为多 [4]。

因此不难看出，虽然元朝统治者享用的饭菜从来都不曾为旁观者所欣赏，但他们似乎格外保守地坚持草原饮食礼仪，大概还有草原饮食本身，这里展现的必然是一种坚决而怪异的决心。

元朝统治者在仪式和饮食方面的保守在《元史·祭祀志·国俗旧礼》里面略有提及。书中写到，元朝统治者祭祀本宗祖先之时，以蒙古族巫祝为司礼监官，以蒙古语为仪式用语。他们强调的是典型的草原文化元素，如在祭祀场地酒马奶，用马奶或马奶酒以及用草原上的方式风干的肉做祭品，还有用马来献祭。不论是新鲜马奶还是马奶酒，在祭祀仪式、宣誓仪式和其他宗教行为的记载中都有大量描述。马奶酒在大型宴会上是必不可少的。马奶、乳酪（用马乳或牛乳制成）、羊肉这三样东西体现了草原饮食及生活方式的特色。这是可以理解的，但若说是蒙古人将它们引入中华饮食，那就不准确了。

元末一则对大都宫殿群的描述，提到御厨附近有一处专门制备马奶酒的地方，还有一处饲养绵羊的羊圈。古文物研究者都知道，有一种由发酵的马奶制成的仪式用酒精饮料——马潼，至少早在汉代就为中国人所知了。但无论如何，元朝统治者使马奶和马奶酒在元代成了中国日常生活中的一个新元素，而且宫殿群中设立专门制造此类饮料的宫室，这必然被视为时代的创新之处。不过，无论是为皇室餐桌提供蔬果的园子，还是为御厨供应牲畜的牲口圈，历朝历代的宫廷之中都有。虽然元朝统治者食用的羊肉和其他肉类的量更大，但是明代宫廷请购需求的数据表明，皇室各宫加在一起，每年也需要 17,500 头羊，平均每天需要约 48 头。元代之前的一个统计数字也表明，中国人对羊肉的消耗量也很大，至少从官方层面上看是如此，[5] 而且所有仪式相关的文本都表明，从先秦开始，牛、羊、猪就已经是标准的牲畜了。早在很久以前，中国人就知道使用从牛奶（还有一小部分来自羊奶、马奶、骆驼奶）中提炼的乳脂（酪酥、酥油）了，而且乳脂一直是中国饮食的次要元素，尽管其从未在汉代广泛使用，但也是制作点心和甜点这类奢侈饮食的标配。[6] 除去对当时人来说显得新奇的马奶酒，元朝统治者饮食的奇异性可能更多体现在膳食平衡搭配、餐食制备方式，以及在祭祀背景下的呈进礼仪方面，而并非是说他们享用的食品本身是外来的。

马奶酒值得专门讨论。质量最好的马奶酒是由未怀过孕的年轻母马的奶制成，专为宫廷餐桌生产。13世纪的欧洲旅行家描述称，这种马奶酒的颜色和质地，跟上好的白葡萄酒相似。[7]在元朝统治者为朝廷官员和族人举办的盛大宴会上，礼仪性饮酒似乎总是需要马奶酒。最为尊贵的宴会俗称"诈马宴"，而更为正式的名称则是"质孙宴"[1]，也就是"一色宴"，因为与宴者所穿服装颜色相同。这些宴会通常要持续三天或者更久，服装的颜色每天一换。此类宴会开头会有游行、赛跑和马术绝技表演，通常以所有人喝得大醉而结束。在观察者眼中，蒙古人饮酒过度，好几位元朝统治者都死于酗酒。13世纪孟琪的《孟鞑备录》描绘了蒙古宴会上饮酒的效果："凡见外客醉中喧哄失礼，或吐或卧，则大喜曰：客醉，则与我一心无异也！"

除了消费马奶酒这种既日常又有仪式意义的饮料，元代人也喝葡萄酒、"蜜酒"、米酒以及蒸馏酒。蒸馏酒是12或13世纪在中国出现的，在当时的一些文献中被称为"阿剌吉"。这种酒与当时中国用高粱酿造的蒸馏酒"烧酒"是否有别还不清楚。13世纪到访中国的鲁不鲁乞也提及了上述酒精饮料，说他造访的宫廷会饮用这种酒。

汉文典籍清楚地告诉我们，元朝统治者大多数时候都是以草原习俗进食草原食物的，不只是在前面说的宴会和仪式场合。13和14世纪游历蒙元各地的旅人一致叙述到，餐食的主要构成就是烹煮的羊肉，羊会整只下锅炖煮，之后切好呈进给宾客，如此，端给每个人的都是带骨的肉。元末明初大学者叶子奇就在《草木子》中写道："北人茶饭重开割，其所佩小篦刀，用镔铁、定铁造之，价贵于金，实为犀利，王公贵人皆佩之。"食者用自己的佩刀切肉吃的景象与传统的用餐礼仪相去甚远。

元末明初的学者陶宗仪在《南村辍耕录》中写道："国朝日进御

---

1 "质孙"为蒙语 jisun 音译，意为"颜色"。

膳，例用五羊。而上自即位以来，日减一羊。以岁计之，为数多矣。"
他之所以赞扬元朝最后一位统治者，是因为御厨用羊少了。御膳每
日宰杀五只羊的规定也有某种仪式用途的性质，而皇帝出于节俭，
命令每天少宰杀一只羊的做法也纯粹是一种仪式性行为。对比元朝
皇室最后十年在其他方面的豪奢行为，这种缩减开支行为的仪式性
质就更强了。然而，这件事也表明，就像在草原上一样，羊肉在元
朝统治者位于北京的皇宫里也被视为主食，这种观点大概是正确的。
与陶宗仪同时代的权衡也说出了时人普遍的看法，即元朝皇宫御厨
配有炖煮整只羊来做标准日常餐食的各种设备。当时，耸人听闻但
事实上并不可信的逸事很多，其中一件据说发生在 1339 年。权衡
在《庚申外史》中对此有记述：当时朝廷重臣对年仅 19 岁的元顺
帝说，太皇太后并非皇帝生母，而且她还将皇帝生母推入煮全羊用
的瓮中。

有大量证据表明，元朝统治者一直吃的是简单粗粝的饭菜，主要
是煮羊肉。然而，其他人是否也因为游牧民族的影响而大量食用羊肉，
就很难确定了。元杂剧中，有具体菜单的餐食都会经常提及羊肉，但
在元代前后的文学作品中其实也都有所提及，尤其是在明代的小说里。
不过，无论是在元杂剧还是后世的明代小说里，都看不到中国其他人
用蒙古族的方式食用全羊的情况。[8] 涮羊肉和烤羊肉这两种吃羊肉的
方法也影响了 20 世纪中国的清真餐馆,尤其是在北京和北方地区。(在
中国西北，烤羊肉指的是烤羊肉串。) 尽管人们倾向于将这些菜肴与
蒙古或草原联系在一起，元明史料中却鲜有提及。实际上，这些菜肴
很可能证明的是漠南烹饪造成的影响，据推测，它们是在元明以后，
也许是在 19 世纪，才出现在中国餐馆的菜单上，而且完全没有证据
表明这种对传统饮食习惯的影响可以追溯到元代。

在元代，一般大众似乎对草原饮食或当时出现在中国的内亚和
西亚饮食没什么兴趣。同样,他们对草原的宴饮风格也没什么好感。

然而，他们意识到草原民族会细心周到地款待来客，其中仪式性的宴会发挥了重要作用。元朝的历史主要都是由一般的中国人记录的。尽管这些记录大体表明了民众对元朝统治者的开明态度（15世纪中期之前的记录尤其如此），但也揭示了元代民众对元朝统治者原始生活方式的鄙夷，这种生活方式与华夏民族构建和捍卫的人类普世文明格格不入。中国的礼仪已经在仪式行为里形成了体系，体现了人类行事的"大道"。尽管人们看出元朝统治者的行为在许多方面与自己正式的礼仪大体相似，但他们还是接纳不了那些仪式，仅仅视之为草原生活的奇趣。在他们眼中，元朝统治者的大型仪式性宴会展现的只是蛮族的奇景。13、14世纪的作家认识到，元朝统治者在从宗教和政治意义角度使用符号时高度有序，但他们往往没有深究其中意义的意愿，也不会完整保存相关仪式记录。陶宗仪也对草原民族的生活方式做了一些详细的记述。他在《辍耕录》中为我们留下了一则对草原民族饮酒习俗的描述，饮酒时会有正式的"进酒"环节，他猜想，蒙古人虽然于1210—1234年间征服了金国，却在饮酒上承袭了女真人的习俗。他用汉语翻译了几个蒙古语中的关键概念（"斡脱"和"打弼"），但解释说他"未暇考求其义"。简而言之，他虽然记录了统治者的奇趣之处，却并不认可他们的价值观和习俗。汉文文献在提到元朝统治阶级的生活时常常把异域风情当作特色，正如马可·波罗所做的那样。当时，一般的中国民众认识到在国宴上有一种仪式化程式，但即使是为元朝统治者服务的博学之人，似乎也同这些仪式保持距离，而且某种程度上也不了解这些仪式。

在诺曼人统治英格兰的头一个世纪，盎格鲁—撒克逊人的生活方式经历了深刻的变化。在英国人统治印度的那一个世纪，印度精英阶层的生活方式发生了转变。元朝统治了一个世纪，却完全没有可以相提并论的影响。更具体地说，似乎没有理由认为，大量的新食品或日常制备食物的新方法，更不用说仪式规定的那些，是在长达一个世纪的元朝统治期间产生的。相反，随后的社会历史中有证据表明，在明清时期，靠近中原地区的、沿着长城内外居住生活的人，最终深受中华生活方式的影响，尤其是在饮食和服饰方面。

明代仪式中的饮食

朱元璋一宣布明朝成立，就从 1368 年的春节开始，极力恢复因外族长期统治而遭到破坏的华夏生活理念和形式。朱元璋出身于中国农民社会的最底层，生长于穷困而屡遭蹂躏的地区。他在成年后才学会读书写字，却从没变得文明起来，更别说对伟大的古典传统产生多少了解了。他的统治方式展现了元代的许多影响，但元代与他所追求的复古不一样，他在恢复中国传统礼制方面一丝不苟。这就是明朝初年社会史的反常之处。

这位颇具野心的皇帝组织了数个学者委员会，请他们拟定明廷使用的礼仪全集。他在位的三十年间，问世的礼仪类著作超过十二本。只需看看明朝皇室于 14 世纪最后二十五年建立的礼仪规定，就会发现，涉及御膳、宗庙和国庙的常规祭品，以及参照中国传统而重新启用的仪式型国宴的各种规定之间有密切相关的细节。有些明代文献值得注意，因为它们虽然并未揭示新的历史内容，却偶尔会提供早期文献不具备的细节。明代礼仪规定的概述见于《大明会典》卷四十三至卷一百一十七。《礼志》中有一份方便使用的总结，由《明史》卷四十七至卷六十的内容构成。其中的编排与历代许多王朝一样，都是把前文所述礼仪分为五类。为皇室和宫廷采购、制备、进献食物的规定都在这些礼制之中。

明代皇宫处于首都的皇城之内，最初在南京，1429 年之后迁都北京。皇宫内一共住了上万居民，既有所有皇室成员，也有为皇室服务的人员。御膳房如同在运营一家庞大的烹饪企业。这里的食物可以满足皇室所有的目的和需求——包括皇帝的日常饮食，皇室人员及宫廷人员的日常饮食，还有祭品和皇帝举行的大型国宴所需饮食——其采购、制备、进献都由皇宫内的三类人员负责。第一类为厨役；第二类为太监，奉命专门负责管理食物和酒类、物资采购；第三类为宫女，奉命负责与食物相关的具体事务。这三类人的关系不完全明朗，有一种倾向却是明显的：到了明代中晚期，太监似乎在蚕食其余两类人的工作，而且多多少少取代了他们，尤其是宫女。但对于我们所关心的主题——饮食，太监却没有完全取代其余两类人。

　　《礼志》给我们的印象是厨役占主导地位，管理所有和饮食相关的事务。他们都是帝国的普通民众，是从全国各地招聘而来的，实是看中他们有能力，可以担当烹饪专家，也看中他们有健康的身体。担任厨役者不能有身体残疾，不能有严重的疾病史，不能有犯罪记录。从理论上来说，他们奉命进行的服务可以世袭。明朝初年，元朝从草原社会引入的职业等级制度还有影响，在中国社会建立起了几种世袭职业，涉及军人家庭和大部分匠人家庭。世袭的地位不适合中国的现实。实际上，此类职业划分广遭歧视。不过到了 15 世纪中期，从名义上来说，这种世袭地位还没有完全遭到抛弃。对于厨役不能履职的情况，管理规定有细致的对策，以便厨役的职位可以按世袭方式来继承，而针对逃避责任的情况，明确规定了相对温和的惩罚。因此，我们可以认为，厨役的额定人数大多靠招募来填补。《大明会典》写道："厨役隶光禄寺者以给膳羞。隶太常寺者以供祭祀。累朝因事增加名数太滥。今皆清查、著有定额。"明初的厨役数量未见提及。1435 年的敕令规定，光禄寺需雇佣五千名厨役，以满足御膳和国宴所需。到了 16 世纪的某个时候，同样是在光禄寺，厨役的人数达到了七千八百七十四名。[1] 不过，后来的规定把厨役人数限制在了三千到五千多的范围内。派往太常寺的厨役要少些，但不同之处在于挑选过程仔细得多。新雇佣的厨役获批在太常寺工作之前，光禄寺和太常寺的管理部门（也即礼部）必须调查他们父母的死因。太常寺尤其要保证的是，摆放祭品的祭坛不允许有犯罪记录的厨役进入。明初的法令规定，太常寺的厨役限额为四百名，到了 15 世纪初期，随着南北两都两座太庙共存之后，限额又提高到了六百名。从 16 世纪中期开始，规定允许的限额超过一千名，而在 1583 年修订法令之后，限额为一千七百五十名。管理光禄寺和太常寺这两组厨役人员时，大多使用同一套规定，因为管理部门明显认为，不论为生人做饭还是为逝者做饭，厨役的职责大体相同。

太监的增加是明初政府的重要特点。只不过这个特点笼罩在传奇故事之中，使得真相不为人知。《皇明祖训》首次颁布于 1381 年，也就是明朝开国皇帝朱元璋在位期间。其中规定，须指定几个事务局，负责维护宫中及国家级祠堂，而事务局人员从太监中选定；为照管皇帝及皇室的方方面面，也须另外指定事务局。这些事务局包括下列几种：典膳局、典药局、酒局（监管酒类、豆类食物、豆腐等的生产）、面局（监管宫中面粉磨制及准备面筋）、醋局、跟家畜和家禽有关的事务局（专指养羊、鹅、鸡、鸭）、种蔬菜的事务局。明太祖朱元璋在位期间，太监的服务结构经历了不断的调整。到了 1384 年，尚膳监成立，跻身太监掌权的十二监之列。按 1396 年的规定，尚膳监的责任是"掌供养及御膳，并宫内食用之物；及催督光禄寺造办宫内一应筵宴茶饭"。从 15 世纪开始，太监群体稳步增长。贺凯引用了别人的一个看法：到了明朝末年，十二监、四司、八局的太监人数多达

1　此处数字与所引文献有出入。《大明会典》卷一百一十六："计光禄寺厨役额数。宣德十年，奏定五千名。后增至六千八百八十四名。"

七万名，多数在京城工作。这些人里面，与饮食相关者很可能仅仅占一小部分。在整个明朝期间，尚膳监始终都存在。这种情况得益于太监掌管的其余司、局（有负责生产特殊产品的、监管农业和园艺生产的、从宫外采购商品的）的协助。我们对太监的工作过程了解得不够全面，但很可能是在宫外监管厨役制备食物，然后将食物带入宫内，进献给皇室人员。

我最后要说的是，皇宫里的工作人员有三分之一是宫女。明太祖的打算明显是，侍候统治者的事情大多数要落在宫女肩上，包括制备、管理食物，以及制作和管理衣物。1379 年成立的六局都由女官掌管，其中的尚食局负责御膳。贺凯认为，到了 15 世纪初期，太监在这些职责方面已经取代了宫女。但是，他也引用清代的文献，认为明末有九千宫女。明代的紫禁城是座大城，里面住的除了皇帝和皇帝未成年的子女，就全是太监和宫女了。与太监的角色相比，宫女扮演的各种角色鲜为人知。不管怎么说，身在紫禁城之外而直接依附于紫禁城的厨役，加上紫禁城的宫女和太监，共有几千人从事饮食相关的工作，以便为那个世界进献食物，满足各种各样的需求。

凡是紫禁城各宫所需物品的采购事务，都由太监负责。太监们以皇帝的名义控制外国贸易，管理皇家庄园、工厂、库房、店铺、花园、牧场，以及到市场上采购物资。举一个例子，1393 年的规定是，为了领取宫中每年需用的一万件瓷器，光禄寺需要向礼部发申请，并请礼部转给工部。这个数量后来增加到了每年一万二千件，却还是满足不了紫禁城的需求。《明史·食货志》有关采购的部分写到，皇室所藏瓷器超过三十万七千件，都是南（南京）工部监造的，制造地点为江西和其他地方的官窑。同书还强调，1464 年，光禄寺索要的水果和坚果有一百二十六万八千多斤，比原来规定的数量多了百分之二十五。这些记录是随机挑选的，却也暗示出明代皇室烹饪事务的规模。

　　兽类、鱼类、禽类、冰、锅、碟子、蔬菜水果、谷物、调味品的采购过程都是一致的。简而言之，无论最终是给活着的人吃的，还是用作逝者的祭品，一顿精致饮食所需原料的采购过程都是相同的。这种饮食的主要区别在于，祭祀用的动物必须没有瑕疵，而且颜色要一样，无点无斑。很多这类动物都是按定额从各地征收而来，再送入紫禁城，其余的来自皇家庄园。1468 年之前，送往紫禁城的都是按定额向各地征收的动物。从 1468 年开始，考虑到偏远省份的情况，皇室从离交货点较近的地方购买了等量的动物，允许偏远省份汇寄银两以支付相应的花费。《大明会典》写到，每年大概有十万活畜活禽是征收而来的[9]。其中列出的数字包括祭猪一百六十口，祭羊二百五十只，纯色牛犊四十只，肥猪一万八千九百口，肥羊一万零七百五十只，鹅三万二千零四十只，鸡三万七千九百只。祭祀用的动物只占总数的一小部分，但是挑选的时候有严格的标准，而且在宫中会受到精心照料，以备合适的场合献祭所需。正常情况下，这就意味着由文官按仪式进行宰杀，或者由武官当着文官的面宰杀，然后遵循古制，把祭祀用的动物整个放入铜锅或者铁锅中煮。其余的兽类和禽类的质量也要满足高标准，但是它们的外表就没那么多要求了。它们既会成为餐桌上的食物，也会被制成熟食而供奉在各种祠堂之中。

　　为了把长江地区以及江南地区的美食运往北京的皇宫，人们就用上了大运河里的一艘艘驳船。通过晚明作家顾起元的描述，我们对宫中太监掌管的采购系统有了额外的了解，且发现了其中的有趣之处。司礼监是宦官机构里的首要部门，而且掌控着运河设施的最高优先使用权，在运河运输方面，尚膳监的优先使用权紧随其后。顾起元的部分记录如下：

　　　　嘉靖间进贡船只，一则司礼监，曰神帛、笔料。二则守备尚膳监，曰鲜梅、枇杷、杨梅、鲜笋、鲥鱼。三则守备不用冰者，

曰橄榄、鲜茶、木樨、榴、柿、橘。四则尚膳监不用冰者，曰天鹅、
腌菜、笋、蜜樱、薢糕、鹧鸪。五则司苑局，荸荠、芋、姜、藕、果。
六则内府供用库，曰香稻、苗姜。七则御马监，曰苜蓿，后加
以龙衣板方等项，而例外者亦多。夫物数以三十，而船以百艘，
此固旧规也。今则滥驾者不减千计矣。

当然，整个帝制时代都有人提及冷藏，而且冷藏也不限于皇室使
用。我们在这里能看出，冷藏运输在明代也是司空见惯的事情。尽管
这里的记述只提到为皇室进行的采购，我们却可以断言，冷藏运输易
腐食品的能力也给其他人带来了便利。从理论上来说，在帝制时代之
前，用冰为祭品保鲜是种特权，只有封建贵族才享受得到。到了帝制
时代晚期，藏冰这件事本身——取得冰之后交与礼部下属的膳部——
由太监与锦衣卫一起监管。藏冰的过程是在冬季河流与池塘结冰之时，
从中凿几块冰块，用干净的稻草包好，藏于冰窖或者冰沟之中。这个
例证里的冰既有仪式用途，也有现实用途。我们从中再次看出，食物
依然兼具仪式与世俗两面。

令我们觉得幸运的是，除去正史里的御膳记录，有几项比较重要
的记录也保留了下来。其中一项揭示了明初生活的重要方面，而且碰
巧保存下来好几个版本，值得在此讨论。明太祖登基后依照传统建立
了太庙，供奉高、曾、祖、考四代的灵位。祭品均为熟食以及当季物
产，于每月初一进献。这就是真实的传统社会习俗，是一群熟稔传统
社会的儒家学者所查明的结果。在位的第三年，明太祖就认为，传统
祭祖活动由国家的官员在宫外太庙进行，"未足以展孝思"。因此，他
下令在宫内再建一座庙，并称之为奉先殿。他说，"太庙象外朝，奉
先殿象内朝"[11]。每天的早上以及下午的三点到五点，皇帝与皇太子、
诸王都会去奉先殿祭祀，而皇后每天都会率领嫔妃进献熟食。遇到特
殊的节日、庆典，以及每月初一，祭品里还会有时令鲜物。《大明会典》

记录了传统祭品的清单，兼具太庙和奉先殿的祭品。那些祭品遵循了礼学经典著作及其评注的规定。幸运的是，晚明学者姚士麟在 1590 年代的写作中，保留了一份更为详细的清单，记录了皇后和诸嫔妃每日进献的熟食，涉及的时间是 1370 年代，即开国皇帝定都于南京时。把这些祭品献给祖先，意在传达这些祭品在日常家庭生活里的象征。所以我们认为，虽然贫穷农民家庭现在成了皇室，但是这些祭品向我们揭示：祭品仍与他们以前的理想口味和食物相同，而且献祭的食物也是皇室日常食用的食物。

其常供以日易，一日卷煎，二日细糖，三日巴茶，四日糖酥饼，五日两熟鱼，六日蒸卷加蒸羊，七日金花蜜饼，八日糖蒸饼，九日肉油酥，十日糖枣糕，十一日沙炉烧饼，十二日糖砂馅，十三日羊肉馒餤，十四日雪糕，十五日肥面角，十六日蜂糖糕，十七日酥油烧饼，十八日象眼糕，十九日酥皮角，二十日髓饼，二十一日卷饼，二十二日蜜酥饼，二十三日荡面烧饼，二十四日麻腻面，二十五日椒盐饼，二十六日御荌，二十七日芝麻糖烧饼，二十八日蓼花，二十九日酪，三十日千层烧饼。如小尽，则朔日并供。新献以月易，正月，韭菜、生菜、荠菜、蛤蜊、鲚鱼、鸡子、鸭子；二月，新茶、苔菜、芹菜、蒌蒿子、鹅；三月，鲜笋、苋菜、青菜、鲤鱼、鸡子、鸭子；四月，萝卜、樱桃、枇杷、梅子、杏子、王瓜、麂猪、雉鸡；五月，菜瓜、瓠子、苦荬菜、茄、来禽、桃、李、嫩鸡、小麦仁、大麦仁、小麦面、鲥鱼；六月，莲房、西瓜、甜瓜、冬瓜、干鲥鱼、细红糟、鲫鱼、鳓鱼；七月，悉尼、鲜菱、芡实、鲜枣、葡萄；八月，粟米、稗米、粳米、藕、芋子、茭白、嫩姜、鳜鱼、螃蟹；九月，粟、橙、鳊鱼、小红豆；十月，山药、菊、柑、兔；十一月，荞麦面、甘蔗、鹿、獐、雁、天鹅、鸂鶒、鹌鹑、鲫鱼；十二月，菠菜、芥菜、白鱼、鲫鱼[12]。

这些清单之后附有说明，详述了祭坛上的布局，即有关爵、米饭、茶及其他供品的摆放规定。他们建议，在某些庆典与节日之时，辅助类食物可以有所改变，比如粽子、馒头及其他特殊谷类食物，即饼、面、糕之类，应该用来替代米饭。姚士麟评论道，朱元璋秉承古代传奇统治者大禹的精神，自己吃饭厉行节约，却为祖先提供丰富的祭品，并且引用了孔子在《论语》对禹的评论："禹，吾无间然矣。菲饮食，而致孝乎鬼神。"明代的开国皇帝执意在宫内专门建一座神庙，以便他本人及其他皇室成员每天亲自献祭。这种行为看似离经叛道，是皇帝身边的众多学士劝说失败的结果。后世的历史学家解释不了这种情况，就称之为独特的优点。

官员和老百姓家的情况与此十分相似。他们在祖宗灵位前进献普通的日常食物，时间通常在每月初一和十五，遇到特殊的节日和庆典也会献祭。这些情况下的祭品也不会浪费。祭品置于逝去家人的灵位前，经过适宜的一段时间之后，就会被撤下来，由逝者还活在世上的家人食用。

在明代的宫殿里宴请在世之人，要按仪式性访问的礼节或者节日礼仪来进行，其中的仪式安排及表达的含义也复杂精细。考虑到这种宴请属于官方的顶级规格，过程就变得更为复杂精细。从机构来说，为逝者的灵魂举行的宴会，以及为在世之人举行大型宴会，都是礼部的责任。"享"和"飨"都可以同时表示接受献祭和进行献祭，在明代的著作中可以交替使用。但从传统上来说，语言学家已经强调过了，其中一个指鬼神的行为，另一个指人类的行为。献祭与待客的潜在相似点不应被忽略，但是也不应该被过度诠释。宴请属于人类世界，即有政府存在的世界。大型的国宴证实了皇权与社会等级秩序的合法性。

明初对于正式宫廷宴会的规定精细而复杂，并不让人觉得意外。首先，那些规定把皇家宴会分为四个等级：大宴、中宴、常宴、小宴。所有这些宴会上都会奏乐，乐师随音乐的节奏唱出对皇室祖先的颂辞，宣示王朝统治受命于天，还会多次提及王朝权力的意识形态基础，同时也会强有力地重申人类文明的正确性及价值。在为外国使节举行的宴会上，如果使节所在国家与中国来往最密切，而且是中国所尊敬的国家，该国的使节就会受到优先招待。在所有的宴会上，中国预宴者的个人成就也会受到承认。他们鱼贯出入，依据的就是凭功绩获得的官衔，上朝站位也是如此。坐的桌子离御座的远近，反映了就座之人的官阶或者爵位。人类社会的适宜秩序体现在所有规定之中。凡是在使用这些规定的场合讲出的话，都会提及人类社会的适宜秩序以及宇宙关系。

因此，明代开国皇帝于正月初四，也就是宣布新王朝成立之后第三天，把新政府的所有官员召集到奉天殿，举行大宴飨。这对于中国的士大夫阶层来说，意义重大。元代的异族皇帝没有按照中国传统礼仪规矩做同样的事情，致使如此吉祥的活动停办了一个世纪之久。相关行为顺序以及宴会安排的规定，已经由专家团重新编制了出来。仪式音乐的新歌词也写了出来，将由教坊司的合唱团演唱。教坊司还会提供一个管弦乐队，包括三十名乐工及几支舞蹈队。"锦衣卫设黄麾于殿外之东西，金吾等卫设护卫官二十四员于殿东西。"御座连同御案都在殿上，而在御座之下，四周是用于分发酒食的亭子。殿下有舞者，殿内外都有管弦乐队。遇到这种场合，凡是四品及四品以上的官员，座位都在殿内（这些规定后来有所修订，允许三品及三品以上的官员进入大殿中），其余官员的座位在殿外的丹墀上。客人鱼贯而入，按官阶站立；奏乐，皇帝进门；在仪礼司的主持下，客人纷纷就座。乐作，乐止，人们起立、就座，唱赞、散花，舞者跳舞，献食；皇帝要向客人们敬酒九次，每敬一次，客人们都要磕头。这些行为都按照一套细致的方案来进行。宴会最终结束之后，皇帝离殿。众官皆面北，向御座而立，弯腰叩首，排成一列，鱼贯而出。

不论是在宫廷还是私人家中，正式宴会通常都在中午开席。在宴会之后，皇帝会召集群臣开会，并在会上致辞，论述王朝建立的使命，并向群臣指定新的责任。宴会后开会的情况，至早出现于明朝1368年的第一次御宴之后。由此观之，宴会肯定早在傍晚之前就结束了。虽然靠蜡烛和油灯照明的晚宴也存在，宫中和私人家中都有这种宴会，但是晚宴的喜庆气氛不够正式，没有仪式方面的规定。

不幸的是，对于这种或其他大型国宴上供应的食物，并没有具体的规定。在姚士麟所了解的任何回忆录里面都没有具体描述。属于大宴范畴的宴会，每年只举行四到六次，每到农历新年的时候举行一次。那时候恰好有外国使节在，他们也会受特邀参加大宴。其余三种等级较低的宴会与大宴的不同之处，主要在于皇帝敬酒的次数，七次、五次或三次的情况都有，但没有大宴所要求的九次。有明一代，管束宴会仪式的规定时常有小幅修订。由于特殊活动需要新的乐曲，在整个明朝期间，侑食乐的歌词都有所积累。从宴会（或者皇帝日常私人用餐）使用音乐助兴的情况来看，我们又可以见到宴会和祭祀的相似之处。

在所有类似的场合，也就是皇帝大宴群臣的时候，皇后则和各位皇妃、太妃、王妃、公主一起在内宫的坤宁宫设宴，招待重臣及高级官员的母亲与妻子。席间也有音乐相伴，但是乐工是女性，其他的正式安排和御宴相似。但是，皇后在宴会上只敬七次酒，宴会上的食物分五次上齐。在正式的国宴上，男性和女性是分开的。向各类宗庙的魂灵献祭的时候，所讲究的规矩也是如此。精英家庭的大部分正式宴会也以此为样本。然而，与朱元璋私下跟皇后和家人吃饭的情况一样，在大部分的精英家庭，以及按我们的猜测，在所有普通老百姓家庭里面，要是没有正式邀请的客人在场，男性和女性通常还是在一起吃饭的[13]。元代戏剧、明代小说以及其他稗官野史，不经意间提及了诸多就餐的场景，只要稍作分析，男女分开就餐的规范、例外情况的类型，就会显而易见。

省级和地方政府也有正式的宴会。在这些级别的典型宴会里面，有些规定见于明代的礼仪和机构类著作。举办这类宴会都有其典型场合。各级政府每年和每三年考核一次政绩（即"大计"）。为通过者举行的庆贺活动就是举行此类宴会的典型场合。另一种场合也会举办此类宴会，而且有精心制定的规定，那就是乡饮酒礼。在乡饮酒礼上，地方官员会宴请村中的老年人，并强调老年人群体有义务维护长幼秩序及道德规范。低级别的政府正式宴会的图景本就难以构建，更难了解的却是宴会上实际供应的饮食、饮食的数量和质量、饮食的花费有多少是地方政府负责的[14]。

我们要是想找明代私人生活里的仪式性宴会的证据，必须求诸明代小说以及稗官野史。最注重食物的小说作品，要属著名的艳情小说《金瓶梅》，艾支顿（Clement Egerton）译之为《金莲》。既然《金瓶梅》专注于感官享受，而日常的饮食享受是其中之一，下文将引用《金瓶梅》的文段来描述各种场景中的食物。其中有些涉及私人家庭所用的食物，也涉及仪式场合的宴会。在仪式上进献祭品与举行仪式性宴会的时候，元明两代的精英（从某种程度上来说，还有生活富裕的老百姓）对儒家为"吉礼"和"嘉礼"规定的标准和形式都持认真的态度。不过，虽然食物的仪式用途、以饮食为中心的仪式场景在整个社会中传播，传播方式却无法从仪式规定里重构出来。传播的场景之多，远胜已经由儒学著作规范化的场景。

西门庆是这部小说的主人公，生活在 16 世纪末的山东小县城，是个中等富裕的商人[15]。按儒家的说法，他是社会上的道德败坏分子。此外，对于道教和佛教的价值观，他也没有表现出认真的态度。但是，从形式上看，他参与的仪式活动与儒释道三家都有联系。这部长篇小说聚焦的人家比平民富有得多，却也包含了的许多平民生活场景，老百姓在仪式生活里吃的食物也就展现于全文之中。第三十九回，即"玉皇庙"（据《金瓶梅词话》万历本，回目应为"西门庆玉皇庙打醮吴月娘听尼僧说经"），对道教祈祷仪式进行了非凡的描写。这些仪式之所以能够完整举行，是因为有精心设计的食物和礼物交换过程。在仪式的末尾，庙内举行了一场奢华的宴会，人们通宵畅饮。要读这一回的话，应该将其当作不可分割的整体，而且要读中文，因为艾支顿的译文虽然比其余译本完整、准确，但是其底本是篇幅较短的崇祯本，没有万历本那么完整。崇祯本晚出，而且删除了某些要素，其中一项就是有关食物的具体细节。

那时已是腊月，新年将至，西门庆在家忙着送出、收入新年礼物。这些礼物多是饮食之类。仆人通报，玉皇观的道官派年轻的徒弟送来了礼物。礼物由四个盒子组成——一盒装的是猪肉，一盒装的是银鱼（居氏银鱼，中国北方冬季的一大美味），两盒果馅蒸酥。同这些东西一起送来的，还有几张道教的护身符及文疏。这些奢华的礼物让人觉得意外，因为西门庆跟玉皇观及道官的关系较浅。他在品评这些礼物的时候，妻子提醒道，他曾经随口许愿，要是得个儿子，就去庙里献祭。孩子现在都几个月大了，妻子催他还愿。他便决定请道官在庙中"为儿子寄名"，以便给婴孩取个"法名"。他跟那个年轻的徒弟商量之后，定在一月初九举行仪式，然后喝了茶，"先封十五两经钱，另外又是一两酬答他的节礼"。到了一月初八，西门庆的仆人奉命去到玉皇观，"送了一石白米、一担阡张、十斤官烛、五斤沉檀马牙香、十二匹生眼布做衬施，又送了一对京缎、两坛南酒、四只鲜鹅、四只鲜鸡、一对豚蹄、一脚羊肉、十两银子，与官哥儿寄名之礼"。

从万历本的文本来看，玉皇观这座道观在清河县城外，离西门庆在城内的住宅只有五里远，他以前却从没去过。献上祷告、举行寄名礼之时，也适合在庙里献上祭品，为家人、四个密友、家里的男性在庙内大殿举行大型宴会。

举行仪式的前一天，西门庆没沾荤酒。及至举行仪式当天，他早早起床，骑马到了玉皇观。由观中道官和道士接待之后，西门庆就跟他们互相恭维，并且喝了茶：

> 西门庆进入坛中香案前，旁边一小童捧盆中盥手毕，铺排
> 跪请上香。西门庆行礼叩坛毕，只见吴道官头戴玉环九阳雷巾，
> 身披天青二十八宿大袖鹤氅，腰系丝带，忙下经筵来，与西门
> 庆稽首道：
> "小道蒙老爹错爱，迭受重礼，使小道却之不恭，受之有愧。
> 就是哥儿寄名，小道礼当叩祝，增延寿命，何以有叼老爹厚赏，
> 诚有愧报。经衬又且过厚，令小道愈不安。"
> 西门庆道："厚劳费心辛苦，无物可酬，薄礼表情而已。"
> 叙礼毕，两边道众齐来稽首。一面请去外方丈，三间厂厅
> 名曰松鹤轩，那里待茶。

随后是相当冗长的仪式，包括诵读长篇祷文、西门庆的回应、上
香、伏拜，还有击打法鼓。受邀参加宴会的客人也开始到场，每个人
带来的礼物都是食物，以便和茶一起吃，也有人送了钱，以作"一茶
之需"。之后是一顿斋饭，算是宴会本身的前奏。斋饭的详细菜单没
有记录下来，我们从文中得知，除了品种各异的素馔，还有四十碟碗
的主菜，其间还开了一坛金华酒。在某个时候，西门庆家中的各个妇
女送来了一件意外的礼物。那件礼物是由两个侍童带来的：

> 李铭、吴惠两个拿着两个盒子跪下，揭开都是顶皮饼、松
> 花饼、白糖万寿糕、玫瑰搭穰卷儿。西门庆俱令吴道官收了……
> 吴道官一面让他二人下去，自有坐处，连手下人都饱食一顿。
> 话休饶舌。到了午朝，拜表毕，吴道官预备了一张大插桌，
> 又是一坛金华酒，又是哥儿的一项青缎子销金道髻，一件玄色
> 纻丝道衣，一件绿云缎小衬衣，一双白绫小袜，一双青潞绸衲

脸小履鞋……就扎在黄线索上，都用方盘盛着，又是四盘羹果，摆在桌上。

后来，西门庆家里的其他人打道回府，并报告道，西门庆和他的主要客人仍然在庙里面，当晚可能不会回家，因为道士们缠着他们饮宴至深夜。西门庆的女婿向潘金莲说道：

敬济道："爹怕来不成了，我来时醮事还未了，才拜忏，怕不弄到起更！道士有个轻饶素放的，还要谢将吃酒。"

观中本来在举行仪式，最终的场面却是放纵感官享受、行为不雅。西门庆家的女人制造的场面又是另一番情景，与此形成了鲜明的对比。家中的妻妾对一群尼姑以礼相待。尼姑们讲了虚伪的寓言故事，并且跟她们吃了一顿饭。那顿饭在安排之时，就保持着优雅的克制，严格遵循饮食戒律。不过，对于那些做成荤菜模样的佳肴，尼姑们非常喜欢吃。其中一个虔诚的老妇人视力不太好，要别人向她保证那些食物可以食用：

……（大师父）说了一回，王姑子又接念偈言。念了一回，吴月娘道："师父饿了，且把经请过，吃些甚么。"一面令小玉安排了四碟儿素菜咸食，又四碟薄脆、蒸酥糕饼，请大妗子、杨姑娘、潘姥姥陪二位师父吃。大妗子说："俺每都刚吃的饱了，教杨姑娘陪个儿罢，他老人家又吃着个斋。"月娘连忙用小描金碟儿，每样拣了个点心，放在碟儿里，先递与两位师父，然后递与杨姑娘说道："你老人家陪二位请些儿。"婆子道："我的佛爷，老身吃的勾了。"又道："这碟儿里是烧骨朵，姐姐你拿过去，只怕错拣到口里。"把众人笑的了不得。月娘道："奶奶，这个是庙上送来的托荤咸食。你老人家只顾用，不妨事。"

接下来的场面是，两个老尼姑继续灌输道德说教，时间已到深夜时分。这个场面阴郁而毫无激情。不过，即便遇到这样情景，我们还是想到了道观里众人聚饮而醉的场面，因为西门庆的女婿从道观返回，闯入了满是女人的家中。更为巧妙的是，家中的女人对尼姑的愚蠢教导深信不疑，又有人暗讽那些女人有淫乱之风，两相对比，也让我们想到了道观里众人的聚饮而醉。

在《金瓶梅》这一整回的谋篇布局中，作者把吃斋饭的总基调定为克制、优雅、虔诚（显得迂腐的虔诚也是虔诚），而为道观赋予了酗酒、粗俗、愤世嫉俗的场面。作者又把两者拿来对比，将饮食当作描写个人性格和价值观的关键。最为重要的是，食物有助于展开故事情节，同时标志着所有和仪式相关的事情都有虚伪的一面。尼姑吃的"肉"经由高超的技巧制成，外形像肉，也和肉一样让人产生联想，唯独本身不是动物的肉。道观里的宴会到最后闹哄哄的，道士和客人都身在其间。如此一来，仪式的各种形式暗示的严肃希望或者精神努力，不论哪样都没了价值。这些场景之间的巧妙对比，非常依赖食物所扮演的角色。仪式的各种场景提醒我们，文明赖以存在的规范有什么样的含义和价值。一位天才作者把个人的行为与规范相对比，意在揭示：规范如何使用因人而异。

饮食与保健

跟健康相关的食物该有什么性质？中国人在这方面的看法——也就是"药膳学"——自有其知识基础。与这种知识基础密切相关的是食物的仪式用途背后的概念。也就是说，仪式的目的与仪式形式的合理性利用了相同的有机宇宙观，而这种宇宙观就是药膳学的基础。和谐使得宇宙、微观世界、人体充满活力，表明各种互为补充的动力处于平衡状态，也意味着这些动力在"五行"中实现了平衡。要保持和谐就要抵制不平衡。认识食物的特性，并且在食用之时，注意平衡各种相互作用的特性和条件，健康就会水到渠成，因为健康是身体的正常状态，表明身体各项功能是和谐的（凡事应以和谐为上）。有些早期的儒学思想家，尤其是荀子，始终以抽象哲学为仪式的思想基础，避免了无创意的解释或者蓄意曲解。然而，他们认为，坚决要求所有人都成为哲学家，并不是他们的义务。他们意识到，够不上哲学家的人可能视仪式为巫术。中国早期的医学思想似乎源自儒家之外（不一定与儒家对立）的阴阳五行家，以及跟后者意气相投的符箓派道士和丹鼎派道士。因此，医学理论虽然与儒家世界具有同样的大宇宙概念，却在物质的魔法性质之中寻找直接的病因和解药，并且试图按五行理论，以半魔法、半理性的方式，操纵寻找病因和解药的过程。在超过两千年的时间内，知识的增长与系统化都由儒家把持。人们期待的医生都是儒医[16]。

专注于食物的文明，面对着史上最丰富的食品类型、烹饪方法，试图描述食物的药性，这恐怕并不让人惊讶。凡是有形的东西，都是有机宇宙不可或缺的。在这个宇宙里，所有组分都在相互影响，都对同一个物力论有正面反应。当设法查明食物的特性，并将之与人体健康相联系之时，中国人巧妙地维护了凭经验取得的发现（由此获得的知识会逐渐累积起来，并且由医学专业的学术精英提炼并传播开来），并将其与思想家的理论成果或者系统化成果联系起来。这种做法的结果是，把凭经验获取的优秀知识，与通常来说不可信的（纵然不是毫不相干的）理论相提并论，这让我们现代人迷惑不解。而且有这种想法的不止我们现代人。远在现代之前，偶尔出现的几个有创见的批评家早就开始怀疑那些理论。我们必须假设的是，中国医学发展过程的主流，始终切合实际，注重结果[17]。

也就是说，有人认为，凡是食物都是药品，因为所有食物的基本特性都会与其他食物相互作用，与食用者的健康状况相互作用，与食用者的用餐环境相互作用，可能会产生治病的作用。相反的观点是，在某种条件下，所有消化了的东西都会引发破坏作用。早期的中国医生认识到，治疗与食物相结合是切实可行的。李约瑟转述了11世纪的文人陈直的话："……老人之性皆厌于药，而喜于食，以食治疾，胜于用药。凡老人有患，宜先以食治，食治未愈，然后命药。"李约瑟和鲁桂珍在道家的炼丹术里发现了食疗的开端，并注意到，中国在非常早的时候就有了内分泌学的雏形，这种雏形见于对甲状腺功能减退、糖尿病及其他疾病的治疗中。然而，他们认为，元代所记最为重要的医学进步很可能出现于药膳领域。引起李约瑟注意的是《饮膳正要》。这部著作成书于1330年，作者为忽思慧，李约瑟称其成书在元末，也就是1315年至1330年之间，作者当过"太医"。这部著作的指导原则可以概括为一句话："食疗诸病。"这个指导原则强调的是凭借膳食补充所缺乏的东西，从而积极治病[18]。

对于中国科学史来说，《饮膳正要》的重要性无可置疑。就饮食健康和用餐保健而言，《饮膳正要》体现了中国人的典型态度，但与某些在态度与重要性上等而次之的著作相比，却又不那么典型。另一部令人着迷的著作是14世纪的贾铭的《饮食须知》。这部著作强调的是防病，而非治病。贾铭出身富贵，家在浙北海宁。他尽管算不上有地位的原创型学者，却也接受了广泛的儒家教育，而且在元末朝廷里当了个小官。他一百岁的时候，也就是1368年，恰逢明朝建立。朱元璋召他入宫，向他这样一位长寿之人表示敬意。入宫之后，皇帝与他寒暄时自然而然地问了长寿的秘诀。他回答道："要在慎饮食。"皇帝追问细节之时，贾铭说他写了本书专论长寿秘诀的书，而且乐意献给皇帝。他说到做到。所献之书就是上文说的《饮食须知》，在后几个世纪里广为传播。此次相遇之后，贾铭回到了家中，在家中去世，时年 106 岁。去世的原因不是任何明显的健康问题，而是应了一个吉梦[19]。

贾铭的书分为八章，分别论述：（1）43 种水与火；（2）50 种谷类，包括豆类以及某些可以食用的种子；（3）87 种蔬菜；（4）63 种水果和坚果；（5）33 种"味类"，包括佐料，以及酒、醋、油之类的作料，还有鱼鲊之类的腌制作料；（6）68 种鱼类和贝类；（7）34 种禽类；（8）42 种肉类。这 420 种还只是主要条目，每条之下还讨论相关的品种以及相似的物种。因此，总的食物种类数量远超 420 种。每一条的讨论长度，从几个句子到一大段不等。讨论每种食物的准则是，先说明其属于五味里的哪一味。五味指甘、酸、苦、辛、咸，分别和五行的，土、木、火、金、水有关。虽然这部著作没有明说，但是有一种医学理论认为，五味通过对应的五行，跟五脏联系了起来：胃对应土 1，肝对应木，心对应火，肺对应金，肾对应水。在中国文明的命理学中，五行说也通过相应的媒介，把五味、五脏与季节、方位、相生相克的过程，以及其他许多事物联系了起来。确定五味之后，贾铭继而会说明凉性或热性，从极热到大寒都有。这相当于一个光谱，表明了食物与阳（热）或阴（凉）的紧密关系。掌握这些基本信息之后，家中的医生兼理论家就可以进一步判断，每样食物吃下去会有什么结果，以及在所有可能的情况下食物的配伍。不过，贾铭没有止步于此，他还具体说明了每样食物的禁忌，强调的是防病。有关大部分食物的正面特性，他几乎只字未提，没说它们如何补足身体缺乏的东西，或者它们有什么滋补功效。然而，作者偶尔会展现自己的美食兴趣，宣称某样食物特别好吃，并表示如果有人嗜好

1　胃确实对应土，却不属于五脏。五脏里对应土的是脾。

可口但有害的食物，也能体谅。他在序言中写道：

> 饮食借以养生，而不知物性有相反相忌，丛然杂进，轻则五内不和，重则立兴祸患，是养生者亦未尝不害生也。历观诸家本草疏注，各物皆损益相半，令人莫可适从。兹专选其反忌，汇成一编，俾尊生者日用饮食中便于检点耳。

贾铭的八卷《饮食须知》之中有几个例子可以说明其特色。卷一的"水火"：

> 天雨水，味甘淡，性冷。豪雨不可用，淫雨及降注雨谓之潦水，味甘薄。
>
> 立春节雨水，性有春升始生之气。妇人不生育者，是日夫妇宜各饮一杯，可易得孕。取其发育万物之义也。
>
> 冬霜，味甘性寒。收时用鸡羽扫入瓶中，密封阴处，久留不坏。
>
> 乳穴水，味甘性温。秤之重于他水，煎之似盐花起，此真乳穴液也。取饮与钟乳石同功。山有玉而草木润，近山人多寿，皆玉石津液之功所致。

与《饮食须知》的总体特色不一样的是，此处讨论这些有益之水时，显露出积极的氛围。玉作为地球上最吉利的物质，在作者眼里具有十分有益的特性。他也评价了其他类型的水，其中包含对好水非常明智的看法——好水如何因城市人居稠密而遭污染，或者如何因洪水泛滥而遭污染，如何靠煎滚澄清来净化；以及对冰雹水性质的有趣看法；还对山泉水变毒水给出了毫无依据的解释。可能因为泡茶讲究水要适宜，元明时期的著作大量讨论了特定泉水、溪水的性质。我们还发现了各种火，其中之一是：

桑柴火，宜煎一切补药，勿煮猪肉及鳅鱼。不可炙艾，伤肌。

我们从卷二发现的谷类有：

糯米，味甘性温。多食发热，壅经络之气，令身软筋缓。久食发心悸，及痈疽疮疖中痛。同酒食之，令醉难醒。糯性黏滞难化，小儿病患更宜忌之。妊妇杂肉食之，令子不利，生疮疥、寸白虫。马食之，足重。小猫犬食之，脚屈不能行。人多食，令发风动气，昏昏多睡。同鸡肉、鸡子食，生蛔虫。食鸭肉伤者，多饮热糯米泔可消。

黄大豆，味甘，生性温，炒性热，微毒。多食壅气，生痰动嗽，发疮疥，令人面黄体重。不可同猪肉食。小青豆、赤白豆性味相似，并不可与鱼及羊肉同食。

我们从卷三发现的蔬菜有：

韭菜，味辛微酸，性温。春食香益人，夏食臭，冬食动宿饮，五月食之，昏人乏力。冬天未出土者，名韭黄。窖中培出者，名黄芽韭。食之滞气，盖含抑郁未伸之故也。经霜韭食之，令人吐；多食，昏神暗目，酒后尤忌。有心腹痼冷病，食之加剧。热病后十日食之，能发困。不可与蜂蜜及牛肉同食，成瘕。食韭口臭，啖诸糖可解。

在中国，这种奇特的蔬菜形式多样，全年都吃得到，多亏了善于创造发明的园丁。中国有众多常见蔬菜没有令人满意的英语名称，韭菜就是其中之一。当然，这种蔬菜除了有可口的特质，还具有许多明确的、值得罗列的食疗属性。举例来说，《本草纲目》首先将韭菜列为重要的药用蔬菜之一，并且发现了如下优点："归心，安五脏，除胃中热，利病患，可久食。"优点之后是一长串具体的药用功效。对于食用韭菜的害处，这部博学的著作只字未提。但是贾铭的警告并非自己的发明，背后也有中国人积累的食物知识，其中某些论断可追溯到宋代名著，而且所有论断都可以融入一个以事物特性为基础的想象系统。这些特性，指的是事物在阴阳五行理论里的特性。

在有关蔬菜的一卷中讨论了：

菠菜，味甘性冷滑。多食令人脚弱，发腰痛，动冷气，先患腹冷者必破腹。不可与鳝鱼同食，发霍乱。北人食煤火薰炙肉面，食此则平。南人食湿热鱼米，食此则冷，令大小肠冷滑也。

有关果类的第四卷讨论了：

柿子，味甘性寒。多食发痰。同酒食易醉，或心痛欲死。同蟹食，令腹痛作泻，或呕吐昏闷，唯木香磨汁灌之可解。鹿心柿尤不可食，令寒中腹痛。干柿勿同鳖肉食，难消成积。凡红柿未熟者，以冷盐汤浸，可经年许。但盐藏者微有毒。

有关味类的第五卷讨论了：

醋，味酸甘苦性微温。解鱼肉瓜菜毒。米醋乃良。多食损筋骨，伤胃气，不宜男子，损齿灭颜，能发毒。不可同诸药食，服茯苓、丹参、葶苈药者忌之。凡风寒咳嗽及泻痢脾病者，勿食。

烧酒，味甘辛，性大热，有毒。多饮败胃伤胆，溃髓弱筋，伤神损寿。有火证者忌之。同姜蒜、犬肉食，令人生痔发痼疾。妊妇饮之，令子惊痫。过饮发烧者，以新汲冷水浸之，或浸发

即醒。中其毒者，服盐冷水、绿豆粉可少解。或用大黑豆一升，
煮汁一二升，多饮。服之取吐便解。

　　乳酪，味甘酸，性寒。患脾痫者勿食。羊乳酪同鱼食，成瘕。
忌醋。不可合鲈鱼食。

　　上文的几条，是从全书420条里选出来的，没一条是比较长的详
细讨论。不过，这几条足以说明作者的关注点。《四库全书》编撰者
斥贾铭之书"然别无出于本草之外者，不足取也"。但这本书的重要
之处在于反映了中国人的食物信仰：食物是天地万物产生与衰败的积
极动因。不论是博学的中国人，还是见识浅陋的中国人，或许对这本
书背后的理念都多多少少有些了解。书中所列食物特性，大概有许多
都是社会常识。我们也应该假设，大多数人以享受食物为乐，明显将
药效摆在了次要位置。实际上，谁要是完全遵守贾铭书中八卷内容的
警告和禁忌，不打折扣，几乎就没法吃饭了。因此，普通中国人在这
方面，就像在许多事情上一样，应用这类信息的时候，注重的是实际
后果，并不教条僵化，合理才用。生病的时候才更加注意这种信息，
即便忽略其中的说明，也很喜欢其象征含义。考虑到饮食和进食这个
话题范围之广阔，不妨将这种信息当作其中一个方面来品味。这种普
遍的社会态度，可能并未促进科学用餐的事业，但也使得像饮食这么
重要的话题没有被枯燥乏味的狂热主义所控制。尽管有些文明的宗教
膳食法背后是源自经验的知识，这种枯燥乏味的狂热主义经过规范化，
可能已经强加于其他文明的用餐习惯之上，演变为各种教条主义。所
不同之处，不是认识食物真实特质的能力，而是采取什么方式来扩大
权力，从而插手诸如饮、食之类的日常生活事务。按贾铭所处时代的
标准来说，贾铭学识浅薄，但他对食物知识的追求劲头十足，对这些
知识进行分类和利用的愿望非常强烈。书中的学习、建议、指导依然
以人为本，以合理的人类目的和价值观为依据。他对编撰感兴趣得多，

甚至为其中的细节所逗乐，从而焦虑就显得不那么恼人了。遇到这样的态度，即便它们够不上伟大传统的最高水平，我们也能从中获取非常有用的信息。在探究贾铭所认为的关于食物在宇宙过程中（同时也在仪式用途中）起积极作用这一概念的哲学基础时，我们面对的是中国人在安排和维持其文明的所有组成部分时所诉诸的权威源头。在这个案例中所揭示的对权威的态度，就像在一般情况下一样，是符合人的理性的。

享受饮食

这些针对饮食的态度也解释了中国人在烹饪技巧和进食方面取得的成就，而且这些态度也是中国人日常生活观中不可或缺的一部分：生活是美好的，生活的意义在于当下，然而，生与死、过去与现在所构成的宇宙整体影响了我们的方方面面。这就是为何对待鬼神要像对待生人一样：鬼神会享用生人能够合理想到的最好的东西。与此同时，生人的身体也被作为有机过程的一部分而被滋养。那些活体也会对同样的动力做出反应。

但是，与饮食和进食有关的最重要的事实是，饮与食应当良好，这种好不仅仅指足以满足宇宙间种种互动的要求，或者仅仅能够保持健康。饮食的所有仪式和保健功能可能都是通过象征性的奇异物品或令人生畏的饮食来实现的。阿兹特克众神要的是从活人牺牲身上摘下来的心脏，祭祀印度教的迦梨女神则要用山羊祭品的滚烫血液。中国的鬼神却不需要此类祭品。中世纪的基督教隐修士靠吃冷的、不新鲜的面包之类的食物生存，其他文明的圣人的各种生活方式也都摒弃了一切口腹之乐。中国人很少用这种极端的方式否认美食的价值。不管是用于仪式，还是用于日常，一切用途的食物都在同一个厨房里烹制，都属于同一个菜系，反映了同样的态度和价值观。在任何情况下，只要中国人能做到，饮食都是多样的、精致的、美味的。

简而言之，饮食就是娱乐，而在一个相当灵活的限度内，娱乐是正向的。培养这种娱乐的过程体现了非凡的创造力，需要利用积累已久的智慧以及高超的技艺。在元明两代之前，有关饮食的知识已经形成，而且非常丰富。本书前几章展现的就是那些饮食知识。由于元明两代有着丰富的文献，知识形成过程的方方面面得以揭示于人前，而且披露了大量细节。即便这些丰富的材料没有完整反映中国生活的横断面，反映出来的范围也比前代文献揭示的要更广阔。下文要谈及的是饮食作为娱乐的几个方面。其中的信息摘自当时的典型娱乐文学作品，比如元明两代的杂剧、明代长短篇小说，以及被称为笔记小说和小品文的非正式文学作品[20]。

珍馐

元杂剧《百花亭》写于 1250 年左右。其中有个演员打扮成水果摊贩的样子，走上舞台，不断吆喝着下面这些话：

> 查梨条卖也！查梨条卖也！才离瓦市，恰出茶房，迅指转过翠红乡，回头便入莺花寨……这果是家园制造，道地收来也。有福州府甜津津香喷喷红馥馥带浆儿新剥的圆眼荔枝，也有平江路酸溜溜凉荫荫美甘甘连叶儿整下的黄橙绿橘，也有松阳县软柔柔白璞璞蜜煎煎带粉儿压匾的凝霜柿饼，也有婺州府脆松松鲜润润明晃晃拌糖儿捏就的龙缠枣头，也有蜜和成糖制就细切的新建姜丝，也有日晒皱风吹干去壳的高邮菱米，也有黑的黑红的红魏郡收来的指顶大瓜子，也有酸不酸甜不甜宣城贩到的得法软梨条。俺也说不尽果品多般，略铺陈眼前数种。香闺

> 绣阁风流的美女佳人，大厦高堂俏倬的郎君子弟，非夸大口，
> 敢卖虚名，试尝管别，吃着再买。查梨条卖也！

　　这一段除了杂剧作者创作的可靠的街头情景，还充满了作者无意间提供的信息。我们从中得知，在 13 世纪的城市街头，普通人买能买到最可口的水果，而这些水果代表着来自四五个省（面积约等于半个西欧）的特产。水果的宣传语很吸引人，以色、香、味为标准，它们都是最珍稀、最美味的，非同行所售水果能比。对当时以及后来很长一段时期内的普通购买者而言，要是身处中国之外的各个城市，要想获得符合他们口味的易碎、易腐食物，并且靠跨区域贸易来获得，很可能连半数都实现不了。地方特产常常指食物，好几个世纪以来都是中国商业的大头。按诗人们所讲述的，在 8 世纪的时候，荔枝经由驿递从四川运到了长安的宫廷，意在讨好一位宠妃；到了 14 世纪末，易腐的食材经过冷藏，跨过了全长 1,100 公里的大运河，其定期大规模运输的情况留下了完整记载。毫无疑问，宫中之人享用的食品十分昂贵，只有富豪才享受得起同样的珍馐。不过，普通人也能买到品种极多的美食。尽管有些无疑是仿制品，挂了全国领先品牌的名字而已（如今的中国茅台酒已经成了泛称，原本指在贵州一家小蒸馏坊酿制的珍稀产品；几十年甚至几个世纪以来，标榜产自河北良乡产的栗、江苏北部砀山县的梨，其实在全中国都有生产），但这证明中国人有了质量意识，需要质量最好的东西。元明两代的通俗文学和非正式文学之中，提到此类著名食物的地方不可胜数，也属于作者不经意间提起的信息（因而非常可信）。

　　1600 年左右，南京作家顾起元在《客座赘语》中提供了这个主题的一个变体——作者深情描绘了在南京这座大城市的每一类美食里最好吃的，写成了一组系列文章。其中有篇短文叫"珍物"，开头是这么写的：

　　　果之美者：姚坊门枣，长可二寸许，肤赤如血，或青黄与朱错，
驳荦可爱，瓤白逾珂雪，味甘于蜜，实脆而松，堕地辄碎。惟
吕家山方幅十余亩为然，它地即不尔，移本它地种亦不尔。湖
池藕，巨如壮夫之臂而甘脆亡查滓，即江南所出，形味尽居其下。
大板红菱，入口如冰雪，不待咀嚼而化。灵谷寺所产樱桃独大，
色烂若红鞣鞨，味甘美，小核，其形如勾鼻桃。园客曰："此乃
真樱桃也。"

　　这篇短文不停地往下讲，描述了鸭脚子（银杏）、鲥鱼、河狨（河豚，
以顶级鱼类美食而闻名于世，有毒且致命，须精心烹制才行）、玄武
湖（北城外）的鲫鱼，也描述了日常所吃蔬菜、水果里最美味者，比
如板桥萝卜、善桥葱、水芹、白菜、秣陵哀家梨之类。这些蔬菜和水
果要是处于最佳食用状态，尤为美味。人们将地方上的顶级美食编定
目录，可以让真正的行家获知何地买得到、何时吃得上。这种传统虽
然只是一门小学问，却延续了下来。1930 年左右，南京有位收藏家
兼美食家张通之，参照了袁枚于 18 世纪创造的范例，解释了南京城
最可口的食物。他所著的《白门食谱》不仅可以跟袁枚的《随园食单》
形成有趣的对比，也可以跟晚明的《客座赘语》对照阅读 [21]。
　　下文这一条记录的内容出自 17 世纪早期的笔记和小品文杂集《涌
幢小品》。对于明代社会的广大精英阶层以及乡间士绅（并不是说能
欣赏美食的仅限于上层阶级）来说，美食娱乐占据着核心地位。这种
核心地位在下述引文中展现得淋漓尽致：

　　　渊材生平所恨者五事。一恨鲥鱼多骨。二恨金橘多酸。三
恨莼菜性冷。四恨海棠无香。五恨曾子固不能作诗。余亦有五恨。
一恨河豚有毒。二恨建兰难栽。三恨樱桃性热。四恨末利香浓。
五恨三谢、李、杜诸公多不能文。

那些"恨事"清单里的每一项，都仅限于美学内容，是风雅之士注重的东西。如果我们认为作者提及茉莉，实际在指茉莉的常见用法，即作为茶与食物调味品，那么，每个清单上的五项内容中都有三项可以用"关注味觉"来解释。

我们难道不是在大量的此类作品中——上文的两个例子是代表性的——辨别出笼罩在那些美味珍馐之上的一种浪漫化的神秘吗？我们看到，作为精英生活的一种臻于完善的附属物，学问和文学艺术支撑着这种理想，而且毫无疑问，在中国许多次精英的生活层面上，这种理想即使没有被充分体验，但也被普遍模仿。我们也注意到，市井民间也有对这种生活理想的粗鄙的、夸张的描述，市井百姓用这种方式分享了这种生活理想的魅力。元明时期的文学作品也描绘了对这类铺张和炫耀性饮食的拒斥，有的是诙谐幽默的写法，有的则非常认真严肃，但即便是拒斥，作者也会谨慎对待美食家的这种生活理想。13世纪晚期，伟大的剧作家关汉卿在杂剧中插入了一首乡村诗，其中就有这样的词句："秋收已罢，赛社迎神。开筵在葫芦篷下，酒酿在瓦钵磁盆。茄子连皮咽，稍瓜带子吞。萝卜蘸生酱，村酒大碗敦……"[22]

在所有这些层面上，在所有这些模式中，人们对饮食的各种态度——除了不关心或不屑的态度——都是显而易见的。中华文明对美食的专注体现在文学作品中的敏锐细节上，人们用二手方式品味美食的千变万化。

厨技

在中国社会里，厨技是如何发展并传播的？在这个问题的答案里，有几个明显的要素反映了社会结构的特征。中国社会没有种姓制度，没有世袭职业，也几乎没有封闭的社会集团。在特定的家庭里，高超的厨技很可能已经由父母传给子女，也不管子女是否以厨师为业。做了一道名汤的普通女性，她的儿子可能会成为大户人家的厨师，也有可能成为一省长官。不过，按统计数据来说，前者的概率要大一些。因为社会是开放的，氏族结构又跨越各个社会阶层，这些使得特殊技能能够在整个社会中迅速传播。著名的家传菜谱可以广为流传，而且很有可能已经广为流传了。如果女性从亲戚、雇主、仆人或者其他人那里学到了厨技，并且发扬光大了，无论其社会阶层如何，她就有了利用并展现那些厨技的动力。男性练就高超的厨技这种事，多半发生于厨师行业。但是，大部分社会阶层里懂得如何烹饪美食的男性不一定是专业厨师。当然，美食作家始终是博学的男性。如此，我们再次遇到了常见却具迷惑性的情况——烹饪史记载的情况与其他行业史一样，专业人士是男性，业余人士是女性，缝纫行业、歌唱行业、乐器演奏行业之类均是如此。元明时期，厨技明显不是专属于某个性别；全社会都对饮食之事非常感兴趣，这使得任何有精湛厨艺的从业者都不可能被埋没。因此，尽管目前没人提及一省长官做出这样或者那样的名菜，我们却发现，娱乐文学里的很多证据表明：女性不管地位如何，只要从事厨师这一行，都可能因而受到尊重。

"宋五嫂鱼羹"的故事在明代很出名，原型很可能出自宋代。在12世纪的杭州，西湖岸边有"不止百十家"酒家，也就是餐馆。其中一家有位女性，原来在北宋京城数一数二的餐馆学会了制作鱼羹。宋金开战，政府被迫于1126年之后南迁杭州，这位女性随之逃至杭州。当时的皇帝忆及往昔，曾品尝过她做的鱼羹，称其鲜美。她因此扬名。讲这个故事的明代作者冯梦龙在文中插入了一首诗：

> 一碗鱼羹值几钱？旧京遗制动天颜。
>
> 时人倍价来争市，半买君恩半买鲜。

没有人会怀疑这是一道极好的汤。从那一天起直到现在，西湖边一直在卖这道汤或其仿制品。

据说，把这道著名配方从开封带到杭州的人来自餐饮业世家。17世纪早期的其他故事表明，某些政府官员的妻子因某道菜而出名。有一则故事的背景设定在明朝之前，但很可能反映的就是明朝社会的情况。故事里，县宰请学官里的教授来吃饭。席间有鳖。客人尝了一下就哽咽起来，解释道："此味颇似亡妻所烹调，故此伤感。"当然，最后的结果是，教授的妻子并未亡故。她当时正在县宰家中，实际就是她做出了让教授落泪的那道菜。整个故事很长，和本文主题无关。和本文有关的仅仅是，做出那道菜的不是官员的仆人，而是官员的妻子。[1]张通之在《白门食谱》中写道："古者妇女主中馈；金陵一般大家妇女，多善于烹调。"[23]

然而，除了水平高超的业余厨子之外，元明时期想必也存在面向专业厨师的招聘和培训制度。当时有一个由顶级主厨组成的行会吗？每个城市的学徒制度都不一样吗？我们手头现有的材料无法给出确切的答案。

元明杂剧中，专业厨师的形象一律是白鼻子的流氓。[2]他们边插科打诨，边祸害剧中的坏人，因而成了无意间做了好事的滑稽角色。在一出具有代表性的戏《十探子大闹延安府》里面，有个角色既是一家之主，也是政府部门的老大，雇佣了一名厨师，并把唤他进来，命他准备一场筵席："现在来打个料帐。先买一只肥羊。""得，一只羊，一只羊。如今很容易买到一只大肥羊。七个沙板钱就能买到一只，重一百二十斤。大尾子绵羊至贱。"厨子后来拿到了钱，意识到自己买羊、算账都没人监管，是个可乘之机，于是迅速补充道："相公，这两日

1　实际上，教授之妻后被县宰买了作妾，而非"官员之妻"。见《初刻拍案惊奇》卷二十七"顾阿秀喜舍檀那物，崔俊臣巧会芙蓉屏"："小弟的小妾，正是在临安用三十万钱娶的外方人。适才叫他治庖，这鳖是他烹煮的。"

2　戏曲中的丑角惯常鼻抹白粉，以显露其狡诈性格。

羊贵了。"[24] 这是个经典桥段，其他剧（《莽张飞大闹石榴园》）里也有出现，台词几乎一样。那个卑鄙的厨子按要求拟定菜单时，报菜名的过程变成了表现幽默的场景，而又带有狡猾的成分，因为厨子报的菜全是精巧的双关语。[1] 以此类厨子之聪明，足以把主人家偷个精光。在另一个例子里，报出筵席预定菜名的过程变成了一场闹剧。其间报出的食物表明，厨子和主人都没能力预备一场筵席。观众心里明白，"下不了厨房"本身就是荒谬的表现。因此，舞台上的饮食、进食与现实生活中的饮食享受是相辅相成的。

特殊的原料

中国饮食史专家篠田统已经注意到，中国过去的农业大众主要靠谷物过活，他们多半从豆类食物中获取蛋白质。他还发现，古代中国人的饮食、前现代时期日本老百姓的饮食、亚洲其他农业人口的饮食，三者十分相像。中国传统饮食与日本饮食相比，有两方面明显不同：中国人消耗的油与脂肪是日本人的四五倍高，日常烹饪需要的基本材料也更多。一般的厨房要一天天运转下去，有些东西是必不可少的。就元明时期来说，通俗文学有时候会列举这些东西，并概括为一句套话，即"七件事"。篠田统引用"元杂剧"来说明"七件事"的时候，心里很可能想着忙碌的家庭主妇的台词："早起开门七件事，柴米油盐酱醋茶。"他指出，类似的清单有时会加酒、糖、香料和其他常见原料，也把它们当作日常饮食不可或缺的一部分。

1　指《莽张飞大闹石榴园》中出现的三样好菜蔬、三道好汤水，分别是生腌韭（"将那韭菜切的断了，洒上一把盐"）、姜醋韭、白煠韭；三圆五辣汤（"每一个碗里安上三个肉圆子，加上料物。是胡椒、花椒、生姜、荜拨、辣蒜"）、判官打輪汤（"每一个碗里安上一个鸡蛋，碗旁边插一根羊肋支"）、虱子浮水汤（"每一个碗里满满的盛上一碗汤，上面洒上一把芝麻"）。

他根据所有这些资料总结道，与日本及前现代的其他民族相比，中国老百姓的饮食更加丰富，也更加可口[25]。普通老百姓日常饮食经常需要的，而且容易购得的原料，相对多种多样。老百姓要举行重要筵席，上层人士要满足日常饮食所需，就要储备海量而随时可用的烹饪原料。

我们不可能穷举出现在同时代涉及饮食文献中反映的元明时期百姓生活的烹饪食材和原料。许多食物都被列为祠堂宗庙的供品，还有一些是在保健类著作中被讨论，前文已经有所提及，这就进一步证明了当时的食物种类非常丰富。明代地方志往往会列出当地的物产。根据现存的几百种地方志，我们可编纂出一份包含数千种明代食材的全面目录。仅仅从另一个角度再次讨论食物的种类和性质，就会显得重复，但只有这样，我们才能开始理解其重要性。对中国人自己来说，完全利用这张庞大的食品采购清单一直都是个挑战。中国人或许尝遍了所有味道都不满足。这就促使他们进一步探索新的味道类型，结果偶尔就会出现怪诞的食物，以及关于食物的幻想。

我们在通俗文学里读到的食物幻想，常常出现在妖怪的宴会上。其中的食物味美且有卖相，用餐环境也确确实实让人着迷。通俗文学里还有魔鬼的宴会。宴会主菜的原料可能是稀有奇特的海洋生物，名字听起来有点让人反感；又或者是蜈蚣、蟾蜍以及其他引人不快的东西[26]。那些东西看似难吃，却通常有益于身体健康或者精神健康，个中原因神秘莫测。[1]《二刻拍案惊奇》中讲到了一个奉道的老翁。他受邀入山，与一群在山中隐居的炼丹道士共餐。老翁与主人共饮一番之后，品尝白糕，这时候两道主菜端上来了。主菜盛在两个瓦盆之中。盖子掀开，老翁见着其中一道是一盆汤，汤里浮着一

---

1 见《孤本元明杂剧》第二十七册的"猛烈那吒三变化"：炒蜈蚣、白煮虾蟆、熘蠓虫、煎爆马蚁、煎蜻蜓。

只无毛白狗的尸体；另一道也是一盆汤，汤里浮着一个小孩的尸体。狗与小孩端上来的时候，手足皆全。老翁吓得身体往后缩，不肯吃，却也不想当众大闹，于是结结巴巴地解释道："老汉自小不曾破犬肉之戒，何况人肉！今已暮年，怎敢吃此？"主人们称那两种主菜为"野蔬"，并礼貌地劝他尝一口。老翁仍然不肯吃，只是按照客人应有的礼貌坐着。主人们那边却在大嚼特嚼，嚼出了声响。他们后来才跟老翁说，这些令人反感的东西现在已经被他们吃下去了，实际上这是药用植物的根，长了几千年，外形奇特，食之可长生不老。他遗憾地讲了一番大道理，说老翁仙缘尚薄，也就认不出食物的本性，因而目前无缘长生不老。

故事中的狗肉让老翁反感，许多中国人却似乎不这么觉得。凡是明说有狗肉的时候，狗肉都带有特殊意义。举例来说，《水浒传》中，鲁智深是个假和尚，脾气暴躁，最爱吃的食物就是狗肉[27]。在元明时期的文学作品里，"有活力"是爱吃狗肉的人和热血动物共有的特质。鲁智深就是有活力的象征。在明代的一部杂剧里，蛮夷来到了中国宫廷。他们对比了京城食物与草原饮食，有个好斗的将军说，在草原上，"我们一日三餐都吃狗肉"[28]。狗肉与好斗、野蛮行为的联系就显而易见了。偶尔也有人注意到，在中国文明的主要活动范围之外，也有其他怪异的饮食习惯。明代有位作家来自长江下游地区，见到岭南人吃蛇，表示实在古怪，难以理解。然而，还是有多种野味受到人们的重视，也有猎户这个职业专门为市场提供鹿肉、雉肉、兔肉，有趁新鲜而加盐腌制的，也有风干后再加盐腌制的。晚明有个著名的故事，讲到了一个山东妇女，在与丈夫长期分离期间，凭借捕猎养活了自己和婆婆，充分满足了生活所需。她抓的野味里面，偶尔也有刚刚抓的老虎。这个故事以冒牌的男性英雄为中心，讲他遇到这位富有魅力的"勇猛女战士"，敬畏过度以至于逃走。毫无疑问，这名妇女之所以有坚强的个性，部分原因就是她的饮食里有老虎肉。[1] 元明时期的食物原料里，数人肉最为怪异。《水浒传》中有好几处都提及了黑店专卖的人肉馒头。所谓黑店，就是为非作歹的暴徒聚集之地，他们在那里图谋犯罪。人肉馒头又成了套话，象征着十恶不赦的罪行。[29] 元明时期是否真有以人肉为美食的行为，还存有疑问。不过，在饥荒和灾害时期，人们铤而走险吃人肉的行为，有时候会见于报告。这种行为多多少少象征着灾难的严重程度。

地域差异及其他差异

近来时常有人说中国已经有四五个大的地方菜。城市里的餐馆有典型的北京菜（即鲁菜）、扬州菜（即扬州—浙江—上海菜）、四川菜（即湖南—四川菜）、粤菜，又或者其他菜系。元明时期的著作却没有表现出这种意识。人们反而普遍意识到，与中部富庶的长江流域相比，中国北方的食物更加清淡。南方人要是到了长江以北的北方各省，就会觉得当地缺乏食物。举例来说，在明代晚期的短篇小说集《初刻拍案惊奇》里，有位旅行者回忆道："山东酒店，没甚嘎饭下酒，无非是两碟大蒜、几个馍馍……这店中是有名最狠的黄烧酒。"与这种简朴场景形成对比的是，《初刻拍案惊奇》的作者又描述了杭州西湖的游船，相当于漂浮在水面上的餐馆，富人租来专供自己使用，可以在船上与家人一起欣赏湖景，享用名菜；灯火辉煌，吹弹歌唱，金银器皿盛着丰富而奢侈的食物，珍馐美食一道接一道，场面堪称完美，却没有饮食细节的描写。[2] 16 世纪末的小说《金瓶梅》也描写了发生在山东的一幕。从饮食的详细描写来看，吃饭的地点明显有几分北方

1　见《初刻拍案惊奇》卷三"刘东山夸技顺城门，十八兄奇踪村酒肆"。

2　见《初刻拍案惊奇》卷十八"丹客半黍九还，富翁千金一笑"。

的感觉。然而，富庶人家的饭菜非常丰富，堪比当时任何文字描述里的南方食物。当小说的主角迫不得已在普通的寺庙或者客栈用餐的时候，也会抱怨食物简单而粗糙。然而，小商人在普通的旅店用餐时，旅店除了打几角钱的酒，还理所当然地摆了一只羊腿、几盘鸡、鱼、猪肉和蔬菜，小商人也没回话[30]。由此可见，巨富之人似乎到中国任何地方都可以奢侈一番，而对于普通人来说，去北方和去南方的区别就有点明显了。

谢肇淛于万历二十年中了进士。他初到京师之时，对比了北方和家乡福建的情况。后来再访京师的时候，他注意到了种种变迁："余弱冠至燕，市上百无所有，鸡、鹅、羊、豕之外，得一鱼，以为稀品矣。越二十年，鱼、蟹反贱于江南，蛤蜊、银鱼、蛏蚶、黄甲，累累满市。此亦风气自南而北之证也。"谢肇淛的观点可能无法证实，但是他的评论具有重要的证据意义。这足以说明，在16世纪的中国，生活水平和消费水平都大幅增长了，而且长江流域各省率先增长，增长幅度也更大。谢肇淛可能在说，16世纪末，由于"自南而北的风气"的影响，长江流域的繁荣景象蔓延到了中国北方。

餐馆及对外出售的熟食

商人、外派官员、离乡赶考的学子，长期以来都是中国小说中在旅店和餐馆停留的三类主要旅者。元明杂剧和小说也不例外。不过，到了明代的各个时期，餐馆会出现一些新元素。上述三类群体的旅行更加频繁，加上他们的相互关系日益深厚，有一种新机构随之而生，以满足他们的种种需求。这种机构就是会馆，也就是针对同省、同郡旅客的客栈[31]。典型的会馆雇员都是同乡，连厨师也是同乡。苏州籍的商人或者政治人物，不论是暂居北京的苏州会馆，还是在大运河或者长江沿岸任何中心城市的苏州会馆，又或者在其他重要地点的苏州会馆，很可能听的都是苏州话，早餐吃得上精美的苏州汤面和点心。就算是推测，我们也可以拿出来说一下：从明代中期开始，所有大型城市都开始创立省级菜系，这或许要归功于会馆的设立。

明代中晚期，旅游业也开始变得繁荣。早在宋朝的时候，诸如杭州西湖之类的著名景点，就吸引了专程来欣赏风景的旅行者。但是到了明代中期，这类旅行的性质有所改变，成了凭消费来摆阔的新形式。上文之所以引用那篇晚明小说，是因为其中描述到游船，而且船上备齐了食物、音乐及其他娱乐活动。那篇小说描述了两个旅行者，都是来杭州游玩的人。一个是富翁，来自江苏东南的松江，当时已是国子监监生。虽然这个头衔像是捐来的，他本人却是博学之人，在湖边客栈住下，只是为了欣赏美景。他见到另一个旅行者，"从远方而来，带着家眷，也来游湖。行李甚多，仆从齐整"。那人租下了西湖上天字第一号游船，以为每日共游之用，玩得奢华，花费巨大。这类旅行者，以及不如他们富裕的旅行者，似乎是明代生活的新特色。为了招待他们，中部各省的景点都开发了种种旅游设施。旅游指南成了新的文学体裁[32]。

在餐馆里就餐的，不仅仅有来自远方的旅客，本地人也会光顾。但更常见的情况是邀请本地餐馆人员到家中承办大型宴会。中国餐馆的"外卖"食物也常常出现于明代通俗文学之中。通俗文学经常提到精巧的美食，且有茶饮相伴。不过，熟肉以及其他菜肴也买得到[33]。有些餐馆专卖羊肉类的菜肴，有些专卖素食，有些专卖牛肉类的饮食，有些专卖其他特色菜——也就是按宗教需求、个人口味、一时风气制作的菜。

饮食习俗

在有些晚明作家看来，16世纪中期，也就是嘉靖皇帝在位期间

（1522—1566）是个转折点。商业扩张、影响税收和城市生活方式的
体制变化、影响生活方方面面的总体繁荣，都在那时发生了转折。顾
起元便持此论，并从多个方面阐述了这一观点。他有个舅舅，同他一
样是南京的古文物收藏家、地方史专家。在一篇小品文中，顾起元引
用了舅舅的话，展现了饮食习俗如何反映社会变迁。下文述引就是这
篇小品文的一部分，专论"南都旧日宴集"：

> 南都正统中延客，止当日早，令一童子至各家邀云"请吃
> 饭"，至巳时，则客已毕集矣。如六人、八人，止用大八仙桌一
> 张，淆止四大盘，四隔四小菜，不设果。酒用二大杯轮饮，桌
> 中置一大碗，注水涤杯，更斟送次客，曰"汕碗"，午后散席。
>
> 其后十余年，乃先日邀知，次早再速，桌及淆如前，但用四杯，
> 有八杯者。再后十余年，始先日用一帖，帖阔一寸三四分，长
> 可五寸，不书某生，但具姓名拜耳，上书"某日午刻一饭"，桌、
> 淆如前。
>
> 再后十余年，始用双帖，亦不过三折，长五六寸，阔二寸，
> 方书眷生或侍生某拜，始设开席，两人一席，设果淆七八器，
> 亦巳刻入席，申末即去。至正德、嘉靖间，乃有设乐及劳人之
> 事矣。

此文似乎表明，在南京这座昔日为明帝国首都、到 15 世纪末乃
是陪都的城市，所流行的风俗极其淳朴。如果这种看法无误，且全中
国大体如此，则证明明朝前半期的风俗比宋代简朴得多，甚至也比元
代简朴得多。顾起元认为，1550 年之后奢侈之风日渐盛行。这种看
法是贯穿全书的主题[34]。他的书很可能有夸张成分，却没有凭空捏造。
小说《金瓶梅》初版于顾起元生前，《初刻拍案惊奇》初版于他身后
十年间。经由这些书籍，精英阶层的宴会反映出了更加精巧的习俗。

顾起元却严斥这些精巧的习俗，把它们当作旧日淳朴之风衰败的证据。

　　午时开宴似乎已经是惯例，但晚宴和通宵宴会也是存在的。顾起元甚至在同一部著作里提到，富人家举行订婚宴，音乐、娱乐可能通宵达旦。明初所建各大酒楼，除了作政府驿馆之用，更兼青楼与餐馆之用，其间灯火通宵不灭。我们在《金瓶梅》里经常见到的情况是，平民家的午宴吃到傍晚才结束。之后，男性客人继续到"教坊"里饮酒寻乐，有时候一两天都不回家。我们可以推测，大部分家宴到傍晚就结束了，但是用餐和娱乐并不局限在此等黄金时段。

　　当时的官场和现在一样，赴宴就是躲不掉的。晚明有位士大夫引用了同时代的一个同社会阶层人讲的话：

　　　　亲戚常人之会，俱已辞绝。惟士夫之会，不得不应，恐其以为立异相拒而起怨谤也。然细思之，身不惜而将好性命陪伴人口，语可笑。余自通籍后，即辞绝士夫会，而好与亲戚常人饮。欲免怨谤，其可得乎？

　　有人抱怨说，官方聚餐扭曲了饮食之乐。现代官僚或公司管理人员要是听到了，必定能体会这股怨气有多么强烈。然而，尽管晚明官僚长期受官方宴会之苦，但我们现代人越了解他们在宴会上享用的食物，就越会断定一点：还是现代人更有理由抱怨。

饮食与感官享受

　　善于观察生活的中国人看得明明白白，享受食物是感官享受的一种形式，一旦过度就成了堕落，而且会成为某些人的麻烦事。中国社会通常吃得很好，却也经历过饥荒。闹饥荒的时候，饿死人是常有的事。尽管中国人天生并不禁欲、爱说教，儒学却天生如此，元明时期的理学尤其,而且总是随口就提。然而,"饮食无度"扮演的角色或许比"限制因素"更为重要,因为中国所有思想流派都严斥之为不合理的行径。整个社会都沉浸于"自我约束的理性"中,追求理智,不武断,把所坚持的摆在台面上。对于"纵欲"的种种限制通常源此而生。

中国通俗文学里的暴食、狂饮,除了导致行为放肆,也体现了无所顾忌的幽默。然而,无所顾忌的享乐主义文学似乎还没出现。直到16世纪后半,沉湎于纵欲的长篇小说《金瓶梅》才问世。人们承认《金瓶梅》是部重要著作,甚至是经典著作,因为书中人物不但强迫自己尽情纵欲,而且也让别人如此。《金瓶梅》尝试剖析这些人的灵魂。批评家一般认为,这部小说的成就在于巧妙运用心理元素体现人类的悲剧。

不论上述对《金瓶梅》这本书的评论是否准确,与任何中国传统作品相比,《金瓶梅》所描写的"纵欲经验"必定都是最详尽的。这本书之所以在食物史上有重要地位,原因有两个。第一,《金瓶梅》把饮食用作性的对等物,没有遮遮掩掩,把饮食当作纵欲经验的要素。饮食与性是这部小说不可或缺的素材。小说里也有服饰、珠宝、建筑、花园、花朵,以及其他被视作感官享受的物资,但是这些就离小说的中心有点远了。在这部小说的讲述过程中,饮食与性互相交织,难分难解,我们要是称之为"双感官模式",也不无道理。这种模式主要发生于涉及多阶段的事件中,也就是由饮食体验走向性体验,然后再回到饮食体验。在小说主人公的生活里,这些阶段有时候会连续占据好几个时刻或者好几个小时。有时候,这些阶段又出现于好几个连续的场面之中。其中有一两个场景,进食与交媾同时发生。我们必须把性当作《金瓶梅》的基调,但是全书与饮食的牵连("另一种调子")比抽象世界的任何行为都重要。抽象世界仅仅提供背景,让人觉得文中的解释可信。正是经由饮食与性,文中人物走向了自我实现。如果这么说过于正面的话,我们也可以说,他们完全暴露了自己。

在有些读者看来,这本小说并不成功。其中的故事有一定的魅力,但原因不仅仅是淫秽有魅力。回想书中的内容,某些小人物比主要人物更让人难忘,讲述中那些无心之举——比如背景的所有细节——比故事情节更加有意义。到最后,人们读这本小说,是为了看它如何精心描绘道具,而不是因为与书中人物有任何共鸣。那么,即便以小说这种文学类型而论,这本小说也是失败的,但它依然是明代社会史的宝库,蕴藏着取之不尽的财富。对于艺术品而言,这种命运让人觉得悲哀。然而,这种命运或许是这部著作应得的。它虽然使用了双感官模式,但在最终讲到性的时候,并未讲出些新颖而有洞见的东西。从悲剧角度来说,男主人公的华丽结局极为有趣,其谋划过程却也荒唐可笑。

从另一方面来说,日常生活单调乏味,饮食方面的体验不断涌现,这对小说家来说是种种机会,可以借之展现无限的创造力,为日常生活和饮食体验增添新颖而有意义的细节。这就是本文称《金瓶梅》重要的第二个原因。传统的中国通俗文学作家里面,没有哪一位像这本书的作者那么重视饮食。全书长达一百回,展开的主题环环相扣。在展开过程中,推动故事情节和读者兴趣的关键,始终都是饮食方面的体验。到最后,饮食方面的描述超越常规,提供了非常新鲜的细节。此外,交媾场面往往不涉及谨慎而准确的判断,或者美学方面的准确判断,但是人们提供饮食以及接受饮食的时候,一般都涉及可靠的敏锐判断。从这方面来说,中国人的味道鉴别技巧显而易见地胜过了竞争者[35]。

我们认为,这部小说里的饮食之乐虽然古怪,却完全是中国风格的,与性快感极其相似[36]。

这个特点是依靠饮食细节来表现的。要说明这一点,我们可以选取的场景非常多,然而,我们不妨选取第二十七回,因为其中有西门庆在家中花园葡萄架下做爱的场景。这一回目臭名昭著,中国人传统上认为它十分淫秽。因此，这个场景的其他特点就为人所忽略了。实际上，这个场景涉及的是各种各样的性满足情况，其中的感官刺激变化多端，受刺激后的反应多种多样。这一回开头描写了酷热的天气，并描写了天气对感官的种种影响。接着讨论了三种最怕热之人——田间农夫、经商客旅和边塞战士，与他们形成鲜明对比的是皇室、贵族精英、游手好闲的富人。这些人身在非常奢侈与悠闲的环境之中，也就不必惧怕炎热。因此，我们开始讨论这部色情小说里耽于肉欲的主角西门庆时，人体对各种感觉的感知力摆在了读者眼前。我们发现，西门庆身在自家花园之中，穿着最轻薄的衣衫，披头散发，忍受着正午的酷热，四处游走，无精打采。园中繁花绽放，色彩缤纷，花香各异，小厮在浇花，西门庆在看着，赞叹群花悦目。两名妾室进入花园，衣着与装饰都可与花朵媲美。小说描写她们的皮肤、嘴唇、牙齿，写得形象生动（"粉面油头，朱唇皓齿"）。下午漫长而炎热，众人倦怠乏力，却又开始调情。开头是种种挑逗之语、佯装的责骂、激发感情的行为，她们责备西门庆尚未梳头发，主动提出在花园里帮他洗头、打理头发。其中一名妇人暂时离园而去。西门庆透过另一名妇人白色飘逸的纱裙，看到了裙下的大红衫裤，淫心大起。他临时起意，在花园里并不隐秘的角落云雨一场。这样的行为符合他们对自由和慵懒的理解。交欢过程中，她说自己最近怀孕了，让他不要行事太久。

　　二人正沉浸于纠缠之中。这时候，西门庆的另一个妾室金莲回来了，等他们完事之后才上前说话，言语里透着恼怒与嫉妒，问西门庆："我去了这半日，你做甚么？恰好还没曾梳头洗脸哩！"西门庆道："我等着丫头取那茉莉花肥皂来我洗脸。"金莲道："我不好说的，巴巴寻那肥皂洗脸，怪不得你的脸洗的比人家屁股还白！"此类的话说了一番过后，妇女们伺候着他洗了脸、梳了头。此后，她们又拿出月琴，为了他而边弹边唱，一中午的时间都是如此。然而，情敌怀孕，得了西门庆的青睐，金莲心生嫉妒，不肯表演。西门庆令丫头备酒，丫头立刻拿了过来，并拿来冰盆盛着"沉李浮瓜"。众人在凉爽的翡翠轩内放松、用餐、休息、等待，其间喝过了好几壶美酒，还有一盘盘珍馐入腹。这时候，妇人们又边弹月琴，边唱了起来。金莲这回还是例外，不肯参与。西门庆把红牙象板递给了另一个妾室和丫鬟，还有个丫鬟给她们扇扇子降温。西门庆懒洋洋地斜靠着一张凉椅，看着她们的表演，品味眼前的场景。金莲心中充满嫉妒与热烈的渴望，却俯身于一盆冰镇水果上，吃了起来。孟玉楼问她怎么就爱吃生冷的水果，她回答说自己没怀孕，不必怕什么不良后果。西门庆责备了她一句，她避而不答，反而打了个比方：老妈妈睡着吃干腊肉——是恁一丝儿一丝儿的。

夏日暴风突起，云来雾缭绕。一阵大雨骤来骤去，众人在翡翠轩里一直等到云收雨散。此处嵌入了一句诗，"翠竹红榴洗濯清"。雨后空气凉爽，众人又来了精神，时间向晚。经由愉悦感官的语言描写，花园里的场景欢快了起来。

妇人们又唱了一番，然后决定回房去了。西门庆却拉着金莲，不让她走。她那时候就愿意弹琴唱曲了，并且撩拨西门庆。两人就认认真真地开始了爱的前戏，互相调情，在花园里游走，以花朵取悦自己，然后停在了葡萄架下。读到此处，读者不得不仔细看各类食物，因为食物又让西门庆和潘金莲乐得分了神。或许由于读者在这里就不耐烦了，后来的版本删去了许多细节描写。但是，我们从早期的词话本发现，小说在对所列食物的描写上煞费苦心，详情俱在。有个丫鬟来到葡萄架下，拿来了一壶酒。另一个丫鬟也跟着来了，带来一个果盒，盒上是一碗冰湃果子。西门庆转身揭开盒盖，盒中八槅，有八样食物：糟鹅胗掌、一封书腊肉丝、木樨银鱼鲊、劈晒雏鸡脯翅儿、鲜莲子儿、新核桃穰儿、鲜菱角、鲜荸荠。这些食物让人联想到各种各样的颜色、质地、滋味，顿觉奢侈。果盒中央那一槅有个小巧而优雅的银色酒罐，其中装着葡萄酒，还有莲蓬金酒钟，两双象牙筷子。这些物件都放在一张陶瓷桌子上。两位主要人物相向而坐，边吃边继续玩游戏。由于他们在食物和玩闹方面都是行家，现场就没了匆忙而紧急的气氛。然而，金莲喝下的葡萄酒开始发挥作用了。金莲和西门庆让丫鬟去取凉席、枕头以及一罐特制的药酒。还没等药酒送来，这个臭名昭著的场面就开始了。丫鬟取来了特制酒，西门庆不仅与她共饮，还调情示爱。金莲这时候却动弹不得，双脚都绑在了葡萄架的柱子上。三人都在，而西门庆和丫鬟饮酒打赌，看看西门庆是否能赢得"金弹打银鹅"的游戏。所谓的"金弹"就是冰湃果子碗里的玉黄李子。西门庆赤身坐着，把这些李子扔向了裸体仰卧的金莲。无论是碗中的李子还是在游戏里派上用场的李子，最后都进了他们的肚子。西门庆和金莲又多饮了几杯，接着又是交欢，复饮数杯，小憩一番，一切又重来。待到傍晚天凉，他们才想起各自回房歇息。

这些并不是疯狂的纵欲生活，虽然唤起了激情，偶尔也有表现出体力旺盛的行为，但众人是在精心准备之后，悠闲地体验着味道、颜色、香气、温度、形式、行动带来的一切感官享受[37]。这些感觉缺一不可，尤其是吃吃喝喝之后产生的那些感觉，否则这个场景就失去了意义。由于这些食物极其特别，又高度个性化，具有各种特质，这一场景就变成了特殊事件，比充满奇思妙想的交欢前戏更加独特。此处出现的特定食物有独特的细节，虽然细节数量比不过许多其他场景，但若论食物在各种感觉产生过程里的作用，此处的证据最为充分。在当时的社会里，夏日炎炎还有闲工夫去调情的都是富人，大多数人不在此列。因此，这个场景是摆阔式消费，而且极尽精细、复杂高雅。这种纵欲小说绝不是中国文明独有，但具体到其中对饮食的使用方法，则不可能出现在其他任何文明之中。

注释

[1] 这个概念摘自傅礼初未出版的几篇论文。傅礼初提出了欧亚历史一体化的概念，并且认为，在 16 世纪的时候，原本各自独立的历史融合了。

　　费尔南·布罗代尔写有《十五世纪到十八世纪的物质文明、经济和资本主义》，第二章为"一日三餐的面包"，第三章为"奢侈和普通：饮食"。我第一次注意到这两章，要归功于威廉·S. 阿特韦尔博士。布罗代尔的研究主题是欧洲，但是考虑到他这本著作的时间跨度，我们要是将之与元明时期的著作对比，结果会比较有趣。他对中国不甚了解，同时受到了严重的误导，对亚洲总体情况的了解也是如此。即便是这样，他还试图将欧洲与"世界其他地方"进行种种对比；我认为，他值得信赖的地方是，他所展现的有关欧洲在那几个世纪的有趣材料。

[2] 何炳棣总结了他本人有关早熟稻历史的著名研究成果。他的解释是，中国各种稻谷的质量之所以改善，仅仅或者主要是因为从占城或者其他地方引进了超级品系的稻谷。珀金斯对此提出了质疑。他强调，中国农民实际上使用了本地品种，靠自身努力，使得稻谷品系不断改良。

[3] 1270 年，元代官方出版了《农桑辑要》。吴晗认为，这本书对于政府恢复经济有积极的影响。元朝除了有私人编纂的农业著作，也有官方支持的其他农业著作。也可参考天野元之助的说法。

[4] 对于元朝统治者忽视仪式礼仪的现象，晚明作家更觉得震惊。可参考陈邦瞻《元史纪事本末》第 9 卷和第 10 卷所附学者张溥的评论。他一方面说："元起沙漠，何足责也。"另一方面，他强调蒙古皇帝是天之子时，又评论道："天下之主不主天下之祭祀，而属之其臣，天其肯久享哉！"在《新元史·礼志》的序言里，晚清学者柯劭忞对元朝的批评更严厉。

[5] 1780 年编成的《历代职官表》是清代官修著作，专论政治机构。其中引用了宋代材料，说在北宋嘉祐年间，御厨每日宰杀 280 头羊。

[6] 和田清和他的同事在注释日文版《明史·食货志》时，已经注意到了酥油。在明初的时候，供给宫廷的酥油由 3,000 头牛提供，而这些牛只是宫中 70,000 头（后来变成 30,000 头）牛的一部分。这些牛用于提供祭祀用牛和一般的食用牛肉。15 世纪初，这些宫廷奶制品牧群的数量锐减，但是到了明末的时候，它们仍然在为奶油酥饼和饼类提供酥油。但是，和田清不论什么时候在明代文本里遇到酥油，都称之为黄油，这种做法很可能是错的。长期以来，酥油可以指任何动物脂肪，尤其是羊脂和牛脂。

[7] 也可参见篠田统。

[8] 篠田统认为，在元代，中国北方的羊肉食用量增加了。这个观点似乎仅仅是表面可信，因为篠田统并没有提供证据。羊酒，即"羊肉和酒"（有时候表示"活羊和酒"），是特定场合的标准仪式礼物，到汉代却变成了套话。各类字典都把《卢绾传》引作羊酒的经典用例。对于中国人饲养绵羊（或者山羊，这是羊用于泛指时的另一个意思）和食用羊肉的情况，很多人大概估计不足。部分原因是，不论过去与现在，中国人通常不在牧场上牧羊，而是在小羊圈里养羊，每户人养一两头。因此，中国大地上不怎么看得见羊。

[9] 除了这些特殊的税款，朝廷每年还会收到大量不同寻常的地方特产，名曰"岁进"，其中许多都是食品。其中一些特产的管理规定见于《大明会典》第 113 卷。然而，世上似乎没人制出明代地方贡品的完整清单；要想编制出这种清单，可以从地方志的记录里搜集资料，并且要极其仔细才行。《明史》第 12 卷只不过泛泛提到采购活动；有时候，《明史》日译版的注释对采购信息有所补充。

[10] 南京卫戍部队常常由宦官指挥，负责多种事务，而大运河的许多运输事务也由他们负责。此处只是节选了顾起元的叙述。他的叙述本身专门挑出例证，描绘了 16 世纪上半段的运输系统正常运作的情况。他写到这种情况时，已经是 17 世纪初了，大运河的运输系统已经大受滥用。

[11] 明代开国皇帝意识到了外朝和内朝的区别，虽然只是十分个人化的感觉，却对明代政府的历史有着相当重要的意义。这方面的情况却不见于《明太祖实录》洪武三年十二月甲子日的记录。礼部尚书陶凯推崇的，只有宋代的礼仪，别无其他。要建奉先殿之时，他的推荐语里有这么一句："祭祀用常馔，行家人礼。"

[12] "常供"按每天的安排提供，"鲜供"按每月的安排提供。这两种祭品的清单都不见于官方的法令之中。不过，后面这类清单的物件每月供奉于各种殿堂之中，它们还有更为常规的清单。这些清单见于许多礼制专著之中。孙承泽的《春明梦余录》第 18 卷也有个常供清单。此书成书于明亡之后不久，很可能在 1660 年左右。此书与姚士麟所列清单略有不同，主要是有些情况下所用特定食物用在了不同的场合。孙书在清单之后附上了讨论，讨论这些祭祀在晚明的历史及花费。

[13] 元代著名的浙江浦江郑氏家族，属于家族组织的极端形式，有诸多特点。其中之一就是，凡是遇到就餐或者其他家庭活动，丈夫一律与妻子分开，超过十六岁的男孩一律与各自的母亲和姊妹分开。郑氏族人坚守古已有之的家族形式，因而受人敬重，但是没人效仿他们的做法。可参见蓝德彰的博士论文《蒙古统治下的金华儒家学派（1279—1368）》。

[14] 沈榜的《宛署杂记》初版于 1593 年，写到了县级政府正式宴会的类型、食物与食物供应、花费情况，其中的细节信息丰富无比；比如乡试下马宴（"鹿鸣宴"）的详情。这本书描述的是宛平县政府的运作情况。宛平县是首都北京下属的两个县之一，因而与中国晚明时期的其他所有县比起来，县内活动可能并不典型。《大明会典》第 114 卷有跟为新科进士举办的恩荣宴相关的规定，规定不够详细，可与沈榜提供的信息比较一下。普林斯顿大学的詹姆斯·盖斯正在研究沈榜的这本书，正是他让我注意到了书中有关县级政府宴会的信息。

[15] 虽然这本小说运用文学手法，把故事情节的时代设定在前朝，但是所有作家都认为，其中的故事情节反映了晚明社会诸多方面的情况。

[16] 李约瑟及其合作者，尤其是医学领域的鲁桂珍博士，研究了中国医学。他们的《中国科学技术史》将会专辟一卷，以呈现他们的重要研究成果。在那一卷出现之前，食物与保健相关领域最为重要的出版物，要数李约瑟和鲁桂珍的几篇文章，尤其是重印于 1970 年的《中西方的文员和工匠》里的五篇文章（第 14 篇至第 18 篇）。我们之所以这么说，一方面是为了表示十分感激李约瑟和鲁桂珍，同时又保留了对某些事情采取不同解释的权利。李约瑟注重科学史相关发现本身的重要性；这位作者更注重的是，知识在中国人的生活里起什么作用，或者说人们视什么东西为知识。

[17] 留意一下《五行志》绪论里十分理智的语气，就可以把这种语气当作此类怀疑态度的一个例证。本文语境里的《五行志》绪论，主要指《明史》第 28 卷报告自然界诸多异相的部分。

[18] 《饮膳正要》不是汉族人的作品。富路特断定作者为蒙古人。《四库全书总目提要》采用了新的音译，暗示作者的身份要么是蒙古人，要么属于汉族之外的其他民族。尽管李约瑟写出了他的名字，写到了他本人的情况，好像他就是汉族人，但是他的民族身份并没有确定。鲁桂珍和李约瑟于 1951 年发表了一篇论文，声称："《饮膳正要》的作者，经由营养缺乏病研究，凭实验发现了维生素；或者说，借助《饮膳正要》所代表的药膳学，人们才凭实验发现了维生素。"篠田统综述了全书的内容，对我们很有用。语文学及其他方面的问题讨论，见于劳延煊于 1969 年发表的《〈饮膳正要〉里的非汉语名词诠释》，以及傅吾康于 1968 年发表的《明代史籍考》。

[19] 要了解贾铭的生平简介，可参见董谷《碧里杂存》。如果《明太祖实录》确实记录了贾铭与开国皇帝的会面，那我只能说没注意到。在薮内清和吉田光邦的书中有篠田统写的一条和《饮食须知》相关的简单笔记。

[20] 为了写成本文的这一部分，我使用了庞大的元明杂剧、小说、笔记、随笔，

着重分析了下列几种著作：《孤本元明杂剧》、《元刊杂剧三十种》、朱国祯的《涌幢小品》、冯梦龙的《古今小说》《警世通言》《醒世恒言》、谢肇淛的《五杂组》、顾起元的《客座赘语》。 我也查阅了《水浒传》《金瓶梅》以及《明人杂剧选》。我在这里要感谢陈效兰对我的帮助和指导。她在元明娱乐文学方面的知识十分广博。

[21] 要想了解晚明时期的福建顶级美食，可参见谢肇淛《五杂组》。

[22] 也见于《孤本元明杂剧》第 12 个的开篇场景；尤其见于第 110 个，因为这个杂剧的中心主题就是农村的快乐之处以及农村的饮食。要了解关汉卿的生活作品，可参见时钟雯于 1973 年发表的《〈窦娥冤〉之研究及翻译》，及 1976 发表的《中国杂剧的黄金时代：元杂剧》。

[23] 依凌濛初的叙述，某高官有客来访，也是做官的，其高官之妻亲自下厨办宴席。这个故事却未因此而讲得同样精彩。其背景按惯例设定在唐朝，我们却可以认为这个故事反映了明朝的社会状况。

[24] 与《孤本元明杂剧》的《降桑椹》里那个狡诈的、欺骗了无赖的主人的厨子作比较。

[25] 薮内清 1967 所编《宋代的科学技术史》，薮内清和吉田光邦 1970 年所编《明清时代的科学技术史》，都收录了篠田统的研究成果。那些成果都极其有用。他与田中静一编撰的《中国食经丛书》，我还没有读到。

[26] 要了解妖怪的宴会，可参见冯梦龙《古今小说》第 34 卷。瞿佑《剪灯新话》（1957）第 90—91 页有神仙的食物，可以拿来跟妖怪的宴会对比一下。其中的"天厨"是星官名，其位置靠近"紫微宫"——是星座世界的关键组成部分，因而与地球上的世界相匹配。

[27] 可与《水浒传》第 3 回和第 4 回对比。

[28] 也可参见《孤本元明杂剧》以及凌濛初《二刻拍案惊奇》。但是要注意冯梦龙《警世通言》第 15 卷引子里的故事。故事里有个道士爱吃狗肉，吃饱之后就变得和善起来。

[29] 也可以注意冯梦龙《喻世明言》的"人肉馒头"。

[30] 可与简陋的开封饭店对比，其中供应的食物非常美味（冯梦龙《二刻拍案惊奇》第 11 卷）。

[31] 何炳棣的著作《中国会馆史论》是为会馆书写历史的首次尝试。他提议把"会馆"译作 Landsmannschaften。

[32] 牟复礼让我们注意到，16 世纪出现了旅游指南这类书，以及普林斯顿大学葛思德东方研究图书馆有几本稀见的旅游指南。

[33] 证据数量庞大，无法详细征引。《水浒传》和《金瓶梅》都有几十个相关的段落。

也可参见凌濛初《二刻拍案惊奇》、冯梦龙《警世通言》第 5 卷以及第 28 卷。

[34]　16 世纪上层阶级的生活日渐奢华，但是现在收集的相关证据还不全面。相关的证据包括朱国祯的《涌幢小品·酒禁》、谢肇淛的《五杂组》、吴晗的《晚明仕宦阶级的生活》（1935）。高佩罗在《秘戏图考》中也注意到，16 世纪晚期，有大量著作专注于从感官享受的角度来欣赏所有文明的高雅之处，尤其是对食物的欣赏。

[35]　此处虽然对这本小说有种种评价，却无意于评价它的文学价值，或者在文学史上的地位；要了解这方面的评价，可参见夏志清在《中国古典小说》里发表的看法，以及韩南分别于《中国长篇小说的里程碑》《〈金瓶梅〉的版本》《〈金瓶梅〉探源》之中发表的看法。

[36]　要理解这一点，也就是这本书的第一个而且是至关重要的特点，读者们应该优先研究这本书现存两个明代修订版本之中较早的一个版本（不幸的是，艾支顿的译本虽然精彩，底本却不是这个较早的版本）。

[37]　艾支顿的《金瓶梅》译本翻译了较晚版本里对应的几页，而那几页删除了许多细节。

[38]　要看大型宴会的食物和礼节的完整描述，可参看《金瓶梅》第 43 回的描述。在这一回里，西门庆家的妇人在定亲时，为另一家的妇人举办了一场宴会。要了解各种花哨食物详细描述，可参见第 42 回及文中其他各处。篠田统所写《近世食经考》，从饮食史的角度对《金瓶梅》的食物进行了宏观讨论。

第六章　清代

史景迁

撰写此篇论文的过程中，谢正光对我有诸多帮助，特此感谢。

主食

嘉庆年间，管同写了一篇古怪而令人生畏的短文，里面提到了一个叫"饿乡"的地方。这片土地不长谷物，不生动物，没有鱼，也没有水果。去往饿乡的旅途很恐怖，但是勇敢之人要是坚持不懈，也能在十天之内到达。他们到达之后就会发现"豁然开朗，如别有天地。省经营，绝思虑"。那里是饿死之人的归宿，而对管同来说，如果只有绝食自杀才能守正，那到达饿乡一事本身也有道德价值。然而，无论是在清代，还是清代前后，对许多中国人来说，"饿乡"都是一个残酷的现实，是无法选择去与不去的。虽然本文谈论的是饮食和进食，但除非我们意识到饥荒或有饥荒威胁存在的残酷背景，否则我们就无法公正地探究这一话题。正因为有闹饥荒的风险，农业的处境才如此紧迫，用餐才有如此大的乐趣。从各个地方志反复出现的"是年，人相食"一说，我们就可以发现当时的艰难，即便这更多地是在隐喻。若要了解那种困苦，还可以看西方观察家煞费苦心记录下的饥饿者的饮食：树叶磨成的粉、锯木屑、蓟、棉籽、花生壳、浮石粉。

　　说完这些，我们可以把目光转向清代穷人，看他们一般都吃得上什么主食。这些食物已经被人仔细整理过，放进了卷帙浩繁的地方志中，令人印象深刻。这种数据的来源多种多样，范围与质量都各不相同，有待营养学家、经济学家、社会史学家系统分析。然而，看一眼富庶地区的省志，比如 1737 年（清代处于安定和繁荣时期）编成的《江南通志》（如今安徽省和江苏省的省志），我们就能发现当时的资源的丰富度。原文依次列出了麦、稻、菽、黍、稷、麻，以及它们各自的黏性品种（糯稻）、非黏品种（籼稻）和晚熟品种（晚稻），还列出了每个品种里的不同品系。同样在覆盖全省的介绍部分，有许多食物条目，都按当时食物细分的传统类别呈现：有蔬之品、果之品、竹之属、草之属、花之品和药之品，还有动物制品，分为有羽毛的禽之属和四足类兽之属的，接下来还有鳞介之属（鱼类）、鱻介之属（甲壳类）和虫之属。这个部分之后有长达 33 页的内容，罗列了各府县的特产。

　　府志包含的信息同样丰富。在 1696 年编撰的《云南府志》中，虽有与《江南通志》相似的大类，但又按照云南的十一个县和州进行了细分，以便于了解某一地区的某一特产。我们会发现昆明县显然最繁华，产茶、纺织品和矿物制品，但昆明下辖的区域也各具特色：富民产草纸，罗次产麻，呈贡产曲，昆阳产蜜和冬瓜，禄丰产醋。云南所有地方都有一个共同的缺憾——没有一地列出过有尾动物，羊、牛、狗或者猪，无论多寡都没有列出。

　　为对比府这一级别的情况，我们可以看 1754 年编成的《福州府志》。该书细节丰富，却没有按地区分类。食物类别从 10 种变成了 20 种，篇幅长达 49 页，多出来的类别是比《云南府志》更专门化的分类，而这些也让我们对当地饮食习惯有了更多了解。有瓜之属（蓏），其中有甜瓜、黄瓜、壶庐、芋瓠等的完整叙述，竹之属和藤之属也是如此。鳞之属和介之属分开介绍，而杂植之属和草之属也被从宽泛的木之属中分出来。举例而言，杂植之属下有茶和烟草。按注释里的说法，烟草于万历年间传入中国，名曰"淡巴菰"，如今生长于福州周围。这种突然把外来植物的名字插入满是中国名称的清单中的做法，也见于蔬之品的部分，其中有一页专门评介番薯。按评介的说法，番薯在明朝万历甲午年（1594）的荒年因巡抚金学曾而在福建广为人知。金学曾意在教会当地人种植这种作物，好让他们在遇到旱灾时也能吃上饭，而不会因常规谷物歉收而遭殃。然而，他这一行为的后果，远远不止赈济地方上的饥荒。按照《福州府志》的评介所述，不仅是因为这种植物用途很多元，可以煮熟了吃、磨粉吃、发酵了再吃，可以给耄耆、童孺吃，也可给鸡和狗吃，还因为它可以在一般植物难以生根的沙岗、瘠卤之地生长。

即便是体量最小的县志，也会为我们带来膳食方面的信息，要么是直接写明的，要么是与其他县对比而得出的。在山东南部贫苦县郯城1673年编订的《郯城县志》里，与当地物产有关的内容只有两页，既没有讨论各种品系，也完全不涉及食物加工。然而，在这份材料里，有两处引人联想：第一，其中没有列出任何役畜或者家畜，提到的四足动物只有兔、两种鹿、狐狸和狼；第二，其中内容最多的一节是关于药用植物的，总共列出了36种。在郯城县1764年的县志里，食物所占篇幅不比1673年县志里的食物多，但是鹿、狼、狐狸不见了，取而代之的是羊、牛、骡、马、猪。列出的药用植物削减到了19种。即便我们没有确凿的证据证明，这是因为清初的瘟疫和战争激励人们拼命寻找治疗方法的情况在这时候已经有所缓解，但可食用动物种群的变化的确也标志着此时人们的生活方式已经发生了剧变。[1]

尽管新引进的西方农作物在中国的历史可追溯至晚明，但是到了清代，人们才感受到它们带来的革命性影响。这些新引入的植物之所以极其重要，并不是因为它们为穷人和富人带来了新的食物品种（尽管情况的确如此），而是因为它们使得已经达到传统资源承载极限的人口能够继续扩张。清代的人口大爆炸——从 18 世纪头十年的大约1.5 亿人，增长到 19 世纪中期的大约 4.5 亿人——十分引人注目，必然影响了地方生活的方方面面，尽管到现在为止，学者们还没办法完全重构出人口大爆炸的具体影响。在研究中国人口的过程中，何炳棣在这些新来农作物所产生的影响方面有了重大发现。他已经证明玉米、番薯、土豆、花生是如何在清代成了中国的基本农作物，以及它们的传播故事如何与中国的土地开垦过程交织在一起。

到了 18 世纪初期，番薯已经成为东南沿海各省贫民的主食。皇帝下诏，鼓励人们多种番薯，而且番薯还在向西、向北传播。按何炳棣的估计，到 18 世纪末，"在困难的山东沿海地区，穷人常常有半年时间都在吃番薯"。清初，玉米不仅变革了云南、贵州和四川的农业，而且发挥了另一个关键作用。长江三角洲地区人口过剩，人们迁徙到长江内陆的各省，开垦山区，迁徙到汉水流域的陕西和湖北，开垦地势高的地方，而这种人口迁移之所以可能，关键也在于番薯。同样是在这些区域，到了清代中期，农民在原本过于贫瘠而种不了玉米的土地上得以靠种土豆来谋生。花生带来的变化没有那么剧烈，但是何炳棣发现变化仍然广泛存在："在最后三个世纪的每个阶段，花生都在逐步引发沙土利用方面的大变革，长江下游、黄河下游、东南沿海尤其是福建和广东沿海，以及内陆的河流和溪流，都经历了这种大变革。"即便是在某些大米产区拥挤的农作物栽培系统中，花生通常也是轮种植物之一，因为农民虽然不知道花生的根瘤可固定氮气，却凭经验发现根瘤有助于保持土壤的肥力。尽管我们没法获取精确的数字，但是按何炳棣的估计，从晚明到 1930 年代，大米在全国食物产量里的比例下降了一半左右，从大约占 70%，降到了占 36%。大麦、粟米和高粱的占比也大幅下降。不论是想利用地方志，还是用专门的人口研究成果，来重建各地穷人的饮食习惯，皆非易事，而且具体的材料比较罕见。所幸，世上有些像李化楠那样的观察者。1750
年代，他在浙江（秀水县和余姚县）任知县。他对地方饮食感兴趣，
因公出差之时常常询问当地人，并记下询问所得[2]。他对食物分类
时没有遵照地方史对食物的排序习惯，不过打头的依然是基本的谷
物和豆类。在谷物和豆类之后，他把目光依次投向了猪肉制品、禽类、
野味、鱼类、蛋类、牛乳、豆腐乳、甜品、满洲饽饽、饽饽、米粉
菜包、番薯、香菰、酱瓜、红甜姜、梅子以及蒜头、萝卜之类的各
种蔬菜，还有落花生、芥菜以及枣子。如此繁多的食物之中，并没
有哪个是中心主题。然而，李化楠必定对食物的保存过程非常感兴
趣，对事物的味道、品种方面的问题则不然。我们可以冒险地说一
句，这种兴趣是受了当地现实状况的影响。如果食物与季节严格挂钩，
且供应不足，储藏食物之前的正确处理和制作就至关重要了。举例
来说，李化楠说到豆类调味酱或者谷物类调味酱时，对于如何用芥
籽或者川椒防虫，制作人的清洁，做酱用水的清洁，在大晴天或者
阴雨天打开、密封储酱容器要遵循的节奏，都进行了细致的说明[3]。
储存蛋类之时，其小心程度与此相似：蛋应置于坛子之中，大头朝上，
每个蛋都要裹上一层泥，而泥的成分得是 60%—70% 的芦草灰或者
木炭灰，30%—40% 的土，还要加上酒和盐。和泥切不可用水，否
则蛋白会变得过于坚实。这些指示之后是一些简单的菜谱：做白煮
蛋之法，做乳蛋之法，杏仁磨粉加糖佐蛋之法，一夜之间用擦净的
猪尿胞制蛋（鸡蛋、鸭蛋或者鹅蛋都行）之法。

最后这份菜谱足以证明，李化楠在列举猪的所有烹饪法时一丝不
苟。另外，菜谱也明显反映出当地人注重的是什么，因为如果一个人
每天挣一百文钱，而一斤猪肉大概要花五十文钱，猪肉的价格就显得
贵了。农民们在猪肉风干擦盐之前，还会把桶中的猪肉压紧（每五天
翻一次，以翻满一个月为止）；有办法把切成条片的猪肉压紧；有办

法从开水里提取猪的白肉，然后用豆酱腌制；[1] 猪板油在鸡蛋黄里滚过一番，就成了猪板油丸；猪脚可与香蕈一起炖；各种菜谱里都可以用猪肠；老猪肉通过反复煮沸，然后在冷水中浸泡，可使其软化得以食用。李化楠观察到，保存剩余猪肉也有别的方法（也可用于保存剩余的鸡肉）：把肉切成条，剖开，抹盐；把蒜头捣烂，挤入肉中，再把肉浸泡于米醋之中。然后将肉铺排于竹片十字架（如果农民家有铁丝十字架，也可将肉铺排其上）上熏，熏好了再放入洁净的坛子里，密封起来。李化楠也描述了新型农作物，就像番薯和落花生之类。不过，他虽然挑出了这些新型农作物，却无意引起人们的注意。他提到，番薯去皮之后，再蒸熟，过米筛以去掉须根，然后做成薯条，或者印成番薯糕再晒干；落花生可用水煮熟，再加盐煮沸，然后留置于盐水中储存，或者沥干盐水，再置于盐菜卤内储存。

尽管有关地方食物的描述如此详细，购买食物和食用行为的关联仍然难以理清。食物一直存在两个变量——不同食物的价格以及买家手头有多少钱。各地情况当然大不相同，而且价格本身有波动，所以不管怎么归纳二者的关系，都十分困难。所幸，我们至少有一份详细的清初资料可用。有了这份资料，就有了大量食物的价格——这就是《光禄寺则例》有关"支用"的部分。这些价格定于 18 世纪初期，代表了对之前价格的修正，因为明末清初的人有肆意挥霍的习惯，或者由于当时物资匮乏而抬高了物价。这些价格适用于北京，大概也代表了高质量商品的价格。我们有了这些价格，至少就有了比较各类主食价格的基础。对于任何有根有据的清代食物调查来说，这种基础都是必不可少的（参见表 1）。

---

1 《醒园录》的"酱肉法"作："猪肉用白水煮熟，去白肉并油丝，务令净尽，取纯精即全部瘦肉的，切作方块子，腌入好豆酱内晒之。"原文中，豆酱用于腌纯瘦肉，而不是腌肥肉（白肉）。

表 1 各种食物的价格

食物	折合成银子的价格	单位
大米	1 两 3 钱	石
小米	1 两 5 分	石
小麦	1 两 2 钱	石
白豆	1 两 1 钱	石
红小豆	8 钱	石
猪	2 两 5 钱	口
羊	1 两 4 钱 3 分	只
鹅	5 钱 2 分	只
鸭	3 钱 6 分	只
鸡	1 钱 2 分	只
水鸭	6 分	只
鹌鹑	2 分 5 厘	只
鸡蛋	3 厘 5 毫	个
猪肉	5 分	斤
羊肉	6 分	斤
鲍鱼	3 钱	斤
鹿筋	1 钱 2 分	斤
猪蹄	2 分 8 厘	斤
猪肝	2 分 7 厘	斤
猪尿胞	1 分 9 厘	斤
猪肠	6 厘	
橙子	5 分	个
苹果	3 分	斤
桃	2 分	斤
梨	1 分 5 厘	斤
柿	8 厘	个
槟子	5 厘	斤

注：假定 1 两等于 1000 厘（铜钱）。

（续表）

食物	折合成银子的价格	单位
核桃	1厘	个
杏子	3厘	斤
李子	3厘	斤
荔枝	1钱	斤
干葡萄	8分	斤
鲜葡萄	6分	斤
樱桃	6分	斤
鲜藕	2分	斤
瓜子	4分	斤
牛乳	5分	斤
酥油	1钱8分	斤
白糖	1钱	斤
海带菜	1钱	斤
红蜜	8分	斤
腌姜	7分	斤
鲜姜	4分6厘	斤
腌菜	3分	斤
腌黄瓜	2分5厘	斤
豆粉	2分5厘	斤
小米酒	2分1厘	斤
土碱	2分	斤
黄豆	1分2厘	斤
醋	8厘	斤
豆腐	6厘	斤

译者注:核对信息出处《光禄寺则例》第五十九卷,此表似有含混、错讹处:①猪肠:似为"猪胆"之误,原文记"猪胆每个6厘",猪肠则分大小肠,"猪大肠每根2分8厘,猪小肠每根1分9厘";②梨:黄梨、波梨的价格为每斤1分5厘,但堂梨、红梨则是每斤1分3厘;③酥油:此表所列价格基本是定价,唯酥油是时价。原文作"酥油每斤时价1钱8分,酌减3分6厘,定价1钱4分4厘";④腌菜:原文作"腌菜每斤定价4厘",而每斤3分是酱菜的价格;⑤腌黄瓜:原文作"腌黄瓜每斤定价3分",而非2分5厘。

要佐证这一连串数字，可以使用 18 世纪晚期一位来访者的评论。1793 年，马戛尔尼勋爵出使中国。在出使日记的注释里，他以铜钱为单位，给出了各种食物的价格：每磅羊肉或者猪肉，50 文；每只鹅，500 文；鸡肉，100 文；1 磅盐，35 文；1 磅大米，24 文。他凭自己的观察结果推测，一个中国农民每天有 50 枚铜钱就能生存；为他当向导的船夫每天挣 80 枚铜钱；中国步卒每月挣 1600 文钱、10 斗大米（每斗米值 130 文钱），因此，他们的工资接近每天 100 文钱。1850 年代，福钦核查中国本地采茶人的工资，发现他们每天挣 150 文钱，其中约有三分之一是现钱，三分之二是等值的食物。他认为，中国最贫穷的阶层虽然吃得简单，"但是就烹饪艺术来说，却比英国国内的同等阶级了解得多"。福钦拿他们的饮食和家乡苏格兰的饮食对比，发现他们的饮食更占优势。在苏格兰，"帮人收庄稼的劳工早餐吃稀饭和牛奶，午餐是面包和啤酒，晚餐又吃稀饭和牛奶"。

就算穷人的饮食数量充足，其饮食的多样性问题还是不甚清楚。晚清时，玛高温发现，华北的苦力一天三顿都吃番薯，每天如此，全年如此，唯一的变化是吃一点点腌大头菜、豆腐、酸豆角。孟天培和甘博分析了某个晚清人的账本，分析过程比玛高温复杂得多，所发现的饮食变化也相对较少。然而，他们就北京劳动阶层的几样主食，提供了价格波动的一些准确情况（参见表 2、表 3、表 4。表中的价格是按银圆计算的，兑换率是 1 银圆等于 0.72 两银子）。从其他计算结果来看，从晚清到民国军阀割据初期，物价相对上涨了（参见表 5）。

表 2 面粉和谷物的价格   每年的平均价格（折合为每 100 斤的银圆价格）

年份	小麦粉均价	批发小麦均价	小米面均价	老米均价	豆粉均价	零售小米均价	批发小米均价	玉米粉均价
1900	6.41	——	3.90	6.32	5.55	4.45	——	3.06
1901	5.76	3.71	3.29	4.27	5.26	3.62	2.70	2.14
1902	5.52	3.75	3.84	5.37	5.17	4.00	3.40	2.92
1903	5.77	3.87	4.36	6.01	5.38	4.56	3.74	3.48
1904	5.29	3.33	3.90	5.52	5.08	4.35	3.39	3.11
1905	4.88	3.39	3.80	5.35	4.84	4.25	——	2.87
1906	5.71	3.90	4.08	5.80	5.05	4.50	3.47	3.24
1907	6.32	4.50	4.25	6.25	4.95	4.90	——	3.13
1908	5.75	3.91	4.36	6.11	5.07	5.01	3.57	3.65
1909	5.85	3.98	4.32	6.08	5.29	4.98	3.35	3.25
1910	5.94	4.21	4.26	6.53	5.58	5.01	3.73	3.48
1911	6.77	4.88	4.90	7.33	5.97	5.56	4.34	3.74
1912	6.10	4.37	5.10	7.40	6.60	5.91	4.66	3.97

表 3 猪肉和羊肉的价格   （折合为每 100 斤的银圆价格）

年份	猪肉均价	猪肉最高价	羊肉最低价	羊肉均价
1900	9.45	16.20	11.10	14.00
1901	8.75	18.40	12.30	15.30
1902	10.10	13.80	8.70	10.00
1903	10.40	15.60	8.90	11.30
1904	10.80	——	——	——
1905	10.70	16.00	12.80	14.60
1906	10.70	15.90	11.60	13.80
1907	11.40	18.10	9.80	14.80
1908	11.40	14.10	11.10	12.50
1909	10.80	13.10	8.50	10.50
1910	11.40	13.30	9.00	11.00
1911	11.40	19.40	10.80	14.63
1912	11.20	19.50	9.80	13.10

表 4 油、盐、咸菜的价格   （折合成每 100 斤的银圆价格）

年份	香油均价	花生油均价	盐均价	腌萝卜均价
1902	16.00	13.2	2.98	1.11
1903	16.70	13.3	2.98	1.25
1904	16.40	13.60	2.98	1.11
1905	17.40	13.85	2.98	1.25
1906	16.95	13.2	3.62	1.11
1907	18.09	13.85	3.62	1.25
1908	17.50	13.6	3.62	1.25
1909	17.22	13.3	4.45	1.39
1910	18.09	13.6	4.45	1.25
1911	18.75	13.85	4.45	1.39
1912	18.09	15.25	4.17	2.08

表 5　增长率

食物	1900—1924 年（%）	1913—1924 年（%）
小麦粉	42	49
豆粉和小米粉	87	11
玉米粉	102	59
大米	14	53
小米	58	17
黑豆	150[b]	47
绿豆	122[a]	44
豆粉	40[a]	17
猪肉	101	62
羊肉	14	3
香油	44[c]	18
花生油	44[c]	
盐	56[c]	7
腌萝卜	109[c]	4
酒	31[c]	31
酱油	40[c]	44
豆豉	37[a]	24
醋	150[c]	118
棉布	160	51
煤球	16	37
指数	80	44
铜圆兑换	264	106
铜圆工资		
大工	258[a]	80
小工	232[a]	100
银圆工资		
大工	61	48
小工	27	34
实际工资		
大工	-2	17
小工	-17	8

注："a"指此数据的时间跨度为 1900 年至 1924 年年中，"b"指此数据的时间跨度为 1901 年
至 1924 年，"c"指此数据的时间跨度为 1902 年至 1924 年，"-"指负增长。

同样是这群调查者，还发现了别的东西。其中之一就是，在政局动荡时期，每月物价可能会极度动荡。以白面为例，1900 年 1 月的价格是每 100 斤 5.84 银圆，5 月的价格是 5.15 银圆，到了 9 月，价格成了 8.33 银圆，到了 12 月，价格成了 6.94 银圆，而 1901 年 7 月的价格又回落到了 5.53 银圆。即便有这样的价格，清朝劳动者个体面对的饮食价格，仍然没有准确的数字——最接近准确数字的数据，得之于陶履恭的研究。他研究了北京的穷人家庭。在大部分家庭里，丈夫当黄包车夫，而妻子帮人缝补衣物、制作假花，以贴补家庭收入。虽然这些家庭生活在 1920 年代，不过，他们消费的食物清单很可能仍然反映了清朝的情况。陶履恭发现，每个家庭采购的食物都在一个范围内，也就是谷物、小米粉、人工磨的小麦粉、粗糙的玉米粉。其他的主要食物是白菜、芝麻油、盐、黄酱和醋。只有一种肉是所有人都买的——羊肉。90% 以上的家庭都会买这些食物：白米、荞麦面、腌水咯哒、白薯、黄豆芽、蒜、韭菜、芝麻酱、虾米。89.6% 的家庭买了花生。按百分比来分类的话，工人的食物花销中，80% 用于米面类食物，9.1% 用于菜蔬类食物，6.7% 用于调和类食物，3.2% 用于肉类，只有 1% 用于零食以及水果。不过，在同时期的上海，面粉厂工人的花销花样更多。他们挣的钱有 53.2% 花在了米面类食物上，18.5% 花在了豆类和蔬菜制品上，1.9% 花在了水果上。尽管这些饮食都是生存所必需的，但是，其他生活花销也因此没有多少富余的空间。接受调查的 230 个上海家庭，在厕所配件上的花费只占收入的 0.3%，在消遣上的花费占 0.3%，在教育上的花费占 0.2%。清代农村的生活水平很可能经常比城市高。由于地方上按季节 [4] 举行宗教活动，娱乐和饮食也有可能因之变得多种多样。不过，约翰·巴罗于嘉庆年间造访中国并断言，虽然中国有各式各样的食物，但是那些食物体现的贫富差距，比世界上的任何其他国家都大。我们如果要驳斥这种说法，很有可能找不出多少理由。

美食家

　　清代农村土地贫瘠，赖之谋生的人口却在飙升，再加上西方势力的扩张引发了严重的混乱，农村原本的穷困和饥荒因此更加严重。显而易见，这就是清代诸多叛乱的根本原因。同时，贵族阶层之间又有一种文化自豪感——他们所传承的历史悠非常久而变化多端，积淀丰富。他们把烹饪艺术当作正经事，当作精神生活的一部分。饮食有饮食之道，恰如行为有行为之道，文学创作有文学创作之道。饮食变换着各种面目，成了清代作家笔下的主题。他们往往只是重温或者简论过去的各种食谱集。不过，诸如李渔、张英、余怀、吴敬梓、沈复、袁枚之类的作家——皆为清代文化史上的重要人物——对食物的观点让人信服，而且有效地表达了出来。

　　要想进入美食家感受到的世界，可以参看吴敬梓的《儒林外史》。这本小说写于乾隆年间，不仅仅从食欲和食物观的角度来勾画各种人物，还表达了"吃什么就是什么样的人"的观点。以周进和王惠为例，原文用了简洁明了的一段话，就完美体现了他们的性格：

> 　　彼此说着闲话。掌上灯烛，管家捧上酒饭，鸡、鱼、鸭翅膀、肉，堆满春台。王举人也不让周进，自己坐着吃了，收下碗去。落后和尚送出周进的饭来，一碟老菜叶，一壶热水。周进也吃了。叫了安置，各自歇宿。次早，天色已晴，王举人起来洗了脸，穿好衣服，拱一拱手，上船去了。撒了一地的鸡骨头、鸭翅膀、鱼刺、瓜子壳，周进昏头昏脑扫了一早晨。

　　这么简简单单地对比正直与贪婪，要是深入下去，可以变成纯粹的嘲弄。文中论及盐商——往往是文人嘲弄的对象——想找某种"雪虾蟆"，从而结束本已完美的一顿饭之时，作者称他们言语严肃。这种论述就是在嘲弄盐商。装模作样的鲁家举行婚宴的场面，就是这种嘲弄的另一种表现。在这个非比寻常的场面里，起先出现了一只老鼠，从梁上掉进了燕窝汤里。之后，厨师朝一只狗踢了一脚，而自己的鞋子同时飞了一只出去，端端正正地落到了一盘猪肉馅烧麦和一盘鹅油白糖馅蒸饺上。这顿饭算是完完全全搞砸了。这显然表达了作者对于社会的某种观点。

这种文学描写展现了知识分子文化的一个方面，而美食家的生活正与这种文化密不可分。清代有众多学者对食物感兴趣，也对烹制食物的原则感兴趣。袁枚就是那样的学者，而且很可能是最为活跃的，说出来的话也最能服人。他为自己的食谱《随园食单》写了十多页的序言，全是对同时代人的告诫和警告，他称之为烹饪须知，是每个欲烹饪成功之人不可忽视的，其中的信息似乎既面向厨师，也面向那些对食物很敏感的读者。第一要义是要懂得特定食物的自然特性：猪肉宜皮薄，不可腥臊；鸡宜骟嫩，不可老稚；鲫鱼以白肚而扁身为佳。寻觅理想食材的结果是，"大抵一席佳肴，司厨之功居其六，买办之功居其四"。作料的选择也同等重要，酱、油、酒、醋，都各有特点与缺陷。写到此处，袁枚并没有转而说些笼统的话，而是提出了具体的建议（大概是针对南京地区的物产而提的，因为18世纪中期，他正住在南京地区）。用油的话，要选上等的苏州秋油；用醋的话，要谨防那些颜色甚佳，味道却不够浓的，因为它们失去了醋的"本旨"。镇江醋就为这种缺点所苦，江苏板浦醋必定是最好的，浙江浦口醋次之。食物的清洗和处理也很重要：燕窝显然要去毛，海参去泥，鱼翅去沙，肉要剔筋瓣，鹿筋去臊，鱼胆要小心处理，以防胆破而全盘皆苦。

说完这些之后，袁枚开始思考一些基本问题，也就是具体到一顿饭来说，如何让各种要素保持均衡。添加调料之时，要严格按照食物的本性，区别对待，不可含含糊糊。重点是独用和兼用，涉及酒与水、盐与酱；另一个重点是，凡一物烹成，必需辅佐，要使清者配清，浓者配浓，柔者配柔，刚者配刚。举例来说，置蟹粉于燕窝之中，放百合于鸡肉、猪肉之中，皆是愚蠢之行。味道过于浓重的食物，如鳗、鳖、蟹、鲥、牛肉、羊肉之类，皆宜独食。

开头的这几个部分展现了美食家的总体饮食观念。在"戒单"里，袁枚写了好几页，举出了两件个人亲历的趣事，说明他认为什么是极差的食物：

> 极名厨之心力，一日之中，所作好菜不过四五味耳，尚难拿准，况拉杂横陈乎？就使帮助多人，亦各有意见，全无纪律，愈多愈坏。余尝过一商家，上菜三撤席，点心十六道，共算食品将至四十余种。主人自觉欣欣得意，而我散席还家，仍煮粥充饥。可想见其席之丰而不洁矣。

> 余尝谓鸡、猪、鱼、鸭，豪杰之士也，各有本味，自成一家。海参、燕窝，庸陋之人也，全无性情，寄人篱下。尝见某太守宴客，大碗如缸，白煮燕窝四两，丝毫无味，人争夸之。余笑曰："我辈来吃燕窝，非来贩燕窝也。"可贩不可吃，虽多奚为？若徒夸体面，不如碗中竟放明珠百粒，则价值万金矣。其如吃不得何？

在"须知单"里，有一类明显是面向厨师的，如火候须知、器具须知、洁净须知。他把火分为两种基本类型，煎炒用的武火、煨煮用的文火。蚶蛤、鸡蛋、鸡肉、鲜鱼，各有适宜的火候。厨师须掌握好火候。不许屡开锅盖以验食物之嫩与不嫩，屡开锅盖，则食物多沫而少香，而且会失去味道。"明明鲜鱼，而使之不鲜，可恨已极。"另外，味太浓重者，宜分罐而烹之。有些人以一罐而共烹鸡、鸭、猪、鹅，结果便是各自之味合为一体，彼此不分，"味同嚼蜡。吾恐鸡、猪、鹅、鸭有灵，必到枉死城中告状矣"。这些原则同样适用于其他厨具：切葱之刀，不可以切笋；捣椒之臼，不可以捣粉。亦不可用不洁之抹布、不净之砧板，因其气味会残留于食物之上。良厨须多磨刀、多换布、多刮板、多洗手。至于口吸之烟灰、灶上之蝇蚁、锅上之烟煤、头上之汗汁，皆须远离食物，以免玷入其中之险。

在这本食谱的某个地方，袁枚批评了李渔这位清初作家，说他有个烹饪方法"矫揉造作"。[1] 既然李渔高名在外，且相当有文学影响力，那么，这种批评所反映的就不仅仅是美食家为琐事而打嘴仗。袁枚反对李渔，似在反对把过分的粗俗与奇异古怪的做法相结合，因为有了这种结合，李渔实际是在乱用正经的食材，违背了袁枚的基本原则。李渔虽不是素食主义者，却在《闲情偶寄》里批评吃肉之人，说"肉食者鄙"而且浪费食物。他推荐肉食之时，以动物的特性为推荐原则（换作袁枚，他可能会按肉味与肉质来推荐）。李渔不想讨论食用牛、犬之事，因牛与犬是人类的朋友。他之所以尊重鸡，是因为鸡在清晨打鸣。至于鹅，吃就行，不用犹豫，因为鹅于人无用。鱼与虾也可以放心吃，因为鱼与虾产卵甚多[5]。李渔也拒绝吃葱和蒜，因其让人口臭。他只吃韭菜初发之芽。他所要推荐的不是这三样里的任何一样，而是杜松子，因为杜松子更为稀罕和芳香。他之所以拒绝吃萝卜，是因为吃了萝卜就会打嗝，打嗝的暖气必属秽气。不过，他能接受芥辣汁，因为芥辣汁能让困倦之人活跃起来，吃了芥辣汁就像"遇正人"。为了做成最好的饭，李渔会授意小妇集蔷薇、香橼、桂花，酿成花露，待饭初熟则浇于其中。李渔认为玫瑰之露香气过浓，不在推荐之列。在自己的面条配方里，他专注于一些清淡而纯粹的味道。他这种时候的表现，比之某些过于讲究优雅的时候，似乎更加接近袁枚。但对于面条，他同样追求极度纯粹的味道。他的烹饪之法讲究面汤要清，只在水中加少许酱油或醋，然后浇于面条之上。面条本身事先加了少许芝麻和

---

1 《随园食单》之"戒单"的"戒穿凿"："他如《遵生八笺》之秋藤饼，李笠翁之玉兰糕，都是矫揉造作，以杞柳为杯棬，全失大方。"

竹笋，还加了香蕈汁和虾汁来调味。

有位现代美食评论家认为，"李渔可能有几分装腔作势"。可以肯定的是，李渔在饮食上有道德偏见，有过分优雅的讲究，并任凭它们妨碍自己追求浓烈的风味。他也承认了自己喜欢的烹饪法则（"五香膳己，八珍饷客"），而这种法则恰好惹怒了袁枚。袁枚认为，如此苛刻的用餐模式只宜用于罕见的场合，犹如五韵八律试贴诗只适用于科举考试一样。除此之外，满、汉宴席上的菜品都是有规定的，如"十六碟""八簋""四点心"之类。这些规定都太死了。

上菜之法也是袁枚心中十分重要的事情，同时代的富人也有同样的想法。凡人请客，相约于三日之前，自有工夫平章百味。若作客在外，必须预备一种急就章之菜，以防客陡然而至，急需便餐，如炒鸡片、豆腐、炒虾米，及糟鱼、茶腿之类。上菜之时，不宜用过于贵重的明代瓷器，而应只用更为雅丽的清代陶器，使之大小各异，参错其间。物贱者器宜小，煎炒之物宜盘，煨煮宜砂罐而非铁锅。用贵物宜多，用贱物宜少。煎炒之物多，则火力不透。故用肉不得过半斤，用鸡、鱼不得过六两。其他食材当然要量大才行，不然无任何味道可言：白煮肉，至少要二十斤才行；粥亦然，非斗米则汁浆不厚。菜品做好之后，总是必须一样一样地吃，而不是大量堆叠于桌上一起吃。鱼或者其他动物有多少部位可以利用，厨师就应该尽量利用——就这一点来说，袁枚跟李化楠一样提倡节俭。如此上菜而成就优雅，也是袁枚的同时代人沈复所描绘的情况。沈复谈到了他妻子刘芸想出的节约之道：

> 贫士起居服食，以及器皿房舍，宜省俭而雅洁，省俭之法曰"就事论事"。
>
> 余爱小饮，不喜多菜。芸为置一梅花盒，用二寸白磁深碟六只，中置一只，外置五只，用灰漆就，其形如梅花，底盖均起凹楞，盖之上有柄如花蒂。置之案头，如一朵墨梅覆桌；启

盖视之，如菜装于瓣中，一盒六色，二、三知己可以随意取食，
食完再添。

　另做矮边圆盘一只，以便放杯、箸、酒壶之类，随处可摆，
移掇亦便。即食物省俭之一端也。

沈复强调道，顶级美食家用餐之时，必小酌而行酒令。他家中虽
然相当贫穷，却往往得以与妻子坐而享受美食，即瓜、蔬、鱼、虾四
物。清代中期的中国非常崇尚雅致与简洁。沈复追求的节俭与典雅，
正是这种时尚的一部分。因而我们发现，沈复这个人沉醉于感官享受，
到了登峰造极的地步。他置办醉蟹，作岭南之游；食广州荔枝鲜果之
时，有历平生快事之感。我们也会发现，就算是《红楼梦》这样的小
说，也有好几处都提到了别具特色的珍稀美食（或者简朴食物的绝佳
标本），人们因此体会到了异常的快乐：鹅掌、酸笋鸡皮汤、琼酥金脍、
糖蒸酥酪、灵柏香薰的暹猪。有一群江浙商人，既是袁枚的同时代人，
又是他的同乡，曾于日本德川幕府时代暂居长崎。当时的地方长官中
川忠英对其饮食习惯感兴趣，于是在他们之间展开了调查。他注意到，
那些商人日常饮食必备的是饭、茶、醋、酱油、腌菜、香瓜、豆豉。
日常吃饭，平均每顿只有三道菜或四道菜：早饭吃些粥、干菜，再配
上酱瓜和干萝卜；午餐和晚餐吃得简单，不是肉菜就是鱼。请客吃饭
却不一样。他们遵循明确的礼制，须摆出十六道菜，包括熊掌、鹿尾、
鱼翅汤、燕窝汤、海参汤，也包括烂煮羊羔、东坡肉（李渔发现这道
菜已经传开了）、野鸡和炒鸡、全鸭、鹅、蒸鲥鱼、蟹羹、蛏干、鱼肚。[1]
如果用大菜类的中等十碗菜来待客，就会减去熊掌、鹿尾、野鸡、鹅、
蟹羹和蛏干。如果用大菜类的中等八碗菜来待客，就会进一步减去鱼
翅汤和羊肉。

1　此处只列出 15 道菜，漏掉了《清俗纪闻》所记的"鹿筋汤"。

我们设法评价清代美食家的一般饮食习惯之时，还会发现另一个令人困惑的问题。中川忠英着重指出，在长崎的中国人也大量饮酒。因此，我们再次注意到了这个问题。沈复对大量饮酒一事情坦诚得很，打消了我们的疑虑。他承认，乾隆庚子年新婚之夜，大醉，未入洞房已不省人事。袁枚深知，纵酒则不知食物之味。但是他也深爱佳酿，坦言曾饮溧阳乌饭酒十六杯，复饮至眩晕方休。[6] 其酒色黑，且令人无法抗拒。他平常并不饮酒，而在另一场合遇到了苏州陈三白酒，因其甘甜而粘唇，饮至十四杯。袁枚又写了颇为欢乐的一段文字。他把烧酒比作人中之光棍，或者县中之酷吏：打擂台，非光棍不可；除盗贼，非酷吏不可；驱风寒、消积滞，非烧酒不可。汾酒之下，山东高粱烧次之，能藏至十年，则酒色变绿，上口转甜，亦犹光棍做久，便无火气，殊可交也。如吃猪头、羊尾，非烧酒不可。苏州之女贞，不入流品。世人对绍兴酒有过誉之嫌。至不堪者，扬州之木瓜酒也，上口便俗。

豪饮兼具交际功能与个人功能，各功能之间的区别却难以理清。不过，豪饮并非清代中期的独有现象。康熙年间，礼部尚书韩菼之死显系饮酒过量所致。同在康熙年间，坊局同僚雅集而饮，如汤斌、沈铨、张英之类令人尊敬的学者也在其中。聚饮之人各有一杯，杯中镌刻各自姓字，独一无二。按余怀在康熙初年的描述，来客聚饮于金陵，皆至大吐而卧地方休。此事发生于妓馆之中，豪饮实属自然之事。若是妓女为人圆滑，善周旋，广筵长席，人劝一觞，皆膝席欢受，又工于酒纠、觥录事，无毫发谬误，能为酒客解纷释怨，人皆重之。不过，在上流社会里，此类行酒令之事也很普遍。沈复之妻刘芸曾为其物色一妾，并与之畅饮。蒲松龄讲过一个行酒令的故事，非比寻常：行酒令的结果取决于参与人的运气，看参与人是否能检索到《周礼》里带食旁、水旁之字。酒与食物紧密相连，牢不可分，文人的美好生活缺之不可。此说证据充分。

食物与酒密不可分，而酒本身又跟感官享受的种种时刻融为一体。

在清代美食家的圈子里，有权有品位的男人是有钱人，身边的女人也多。因此，食物词汇与色欲词汇有所重叠，并且融合成感官享受的专门术语，也就不是什么奇闻了。沈复初见憨园之时，憨园年方十六，犹为处子，走入了沈复和刘芸的生活，成了他们的心头好，但好景不长——沈复视之为"瓜期未破"。这种明喻常见于男性诗歌（不过他们觉得，把女性比作含苞待放之花、盛开之花、树叶更合适）。而且，至少从 8 世纪以来，这种明喻在女性诗歌里举足轻重。妓女赵鸾鸾之诗引人遐想，其中就有这种明喻——"削春葱""樱桃颗""瓠犀"和"紫葡萄"。清代诗歌里也有这种明喻，我们却没必要一一列举。不过，《红楼梦》里有几个简洁的例子，研究清代食物的人理应关注。这几个例子和本文此处讨论的问题相关，因为《红楼梦》这部小说的读者大概也包括我们讨论的这些美食家——文人精英、受过教育的商人家庭，以及他们家里的女子。这些人在阅读经典或者工作之余，也过着优雅的日子，心满意足。在利用传统意象方面，曹雪芹有着丰富的想象力，这些读者肯定也是见而乐之，诸如帘卷虾须；有个姑娘"腮凝新荔，鼻腻鹅脂"（即便曹雪芹在此处近乎自嘲）；贾宝玉这人吃人嘴上擦的胭脂，年轻姑娘们跟他联系在一起，靠的是红色和水果这两种意象，外加她们的"杏子红绫被""桃红绸被"以及"水红绫子袄儿"。

但是，《红楼梦》形成于清代，故事结构复杂，情节之中又有食物词语，小说的语言因此更加丰富。就这部小说而言，作者借助食物词语这种形式实现了两件事情：以新的方式探索如何利用暗喻，过程之中还能意定神闲；使用呼应的手法来呼应前文，而不是呼应过去的同类作品。曹雪芹展开陪衬情节的方法多种多样，其中之一就是联系食物或饮料。因此，小说里先写酥酪是贾宝玉为袭人留的，李嬷嬷却因赌气而把它喝掉了。之后才写出了动人的一幕：贾宝玉头一回意识到，贾家也不是事事都能掌控，他心爱的丫鬟兼情人袭人，实际有可能被赎身而去。从情节顺序上来讲，喝酥酪的情节也有铺垫。贾宝玉在袭人家时悄声说，"你就家去才好呢，我还替你留着好东西呢"（指留了酥酪，实际带有性暗示），袭人也悄声说道，"悄悄的，叫他们听着什么意思"。 她边说这话，边伸手将贾宝玉项上的通灵玉摘了下来。大卫·霍克斯是《红楼梦》的第一个英文全译本译者。他已经指出，通灵玉代表贾宝玉在生活里的性别角色。酥酪本是皇妃贾元春所赐。

　　为了让秦钟之死更令人哀痛，曹雪芹用上了类似的呼应手法。小说里有一幕讲的是爱情与年轻人纵欲之事。秦钟与小尼姑智能开上了玩笑，智能机敏地答道："我难道手里有蜜！"秦钟离世之际，贾宝玉及其仆从"蜂拥"至其床边，盯着秦钟"如白蜡"一般的脸。曹雪芹围绕这两位少年，编织了嘴和谷道这种意象。这种意象类型涉及多种复杂的元素，蜂与蜜这两种形象只是其中一个片段。他们吃饭之时才开始了解彼此。家中老仆焦大喊出了贾家的丑事之后，就有人往他嘴里塞马粪，以示惩罚，场面非比寻常，之后就是秦钟进入贾家家塾之事。同窗金荣嚷道"好烧饼"，意在讥讽秦钟和香怜，且有言外之意 [7]。秦钟与小尼姑初试云雨，又与贾宝玉云雨一场，两次都发生于馒头庵中，"因他庙里做的馒头好，就起了这个诨号"。这些事情之后，秦钟筋疲力尽，文中以"懒进饮食"来体现这种状态。秦钟短暂还魂之后，一声长叹便去世了。

　　《红楼梦》里出现的田园诗为数不多，在诗的背后，往往有一系列模棱两可的地方。下面这首诗就是最典型的：

　　　　　　　　　　杏帘在望
　　　　　　杏帘招客饮，在望有山庄。
　　　　　　菱荇鹅儿水，桑榆燕子梁。
　　　　　　一畦春韭绿，十里稻花香。
　　　　　　盛世无饥馁，何须耕织忙。

但是，曹雪芹并没有让清代读者止步于这种田园幻象。因为皇妃贾元春选定此诗为行宫某处的装饰之前，贾宝玉已经引用了下列诗句，"柴门临水稻花香"，似乎在回应父亲贾政的所思所想，因为贾政见到分畦列亩、佳蔬菜花之景，激动地喊道："未免勾引起我归农之意。"此处的讽刺意为就很强烈了，因为贾宝玉引这句诗是在呼应他先前的想法。他曾亲自参观农庄，这是他一生中仅有的一次，他与一个村姑对话，亲眼见到那个地方的生活状况，才明白"谁知盘中餐，粒粒皆辛苦"这句古诗的含义。不过，贾宝玉仍然为自己的教养所困，他养成的爱好仍然是美食家式的。之所以这么说，是因为他唯一一次拜访穷人家庭时，拜访的是丫鬟袭人的家。袭人家为了招待少主人，齐齐整整摆了一桌子果品，也就是最拿得出手的，袭人仔细看过却忧伤地说："总无可吃之物。"

朝廷用的饮食

从朝廷层面来说，饮食的功能众多。其中之一是象征与祭祀方面的功能——以饮食为众神的祭品，和祭品相关的规定细致入微，连使用何种器皿以及如何摆放都涉及了。就中国的礼制而言，清朝承袭先例，似乎没有任何重大革新之处。满族人自古就有萨满教，也确实将之加入到礼制之中。在满族人自身的庙宇之中，他们还进一步增加了猪和谷物这两类祭品，以便安抚他们的神祇——即便如此，早在乾隆年间，这些神祇名字的含义已经为世人所遗忘。

朝廷关注的中心，自然是维持粮食生产，因为国家及行政系统的整个机构得以维持，靠的是向农民的剩余粮食征税。在这一方面，清朝同样没有大规模调整前朝的政策，即有关修建及维护堤坝的政策、平抑粮食价格的应急政策、评估征税额及征税的政策、从南向北运输

"贡粮"以供养首都军队的政策。意义最为重大的转变，在于清代田赋占清代总税额的比例。尽管清代田赋的绝对数量确实在稳步增长，田赋占总税额的比例却下降了，由乾隆年间的73.5%降到了清末的35.1%，海关税和厘金成了数额巨大的新税源。

在清代，为皇室置办饮食是个巨大的问题，而之前的各朝各代也有同样的问题。清代皇室的饮食本来靠皇家庄园提供，也靠聚合杂七杂八的土贡，后来也慢慢起了变化，改由内务府会计司集中采购。乾隆末年，会计司每年采购750,000担谷物、400,000个蛋以及1,000斤酒。这些数额尽管如此巨大，却仍只是政府采购食物总量的一小部分。按清代法令的描述，内务府茶膳房是各个机构组成的一个网络，可以提供肉、乳茶、饽饽、酒、腌肉、新鲜蔬菜。皇室人员级别各异，每日获得的食物规格也不相同。从皇帝本人到后妃，再到皇子、皇子福晋、皇子侧福晋，所得饮食数量逐级减少。为了制备这些饮食，宫中用上了一大批厨师及其协助人员。

清代的许多皇帝都有奢华之名。然而，有些证据表明，他们喜欢纯粹的口味：康熙爱吃鲜肉，简单地煮一煮就行，也喜欢吃鱼和新鲜水果。光绪早上吃得少，只吃牛奶、大米粥、火烧。乾隆十九年（1754）的一份菜单虽然听起来很美味，但是远远称不上奢华：

主菜

肥鸡锅烧鸭子云片豆腐一品，由常二烹制；

燕窝火熏鸭丝一品，由常二烹制；

清汤西尔占一品，由荣贵烹制；

攒丝锅烧鸡一品，由荣贵烹制；

肥鸡火熏白菜一品，由常二烹制；

清蒸鸭子糊猪肉喀尔沁攒盘一品，由荣贵烹制；

上传炒鸡一品。

点心

竹节馇小馒头一盘；

孙泥额芬白糕一盘；

蜂糖一品。

小菜

珐琅葵花盒小菜一方；

炭腌菜一品；

酱黄瓜一品；

苏油茄子一品。

米饭

粳米饭。

然而，皇帝的个人口味，跟烹饪规模或花销没多少关系。凡是主要的筵席，都按照仪式的重要程度仔细分级。筵席的确切菜品都有明确规定。

《光禄寺则例》出版于清代晚期。我们可以从中发现菜品的不同花样。满席似乎有六个基本等级，汉席有五个基本等级。观察一下来客被安排的饮食，我们就能大略知道他们的职掌和官位级别。以蒙古贝勒为例，受赐筵席为头等满席，而喀尔喀九百使吃到的是满席第三等，而达赖喇嘛进贡来使吃的是满席第五等。外国贡使，不论是来自朝鲜国、琉球国，还是越南国，都获赐满席第六等。顺治康熙年间，第一批来华的西洋国贡使，受赐的筵席就是这一等级，精确无误。汉席的等级划分与满席相似，头等为《实录》编撰人员而设，第二等为会试主要监考人员而设，第三等为侍卫与医官而设，中席为一甲三名考生所设。

　　各等饮食的数量和类型都有不同，而且每张桌子坐的人数很可能也不同，因为只有这么安排，不同的饮食数量才有意义。因此，在头等满席上，不说别的物料，每席的白面就要 120 斤，干豆粉 9 斤，鸡蛋 150 个，白糖 18 斤，白蜜 4 斤，洗芝麻 6 斤，还有各种干果，而鲜果的菜单也随季节而变 [8]。第六等满席的物料数量则大大减少，白面变为 20 斤，白糖变为 2.8 斤 [1]，鸡蛋完全裁汰了，而物料的花样却更多了，因为这一等的干果种类比头等满席丰富得多。光禄寺食单所列满席都是素食，至于哪种筵席供应荤菜、供应给哪种使节，还需要更多研究。康熙皇帝于 1680 年 [2] 下圣谕：“上因礼臣奏筵宴事宜，谕议政王大臣等，元旦赐宴布设满洲筵席，甚为繁琐。每以一时宴会，多杀牲畜，朕心不忍。自后元旦赐宴，应改满席为汉席。”1721 年，约翰·贝尔随俄国使团访问北京之时，接待人员拿出了大量极好的炖羊肉和牛肉来招待。

　　全品类的肉菜和鱼肉，只出现在汉席的菜单上。头等汉席包括猪肉和猪大肠、鹅、鸭、鸡，调味品的种类也比第五等汉席广泛得多；尽管第五等汉席有猪肉（却没有猪大肠）以及一些鱼肉，头等汉席的禽肉却被换成了羊肉。资料的末尾有一条按语：旧例中席用鸡一只，于乾隆五十二年裁汰。同样是在这份资料里，某些清单对清代烹饪史相当重要。有关头等汉席每碗菜的具体菜品，在这些清单里有更准确的记录。每席有三十四碗，装的是主菜；四碟，装的是佐料和腌菜。举几个例子：每三碗白煮鹅用一只鹅；每碗白煮鸡用一只鸡；每碗用 1.8 斤 [3] 猪肉又是另外一道菜了；每碗海带肉用海带二两、猪肉六两；

鸡蛋糕一碗用五个鸡蛋；每碗包子有十二个，用白面二两、猪肉五钱。

当然，每席背后的后勤数据同样很精确：上等满席每席用木柴八十斤、炭五十斤；每十席用炉灶一座（两百席以上又有特殊安排）；每十席要用大碗四个、蒸锅一口、广锅一个、铁勺一把、铁焊盘一副、挡苍蝇的红布盖袱一个、铺桌子的红布油单一个。没提到的还有木杠、食盒、木案板、板凳、篮子、筛孔不同的筛子、笤帚、笊篱、水桶、水斗。汉席明确说要用牙箸，满席却未明言。

这种调控精准、环环相扣，令人惊叹，而且引领我们走向了饮食在朝廷层面真正重要的领域——编修。朝廷编修本朝历史及各类实录，同时也有官方的农业文献全集，饮食就是其中不可或缺的一部分。《四库全书总目提要》在提到官方农业文献集成之时，和人们料想的一样，首先提到了6世纪的大型畜牧业典籍《齐民要术》。有关饮食和饮食税的官方资料，由朝廷梳理而编入了"皇朝三通"。"皇朝三通"旨在续修宋代的大型类书，刊印于乾隆年间。实际上，中国饮食的整个历史，以及享用食物、生产食物的全部历史，都汇编于卷帙浩繁的《古今图书集成》。这本图书集成用的是康熙年间所制铜活字，而于主编陈梦雷失势之后在雍正年间面世。其中大概有五十卷（全书估计有一亿个汉字）专收食物与酒类文献，上至各类礼志里的最早引文，下至17世纪初的文献，都在其中。卷中分部，有醋部、酒部、蜜部、糖部、油部、肉部、米部，还专门收集了有毒食物、节庆食物，集录有历代赞美食物之乐的诗。御制版"宋耕织图"既有康熙版，也有乾隆版，都赞美了织布与耕地的技艺。其他和饮食相关的明代大型著作，如药学百科全书《本草纲目》之类，到了清朝，因为有了私人赞助而有所扩充。此外还有些著作，虽然含有跟饮食相关的技术资料，却从未重印过，只有为数不多的几部分刊印于《古今图书集成》之中，《天工开物》就是这类著作。民间读者和朝廷编撰者似乎都觉得，凡是与饮食及饮食生产有关的重要文献均已备述，并为此深感欣慰。《授时通考》是一部严谨的农业技术著作，由清政府赞助并刊印，名义主编是鄂尔泰和张廷玉。石声汉说《授时通考》仅仅是"《齐民要术》正统发展的结果，只不过有所扩展或者增补"。

　　到了 19 世纪，这种状况仍未改变。在镇压了太平天国运动之后，清朝的各个皇帝对于西方的刺激始有应对之策——比如开办江南机器制造局，或者开办各类洋务学堂，如同文馆之类——但是在他们的重点事项清单上，拓展国内农业的愿望似乎没有排在前列。他们关注的是枪炮和机械，同时还有工程技术、格致学（物理学）、化学、算学。1860—1890 年代，傅兰雅为江南制造局工作，他虽然翻译了大量图书，其中似乎只有两本和农业相关，一本是《农务要书简明目录》，一本是《农务化学简法》。直到 19 世纪末，才有几位提倡"自强"的改革派指出，农业为强国之要。1901 年，刘坤一与张之洞联名上《江楚会奏变法三折》，并在其中指出，西国农书之译本尚少，又说日本有丰富的农务之书，质优且是现代的，中国人可以把它们利用起来。在《兴中会宣言》里，孙中山敦促人们注意科学务农，以便改善农牧业，同时以使用农业机械来节省劳力。[1]比起其他官僚，张之洞大概更加务实，因为他选募了两名美国农业专家考察湖北的农情，并且试种了新型种子。1902 年，他在武昌附近开发了 2,000 亩的试验农场。他试图让同时代的人意识到，西方每亩地的粮食产量比中国高得多。

　　然而，这种探索仍旧是超前的。中国人对西方饮食的评价始终是模糊的或者浮夸的 [9]。1868 年，傅兰雅从英格兰订购了几批自用图书。在其中一个订单里，傅兰雅塞进了《家常烹饪技法》，请相关人员购买。他这么做，是否是计划把英国烹饪元素介绍给中国人，我们不得而知。

1　这句话实际上出自孙中山《上李鸿章书》（1894），原文作："农务有学，则树畜精；耕耨有器，则人力省。"

当时有西方人住在上海这个通商口岸。他们又是否会把西方人的常见饮食推荐给中国人，我们也不知道。

> 吃晚饭的时候，先喝浓汤，再喝一杯雪利酒；接着吃一两道配菜，附带喝点香槟；然后吃些牛肉、羊肉，或者禽肉和培根，又附带喝点香槟或者啤酒；过后吃些咖喱火腿饭；之后吃野味；接着吃布丁、点心、果冻或者牛奶冻，并且再喝点香槟；然后吃奶酪沙拉、黄油面包，喝一杯波尔图葡萄酒；在许多情况下，之后还要吃橙子、无花果、葡萄干、核桃……附带喝两三杯法国波尔多红葡萄酒，或者其他类型的葡萄酒。

这一时期的中国虽然已经"开埠了"，在烹饪方面，却与西方没多少共识可言。威廉·亨特所戏仿的中国人对西方烹饪的反应，大概不会太过失真：

> 他们坐在桌子面前吃饭的时候，先灌下几碗液状物质，也就是他们外国话里的Soo-pe[1]。接着猛吃鱼肉；那种肉端上来的时候，跟活鱼相比，要多像就有多像。你现在说说他们有什么口味可言。鱼肉之后，半生不熟的菜肴又摆上了桌子，各个方位都有。这些菜肴漂浮在肉汁之中，要用剑一样的器具切成了片，再摆到客人面前……为数众多的狗在客人们的脚边打转，或者趴在桌子下面，像是要咬人的样子，同时不断狂吠与互殴。客人们猛吃几块厚厚的肉之后，就把碎肉扔给了它们。接着上了一道菜，让我们的喉咙有烟熏火燎之感，我旁边的一位客人用其蛮语称之为咖喱。这道菜要配着米饭一起吃，而合我胃口的，

---

1 即英文的"soup"（汤）。

只有米饭本身。接下来是一种又绿又白的东西，气味浓烈。别人跟我说，这种东西由酸水牛奶制成，要在太阳下晒，晒到生虫为止；最后的颜色越绿，味道越浓，越好吃。这道菜叫 Che-Sze[1]，吃的时候要喝某种浑浊的红色液体。这种液体倒进酒杯之后，酒杯顶部会生出泡沫；这种液体还会弄脏衣服，名叫 Pe-Urh[2]——想想就够了！我不想多说了。

尽管人们对西方的认识深浅有别，在清王朝行将就木之际，年轻的皇帝溥仪却觉得，自 17 世纪以来，御膳房在表面上完全没有变化。即便在中华民国建立后的头几年，他在宫中过着与世隔绝的生活，那些古老而铺张浪费的礼仪仍然得以延续。他下了传膳令之后，太监们组成的队伍抬着膳桌，送来了奢华的菜肴。食具为银器，下方托以盛有热水来保温的瓷瓦罐。但是溥仪向来不为所动，因为这些饭菜常常提前好几天就做好了，过了火候，难消化，他受不了。"御"膳就退回了御膳房，既然溥仪没尝，这些膳食大概成了宫廷人员的腹中之物。经过这些手续，他每月表面上消耗的食物量，就增加到了 810 斤肉、240 只鸡鸭。他实际上吃的是太后太妃专门为他做的，出自她们自己的膳房，量少而味道好。但是不管他吃了什么，觉得好吃与否，又吃了多少，太监们向太妃禀告进膳情况之时，始终用的是同一套措辞，简明得像乡下人的措辞，让人觉得他们似乎在效仿农民的美德："奴才禀老主子。万岁爷进了一碗老米膳（或者白米膳），一个馒头（或者一个烧饼）。进得香！"现在再看，那种简明的措辞已然变成残忍的戏仿。

1　即英语的"cheese"（奶酪，芝士）。

2　即英语的"beer"（啤酒）。

服务与运销

饮食消费相关的服务与运销是个复杂的课题，涉及面广，要求广博的社会经济史知识，而这是本文作者所欠缺的。不过，清代饮食服务似乎有几个方面值得琢磨。

清代是各种团体组织的繁荣时代。层次最低的，可能是穷人家庭组成的小团体。他们会把稀缺资源集中到一起，偶尔打平伙——就连乞丐也组建了这类联盟，好让自己平时过得不那么惨。较富裕阶层也有联盟（会馆），而且势力强大，由远离家乡的同省商人和官员组成。在会馆的议事大厅里，他们可以吃到家乡的食物，而花费都从会馆基金里出，远方的饮食方式也得以保留。

商会往往各有专攻，要么是饮食生产的特定领域，要么是饮食运销的特定领域，有能力控制物价。以宁波为例，福建商人专门经营盐、鱼、橙的生意，也为糖制品保留了专门的地方，内含免费的仓储设施，可供商会成员使用，为期七十天。在宁波的山东商人，原来就垄断了豆石、豆饼运输，后来也在短时间内成功维护了这种权利，即便面对西方商人时也做到了这一点——我们发现，同在宁波的厦门商会，为销售的面包类食品给出了十天的账期。由于温州有十六个磨坊主组成了固定的领导集团，温州磨坊主能够决定未来一个月的面粉价格。宁波的渔商协会有七万元的储备金，几乎可以控制渔业的方方面面——渔船、渔网配重、质量、零售店。此类渔业活动转而得到了制冰团体的帮助。在他们精心协调之后，夏天捕的鱼也可以保鲜。

有了清代商业团体流传下来的碑刻，我们能够更加了解这些互助的协会，虽然了解得模模糊糊，却也有其价值——并且更加了解他们坚守的陋习，又或者他们试图挣脱的陋习。苏州府有好几份文本，都展现了猪肉商人如何设立讨账公所；如何议定公平的价格；如何想办法阻止屠户在收取报酬之时，不要现金，而拿猪肉充当部分报酬；最终如何因滥用权力，而受江苏巡抚训斥。其他事件涉及海味商人，他们组织起来对抗不诚实的牙户；涉及茶食店，茶食店主会寻求官府庇护，以免不法之徒再抽取他们卖的食物；枣商得官府之保证，牙户须用官斛，以做到公平出入。另外至少还有两个公所，即酱业公所和醴源公所，压制或阻止了无牌竞争，成功捍卫了自身的权利。

食物的分销与运输当然是一门巨大的生意，牵涉海量人员。翻阅商人们遗留下来的手册，我们就可以绘制出商人们走过的贸易路线，以及在行进过程中经过的重要枢纽。此外，至少从清代后期来说，由于大清海关办事人员一丝不苟的工作，我们至少得以绘制出食物的三种不同流通方向。按产品的流通层级而言，第一种是由进口产品变成特定省份的产品，比如从芜湖选取海量红糖，以及相当多的蘑菇、胡椒、海带，输入安徽。第二种是从不同省份所购不同层级货物的流通，即经过中转地，转运至内陆地区，比如河南南阳为红糖提供了最大的市场，湖北襄阳为肉豆蔻和冰糖提供了最大的市场，四川重庆为海菜、胡椒、乌贼提供了最大的市场，湖南长沙为干蛤提供了最大的市场。第三种则是中国食物外销，主要的畅销食物除了茶，还有糖、面、豆石、豆饼、水果、药物、腌菜和大黄。中国新近加入国际食物市场之后，有一方面的情况必须琢磨一下，即当时的中国农民开始受到国际贸易价格波动的影响。举例来说，我们查阅汕头1884年的报告就会发现，欧洲的甜菜种植者一增加产量，中国本地的甜菜价格几乎立刻受到了冲击。

从流传下来的文献来看，清代的零售和分销涉及多个行业。我们至少可以注意到三个主要行业——餐馆、行商、厨师。中国清代的餐馆和小酒店，论起价格高低和味道好坏来，自然是每个层次都有。18世纪的扬州餐馆和小酒店，由于李斗的迷人作品《扬州画舫录》，至今仍然有名气，令人兴趣盎然。此地有各类茶肆，以小吃而闻名，游人络绎不绝。还有熟羊肉店，羊肉味美，鸡鸣时分就有人排队等着吃一份儿。有某个商人宅邸的旧址，当时已改为餐馆，而餐馆见称于市，既因所卖小吃，也因老板的女儿貌美。有家餐馆的跑堂叫周大脚，以前是个卖猪的。食客在餐馆里花上两钱四分，就可以吃上一顿美食，喝酒管醉，还可以观看斗蟋蟀、斗鸟。有些酒肆藏有全国各地的酒，而每个季节都有特殊的酒供应（指通州雪酒、泰州枯、陈老枯、高邮木瓜、五加皮、宝应乔家白、绍兴酒、百花酒、高粱烧）；有些食肆以青蛙腿闻名，或者以鸭闻名，又或者以醋猪蹄闻名；有些食肆有名气，仅仅因其环境优美，而佳人于其中奉上美食，士人们可安心住上一晚，作诗于饮食之间。扬州出名的还有画舫，李斗此集即因画舫而得名。欲求另类饮食之人则可订菜，供菜食肆亦有多种可选。食物备好之后，则会传送至其中一艘画舫。主、客在其中，又有仆人相陪，享受美食，放松心情，要什么酒就可以点什么酒，因为画舫附近有酒船等着伺候他们。许多此类画舫明显是极高雅的餐馆。其他画舫调情会面之所，或者实际就是妓船，沈复于18世纪晚期在广州所访即为其类。这种妓船上有各省来的妓女，陈设精致，有镜、床、灯。

在任何小城镇，社会交流与流言蜚语都集中于小酒馆与食肆。小说之中屡屡出现这种情况，如蒲松龄的短篇小说集《聊斋志异》，又如吴敬梓的小说《儒林外史》。佛寺之中也有大型厨房。遇有节庆，人们便聚食其中。按某人的记述，此类寺庙的香积厨也会争抢顾客。为了让素食更加美味，他们甘愿用鸡汤煮面，或者把布浸入鸡脂之中，并用这种布为竹笋蘑菇汤增味。对农村贫民而言，饭馆和酒肆自然是社交中心，不过也可能是精心布局的诈骗中心。黄六鸿在山东郯城知县任上注意到的情况即如此。乡人因讼事而入城，不得已而寓居于特定的酒肆饭馆之中。饭食所费虚高，因其中含有求情嘱托之费，涉及衙差及与讼事相关之人。其结果便是，粗心大意之人倾家荡产。对其他穷人而言，由于有了饭馆酒肆的网络，他们相会其间，则免去了政府的监视，可于其间谋划起义，并拿钱换武器。或许正因为如此，清代至少在法律上有精细复杂的登记制度，凡是客栈之客，皆须登记，而登记簿理应交给县衙门。方豪最近发现了清代旅行者的许多账簿并公诸于世，我们因之得以详细了解清代的食物花费。举例来说，从1747年的休宁餐馆收据来看，九碗一席要花费九钱，九大碗一席的价格为一两零八分。要汤的话，每桌则需再加五钱。大宗订单的价格可能会降低，因为从有十一席的订单来看，每席的餐食明显与九碗一席类似，却只花了七钱二分。此类餐馆经手了大量订单。从上文所提餐馆（万安街的汪万成馆）流传下来的收据来看，一个订单订了156碗面，每碗一分二，总共花了一两八钱七分二。同样从这家餐馆流传下来的还有一份菜单。我们从中可知，十一碗一席的一顿饭包括炖肉、猪蹄、鹿肉、鱼元、蛏干、鱼翅、鲜鱼、鲜鸡和皮蛋。

但是对许多旅行者而言，这种价格高得承受不了。从其他账簿来看，旅行者精心对比了各种价格。在旅途中使用铜钱的时候，也是小心翼翼的：1790年11月，杭州的冬笋每斤要三十文钱，而到了苏州，最高价格为三十二文钱；猪肉每斤要八十文钱，牛肉每斤要三十八文钱，杂肉每斤要七十二文钱，鱼每斤要五十文钱，鸡每只要一百一十五文钱。从总体购买力来看，这些食物可与二百一十二文钱一斤的蜡烛相比；理一次发要三十八到四十文钱，各地不等；或者跟一斤绍兴酒或者苏州酒对比，它们的价格都是二十八文钱一斤。1875年，有三位考生结伴到南京。由于有了他们的账目，我们得以对比某些东西在一个世纪以内的价格，然后发现，尽管有太平天国运动造成的巨大破坏，许多物价在太平天国运动前后明显相差无几。1790年，旅行者买一担大米，要花二两一钱，而到了1875年，花的钱就涨到了三两二钱；猪油，原价为每斤七十二文，涨到了每斤一百二十八文；南京的普通猪肉价格，只从每斤八十文涨到了每斤九十六文，农村地区的价格仍然在每斤八十文左右，最低的低至每斤七十五文。

在更加贫穷的阶层，餐馆网络、行商与街头小贩的世界混在了一起。餐馆附近往往会搭个小棚，卖简餐，还支持外带回家；还售卖有钱客人的剩菜大杂烩，只卖几文钱。饭摊为苦力就餐之所。有些妇女会来到苦力工作之地的饭摊前，卖些腌菜和米饭。即便工资少之又少，人们也能从此类商贩手里找到买得起的东西，即花生糖、棉花糖、糖蜜这三种小糖果，一样只需一文钱；糕团五文，一块风干的猪肉售七文，一碗粥售十文，满满一碗米饭售二十文，盐肉每碗收四十文。对那些没有炉子或者柴火的人而言，有些小贩可提供热水，一家人就能自行做出一顿热食，花费可能是最低的了。

　　比之文字，绘画和版画更能让人感受到事物的多样性。从清初的风俗画里，我们可以看到，一位母亲跟她的孩子在买不含酒精的饮料，有个文人在品茶，而周围还有其他品种的茶叶。另有几幅版画，画出了1717年的北京闹市区。画中有种类无限丰富的摊位、售货亭和货棚，又累又渴的人们可以就地休息片刻，振作精神。许多小贩供应热食或热饮的时候，都用上了精细复杂的器具。它们成了流动餐馆，也跟客栈一样，成了交换消息和八卦的中心，也成了传播谋反信息或武器交易的地下场所。于大城市而言，他们在节日生活里也很显眼。翻阅顾禄对清代苏州节日的研究，我们可以看出，商贩们如何应对一轮轮的宗教节日及节气，又如何联合其他零售商，一起丰富城里人的饮食。看到商贩们书写的标识，或者听到他们的叫卖声，人们就知道一月的春饼上市了；三月时则是青团、烤熟藕上市；庆祝立夏时则有烧酒、酒酿、海蛳、芥菜、咸鸭蛋；五月端午节则有粽子；秋分则有西瓜；七夕节则有精致的巧果，由糖和面粉制成，绾作苎结之形[10]。一年快到头了，则有祭祀灶神的糍团，以赤豆为馅（人们也相信糍团能令脚软，因此小姑娘头一回裹脚，习惯上于这一天进行）；初冬则有湖蟹（此时蟹黄最佳）；还有专为春节制备的许多特殊的美食。

　　文章写到最后，我们或许该谈谈厨师。他们虽然不是一个广为人知的群体，要是与官僚家庭联系在一起，却也可能变得十分腐败。因此，官府不得不发出公告，以便控制他们在苏州周围的行为。在扬州，厨师因某些菜名而出名，世人也随之记住了厨师的名字。厨师在广州当学徒，期满之后到北京，就有能力应对他自己餐馆的各种情况，可以雇佣十二个打杂的，以便处理外卖订单，手下员工里还有四个主厨可外派到富豪人家。山东籍厨师借着无与伦比的厨艺，主导了明代御膳房，到了清朝则屈居于满族厨师之下。在乾隆皇帝迷上中部地区的烹饪技巧之后，他们又屈居于浙江厨师以及某些苏州厨师之下。所有这些厨师都把自身的名字和菜名绑在一起。在针对大众的食谱之中，袁枚对厨师相当严厉："厨者，皆小人下材，一日不加赏罚，则一日必生怠玩。"但是在他的文学作品集《小仓山房文集》里，袁枚收录了他自己的厨师王小余的传记，文字深情而且信息丰富。按袁枚的说法，尽管袁枚家中相对贫穷，王小余还是决定留下，因为他觉得尽管主人要求高，而且十分敏感，却真正在乎食物。袁枚在此处的分析可能有些文学修饰的成分。他总结了王小余的观点："作厨如作医，吾以一心诊百物之宜……则万口之甘如一口。"但是他在讨论工作里的王小余时，为清代饮食的口味和乐趣写了恰如其分的定论：

　　初来请食单，余惧其侈，然有颍昌侯之思焉，嗛曰："予故窭人子，每餐缗钱不能以寸也。"笑而应曰："诺。"顷之，供净馔一头，甘而不能已于咽以饱。

　　小余治具，必亲市物，曰："物各有天。其天良，我乃治。"然其箸不过六七，过亦不治。又其倚灶时，雀立不转目，釜中惝也，呼张喍之也，寂如无闻……曰："羹定"，则侍者急以器受。或稍忤及弛期，必仇怒叫噪……曰："八珍七熬，贵品也，子能之，宜矣。嗛嗛二卵之餐，子必异于族凡，何耶？"曰："能大

而不能小者，气粗也；能啬而不能华者，才弱也。且味固不在
大小、华啬间也。能，则一芹一菹皆珍怪；不能，则虽黄雀鲊
三楹，无益也。而好名者又必求之于灵霄之炙……不亦诬乎？"

注释

[1]　按两版县志的刊印间隔时间来算，该县的人口数量增加了 40% 左右。

[2]　后来，其子把这些笔记原封不动地刊印了出来。这些笔记挤满了五十一页
的篇幅。

[3]　要了解这个地区有哪些农作物，可参见《秀水县志》。

[4]　以上任何一本县志里都有节庆食物的记载。也可参见下文引自顾禄的著作
的文字，以及富察敦崇研究北京节庆的著作《燕京岁时记》。

[5]　李渔认为，鹅犹生而置于热油之中，令其双掌软嫩，此鹅不宜吃，因其法
过于残忍（《闲情偶寄》）。

[6]　亚瑟·韦利 1956 年出版的《袁枚》一书记叙了这桩逸事。

[7]　大卫·霍克斯的译文把这种暗讽表现得更直接。

[8]　蒙古使节在保和殿的座位安排见于《唐土名胜图会》。

[9]　《清稗类钞》第 24 卷及第 47 卷有论述西方食物的段落，可参考。

[10]　在《清嘉录》里，每月占一卷。

第七章　近现代中国的北方

董一男、许烺光

　　如果问任何一个土生土长的中国人：你在童年时代最喜欢什么？回答都极有可能是"春节"。毫无疑问，这个回答非常符合我们的经验。因此，我们要是读某些民国名人的自传，发现他们最难以忘怀的也是春节，就不会惊讶了。

　　《平贵回窑》是中国的大型经典剧目之一。男主角薛平贵贫而有才，凭着机缘巧合，娶了有钱的朝廷大官之女王宝钏。这位朝廷大官极力反对他们的结合，见其女执意如此，就与美丽的女儿断绝了父女关系。薛平贵夫妇二人无可奈何，只能在废旧窑洞里安了家。女方的母亲怜悯这对新婚夫妇，就以送礼为名，向他们赠送了大量钱财。薛平贵带着这些钱财上了路，打算去更加广阔的世界里建功立业。十八年后，他已经功成名就，这才回到家中。按照中国北方乡村1930年代流传的说法，丈夫凯旋之时，面对在穷苦之中等待自己十八年的妻子，就问她有什么渴望的东西。妻子说想要过春节。丈夫就下令每天举行一场春节庆祝活动。庆祝活动就这么举行了十八次之后，妻子因病亡故。

她为什么过完十八次的春节就去世了？本文作者之一在童年之时就常常听这个故事。讲故事的老妇人解释道："天老爷见她过了十八年的苦日子，本打算赏她十八年的荣华富贵。不过，她既然已经经历了十八次春节庆祝活动，也就用尽了本打算赏给她的十八年，因此就去世了。"

过春节

为什么这么多的中国人认为春节如此欢乐喜庆呢？我们认为，这种结果是各种因素共同造成的，饮食就是其中非常重要的一个因素。在美食之外，其他的因素也很多：（1）春节让人有家庭团聚之感，让人真正感受到生活的美好；（2）春节期间要放假（可以尽情休息与玩乐）；（3）过春节可以穿新衣服；（4）春节期间有隆重的祭祖仪式；（5）大家都要过春节，有气氛。

过春节的时候，饮食不仅是生者看重的东西，对逝者亦是如此：祭祖仪式之隆重的一大体现，就是献祭顶级的食物和饮料（茶和酒）[1]。这段时间还有另一种风俗：除夕夜十二点之后，家中晚辈要问候长辈，而长辈则要给晚辈压岁钱，以示慈爱。因此，每年春节的时候，所有孩子的小口袋里都会有许多硬币，他们可以随便花。春节期间，许多人家的儿童、青少年、成年人也会玩上好几天麻将之类的游戏。

新中国建立后，有些在家祭祀祖先的活动不复存在，有些精简了程序，赌钱的活动遭禁，但春节仍然比其他任何节日都重要。举例来说，每年有七个固定的法定节假日，只有春节才放三天假。

本章所关心的主要是食物、饮料以及饮食消费。根据我们的发现，中国生活的饮食方面，在春节期间表现得淋漓尽致。在春节之前的几周内，每个中国北方家庭的妇女都忙着包饺子。剁碎的猪肉加上切碎的白菜，加上盐、姜、葱、白胡椒粉、黑胡椒粉，和成饺子馅，给馅包上用面团擀出来的薄皮，就成了饺子。在一个特别庞大的家庭，一顿饭可能要吃掉几千个饺子。

中国北方人要是没法进行电动制冷，就会利用冬天的寒冷天气。他们会分别找几个篦帘，再把饺子整整齐齐地摆在上面，然后把篦帘放进不会升温的空房间，或者放到露天的桌子上。饺子很快就会冻住。这之后，妇女们并不会忙于烹饪节日餐食，而是定好需要的冻饺子数量，直接扔进沸水之中，煮十分钟，大家就能吃上一顿可口又热腾腾的午饭或者晚饭。吃饺子前，要用醋和芝麻油做成蘸料，把饺子蘸一下再吃。谁要是想吃得咸一些，还可以往蘸碟里倒酱油。一顿饭要是吃饺子的话，通常要加上几样配菜才会变得丰盛——腌菜、切好的咸蛋、切好的皮蛋以及烤花生等等。

猪肉白菜馅饺子是各个收入阶层都会吃的春节食物，却也只是春节饮食的一部分。许多中国北方家庭会酿酒、磨豆腐、灌香肠，还会杀一两头年猪，以备家人食用。就连城镇里也是如此。人们虽然能在附近的实体店买到肉类和其他食物，却仍然习惯自家制备。在除夕前的几天，除常规商店之外，城镇里会临时增加一些市场，其中会有成百上千个货摊。每年这个时候，街上总是挤满了置办年货的人。年货采购完了，春节庆祝活动就开始了，首先是吃年夜饭。

这顿晚饭从傍晚就开始了，通常有豪华大餐。即便在较穷的人家，这顿饭也会有四大碗或者六大碗，特色菜是蔬菜（主要是白菜、芜菁和干蘑菇）、鸡、鱼和淡菜，尤其要吃猪肉。较富裕的人家肯定会有八大碗，先上四盘或者六盘凉菜，再上一盘或者两盘"大件"。凉菜是泡菜、猪蹄冻、烤花生、凉拌海蜇丝、青杏蜜饯、金桔蜜饯或者青豆炒干虾之类。大件之中通常有"八珍米"，这是一种甜食，由糯米跟其他八种原料制成。这八种原料包括莲米、杏仁、红枣片、好几种蜜饯、甜豆沙、红糖浆。此外还有一道花哨的甜汤，比如冰糖银耳汤。

其他菜上完了，才会上这一道汤。白米饭和葡萄酒或者烈酒，是和所有餐食一起端上桌的。在这种特殊场合，即便八岁或者十岁的孩子想尝一点点酒，也没人拦着。

这场宴席属于打头阵的。从大年初一开始，另外还有几道豪华大餐接踵而至，既有自家吃的，也有款待登门拜年的亲朋好友的。过年期间会有各种小吃，即西瓜子、芝麻糖、其他甜食、烤花生、梨和橙之类的水果，还有各种糕点。客人坐定，主人先端出一个托盘，放上茶水、西瓜子和甜食，之后再上能填饱肚子的食物。某些家庭会这么胡吃海喝到大年初三，大部分家庭差不多要到正月十五元宵节才停。

过元宵节的时候，除了又有一轮庆祝活动之外，十五岁以下的孩子都会拿到一根蜡烛。蜡烛会制作成他们所属生肖的模样，外面是绿豆包，内里是蜡和灯芯。在元宵节的晚上，孩子们会拿着蜡烛，炫耀他们的生肖，并且猜谁比谁年龄大，谁比谁年龄小，大又大多少，小又小多少。他们把生肖蜡烛点燃之后，就算在玩其他游戏，也会把它们带在身边。其情其景堪称美妙。

主食

说起中国的食物，有个基本问题必须澄清。我们去美国的中餐馆，通常会点芙蓉蛋或者青椒牛排，然后来几碗 rice。对美国人而言，rice 这个词仅指一样东西——煮熟之后变得松软而有黏性的白色米粒（大米）。但对许多中国人来说，尤其是北方人，不常吃大米，而以玉米、小米和黄米代之。这几样煮熟了都叫"饭"，而人们一般将其等同于英语里的 rice，实属误称。

中国人认为，饭与菜是完全不同的。饭皆由谷物制成。为食客盛饭，都是一客一碗。菜盛于大碗之中，摆在桌子中央。凡是煮熟的肉类和蔬菜，都叫"菜"。供所有食客分享的菜肴，也叫"菜"。

　　本章从头到尾，凡是用到饭、菜二词的地方，皆用此处的定义。饭进一步分为干饭和稀饭。干饭就是煮熟的米粒，松软而有黏性。稀饭取粥之形，也是米粒，通常拿来当早饭或者宵夜。中国人说起由大米煮成的饭，都称之为白米饭，区别于高粱米饭和小米饭。小麦的食用形式有馒头，各种形状的面条（圆的、扁的、正方形的、细的或者粗的），饺子皮，加有洋葱、猪油和盐的煎饼，芝麻饼，麻花以及油条。

　　大米普遍流行于中国南方，小麦普遍于中国北方，这种说法大体准确。但是除了小麦，北方人还食用相当多的其他主食。高粱和大豆见于东北的大部分地区，以及山东、河北和河南的许多地区。高粱的烹饪和食用方法，跟大米完全一样，但是价格比大米便宜。就东北的气候和土质来说，1949年开始大规模灌溉之前，种植高粱更容易，在那之后，种植大米也是行得通的事。因此，高粱成了当时的主食。穷人吃大米，仅限于春节、婚事、丧事、生日之时。典型的中国人就是如此。中国人甚至把吃高粱说成区分中国人和日本人的标志。1945年之前，东北有很多日本人，他们只吃大米。因此，中国人说起深陷绝境，无法舒心合意地脱身，就会形容为"好比吃高粱的日本人"。

　　本文作者之一在青春期曾于锦州目睹了下面这件事。我们可以从中看出大米有多匮乏与珍贵。有个四五岁的孩子正在外婆家的院子里玩耍。年老的外婆指着一口锅，叫住他，并问他想不想吃点东西。锅里的东西是大米，不过外婆往里掺了一些红豆。所以，大米饭的颜色不是白的，而是紫色的。那个小娃娃看了一眼，就说不吃，一点也不想吃，因为他以为锅里装的是高粱，就是他天天吃的那种东西。然而，外婆要求他仔细看看米粒的形状——米粒呈条状，不是圆的，只不过颜色像高粱。小娃立马决定要吃一碗，没菜也要吃。

　　大豆非常适合给高粱或者玉米当伴生作物。全中国都吃大豆，料理的形式为豆腐、豆浆以及豆腐脑。从大豆里提取豆浆之后，残留的细碎渣滓就是豆渣，通常用来喂猪，穷人却也可以拿豆渣当菜吃。此外，刚从地里摘的毛豆角可以水煮或者火烤，然后当零食吃。这些毛豆角都是跟着酱油和芝麻油一起端上桌的，吃的时候要用牙齿把毛豆捋进嘴里。豆制品多种多样，还有豆芽、腐乳、臭豆腐和豆腐干之类。举例来说，豆芽的吃法要么是豆芽炒肉丝，要么是在沸水里焯个一两分钟，然后做成凉拌菜。

当我们将目光从东北以及前文所提的几个省份，转而投向中国北方的其他地方，便会发现前文描绘的图景稍微有些变化。小麦变得更为常见，而赤贫之人仍然大量食用玉米饼和小米粥。除此之外，红薯也变得常见。1920 年代，甘博及其同事调查了河北定县，发现红薯是所有收入阶层的主食，食用量之多，比排第二位的主食小米以及其他所有谷物的总和还要多。杨懋春对山东省的调查报告也体现了红薯和小米这两种主食的重要性。

1920 年代初期，金陵大学的卜凯进行了一项大型调查，牵涉四个省（安徽、直隶、河南和江苏）的 1,070 个农村家庭，结果也大同小异。在这几个省里面，安徽和江苏更靠近南方，小麦和大米是它们更为重要的主食，而在靠近北方的两省，流行的主食是高粱、小米和玉米。河北是这四个省里最靠北的，其小麦食用量实际不到谷物总食用总量的 5%。众所周知，人们就算种了一些小麦或者大米，往往也是卖了换钱，同时食用更便宜的食物，如高粱、小米或者红薯之类。

城里人也把烤红薯当零食来吃。在冬天那几个月，北京、天津街头往往有无数卖红薯的小贩出没。他们卖红薯都是论两和论斤，肩上挑担子，一头是个便携的炉子，另一头是个筐，里面是生红薯。炉底燃着炭火，火光照人；炉顶是红薯，吊在钩子上，悬挂于炉壁四周，里外好几层。除成年人之外，小孩子也是这类小贩的忠实顾客。

动物制品及蔬菜

中国过去需求量最大的肉类是猪肉，现在也是如此。穆斯林例外，他们跟犹太人相似，不吃猪肉，而吃牛肉和羊肉。在中国，只有穆斯林有吃奶制品和黄油的习惯，其他中国人无此习惯。婴儿喝的奶，要么是母乳，要么是用奶粉冲的，或者是罐装奶。穆斯林如今仍然保持这种饮食习俗。1972年，我们发现北京有许多清真餐馆，有一家开在了颐和园。非穆斯林的中国人可以光顾清真餐馆，穆斯林却不会在其他餐馆就餐。1949年之前，北京味道最好且最有名的清真餐馆是东来顺，专卖羊肉。

总体来看，1949年前，中国人食用的肉类数量明显偏低。据卜凯的调查结果，中国农民从食物里获得的能量，有89.8%来自谷物以及谷物制品（相比之下，普通美国家庭在这方面的比例为38.7%）；8.5%出自块根植物，主要出自红薯；只有1%出自动物制品（相比之下，普通美国家庭在这方面的比例为39.2%）。蔬菜、糖类、水果总共占0.7%（相比之下，普通美国家庭仅仅在糖类和水果方面的比例就有13.1%）。[2]从我们亲身经历及所见所闻来看，这个情况总体无误。只不过南方较富裕，农民吃的肉多，而北方较穷，农民吃的肉少。农村人口吃肉和其他肉制品，主要是在像春节这样的节日期间，以及诸如婚宴、生日宴、丧宴这样的特殊场合。就日常饮食而言，大部分中国人吃的是腌菜以及大量的各种蔬菜，但是有时会吃一点点咸猪肉，或咸鱼，又或者猪油炒蔬菜。常见的植物油有花生油、棉籽油、芝麻油和菜籽油。

按照中国人的饮食观，煮熟的蔬菜、肉及肉制品（也就是"菜"）是用来下饭的，也就是协助人们把一碗碗饭（大米饭、高粱饭、小米饭或者随便什么饭）吃下去的。这就和美国的饮食观就形成了鲜明的对比，美国的饭菜正好相反。这种食物观非常重要，以至于中国人用

"饭"来泛指一切餐食。"吃饭没有？""没有饭吃？"都是常见的中文表达。孩子们很小的时候就学会了这种食物观。一个孩子吃饭多而吃菜少，就会受表扬。本文作者之一曾经有很多回放学归家都是一枚咸鸭蛋下了两碗饭。

某些中国人见到别人吃得好，心中也难免羡慕。据杨懋春的报告，山东的穷苦村民说起"基督教牧师，学堂里的老师，或者集镇来的商人"时抱怨道："他这人天天吃白面，脸怎么会不光滑！"要是有人好运连连，同村人可能会说："好比花卷上桌不离肉。"

这表明面粉是富人以及城里人的饮食，肉类和其他动物制品更是如此。老人和病人吃到的肉和动物制品较多，尤其是鸡肉和鸡蛋。要是经济条件允许，年迈的夫妇通常会在早饭里加一两个水煮荷包蛋。年轻妇女生完孩子之后，习惯上要坐一个月的月子。在这段时间内，这位母亲每天至少吃一个水煮荷包蛋，还要吃鸡肉、喝鸡汤。此外，人们认为猪肚汤的催奶效果最好，还重视各种各样的动物下水——肝、腰子、脑、肚和肠子等等，这些被认为是理想的食物。产妇生完孩子之后，尤其当生了个男孩，娘家人会送来各种礼物，如面粉、面条、几只鸡，其中必须有一篮子鸡蛋。这些东西主要是给初产妇吃的。男方家里会做许多红鸡蛋，分给亲戚和邻居，美国初为父母者给亲戚邻居发的是雪茄，其情其态非常相似。

餐食及就餐时间

暮春、夏季和初秋是农忙时节，白天时间长，北方村民往往吃三顿饭。到了农闲时节，白天短了，他们便只吃两顿。即便在农闲时节，吃夜宵也是常有的事。尽管不是所有，但大部分人家是这样。城镇里的人一般一天吃三顿。

如果一天有两顿饭，一顿早上八点左右吃，另一顿下午四点或者五点左右吃。晚上就寝之前吃夜宵，时间为晚上八点或者九点左右。如果一天有三顿饭，第一顿就吃得很早，大概天亮的时候吃，男人们吃完就下地。中午这一顿在十二点半左右吃，女人或者孩子在家吃，而男人的食物是装进容器中，然后给送到地里。晚饭七点前后吃，这时候，所有劳动者都从地里回到了家中。

村里的男人和女人分桌吃饭。五六岁以下的孩子，不管男女，都是跟他们的母亲一桌吃饭。但当孩子长大以后，男孩就跟父亲和哥哥一桌。事有例外。家中年纪最大的男性为一家之长，他的妻子有时候可以跟男人们同桌。家中做饭的是较年轻的妇女，通常是儿媳。如果家里不止一个儿媳，她们就轮流做饭，通常是接连做十天。当然，富裕人家里做这种事的是用人，而不是儿媳。雇来下地干活的短工，一般都跟男人们同桌吃饭。

有些城镇家庭的男人分桌吃饭，有些城镇家庭的男女却是同桌吃饭。雇主吃完之后，用人则在自己的桌子上用餐。

典型的中国餐桌有圆的，也有方的。菜放在中央。每个就餐者都配有一个饭碗、一双筷子、一个碟子、一个汤匙。凡是上桌吃饭的人，都是从菜盘子里夹菜。

就餐讲究礼节，每个就餐者都不能只夹某种菜，这是为了让每个人都能吃到全部的菜肴。父母教育孩子的时候，有个很常见的观点：在同桌吃饭的人里面，谁夹了几种菜，却能令别人看不出他或她最喜欢的是哪种，谁就是最讲礼节的人。另一方面，一片肉可以分几口吃完，没吃完的时候就放回碗里，也不算不讲礼节。然而，与美国食物相比，中国食物没必要分几口吃完，因为所有食物原料不是切成丁，就是剁碎、绞碎了，要不然就是切成了一片一片的，适合一口吃下。

良好的用餐礼节还包括其他几项内容。如果同桌用餐之人长幼尊卑不同，年轻位卑者必须等年长位尊者先动筷子，之后才能进食。吃饭的时候，必须用左手把碗举到唇边，而用右手拿筷子把食物夹进口中。用餐之人把饭碗留在桌面，吃的时候又从碗里囫囵地夹起来，就表示没兴趣吃，或者对食物不满意。如果他或她在某人家里做客，这种行为在主人眼里就是公开的羞辱。

我们还小的时候，始终有人教育我们，饭吃完时碗里连一粒饭都不能剩下。长辈们让我们牢记一条：每一粒大米或玉米，都是耕种土地的人用一滴滴汗水换来的。最后还有一项，大人教导小孩子：大人吃饭的时候说话，小孩子要听着，不能说话，除非大人叫他们说。

外出就餐

中国的乡村通常几乎没有实体商店，也没有任何餐馆。乡村主要依赖定期开放的集市，有三天一次的，有六天一次的，也有间隔时间更长的。集市开放的时候，农民们就赶集买卖货物。在这种集市上，到处都是卖熟食的小贩和露天摆放的食摊。大多数餐馆、肉店、杂货店和粮店，还有糕点生产商、饼干生产商、豆粉面条生产商、小麦粉面条生产商，以及其他许多现成食物的生产商，都得去城镇里找。

在中国的城镇里，走街串巷叫卖的小贩随处可见。这些小贩提供了海量种类的货物和服务。有些小贩按两卖煤油，有些能完美修复任何破损的瓷器和陶器，有些能提供成百上千种女士用品，从化妆品到针头线脑，应有尽有。除此之外，许多走街串巷的小贩还开着便携式的食摊。

这些小贩里面，最常见的是论碗卖面条的，或者卖热烧饼的、卖油条的、卖西瓜的、卖冰糕的。买面条和油条的顾客，可能当场就吃，吃完把碗筷还给小贩，好让他们洗干净继续用。

技艺最精湛的小贩还要数卖糖人的，自产自销，周围总是有许多小孩子，甚至还有大人，为他们的技艺而着迷。他们挑着一个炭炉以及一批模具，形状有小男孩、小女孩、戏剧人物、动物、鱼、昆虫等。一大团糖稀犹如灰泥，在炭火的作用下变软。他们揪下一小团，放到吹管的末端，向管中吹气之前，先把柔软的糖稀放入特定模具。没有形的一团糖稀变成了模具的形状，变作美丽的公鸡、牛、天使，或者顾客点的任意形状。为了追求额外的效果，他们会给做好的糖人着色，或者在这里那里加一点其他颜色的糖稀，好让糖人栩栩如生。小孩拿着糖人玩一会儿之后，就把它吃进肚子里。

　　沿街叫卖的小贩来去时间不定。路边食摊出现于早市和庙会，时间却较为固定。他们为顾客服务的方式与小贩一样，只不过菜单更为复杂。小摊不供应单一的食物，比如烤红薯或者面条，而是供应更为完整的餐食，有饭有菜，或者饺子的某种变体。此外，他们有时候为了食客吃得舒服，还提供几张桌子、几条凳子。

　　餐馆的类型多种多样。在北京，从前门地区一两间房的餐馆，再到豪华的东兴楼和东来顺，各种餐馆应有尽有。但无论餐馆是朴实无华，还是富丽堂皇，以下特色是所有餐馆都具有的。

　　厨房（餐馆的主体）一般位于餐馆正大门，为的是让顾客看到菜肴的制作过程，看到大厨有何高超的厨艺。举例来说，制作许多北方菜肴时，主要烹饪技法就是爆炒。爆炒的时候，长柄锅要烧烫并放油，然后放入各种原材料，火候也要拿捏得恰到好处。锅下是大火，锅里的食材在大厨手下翻来覆去。我们见过的很多大厨都是这么做的。顾客临门，大厨们也会高升喊道："有客到。"

　　中国餐馆还有另外一个共同的特色：许多顾客都是在雅间用餐。有些雅间彼此隔开，靠的是实体墙和门，也有用屏风隔开的[3]。大型餐馆的一层通常是面积广阔的大厅，许多顾客就在大厅里就餐。谁在哪里就餐，并没有绝对的规定。一般来说，同来的顾客有四人或者四人以上的，会被安排到雅间。同来的顾客少于四人的，或者只有一位的，便在大厅里就餐。但是，此处就涉及到了北方餐馆的另一个共同特色：不同消费水平的客人杂聚一处。

西方人外出就餐，习惯于提前决定是去优雅的餐厅，还是去廉价餐馆。前者的一切都很贵，后者的一切花费都要低廉些。北方豪华餐馆会照顾不同顾客的经济条件。（美国的大部分中餐馆仍然保留了这一特点。）东来顺就是个好例子。这家餐馆最有名的，要数涮羊肉火锅。餐馆一层除了大厅，还有大约五十个雅间。想吃八大碗的人能在这里如愿以偿；临时工和拉洋车的苦力吃一顿午餐或者晚餐，最多只付得起二十个羊肉白菜饺子的钱，也能在这里吃得满足。吃八大碗筵席的人自然会被安排到较大的雅间，吃二十个饺子的顾客则会在一层大厅里就餐。东来顺没有因为顾客的阶层不同，而把他们隔离开来。

1949 年之前，中国的餐馆跟其他国家的餐馆一样，也流行给小费。但是从 1949 年后，全中国都没有给小费的规定了。

我们在前文提到了中国人的日常饮食观，也就是吃菜是次要的，吃几碗饭才是主要的。吃菜有助于吃饭。然而，在大部分餐馆以及丧宴、婚宴、春节宴会以及其他节庆场合的宴会上，人们的表现恰恰相反。在这些场合，人们的大部分注意力都集中于菜的质量，而非饭的质量。在北方，饭的范围总是有所扩大，常常还包括包子、馒头或者麻花。

此外，在节日期间，尤其是招待客人的时候，所有中国人似乎都忘了节约意识，而尽情地铺张浪费。桌上的菜十分丰富。男主人或者女主人也不管客人重复说什么理由，甚至连他们的直接反对也不管不顾，仍然往他们的碟子里夹菜，肉、鱼、鸡肉，一块一块地夹，直到把他们的碟子都堆满了。到最后，饭端上桌子了，大部分还在桌上的人已经饱了，充其量只能吃几小口。

茶、发酵酒和蒸馏酒

　　中国人不会边就餐边喝水。就餐的时候，通常配以热茶。1930年代，橙子味汽水及其他汽水流行了起来。在节庆场合或者有客人在场的时候，发酵酒先要加热，然后盛在小杯子里，和饭菜一起端上桌。一顿饭接近尾声的时候，桌子中央通常会摆一大碗汤，大家都可以舀来喝。

　　茶风靡中国。大部分的就餐场合以及其他时候，都会上茶。北方饮茶之风展现的文化修养，没有南方那么多。茶的种类很多，每种茶都有自己美丽的名字，而且常常和特定的地点有联系。聊举数例，龙井是和浙江联系在一起的，香片也是如此；乌龙是和江西联系在一起的；砖茶出自云南。有种茶叫大红袍，据说只有杭州的三棵老茶树才产。1930年代的时候，大红袍大概要五美元一两。这些别致的名茶有一大部分都出自南方，而非北方。

　　中国人泡茶，先往茶壶里加一些茶叶，然后将开水灌入其中，等茶泡个十分钟左右，就可以把茶水倒入杯中待客。有些茶叶会跟着茶水流进茶杯里。不过，中国的一杯茶里必有茶叶，因为中国人只靠茶壶过滤，不用茶隔。茶壶和茶嘴之间不是一个大孔，而是许多个小孔。这些小孔可以把茶壶和茶嘴隔开，以此实现茶壶唯一的过滤效果。

　　发酵酒的酒精含量低，蒸馏酒的酒精含量高。中国人却不对它们加以区分，只用"酒"这一个字来指称[4]。数个世纪以来，中国人已经熟悉了不同种类的发酵酒和蒸馏酒。茅台酒出自贵州，汾酒出自山西汾州，绍酒出自浙江绍兴。在酒精含量方面，茅台酒和汾酒的酒精含量非常高，而绍酒的酒精含量相当低。但是它们都以"酒"之称而闻名。除了汾酒，北方似乎没有产出其他有名的含酒精饮料。北方最常见的是白干，或者叫白酒，以及黄酒。

　　中国人对饮食很讲究，而且发展出了高度发达的烹饪艺术。与这一情况形成对比的是，中国人，即便是那些大量饮酒的中国人，也明显对酒没有特别的讲究。中国的传统小说常常提及独行酒客，说他们在酒馆借酒浇愁；或者描写孤独的"绿林好汉"豪饮一场，然后劫杀贪官。然而，中国人最常见的饮酒方式是随餐饮酒，尤其是在节庆场合或者宴会上。他们餐前不喝鸡尾酒，这一点跟美国人不同。上桌的酒里也没有任何混合型酒。在我们参加过的许多中国节庆场合或者宴会上，从来没见过有人询问潜在消费者的个人口味。相反，主人用同一种酒招待所有人，而客人们也喝得非常开心。同一桌的人要是喝酒的话，每个人都喝同一种酒。

按中国的习俗，饮酒要和吃菜穿插进行：新上一道菜，再喝一轮酒。主人劝客人多喝酒，客人劝主人多喝酒，主客互相劝酒，也是中国的习俗。饮酒时玩的一个游戏叫"划拳"，在北方特别流行，也闻名于南方。任意两个喝酒的人打定了主意，都可以玩这个游戏。每个玩家都会向对方伸出零到五根手指，同时大喊零到十之间的一个数字。谁喊出的数字等于两个玩家伸出手指数的总和，谁就是赢家。输家得新倒一杯酒并喝完。划拳可以无限进行下去，直到某个玩家或者双方都放弃为止。有些中国人的宴会也因此极度吵闹，尤其是好几对玩家同时划拳的时候。

地区差异

由于缺乏制冷措施，也缺少全国性的食品加工企业及生产企业，中国的食物往往因地区不同而有独特之处。地区上的一大差异——南方吃大米，北方吃小麦和其他谷物，东北吃高粱、玉米和大豆——我们先前已经讨论过了。南方菜的差异比北方菜大得多。而且，在全国名菜里面，与南方地区联系起来的菜，也要比和北方地区联系起来的菜多得多。

北方人常常评论南方人——长江以南的居民，或者江南人——的财富和美好生活。北方人认为，南方人穿的绫罗绸缎比北方人多，并且有条件天天吃大米，常常享用美食。他们也对自身相对辛苦的生活发表意见，并且提倡靠节约与勤劳来应对他们的命运。

有本书名叫《中国名菜大全》，编者为叶华。我们仔细看过之后发现，其内容和北方人里流行的印象一致。这本书包含614道名菜，其中，广州67道，潮州（汕头）58道，东江（广东省）60道，福建67道，上海66道，淮阳（江苏省）124道，四川76道，北京96道。换言之，编者能找到的菜里面，只有15%能跟北京联系起来，而北京是清单上唯一的北方城市。而且不要忘了，数个世纪以来，执政的贵族、官僚和全国谋求公职的人都聚集于北京。

北方和南方的饮食，有什么质量差异？这本书的编者提出的观点不禁令人遐想：

> 例如粤菜花色多，调味有清有浓，取料新颖奇异，久已脍炙人口，深受中外人士欢饮；福建菜取材着重海鲜，以擅长汤菜、炒菜著称，为海外华侨所喜爱；潮州菜以海鲜见长，尤以汤泡类最为特色；东江菜油重、味浓，深受食家所称赞。京菜的烤鸭，久为世界驰名；淮扬菜浓淡适宜，制作精细，尤以甜咸点心最为出色。

总体而言，这些看法与我们的亲身体会及观察结果相符。以糕点为例，中秋节的特色食物是月饼，全国皆然，但是北方月饼只有两种馅——白糖糊糊或者红枣泥。与此相对，南方月饼馅就花样繁多了，其原料有火腿、枣、腌杏、核桃、猪油、西瓜子。北方人也吃鱼，但是因为新鲜鱼不常见，大部分鱼都是腌制的咸鱼

北方特色菜不止北京烤鸭这一种。在所有北方家庭和北方餐馆里，

"火锅"都受人喜欢，在冬季漫长的几个月里尤其如此。吃火锅要用到烧炭的圆形炉子、沸腾着清淡鸡汤的环形锅，炉子要嵌入锅里。桌上摆有大盘子，盘子里有切得很薄的生食——鸡肉、牛肉、蔬菜、豆腐以及其他食品——食客们可以自行取用，并把自己的食物放入沸腾的火锅汤里煮熟。

牛肉片是北方人尤其喜欢的另一种食物，而在日本，牛肉片是拿来生吃的。在北京，典型的餐馆供应的是生牛肉片，中等大小，盛于盘中。餐桌上有烤炉，烤炉上有烤架。每位食客都用大概60厘米的筷子把肉夹起来，放到烤架上烤熟，等肉烤至食客喜欢的硬度，就把肉放到碗中蘸料里涮一下再吃。这种蘸料里有生鸡蛋、酱油、姜末和葱。吃这种食物的最好地点是屋顶花园，气温要在10℃左右。

吃烤肉时有个最不同寻常的特色，即食客在桌子周围的行为。他们不是围着桌子，坐在长凳上，而是站在长凳后面，把一只脚踏在长凳上。据我们所知，蒙古人在蒙古包里进餐的时候，是席地而坐的。既然中国人偏爱桌子和椅子，那么，这种站起来将一只脚踏在长凳上的就餐方式，很可能是折中之后的结果。

当然，北方烹饪内部也有差异。举例来说，山西以醋著称。本文作者之一游览太原时发现，山西大厨就算煮个荷包蛋，也要加很多醋。山西菜用起醋来毫不吝惜，湖南菜或者四川菜则肆意使用辣椒。作者对前者的反应，跟上海人对后者的反应有某种相似之处。河北良乡以板栗著称，这些板栗通常往南卖，最远甚至卖到了日本。在冬天那几个月，神户和大阪的街道上，到处都是卖良乡板栗的摊位。

尽管板栗和果干运到相当远的地方都不需要冷藏，新鲜水果却只能局限于原产地的小半径范围内，不当令就买不着、吃不到。因此，山东北部的德州出产的西瓜，由于可以长时间保存，不仅在德州随处可见，在周边地区也很常见。1930年代，我们要是坐火车穿过天津和浦口之间的德州火车站，常常会大吃德州西瓜。

唐玄宗经常下令让人把广东的荔枝送到首都长安，因为他的妃子喜欢那种水果。驿马飞驰，接力而行，长途距离将近一千里。很明显，大多数人没有这么英勇。北方人不仅从来没吃过荔枝，也绝少见到香蕉。1930年代的中国有个广为人知的故事：黑龙江军阀吴俊升统治着东北北部。有一天，他在北京参加了一场大型宴会，受到了盛情款待。在宴会最后，桌子中央放了一大碗新鲜的香蕉，这位军阀就拿了一根，吃了下去，连皮一起吃的。主人想给这位贵客解围，于是拿了一根香蕉，剥了皮才吃，剥皮的动作做得很明显。前来做客的军阀意识到自己出了错，但他不愿意承认自己是个乡巴佬，于是又拿了一根香蕉说："我一直都是带皮吃这种东西。"说完之后，他就把这第二根香蕉吃了下去，跟第一根一样，还是带皮吃的。

新中国的饮食

从1949年开始，中国人的生活发生了许多变化，但是如果没有系统的调查，我们很难断定变化的幅度。我们于1972年夏季访问了中华人民共和国，为期九周，结合最近看到的一些书面报告，我们可以提供一些简单的看法。

全中国，不论是城市还是乡村，现在都建成了公社。私人农业用地不复存在。例外的是，公社每户家庭的前屋后一般会有一小块私人自留地，充其量有一亩[6]。在这片土地上，所有者可以种植蔬菜，养几只鸡，甚至养一头猪供自家食用。如果有盈余的话，甚至可以卖了换现金。

靠着大规模开垦和灌溉，全中国的农业用地面积都在扩大。按地理书里常常引用的数据，中国耕地总面积为中国土地面积的11%。如今的比例具体高了多少，我们不知道，但是肯定比11%高一些。举例来说，在离北京有一段距离的黄土岗公社，按公社带头人展现的情况来看，耕地面积已经扩大到公社建立之初的好几倍。有一块地方围了起来，其中展示着开垦前就裸露的黄土。这些黄土就是纪念碑，让公社现在及将来的社员联想到公社已有的进步。

尽管有这些努力，中国在过去的10—15年间仍然从澳大利亚和加拿大进口了上千万吨的小麦。进口了这么多小麦，到底有多少是要马上投入食用的，我们不知道。按我们的推测，至少有一部分是储备粮。中国四处可见的标语是"备战、备荒、为人民"。

全国正在实行特定食物配给制。配给的食物项为大米、小麦粉、肉类（主要是猪肉）。令我们意外的是，某些地方连豆腐也实行了配给制。

由于有了灌溉工程，以及土壤的改良，原本只能种植高粱、小米及其他谷物的地方，也种上了小麦和稻子。举例来说，在辽宁沈阳外60多公里处的八一公社，原来的土地上流行种玉米和大豆，如今的主要作物是灌溉稻。

最后要说的是，富人饮宴一直有奢侈之风，而在丧事、婚事、生日和贵客临门等情况下，不那么富裕的人也有奢侈之风。这种古老的风俗如今从根本上减少了，或者说有了改观。就算在春节这么重要的场合，饮食的数量（及质量）也已经有所下降，但整体水平依然相当可观。

由于有了这些发展，我们可以说的是，北方人现在也吃大米、小麦和大豆，并把它们当主食来吃，高粱、小米和红薯则退居其次。由于有了肉类配给制，所有人分到的动物蛋白数量都是相等的。这就意味着，比之从前，大多数人现在能够吃到的肉和动物制品更多。肉类消费水平比之美国人很可能仍然不算多。在上文所引卜凯的调查报告里，中国人的肉类消费水平是微不足道的，如今却明显不是那样了。凡是最近去过中华人民共和国的游客都表示，所见人群健康而充满活力，没有营养不良，没得慢性病，没得流行病。

街上没以前那么多食摊和水果摊了，见到的也没以前那么显眼了。

除了偶尔有卖冰棍或者报纸的小贩，饮食类摊位都是国企的商店。除了招待外国游客和海外华侨的饭店，所有餐馆的菜肴都不如以前雅致，价格却更贵了。餐馆生意确实欣欣向荣，因为现在下得起馆子的中国人越来越多了，比中国悠久历史上的任何时期都多。

在招待外国人和海外华侨的饭店里，1949 年之前那些雅致而形形色色的饮食很常见。不论是在北京的前门饭店或者新侨饭店、广州的华侨大厦、武汉的江汉饭店，还是天津的天津饭店，其中的精美食物都表明，中国的烹饪技巧没有因政治而变得不同。有人在北京东兴楼为我们举行招待会，请我们吃了北京全鸭宴。大厨不仅拿出了我们从未吃过而且口感极佳的北京烤鸭，还为我们奉上几小碟爆炒鸭肾、爆炒鸭肝、爆炒鸭肠、油炸鸭舌、盐焗鸭胰、熏鸭脑和鸭油蒸蛋。

革命以来，酒精饮料只增加了一种，即中国人自己生产的啤酒。除此之外，我们看不出酒精饮料的消费在数量和种类上增加了什么。宴会上不再流行划拳了。香港有一家国营餐馆。我们数了一下其中展出的不同酒类，发现大概有五十种，名字都比较花哨，比如龙虱补酒、山西竹叶纯酒、长春药酒、中国白葡萄酒、九江双蒸酒、汾酒、菊花酒、人参酒、沙果泡酒以及五龙二虎酒。有些是传统酒名，比如汾酒和龙虱补酒，而其他许多名字都是新的。然而，这些酒大部分看起来都是为外销而创造出来的。

营养

人们谈及食物的时候，不能忽略食物的营养情况。从前文的描述和分析来看，读者可能已经得出了结论：大多数中国人的日常饮食主要包括谷物、豆类和其他蔬菜。问题是，这种饮食足够并且健康吗？

答案是肯定的。以蛋白质为例。根据联合国粮农组织的数据，等热量食物的蛋白质含量如表 6 所示。

表 6 等热量食物的蛋白质含量

食物名称	热量为 100 卡路里的食物所含蛋白质（克）
瘦牛肉	9.6
猪肉	2.6
富含脂肪的鲜鱼	11.4
鱼干	15.3
液体状全脂牛奶（含 3.5% 的脂肪）	5.4
脱脂奶粉	10.0
小麦粉（中等出粉率）	3.3
穄子	2.0
粟	2.9
御谷	3.4
高粱	2.9
粗玉米粉	2.6
自春大米	2.0
精米	1.7
鲜木薯	0.8
粗木薯粉和细木薯粉	0.4
薯蓣	2.3
芋	1.7
红薯	1.1
鲜芭蕉	1.0
不同种类的菜豆和豌豆	6.4
晒干的全脂大豆	11.3
班巴拉花生	5.7
花生	4.7

　　浏览表格，读者就会相信，中国饮食富含大量蛋白质。与牛肉相比，中国偏好的猪肉在蛋白质含量方面稍逊一筹。红薯的表现同样如此。许多北方人却还是大量食用红薯，而非牛奶或者脱脂牛奶。然而，不论在北方还是南方，大豆、菜豆、豌豆、花生都是中国饮食的重要组成部分，含有丰富的蛋白质，尤其是大豆的蛋白质含量让人惊叹。咸鱼和鱼干，大部分中国人吃得不多不少，它们含有质量最好的蛋白质，比瘦牛肉、鲜鱼和脱脂牛奶的蛋白质质量都要好。至于谷物，大米和小麦的蛋白质含量没多少差别，而小米、高粱、玉米的蛋白质含量也相差无几。

　　有些学者对中国饮食的研究更加深入细致，而且具体到了特定的地区，其研究结果也证实了上述观点。举例来说，按照盖伊（Guy R. A.）和叶恭绍的《北平的饮食》（Pekingdiets），即便在1930年代，富人和穷人的饮食也是"完全充足"的。富人的饮食结构为精制谷物和肉类，穷人的饮食结构为全谷物和豆类，后者的构成为"玉米大豆杂合面、小米大豆杂合面，再加上蔬菜、香油和咸菜"。这种饮食和当时大多数北方人的饮食一样，唯一的缺点在于单调。

　　另外还有一个事实是盖伊和叶恭绍没有提到的：在1930年代的北平以及其他地方，在特定的场合下，穷人的饮食会因为有大米、小麦和咸鱼而变得丰富起来。卜凯对农村家庭的调查，时间覆盖了1922年至1925年，证实农村家庭的饮食里有充足的蛋白质，也为日常摄入的热量提供了丰富的数据。根据这份调查，每个中国成年男性农民每天平均摄入的热量为3,461卡路里。与之形成对比的是，西方国家规定，从事中等强度体力劳动的男性要摄入3,400卡路里的热量。

　　1949年之前，营养不良的主要源头，在于穷人的全谷物和豆类饮食分配不均等，而不在于这类饮食的质量。许多人常常饿着肚子睡觉。新中国成立后，政府采取了许多闻名于世的措施：在国内增加食品生产，并且从国外进口小麦，再与公平而有效的配给制相结合，而且对维生素有所注意。几乎没有疑问的是，尽管大多数人的饮食仍然不够丰富，但这些饮食肯定是充足且健康的。

结 语

不论革命与否，对于中国人来说，食物总是会有特殊意义。没有宴饮的庆祝是不完整的。西方人待客之时，注重银质餐具、桌布、蜡烛和桌中央的装饰品，意在强调礼节或者饮食的重要性。中国人为了同样的目的，注意的却是盘中菜和碗中饭，努力提升饭菜数量、种类和质量的档次。中国人即便用了桌布，也没想过用了之后，桌布还得保持一尘不染。许多筵席近乎完美，而所用餐桌只不过表面涂了一层清漆。

我们在前文已经提到，新中国成立后，富人一直以来的铺张浪费习气有所收敛，而其他人群在特定场合的铺张浪费习气也减少了。同时，大多数人的饮食却更加充足，从饮食里得到的乐趣也增加了。据说，早先参加婚宴的客人充其量分到几根棒棒糖。如今的情况不再是这样的。在现今的中国社交聚会里，待客除了饮料就是麻花的情况，也不复存在了。

北方人和南方人都主要关心饮食的色、香、味。举例来说，北京烤鸭看起来必须是金黄色的；做蒸鱼必须用上香油、鲜姜和葱，以便获得鲜味；而咕噜肉要做得可口，甜汁和酸汁就必须搭配得当。中国人决不可能放弃他们独特的饮食文化——烹饪的技艺和享受食物的方式。

注释

[1] 清明节，人们会拿出重要的饮食当祭品。有个故事这是这么说的。一家人扫完墓回家。途中有几个人听到一个鬼在问另一个鬼，问对方那天享受到的饮食质量如何。第二个鬼回答道："酒好菜好，只是饽饽不太干净。"听到这些话的人立刻明白了，"不太干净"指祭品不太干净。原来他们带着许多祭品出门往墓地走，却找不到合适的容器来装饽饽。匆忙之中，他们拿了一块布，把饽饽包在了里面，而他们原本想用那块布做一条裤子。

[2] 与卜凯搞调查的 1930 年代相比，美国人现在的动物制品食用量当然高得多。

[3] 这种模式并不局限于北方，甚至流行于如今的香港。

[4] 本文的作者之一在伦敦读硕士期间，有一回从巴黎回伦敦的路上，他带回了一瓶酒，想送给某位朋友。他口头申报带了一瓶酒之后，听他申报的海关官员看了那个酒瓶子，就把他大骂了一顿。那位官员愤怒地问道："你把这个叫作发酵酒（wine）？"实际上，在那次事件之前，这位作者从来不知道发酵酒（wine）和蒸馏酒（spirits）的区别。

第八章　近现代中国的南方

尤金·N. 安德森、玛利亚·L. 安德森

原材料及营养价值

在许多人看来，近现代中国南方饮食是世界上最好的饮食。南方饮食兼具质量、种类以及营养效果，而且每亩地能养活的人更多，地球上的其他任何饮食都无法相提并论。当然，现代实验室里创造出来的食物不在此列，但要造出那种食物，需要工业方面的投入。这就引发了一个疑问：中国南方往往多山而贫瘠，为什么能够实现这样有效的生态转变呢？很多外部观察者习惯认为，中国人之所以成功，是因为他们要调节"芸芸众生"面临的压力。然而，历史和逻辑都让我们相信，是"饮食习惯"起了主要作用，使得"芸芸众生"有了可以遵循的饮食习惯。一千年之前，中国南方还人烟稀少。这里的人口快速增长，与中国其他地方一样，是因为接纳了美洲新大陆的农作物，并且开垦了更多的土地，但是几乎不涉及技术进步或者实际的权力下放。中国其他地方的食物系统动态机制已分析完备。在本章中，我们将专门描述中国南方饮食艺术的当下概况。

我们采用的分析单元是卜凯的"水稻区域"（rice region）。卜凯的分类具有坚实的文献基础，基本上是准确的，而且对我们很有用。卜凯有位不知疲惫的助手，按照地区收集了食物消耗统计数据。因此，我们对于很长一段历史时期（大部分尚属于传统时代）内的实际食物消耗数据就有了一个基本了解。在使用"水稻区域"作为分析单元的时候，我们将四川和上海等地区的食物归入"中国南方食物"名下，尽管它们在餐馆里常被冠以"中国北方食物"之称。对于餐馆经营者而言，中国南方菜仅指粤菜，广东以北的任何食物都是北方食物。然而，水稻区域的饮食是同一主题下的多种变体：主食为大米；与大米搭配供应的浇头是一份辛辣多汁的菜肴，或一系列菜肴，包括多种蔬菜（有几种来自美洲新大陆）；如果食用之人够富裕，还会包括猪肉、禽肉或者水生动物。北方人吃得大不相同。"小麦区域"（whrat region）的食物构成为馒头、稀饭和面条，配菜是寥寥无几的几种蔬菜，大部分还是本地产的（只有极少数出自美洲新大陆）。富人很可能会吃羔羊肉，但与南方富人相比，吃水产食物的可能少了几分。在这两个区域同等重要的只有大豆和其他豆类，以及少数其他几样蔬菜。按照梅纳德（Maynard L.A）和斯温（W.Y.Swen）的统计数据，在小麦区域，吃大米相对最多的地区（种植冬小麦和小米）的普通市民，只从大米里获取 1% 的热量；而在水稻区域，吃大米相对最少且接近南方的地区——长江上游的四川境内，这一数字飙升至 56.9%，而到了中国的东南角，也就是种双季稻的地区，这一数字升至顶峰，达到了76.9%。当然，这些数字不是百分之百准确，却也足够接近，可以表明南北主食大相径庭。这一点毫无疑问。至于分隔线，自然是以大规模种植稻谷有利可图的最北边为界 [1]。

在中国南方的广袤土地上，既有富人（负担得起种类多样的食物），也有穷人（主要以谷物为主食）。我们会尽力兼谈这两类人。而且，我们的主要注意力将会放在汉族饮食上，只以最简明的方式提及这片土地上的诸多少数民族，因为与后者相关的资料非常零散。实际上，有关汉族的资料同样既不广泛，也不全面。过去的四十年间，中国的情况因诸多巨变而有所改观。卜凯的统计数据只是综论巨变之前一段时期内的情况。对于近年来可以与之对比的情况，我们一无所知，也无法全面掌握相关的文献。在写作期间，受图书馆所开放资源的影响，我们被迫主要使用英语资料，而且是面向人群最广、最容易找到的那些资料。（我们希望在不久的将来弥补这一短板。）我们严重依赖自身的实地考察结果，辅之以其他的人种志资料，还多多少少用上了年代较早的游记。有关中国食物的更具普遍性的资料，有两个来源——食谱和农业方面的著作（我们有个假设：人们种植的粮食和饲养的动物，既是供给本地人食用的，也是供他们自己食用的）。司空见惯的情况是，有人认为"食物"这个话题过于粗陋且宽泛，不值得学者注意，而这种清教徒式的态度似乎已经蔓延到了中国。我们也没发现任何近现代中国美食作家能比得上古代的作家（如袁枚），尽管罗孝建和郑莘定开了个好头。近来，中国食谱的数量激增，但是绝大多数的副标题或者宣传语都是令人厌烦的"适配西式厨房"，或用一些同样令人悲伤的短语。对我们的研究目的而言，这些食谱都派不上用场。许多食谱要么是著名食谱的精简版，要么仅仅在复述著名食谱，没有新资料。无论优劣，我们最为倚仗的是下面一些人编写的食谱类图书，如赵步伟（大部分是北方饮食）、傅培梅、爱丽丝·汉迪、罗孝建、格洛丽亚·布莱·米勒，以及弗拉基米尔·西斯、卡尔沃多娃·丹娜。这些食谱并不是完美的。它们把不同的菜系混在了一起。对于什么是菜系，什么不是菜系，各执一词。它们只反映了城里富人的口味，偶尔介绍改良过的菜肴，有时不那么符合学术规范，有时又太过简洁。在专论中国菜的参考文献里，没有任何一本书可以与韦弗利·鲁特的伟大著作《法国菜》和《意大利菜》相提并论。

　　所幸，在农业方面，我们面对的情况好得多——过去学术界认为，尽管饮食消费不值得注意，但食物生产能挣钱，因此是一门正经生意。我们在本文里只参考了权威资料，略去了不太有名的资料，尤其是一些非英语文献。在参考富兰克林·海勒姆·金和卜凯的经典研究之后，我们又补充了一些数据，不仅是农业方面的，也有地理、历史方面的，还有与特定农作物（比如大豆）相关的。我们也参考了鲁道夫·霍梅尔和沃特·马洛里的一些有趣的作品，它们分别论述民间技艺（包括食品行业）和饥荒。

　　最后要说的是，我们还拿权威作品当参看资料，比如 J.C.T. 乌普霍夫的《经济作物词典》、Bowes and Church 出版社的食物价值表，以及伯尼斯与安娜贝尔·梅里尔的作品。

　　考虑到中国食物的重要性和声望，我惊奇地发现，在游记、近现代文学作品、中国人的一般著作或者与中国相关的一般著作中，对中国饮食的描绘是多么低劣。中国各朝各代的小说是优秀的饮食资料源，但是——根据我们有限的研究——由于欧洲小说标准的影响，中国小说似乎在远离这种论述。当今时代的小说主角不吃东西的情况太常见了。他们要是能找到一点点东西来吃，那也不过是一杯茶、一碗面，顶多是一道有名的菜，而且是蜻蜓点水，一笔带过。这样的菜不会让我们增长什么知识。但愿有了这本书的刺激，人们对于描写中国饮食会有更大的兴趣，让新的文学作品应运而生。

原材料：南方的食材

　　比起任何可堪对照的区域，中国南方大概能够种植更多的农作物，至少从商用种植上来说是这样。可以肯定的是，南方天生就有许多本土(或者长期种植的)作物，而且在增加新的外来作物方面也反应迅速。除了栽培植物和饲养动物——从极小的酵母到巨大的棕榈树，从鲤鱼到水牛——野生植物（尤其是草本植物）以及野生动物（尤其是水生动物，也包括野生鸟兽），也对中国饮食有许多贡献。论起植物多样性，中国南方的植物，尤其是西南地区的植物，最为多样，只有潮湿的热带地区能够比拟。这一地区有着复杂的断层和折叠地貌，还幸运地拥有丰富的雨水和温暖的气候，这些促进了生物多样性。栖居于这一地区的人们机敏地利用了这种多样性。不仅如此，他们还人为增加了生物多样性。凡是全世界主要区域的作物，尤其是适应能力强的作物，他们都会引种到当地。有些作物适应的气候情势和当地完全不一样，而且在世界范围内不是首要作物，无花果和棕榈树即其类。只有这类作物他们才不甚重视。在动物方面，引种范围就没那么广了，即便如此，人们仍然在南方地区发现了大量的驯化品系。

在这种情况下，格外高产且营养丰富的作物成了主食，也是合乎逻辑的。与其他任何营养价值高的农作物相比，每亩水稻产生的热量都要更高。（木薯以及淀粉含量更多的土豆，还有甘蔗和甜菜，每亩产出的热量更多，但所产生的热量几乎只以碳水化合物的形式存在。）如果没有碾过，稻谷就会保有丰富的蛋白质、维生素 B 及有其他营养物质。我们把营养留到后面讨论，但对于实际为人们提供食物的主要农作物的重要性，必须先在这里强调一下。木薯的产量虽高，但若是某个地方人口过于稠密，木薯还是无法养活那么多人。稻谷可以大致分为籼稻（长粒、淀粉多，是中国人的偏爱）、粳稻（短粒，改良后可以适应白昼较长的环境，而且生长期较短。粳稻比籼稻更高产、更有营养，在中国却没有在日本那么受青睐），还有各种糯稻，包括红米和黑米。许多籼稻和粳稻的中间型、杂交型都见于南方北部。著名的"奇迹稻"是菲律宾国家水稻研究所培育出来的，其基础是台湾农民创造的杂交种——地方奇迹稻。在台湾地区，粳稻和籼稻一直以来都很重要。实际上，稻谷世界之复杂，远非上述图景所能囊括。每个主要分类之下都有约成千上万个品种。奇迹稻出现之前，在南方农民的土地上，偶然授粉和对多样性的自然选择，很可能使得任何两株植物的基因都不相同，或者至少保证一块土地就是一幅绝妙的基因拼图——允许互相对抗的品系自然发展，允许出现杂交优势，允许小生境（microhabitat）的存在，从而促进了稻谷之间的微观差异。低产量而蛋白质含量较高的稻谷出现于干旱的种植环境，同时也出现于其他环境。稻谷的种类有适合滩涂区域的耐盐水稻，有防涝水稻，不胜枚举。现代有了标准的种子品系，无疑会降低水稻的多样性，或许还会降低营养价值，因为新生水稻往往富含淀粉。菲律宾国际水稻研究所意识到了这个问题，而且努力维护这个研究所分发品种的良好蛋白质含量，中国大陆的育种站大概也在做着类似的事情，却也无济于事。传统中国形成了对水稻的鉴定能力，长粒而淀粉含量较高的籼稻成了最上等的水稻。有趣的是，许多水稻品种彼此相似，而美洲印第安人培育出了五花八门的玉米，水稻之间的相似度却远远超过玉米之间的相似度。毫无疑问，出现这种情况的部分原因来自于现实状况——大米基本是拿来打底的。大米是一种百搭食物，上面要盖"餸"，也就是讲粤语人士所谓为餐食增味的菜肴。然而，美洲印第安人种植的玉米有多种不同用途。（当然，这种解释也回避了一个问题：南亚人为什么没有为了更为多样的用途而种植水稻？）

凡是土质和水质合适的地方，水稻都占据了主导地位。由于在某个特定地区或者季节，种植水稻变得利润微薄，其他主要作物就开始逐步入侵了。如果走出适宜水稻生长的地区，就会发现其他主要作物最终占据了主导地位。如果往北走，冬天变得更寒冷，我们会发现在凉爽的季节里，小麦取代了水稻而成为轮种作物。（即便在中国最南端，隆冬时节往往也冷到有碍种植水稻。不过，我们会在那里发现一种填闲作物，也就是某种快速生长的蔬菜，可在双季稻之间种植。）如果爬上山，寒冷更甚，但是这种寒冷天气贯穿全年，昼短和昼长的季节都是如此，而且不存在急剧的气温波动。在这种地方，水稻拱手为大麦让路，而在瘠土上，又拱手为荞麦让路。有些地区足够温暖，却过于陡峭而且不够肥沃，无法种植水稻，过去依赖小米和高粱当主食。到了现在这个时代，新大陆农作物玉米统治了这些地区。此外，内陆的湿润山区逐渐依赖上了土豆，因为晚清的法国传教士把土豆推广到了这些地方。最后要说的是，在温暖沙质土壤里，红薯为王。

写到这里，我们可以介绍一下梅纳德和斯温给出的表格（见表7、8）。他们的表格编制于中国处于相对和平与安全的时期。中国人往往会把当地最好的东西展现给来访者，并且尽力拿出最好的统计数据。他们并未重视这种情况。毫无疑问，这些表格高估了大米的数量，而低估了其他谷物的数量。对于中国西部以及南方山地中心（贵州地区）等地，这种高估与低估的情况尤其突出，因为在这些地方，尤其是少数民族地区，往往几乎没有人种植水稻（常常有人批评卜凯的统计数据过于乐观，比如费孝通。凡是实地考察过南方农村地区并记录当地情况的人，都不会失于强调这些次要主食的重要性，也不会失于强调这些地区常常缺乏大米——甚至连次要主食都缺）。但是说到覆盖所有地区的统计数据，我们就只有这些，而且有总比没有要好很多。

因此，不管这些统计数据是好还是坏，以下就是有关食物消费（涉及谷物及其他食物）的表格，这些表格主要呈现的是南方的数据，同时加入了北方的数据以资对比（因为表格里的信息排列得如此整齐、有序、简洁，要是去掉的话，似乎没有任何好处）。

我们要强调的是，另一类食物也足够重要，将会在这类表格里受到评估。那就是含有蛋白质的动物制品及豆类植物。大豆——在五种经典的主食（也就是"五谷"）里排第五——通常是最重要的豆类。其他豆类在南方表现得出奇地好，但那无疑是因为大豆在北方生长得更好。每英亩大豆及每磅大豆含有的蛋白质，胜过其他任何人类可以食用的常见农作物、植物或者动物。由于这种情况，它们作为蛋白质提供者，就比中国任何动物类食物都重要。中国人早就认识到了大豆

表 7 不同种类的重要主食类农作物提供的热量百分比

涉及中国的 17351 人、2727 个家庭、136 处地点、131 个县、21 个省（1929—1933）

区域和地区	地点数量	水稻	小麦	小米	高粱	玉米	黍	红薯	大麦	大豆	绿豆	燕麦	土豆	紫花豌豆	糯稻	蚕豆	黑大豆	其他谷物	其他豆类
中国	136.0	35.0	14.4	10.4	7.5	7.5	2.8	2.6	2.0	2.0	1.2	1.2	0.9	0.8	0.7	0.6	0.6	0.2	1.3
小麦区域	67.0	0.6	23.5	19.9	14.6	11.9	5.8	2.5	1.3	3.2	2.0	2.2	1.7	1.3	—	0.2	1.2	2.3	1.4
水稻区域	69.0	68.4	5.6	1.2	0.6	3.2	—	2.8	2.7	0.9	0.4	0.1	0.1	0.3	1.5	1.1	*	1.3	1.3
小麦区域内诸地区																			
产春小麦的地区	13.0	*	15.3	20.0	4.5	*	21.7	—	1.3	0.4	0.4	10.9	7.3	3.2	—	1.0	0.7	8.6	0.8
产冬小麦—小米的地区	21.0	1.0	26.7	23.2	11.5	17.4	4.1	0.3	0.8	2.2	1.4	0.3	0.8	1.5	—	—	0.9	1.4	1.9
产冬小麦—高粱的地区	33.0	0.6	24.7	17.9	20.5	13.0	0.5	4.9	1.7	4.9	3.0	—	*	0.5	—	—	1.6	0.5	1.2
水稻区域内诸地区																			
长江沿岸产水稻—小米的地区	22.0	57.8	12.8	1.2	1.6	2.1	—	1.8	7.4	0.7	1.2	—	—	0.2	1.3	1.3	—	1.9	1.1
产水稻—茶的地区	19.0	75.8	3.1	0.4	0.1	2.1	—	2.0	0.3	0.8	*	*	0.1	0.1	1.8	1.8	0.1	1.7	1.5
产四川水稻的地区	6.0	56.9	5.3	—	0.1	14.0	—	3.1	0.3	1.9	0.3	1.5	0.1	2.2	0.8	0.8	—	0.7	1.2
产双季稻的地区	11.0	76.9	0.5	0.1	—	—	—	8.2	1.2	0.6	0.1	—	—	*	0.6	0.6	—	0.1	1.5
产西南水稻的地区	11.0	74.7	1.0	*	—	4.8	—	0.5	0.3	1.4	*	—	0.3	0.1	2.4	2.4	—	1.3	1.1

表 8 从动物类食物里摄取的热量

涉及中国的 17351 人、2727 个家庭、136 处地点、131 个县、21 个省（1929—1933）

区域和地区	地点数量	每日由动物类食物提供热量	不同种类的动物类食物提供的热量百分比										
			猪肉	猪油	羊肉	鸡蛋	牛肉	鸡肉	鱼肉	鸭肉	鸭蛋	虾干	咸肉
中国	136	76	54	18	8	8	4	2	2	1	1	*	*
小麦区域	67	32	59	7	17	10	6	*	1	—	*	*	—
水稻区域	69	122	51	31	*	5	3	3	4	1	1	1	*
小麦区域内诸地区													
产春小麦的地区	13	35	51	5	36	2	6	*	*	—	—	—	—
产冬小麦—小米的地区	21	17	63	3	23	7	2	*	—	—	—	—	—
产冬小麦—高粱的地区	33	40	59	8	5	16	8	1	3	—	*	—	—
水稻区域内诸地区													
长江沿岸产水稻—小米的地区	22	98	58	24	1	8	2	2	3	*	1	—	1
产水稻—茶的地区	19	106	54	31	*	5	1	3	4	1	1	—	—
产四川水稻的地区	6	165	48	37	2	3	7	1	1	—	1	—	—
产双季稻的地区	11	102	42	22	*	3	7	6	8	6	2	4	—
产西南水稻的地区	11	196	46	44	*	2	4	2	*	1	1	—	—

和动物制品的相似之处，还用素肉逐渐建立了庞大的食物网络（最初很可能是吃素的佛教徒发展起来的，现在肯定也和佛教徒有联系）。中国人对奶制品缺乏兴趣，部分原因可能是大豆提供的营养与奶制品相同，而且大豆更便宜——另外还有一种需要严肃对待的解释：中国人想把自身与边境上的牧民区分开来，不想在食物经济上依赖他们（这是中国人对这一现象的经典解释，但已经遭到了现代人的摒弃，因为他们相信所有传统解释必然是错的）。有关大豆的进一步讨论，属于下一节"食物加工"的内容，因为人们食用大豆的时候，通常既不是生吃，也不是简单煮一下、烤一下。大豆非常有营养，而且鲜美多汁，所以一直面临着来自自然选择的强烈压力，即以种子为食的昆虫和其他动物施加的压力。存活下来的大豆品系包含了多种毒素以及令人遗憾的化学物质。这些物质可以保护大豆种子不受破坏，但是人们生吃或者不加工就吃的时候，大豆就会成为危险食品。制备方式过于简单的大豆不太好消化，因为热量把某些营养物质粘在一起，使得它们在完整的大豆里变成了难以消化的物质。因此，中国几乎所有食用大豆都经过了发酵，磨成了粉，然后再加工，去掉了芽，要不然就是碾碎。

其他豆类在南方出奇地重要。由于大豆太过出名，人们从卜凯的数据里发现在南方某些地区，蚕豆的排名超过了大豆，不禁觉得惊讶。蚕豆属于近东 - 地中海农作物，通常和寒冷多雨的冬季以及干燥的夏天联系在一起。天生对蚕豆过敏的人要是吃了蚕豆，就会得"蚕豆病"，即急性贫血以及其他让人不快的症状。在营养价值以及产量方面，蚕豆完全无法跟大豆相提并论。难道是卜凯的考察人员搞错了蚕豆的价值？但已知的情况是，蚕豆广泛种植于中国，在大豆不能良好生长的地方，蚕豆必定在豆类里占据主导地位。中国也生长着各式各样的其他豆类作物，除了卜凯提到的紫花豌豆和黑大豆，我们还必须强调绿豆的重要性 [2]。尽管从百分比来说，绿豆在中国饮食里的地位不高，但是绿豆提供了绿豆粉丝，以及大量的豆芽（准确地说，绿豆提供了芽菜，也即绿豆芽，与大豆提供的豆芽相对。但是在日常使用中，芽菜和豆芽可以混用）。这些豆类都对饮食里的蛋白质大有功劳，至少地方上的情况是如此。

　　豆芽弥合了谷物和蔬菜之间的差距，因为它们虽然有"菜"之名，却是由谷物（豆类）制成的。（四季豆的情况与之类似，因为四季豆的吃法是未成熟时连着豆荚一起吃。）除了这些东西，有人发现南方种植了海量的绿色蔬菜。十字花科的蔬菜，尤其是芸薹属的蔬菜，在南方不像在北方那样在蔬菜领域完全占据主导地位，却仍然是出类拔萃的。我们要讨论的种类，不是世界其他地方已知的种类（除非说的是从中国传播出来的种类），而是中国本土的栽培品种。这些品种的植物学分类存在争议，难有结果。G. A. C. 赫克洛茨给出了令人满意的最新总结，为某些品种给出了兼顾型的分类系统。占主导地位的是大白菜，有长筒形叶球；青菜（在普通话里叫"青菜"，在粤语里却叫"白菜"），有无叶球而叶柄呈白色品种以及亲缘较近的品种；芥菜，在汉语里是"微小；不重要"的隐喻，却在中国南方至关重要。除了这些之外，南方还有其他芸薹属蔬菜：芥蓝，跟羽衣甘蓝非常像；芸薹（即中国油菜，是主要的油料作物），叶子有时候可以食用；还有各种次要作物，包括甘蓝，也就是欧洲白菜，是最近从西方引进的一种作物。粤语里的"菜心"对南方人来说意义非凡，是青菜的一种。至少有些人是这么认为的，尽管其外形和青菜十分不同。赫克洛茨将其列为"与小白菜相似的芸薹属植物"，并引用了菜心的其他名字。与芸薹属亲缘关系十分近的是萝卜。其中国本土变种有大根，而且数量巨大，通称萝卜。就目前来说，十字花科植物、芥菜、萝卜就是中国最重要的"次要作物"，其中，十字花科植物和芥菜是主要的叶菜作物。再加上水稻和大豆，它们构成了普通人的食物。一大碗米饭，一大块豆腐，加上一碟十字花科蔬菜——当季的鲜菜或者腌制的咸菜——就是经典的南方日常饮食。加少许辣椒或者豆豉调味，加一些菜油炒制绿叶菜，一份分量十足而且非常有营养的餐食就做成了，既没有使用动物制品，也没有使用任何占地面积大、种植起来费神的植物。十字花科的蔬菜产量巨大，且在南方全年都有供应：在寒冷季节生长的是大白菜，在炎热季节生长的是芥蓝，全年均能生长的是各个品种的小白菜。香港的蔬菜种植者每个月都能吃到菜心，因为这种作物一年收获十二次，月月高产，而且营养丰富。菜心生长极其旺盛，对肥料反应良好。

次要的是葱属植物，包括洋葱、大蒜、细香葱。中国常见的葱属植物除了普通洋葱和大蒜，还有著名的"葱"，又叫青葱，也就是大葱；薤头（在普通话里叫"藠菜"）是一种香味怡人的葱，腌制食物的时候用得很多；韭菜，别名"中国蒜"或者中国细香葱，这是为数不多的几种常用调味草本植物之一，非常流行。不说其他价值，它还为中国创造了"割韭菜"这个妙趣横生的短语。

新大陆的蔬菜是特殊而引人注目的一个类别，因为它们拥有共同的起源，且在中国栽培的历史较短，却又极其重要。土豆和红薯已经成了主食，玉米亦然。除了这些，花生在南方许多地区已经是最重要的油料种子，也成了人们频繁食用的食物。葫芦科的各种南瓜、新大陆的菜豆仍然是次要的蔬菜，因为它们面临来自中国本土南瓜的竞争。然而，另外两种新大陆作物却改变了南方的饮食（此外还改变了欧洲大陆饮食）：番茄，过去一百年左右才引入中国；辣椒，以及更辣的小米辣。辣椒远远比小米辣重要。有种较辣的辣椒叫红辣椒，比甜椒（也叫灯笼椒）更重要、存在时间更长。番茄和红辣椒不仅转变了南方饮食的味道，也为维生素 A、维生素 C 及某些矿物质提供了新颖而异常丰富的来源，因而显著改善了南方饮食。这些植物容易种植、高产，在亚热带气候里几乎全年结果。如此一来，原本在春节这样的时节，由于缺乏高产蔬菜而引发的维生素获取瓶颈也不复存在了。因此，在过去的几百年间，这些植物对于中国的人口和财富崛起大有贡献，下文将进行更加全面的讨论。当然，红辣椒在四川和湖南得到了最广泛的使用。这两个地方由于使用了花椒，也很可能由于与印度有接触，原本就产生了一种辛辣的菜系，红辣椒很自然就融入其中了。

除了这些，中国南方拥有并利用了一大批不容易归类的蔬菜。没有一种的地位是重要的，但是每种都有人使用。从这一大堆蔬菜里面，我们可以随意选几种来讨论一下，或者至少可以列出那些既常见又有趣的品种。在这些蔬菜里面，最大的是冬瓜。在形态和特性方面，冬瓜不像美洲南瓜那么多样化，但形态数量之多还是引人注目的。各种冬瓜形态十分不同，以至于没几个人会认为它们是同种植物。冬瓜个头大，表皮为黑色，外皮较硬，最典型的用途是当汤壶：往里灌入各种原材料，有时候外部会雕刻出各种可爱的图案。经过蒸制，冬瓜中的汤会增添淡淡的辣味，也会吸收过多油腻或者辛辣味道。其他品种的嫩冬瓜可以当西葫芦来使用，切片之后，可以煮熟了吃，也可以炒着吃。由于稍微显白并且有点刚毛，这种形似舌头的水果通称"毛瓜"。人们种植的其他葫芦科植物也有丰富的品种，从全世界都在种植的黄瓜和甜瓜，到长条状而弯弯曲曲的怪异蛇瓜（瓜叶栝楼）、棱角丝瓜和圆筒丝瓜。这些次要的葫芦科植物里面，最有趣的要数苦瓜。苦瓜呈浅绿色，表面有瘤状凸起，成熟的时候种子为红皮。人们食用的苦瓜是嫩苦瓜，要切碎和肉片或者虾一起炒，又或者三样一起炒。苦瓜能把肉片和虾的味道激发出来，肉片和虾又似乎中和了苦瓜的苦味。苦瓜的味道要习惯之后会喜欢上。这种味道非常值得人们去接受。

有一整类的根类作物都衰落了，成了次要作物，原因在于红薯和胡萝卜的传播（中国人认为胡萝卜具有巨大的药用价值，或许是因为胡萝卜素含量较高，可以治疗轻微的维生素 A 缺乏病。这说明在旧中国的某些时代、某些地方，维生素 A 缺乏症是一种常见病）。大部分根类作物,更确切地说,所有已知的根类作物命该如此。与替代者相比,他们的营养价值少得多,产量低得多,更加粗糙,纤维更多,难以烹制和食用。其中最优秀的、唯一还比较重要的作物是芋头。芋头属于天南星科植物的块茎,形似土豆,呈浅灰色或紫色。

当然,芋头实际上是块茎,不是根,其他几种水生作物亦是如此。中国南方是个水世界,或者至少可以说,南方人口稠密的地方是个水世界,因为那里有水田和鱼塘。有些地方水太深(或者说容易灌满太深的水),不适合水稻,对鱼来说又太浅,因而成了个独特的水生作物世界。其中也有类似芋头的地下茎(逃脱了被误称为“根”的命运),即荸荠,是短尖水葱或者其他沼生水葱的球茎。乌菱是一种漂浮于水面的水生植物,具有宽大的菱叶,果实的每个方面都和荸荠完全不一样,却在英语里有水栗子之称,让人费解。荸荠在汉语里有“马蹄”之称,呈圆形,吃起来脆而甘甜,可以跟肉类放在一起烹饪。乌菱就是菱角,是有两个角的坚果,生吃往往有毒,煮熟了可当零食或者甜食吃,磨成粉之后就是标准的增稠剂和黏合剂,但现在基本上被玉米粉取代了。人们常常称乌菱为水蒺藜,以便将之与荸荠区分开来——因为荸荠才是真正的水栗子——但是实际上,菱角更有资格叫做水栗子,因为乌菱跟欧洲四角菱的亲缘关系很近,而水栗子原本就指欧洲四角菱,欧洲人将之作为常用的次要食物。荆三棱的块茎跟荸荠相似,被美洲大陆和欧洲大陆的土著人广泛食用,被称为“短尖水葱根”或“沼生水葱根”。中国的命名系统是否应该修正?可能不必,因为英语本身都没有结束命名的混乱状态,学者们应该恪守中文名称以及拉丁学名。

另外有种水生的非根类植物叫莲藕,即莲的根茎(在水底横向生长的茎)。莲米也很重要。莲藕可以制成上等藕粉。藕虽然内部黏糊糊的,却是婚宴上的食品:人们会把藕掰成两半,但是藕里黏糊糊的汁液成了藕丝,又把藕连在了一起。这就有象征意义,即所谓“藕断丝连"。其他重要的水生作物包括蕹菜（即空心菜）和豆瓣菜（亦称"水焯菜""西洋菜"），前者可种植于夏季，后者可种植于冬季，而且可以种植于同一块田里。在民间医学里，这两者明显都是"凉"性蔬菜。蕹菜和荸荠一样，有个可疑的特点——它们是寄生虫的潜藏之所。因此，蕹菜在食用之前要好好煮熟。蕹菜是南方的本土作物，和红薯是近亲，但是人们种植蕹菜是为吃它的叶子。它是几种次要叶菜作物里最重要的（至少在香港是这样），可以作为十字花科蔬菜的补充（尤其是天热的时候），但是不如其他叶菜高产，也没有它们有营养。这几种叶类蔬菜已经退化到野菜的范畴了，我们也没有篇幅一一列举它们，况且其对饮食的贡献也是次要的。

最后，我们可能会注意到，蔬菜里还有茄子和秋葵。这两种果实分别远从印度和非洲，很可能经由东南亚到达了中国南方；甜玉米，吃的时候是拿着玉米棒子啃着吃，在山区尤其如此；还有奇怪的野生"稻"（水生菰），中国人跟美国人不一样，没把它当谷物食用。之所以种植，是因为它的茎感染真菌之后，其嫩芽就会膨胀而变得柔嫩。这种状态下的水生菰是一道美食，味道略似芦笋。

现在我们只讲使用量较小的植物。这些植物的使用量较小，因而应该叫做香草和香料，而非蔬菜，虽然它们之间的区别是模糊不清的。

与南欧（全世界的香草使用中心）相比，中国的香草（这种植物的绿色部分可取少许作调味品）少得多；与南亚和东南亚相比，中国的香料（这种植物的非绿色部分可作调料）也少得多。当然，药草属于另外一类植物。我们在此只关心主要具有食用价值的植物，而非主要具有药物价值的植物。有种植物难以分类，那就是萱草属植物。其根与蓓蕾可以是药、香草、蔬菜，人们想拿来做什么就可以做什么。未成熟的萱草叫"金针花"，既可入中餐，也可入中药。香草身份更明确的是细香葱和芫荽，后者别名墨西哥芫荽，也常常被人误称为"中国欧芹"，但它实际是近东的香料，广泛分布于中亚地区。芫荽在中国西北饮食里十分重要，实际上遍布全中国。其味道浓烈，通常不是受人喜爱，就是遭人讨厌（我们这两位作者喜爱芫荽），明显是一种后天习得的口味——跟苦瓜的味道一样，值得人们去习得。在香料里面，最重要的是生姜。新鲜的姜根可作香料。生姜的使用频率之高，已经足够称作蔬菜了。在传统信念中，生姜属于热性植物，可以促进生育能力及性生活。几乎任何肉菜里都有生姜（至少某些厨师做菜的时候是这种情况，也有人则避免使用生姜）。另外一种独特南方香料则罕见得多，而且更加属于地方特色——棕色椒，又叫四川椒，原本叫椒，如今叫花椒。花椒原产于中国西部，主要用于川菜和湘菜，所产果食像是缠绕在短柄上的棕色胡椒粒，整体就像一个小型的男性生殖器，因而为中文提供了一个明喻。这个明喻可以追溯到《诗经》，从当时一直沿用至今天，挑逗着人们的情欲。¹ 除了这些，中国饮食的"额外"味道主要来自大量的豆豉制品，因为这些豆豉制品形成了独特而浓烈的味道。它们比香料更容易获取，因此大规模地取代了香料的地位。当然，在过去的几十年，甚至是几百年间，咖喱粉及其他外来香料就已经进入中国菜，但是在很大程度上，至今仍然保持着外来事物的形象，很多厨师们用起来不顺手或者完全一窍不通。在东南亚，这种一般规律并不适用。外来香料和泰国菜、马来西亚菜及其他菜系接触并融合，形成了绝佳而独特的菜肴，比如马来西亚和新加坡的娘惹菜（"娘惹"指有钱人家的华人女性）。然而，由南方各地传统融合而成的菜肴，只能置于本文讨论范围之外了，因为要讨论那些菜肴的话，必须再增加同等的篇幅才行。

另有一类烹饪用植物，主要作用在于添加味道，但不像香料和香

1　指《诗经·唐风》中的《椒聊》："椒聊之实，蕃衍盈升。彼其之子，硕大无朋。椒聊且，远条且。椒聊之实，蕃衍盈掬。彼其之子，硕大且笃。椒聊且，远条且。"

草那么浓，同时体积比真正的蔬菜小，它们不同程度地吸收成品菜肴的味道，从而通过微妙的化学反应，激发出最顶级、最可口的味道。这一类食物与真菌类食物本质上是紧密相连的。冬菇在真菌类植物里占主导地位，成了许多菜肴的核心（尤其是素菜），同时在更多的菜肴里充当配角。这种蘑菇生长于倒地的树木上，在日本有栽培。草菇也见于日本，我们却没有听过它的中文名称。中国南方多半也栽培了这两种蘑菇——就像欧洲蘑菇一样，至少目前在台湾有栽培。南方饮食里有种非常典型的耳状木真菌，被称为"木耳"或"云耳"，属于木耳属或者银耳属，或者同时属于这两个属。与法国菜里的块菌属真菌一样，这些真菌加入别的菜肴之后，菜肴里不会有多少真菌的味道，而菜肴本身的最佳味道却或多或少被激发了出来。同时，这些真菌与其他原料形成映衬，让菜肴的卖相变得独特而怡人。

　　与蔬菜形成高层次对比的是"果"，也就是水果和坚果。中国南方是全世界的水果和坚果中心：台南及滨海地区，尤其是潮州地区，尤其以亚热带水果而闻名。四川以各种水果和坚果而闻名，其他区域以地区特产而闻名。凡是有关中国南方村庄的记述，都提到了各种各样的果树。即便如此，水果和坚果都不是南方饮食的主要部分，只有潮州的特定地区例外。果树需要太多照顾，占据太多空间，却很多年只是生长而不结果，结果了数量又太少。它们往往会被放逐到偏僻一隅，受到的照顾不够，除非它们是当地的经济作物。从整体上来说，中国人是地球上对甜食偏爱最少的民族。不过，最近有了碳酸饮料和糖果小贩的甜言蜜语，中国人的抵抗毁于一旦，他们的牙齿也因此坏掉了。水果属于小吃，不会被人做成花哨的甜食。人们喜欢相当酸的水果。在许多欧洲人对现代中国早期记述的评论中，他们抱怨有人用没熟的水果招待。实际上，中国人喜欢的水果是有点生的，或者自然变酸的、丝络多的。水果还是生的时候，就被摘了下来，然后用盐腌制。非常甜的蜜饯往往是北方人的食物（即便在北方只是充当次要零食），大部分南方人吃蜜饯没那么频繁。南方也种植甘蔗，只不过规模较小，数量可能只够小孩子啃几口生的、未经加工的甘蔗。这种甘蔗每英尺的含糖量相当低。有多少人会像顾恺之一样，先吃甘蔗最不甜的一头，以便"渐入佳境"呢？坚果在烹饪方面使用得尤其多，但是不能算是南方饮食的主要部分。在树木丰富的四川，核桃既是肉菜的重要材料，也是甜食的重要材料。这种甜食包括核桃奶油食品，也就是和哈尔瓦酥糖相似或者有关系的食品。人们常常把坚果当零食来吃，却更青睐西瓜子。就连莲米也比真正的坚果使用得更加频繁，至少在南美的花生来到中国前是这种情况。

许多中国水果已经传到了世界的其他地方，此处不需要多少评说：橙、东方柿子（代替了原产于美国的柿子，即美国东部的美国柿）、桃、李、橘。其他中国水果就没那么出名了，比如柚子，像是大个的木本葡萄柚；柑，古已有之，作为橙和柑橘的杂交种久已存在，现在遍布于整个远东地区，形状和颜色多种多样，令人惊叹；黄皮；葡萄味的荔枝；金桔，像是个头小而皮甜的柑橘……种类之多，不能备载。传播得最广泛的、最有名的是梅。梅本身是个独特的物种，与杏的亲缘关系很近，离李较远。梅在艺术和诗歌里十分出名，具有丰富意象，从高贵的意象到具有侮辱性的意象（如"梅毒"）。无论如何，梅都是酸梅或者发酵水果的源头，全中国的人吃肉都要拿发酵水果当小吃或者配菜。梅子的果实个头小、味酸，外形似杏，味道也似杏，不加工则几乎没法食用。另一种重要的中国水果鲜为人知，被西方人误称为"枣"，英文名为 jujube 或者 Chinese date（大枣）。这种果实确实像海枣，但颜色通常为红色，而非棕色，就连味道也跟海枣有点相似。枣核呈长条形且质硬，与海枣相似。但是枣和海枣没有亲缘关系。枣产生于一种低矮而多刺的树上，其上有丰富的寄生植物吸根。枣树与原产于西方的落拓枣亲缘关系很近。枣在干燥的地方才长得茂盛，因此对于多雨的中国南方来说，只是一种边缘化的栽培种。许多枣子都是从北方运来的。可能除了橙子，枣子就是北方最重要的水果。

中国的最南边，现在或者曾经种植过大量不同种类的热带水果和坚果，从椰子、槟榔到阳桃、芒果。对于所在地区来说，这些果实微不足道，在食物大局里无关紧要，但是对于某些地方来说很重要，颇有发展潜力。

最后值得一提的是一种奇观：竹子几乎从来不结果，但是一旦结果，整个片区的竹子会一起结果后死去，或者说至少要等很长一段时间才会复生。根据有些人的记述，竹米可以食用。竹子大规模结果是许多地方传说的基础。这些传说通常会有如下情节：竹子从未结果；闹饥荒；虔诚的人向众神祈祷；众神回应，竹子因之结果，人们因之得救。愤世嫉俗而擅长创造警句的人爱说"等到竹子结果的时候"，含义和"绝不会"非常接近。竹笋更为恰当的分类是蔬菜，但是此处称之为树木作物更好——竹子是一种栽培树木，确实到处都有。许多种类的竹子，尤其是刚竹属的竹子，还有体型巨大的麻竹属竹子以及其他属的竹子，都会生出竹笋这种有名的蔬菜。热带的巨型竹子一天长高三十多厘米，能够大量供应竹笋。吃竹笋要去掉笋壳，再吃笋心，即这些大型草本植物未来的木质"主干"。

我们现在可以稍微松一口气，转而讨论家畜。家畜方面要讲的东西就短得多了。鱼是南方饮食的主要动物蛋白质来源之一。人们吃的鱼大多是在野外捕的，涉及成百上千或者说成千上万种鱼类和贝类。但是有些鱼是在池塘里养出来的[3]。有效驯化的鱼类是鲤鱼。这种鱼有以下几项优势：每英亩的鱼会产生大量蛋白质；它们不需要专门喂养，因为它们吃的是池塘及其边缘的藻类和杂草以及小动物；在臭水里也能生存，因此也能生存于水不流动的池塘、市场上的鱼桶中；它们是高效的转化者，吃进去的东西有一大部分都会用于生长；由于跟其他鱼类有亲缘关系，它们很容易进行圈养繁殖。世界上第一批养殖鱼很可能是中国的鲤鱼。从主观猜测来说，这些鲤鱼首先驯化于中国南方，或许是在长江流域，而且是在中国人迁徙到那里之前，由讲泰语或者其他语言的民族驯化。不管怎么说，历史上在全世界范围内传播最广泛的就是吃杂食的欧洲鲤。池塘里的进食生态位互为补充，其他鲤类各就其位：金鱼生活于小池塘和小溪之中；草鱼以靠近水面或者水面上的草为食；青鱼以小动物为食；鲢鱼以中间层的浮游生物为食；鳙鱼以比浮游生物小得多的生物为食；鲮鱼居于池塘底部淤泥之中。所有这些种类的鲤鱼，连同欧洲鲤（当时还在淤泥里搜寻蠕虫和其他较大的塘底生物），都被人类一起养于池塘之中。凡是在较低营养级具有的东西，它们都会共同努力而加以利用。在食物链上端进食的鱼类——各种鲻鱼、鳗鱼、鲇鱼、北方蛇头鱼（乌鳢）之类——进入池塘之后就被人抓了起来；鳗鱼和鲻鱼往往还是鱼苗的时候就被捕捞，然后引入鱼塘养殖。淡水池塘和盐水池塘里，也有丰富的对虾和其他有壳类水生动物（褐虾、鳌虾）。这些有壳类水生动物的使用频率非常高。因此，凡是在南方水量丰富的地方，都可以供应鱼类蛋白质。即便在云南高原，那里湖泊也滋养着大型的水产业——准确来说，滋养的是野生鱼类——那里有疍户（以船为家的渔民），其生活方式类似于香港的疍户。人们不论什么时候卖淡水鱼，都尽量卖活鱼，而且几乎所有时候卖的都是鲜鱼，至少卖鱼塘养的淡水鱼是这样。海鱼以及过量供应的淡水鱼，通常要脱水或者用盐腌制以便运输，或者晒干后用盐腌制，再行运输。廉价的咸鱼——用盐量刚够阻止正在脱水的鱼完全变质——已经是南方穷人觉得奢侈的蛋白质。这些鱼会形成亚硝胺，因为在腌制过程中，细菌把硝酸盐分解了。这些化学物质属于致癌物质，可能和这一地区某些癌症的高发病率有关。有壳类水生动物常常也要脱水。生蚝需要置于一大缸的生蚝汤里熬制，熬到剩余的液体黏稠而味浓。这种蚝油会用于肉菜的烹制过程。干褐虾、干蚝、干鱿鱼都属于主食。沿海地区的人把小褐虾放入一个个巨大的罐子里，再加上足以防止小褐虾变质的盐，褐虾酱就做成了。褐虾可以把自身消化掉，因为它们的消化酶可以溶解身体里的蛋白质。这些过程换来的是一种带紫色的固态膏状物，可以用作调味品，是已知的蛋白质和钙最丰富来源之一。与马来盏酱以及东南亚的其他虾酱相比，这种虾酱并没有什么特别的地方。偶尔会有人用同样的方法来熬制小鱼，结果就制成了顶级的膏状物或者油状物，越南人称之为甜鱼露，菲律宾人称之为鱼胶和鱼露。在中国南方，这样配置而成的东西绝不会像在东南亚那么受欢迎，它们只是东南亚技艺无关紧要的延伸。

　　顺着各类脊椎动物往上看的时候，我们要快速跳过爬行类动物。人们吃蛇，主要是把蛇当药吃，偶尔当作稀奇古怪的东西来吃，尤其是"龙凤虎"这道菜（结合了蛇、鸡和猫）。禽肉比蛇肉重要得多。鸡驯化于东南亚，普通的家鸭（绿头鸭）、鸿雁驯化于中国本土。所有禽类都可以作食用，而食用鹅的频率比食用其他禽类低得多。蛋类是主食，人们会用多种方法腌制鸭蛋，如除去蛋黄、脱水、加盐。当然，还有著名的"百年蛋"，甚至可以称为"千年蛋"（即"皮蛋"）。这些名字含有典型的夸张意味。鸭蛋只是裹上了石灰泥或者石灰、细灰以及盐的混合物，有时候会在混合物里加茶叶，然后腌制两个月到四个月，具体时间多多少少取决于腌制的季节和市场需求。这些化学物质渗入蛋壳之中，既完成了蛋的腌制，又丰富了蛋的味道。鸭蛋变质的速度比鸡蛋快得多。这大概就是腌制技术多用鸭蛋的原因。产鸭子的地方也比产鸡的地方更加集中（限于水量充足的区域），所以运送鸡蛋的问题更加紧迫。另外，鸭蛋更坚固，更加适合用来腌制。然而，用鸭蛋来当食物的聚拢剂或者黏合剂的话，就没有鸡蛋那么让人满意了。

　　哺乳动物的肉比禽类的肉更重要。奶牛肉、水牛肉以及羊肉（是绵羊肉还是山羊肉，都无关紧要）都不太常见。（很多远东语言会把绵羊和山羊等同。许多西方人对此表示反对。山羊羔跟绵羊羔比起来，肉更嫩，味道更好，又不那么油腻，而且山羊更能适应南亚的环境。）

按梅纳德和斯温的表格所呈现的情况来看，猪肉是一种重要肉类，中国南方其他肉类加起来也没有猪肉重要。（实际上，在有大面积水域的地方，鱼肉明显比猪肉重要，但在远离水域的地方，猪肉是最重要的肉食。）按世界标准来看，中国南方的猪肉食用量十分可观。近代中国的养猪规模不断扩大，加上实行平均分配做法，肉类以外再把豆类算在内的话，人们拥有的蛋白质绰绰有余。在许多地方，尤其是中国最西端，以及福建沿海，猪在提供猪油和猪肉方面的价值同等重要，繁育目的既有获取最大的猪油含量，也有最大程度分离肥肉和瘦肉（美国人正好相反，他们贪求肥肉和瘦肉均匀相间的猪肉，结果导致身体不健康）。在这些地方，猪油是人们唯一偏爱的食用油，再不济也是其中之一，而不像其他地方的人偏爱透明而微淡的植物油。既然植物油富含不饱和脂肪酸，他们的使用者得心血管系统疾病的概率就要小一些——这是一个值得验证的假想。

食物加工

食物加工的目的是把食物从田间地头送进商店里。有关食物烹制的部分，我们将介绍食品最终是如何卖到消费者手上的

大米作为主食，自然是经过碾磨之后再食用。如今的情况却让人觉得悲哀，因为大米经过了精磨，营养物质就被筛掉了，或者说大部分营养物质被筛掉了，只剩余大量的淀粉。也有人把大米磨成了粉。不过，在数量上，磨成粉来美容的大米与磨成粉来食用的大米一样多。

另一方面，小麦的使用形式始终都是面粉。出于某些尚不为人知的原因，人们使用的全麦或者初步碾碎的小麦品种，从来都是近东及巴尔干地区所产的野小麦，以及周围不太远的地方的小麦。全世界其他地方的小麦，几乎都磨成了粉。在中国，人们把面粉做成了馒头（南

方人做馒头通常不加酵母）和面条。南方人一般不在自家制作这些东西，餐馆和茶馆会用面粉制作各种馒头和饼，面条则专门由某些面条作坊来制作，薄薄的饺子皮往往也是面条作坊制作的。面条通常仅仅是由面粉和水结合而成的，但是讲粤语的人士或者其他群体也喜欢鸡蛋面。随着低出粉率的漂白面粉传播得越来越广泛，由面粉和水制成的面条的味道和营养价值就逐步下降了。面条总称"面"，方言不同，叫法就不同。在我们所知道的区域里，说闽南话的人是面条的主要食用者，对面条还有更加具体的分类："麵"专门用于细通心粉那样的面条；更细的叫"面线"；又宽又扁的叫"粿条"。此外还有其他类型的面条，有种非常细而透明的面条是由绿豆粉制成的，偶尔会有人用大米粉、荞麦粉以及其他面粉来制作这种面条。馄饨皮和饺子皮与面条的制作技艺关系紧密，原材料也一样。

　　这些面条的起源还存在诸多疑点。旧时传说，马可·波罗从中国带回了面食（包括从中国面衍生而来的意大利面，以及从饺子衍生而来的意大利方形饺子）。这种传说大概是不准确的。远在马可·波罗带回中国面食之前，意大利至少有好几种已知的面食。从表面来看，鸡蛋面明显是中国特有的，其余面食很可能也是中国特有的，但是证据少之又少。在整个亚洲范围内，个小、皮薄、有馅，而且跟馄饨和饺子相似的面团类食物，随处可见：俄国人的饺子叫 pelemeni，犹太人的馄饨叫 creplach，阿富汗及周边国家的版本则格外重要且精巧。中亚的饺子和馄饨类食物可能直接传入了中国，也间接传入了意大利。这些食物经过逐步演变，变成了印度和近东地区的厚皮炸制咖喱饺（samusa）。我们最多只能说，其他食物要是有类似的分布特征，则多半源自波斯或中亚。

　　下面让我们讨论其他谷物：玉米、荞麦，偶尔还有其他次要谷物，都被人们做成了厚大、扁平而干燥的饼。小米和高粱通常拿来煮稀饭吃，其余所有谷物的吃法也是如此，唯独小麦是例外。在中国西部高原及西藏边境，制作扁饼是主要烹饪方法，原本似乎优先用于加工大麦和荞麦，是当地少数民族偏爱的烹饪方法。这些少数民族迁至这一地区时，这种烹饪方法也随之传播到了汉族人中间，并应用于其他谷物的加工。

中国南方的谷物加工技术相当简易，原因在于水稻这种主食在谷物里占据了主导地位，而水稻的加工方法非常简单。大豆加工技术则让我们看到了另外一个极端，但是本章放不下大豆加工技术的讨论（或者说这整本书都放不下）。反正食品专家的研究也缺乏应有的深度。大豆要是简简单单煮一下就吃，会相当难以消化，所以几乎必须经过加工。人们要么把大豆磨成细粉，要么令其发酵，或者兼用两种加工方法。最常见的加工过程是生产豆腐。这个过程涉及用湿磨法磨豆浆，滤除豆渣，向得到的一团物质里加入石膏，或从大量的蛋白质凝固剂里任选一种加进去，然后进行过滤，再压出多余的浆水，最后得到的固体就是豆腐。那些浆水的用途多种多样。最常见的豆腐（嫩豆腐）含水量很高，但是压得更用力的话，则可制出含水更少的豆腐（老豆腐），再稍微脱水，得到的豆腐（豆干）水分就更少。福建厨师做菜用的豆腐味道格外好，水分较少，更不容易散。市面上卖的豆腐往往是炸豆腐。豆腐的生产过程中通常有煮豆浆这一环。煮出来的是豆腐皮，得从豆浆表面撇去再晾干，使用范围非常广泛。与这一环紧密相连的还有其他工序，而素食者，尤其是大乘佛教的教徒，从中开发出了一系列素肉。他们做出了素鸡、素鲍鱼、其他白肉的素肉，甚至还做出了素牛肉、素猪肉（即使味道做不到真肉一模一样，仍然非常可口），足以乱真。西方人学会并大大深化了这种理念。他们生产的结构性植物蛋白是这种理念的巅峰，但是他们——像往常一样——忽视了蛋白质要好吃的问题。西方人的理想似乎是让蛋白质寡淡无味。以上所有工序到了地方上都有变化，而且从本质上来说，这种变化无穷无尽。由于现代化及新事物的保驾护航，这套工序的应变能力可以一直保持下去。

最常见的发酵制品是酱油或叫豉油。酱油的制作工序变化同样是无穷无尽的，但是根据一般的制作工序，要把大豆粉或大豆与经过粗磨的谷物（小麦、大麦等等），以米曲霉菌和酱油曲霉菌混合在一起，或者跟特定生产者恰好拥有的其他任何曲霉菌或类似的微生物混合在一起，再进行发酵。发酵的产物里会加盐、酵母菌和乳酸杆菌（制造酸奶所用的细菌、为老面馒头及夏令香肠提供酸味的细菌，都与乳酸杆菌有亲缘关系），然后再次发酵——同样，这种混合物的成分及进一步添加什么微生物，取决于生产者手头有什么引酵物。发酵产生的液体先要经过过滤，然后再装瓶。这个过程比较慢，因为其中有各种各样的步骤，也因为酱油熟化需要时间。曲霉菌要是生长于潮湿的花生里或者类似的培养基上，就会产生黄曲霉素。黄曲霉素的毒性非常强，而且是已知的最可怕的致癌物。但是就我们所知，凡是可靠的溯源结果，都没有把癌症和严重的黄曲霉毒素问题跟大豆发酵制品联系起来。

其他发酵制品包括由大豆制成的黄酱、红酱、豆豉、腐乳之类。在现有研究中，与这些发酵制品的传统制作方法相关的，少之又少。制作颜色各异的酱类、类似乳酪的物质以及豆沙的时候，很可能要浸泡豆类，并煮熟，加入曲霉菌、酵母菌、根霉菌以及细菌进行发酵——要么加其中几样，要么全加。这些东西的不同之处在于，豆子是否捣成了豆泥，是否跟其他原材料相混之类，还包括是否混合了微生物。黑芸豆里加了很多盐。所以从本质上来说，黑芸豆就是乳酸杆菌酵素（除了乳酸杆菌，能在盐里活下来并且产生豆豉的典型味道的细菌，为数不多）。使用其他酵素并预先加盐，也不是不可能。宿腐，由较干的豆腐加上毛霉菌及放射毛霉菌发酵而成（同样，用什么样的菌类，取决于生产者的发酵剂里恰巧有什么菌类）。较硬的仿真乳酪以及腐乳都属于这一类。腌制腐乳的时候，通常要加酒、红辣椒、盐，甚至要加玫瑰精油。毫无疑问，其他发酵食品也会如人所愿。在印度尼西亚，中国移民遇到各种各样的豆豉和其他发酵食品，并开始使用它们。在其中有种煮饼或者团状物，是加了根霉菌（以及手边的任何霉菌）才发酵而成的。与之对应的豆豉在马来语里叫天贝（tempe）。中国人或许也制备过类似的饼。

我们应该强调的是，有了这些发酵工序，大豆里的蛋白质就容易消化多了，由微生物制造的各种维生素及其他营养物质也有增加，且增加的数量十分可观。

大豆发酵技术也在不断成长与进步。日本人在豆奶——大概直接把豆粉放入水中，就能制成这种人造牛奶——中加入制酸奶的发酵剂（保加利亚乳杆菌），进行培养之后，就会生成人工酸奶，据说味道不错，蛋白质含量比正常的酸奶还高。谁知道我们今后还会遇到什么奇事呢？

讲过了大豆的加工方式，再以其他外售食物的加工方式收尾，这只能算是个苍白无力的收尾。脱水和盐渍是最常见的工序，一言以蔽之，适用于我们能见到的一切食物——蔬菜、鱼、肉之类。蔬菜，主要是卷心菜，是要做成泡菜来吃的。白萝卜及其他蔬菜也可以做成泡菜，却不是做泡菜的主力。

蔬菜加上许多盐之后，盐的数量多到乳酸杆菌可以旺盛地生长，从而生出泡菜的典型味道，但是其他污染物却被阻挡在了泡菜之外。欧洲的德国酸菜（sauerkraut）、美国的莳萝泡菜、韩国的辣白菜、日本所有泡菜等，所用制作工序跟这里说的基本一样。但是中国人的工序较简单，而且味道不够鲜明。某些中国香肠（腊肠）有可能，实际上是很可能，是加了某种乳酸杆菌而发酵制成的，跟西方的夏令香肠一样，比如萨拉米（salami）就是这样。此外，猪肉香肠通常的处理方式是，直接盐渍然后脱水——常常挂起来风干。在遥远的西藏边境上，把整头猪的骨头剔去之后，再把肉取出来，猪的身体里剩下的多半是脂肪。人们就会把猪的身体缝起来，放到阴凉的地方进行加工，并无限期存放。无比美味的火腿做成的日子就不远了。著名的云南火腿与弗吉尼亚由盐加工成的火腿非常像，制作工艺大概也类似（这种工艺属于行业秘密）。鸭肉是压扁之后才进行加工的，要不然就直接腌制。鱼和蛋类的加工方式，前文已经讨论过了。

众所周知，中国人不太使用乳制品。但是鲜为人知的是，云南人生产并食用奶酪，尤其是山羊酪以及酸奶，或者至少使用了某种奶制品（旅行家兼优秀的食物观察家威廉·吉尔就形容这种奶制品"像德文郡的奶油"，也就是酸奶油，明显使用了酸奶的典型制作方式）。这种乳制品技术很可能源自蒙古人及其追随者，而集中出现于云南的穆斯林当中。在追本溯源之后我们发现，这些穆斯林起源于一个军事团体，在13世纪跟随忽必烈的军队来到云南。不过，这种乳制品技术也可能源自附近的藏族，因为他们很注重乳制品。即便不是源自藏族，藏族人至少起到了促进作用。蒙古人-穆斯林假说受到人们的支持，是因为穆斯林用这种技术制造的是乳酪和酸奶，而藏族人肯定更重视黄油和发酵奶油。不过，与现在相比，藏族人漫游过的地方更加靠东。中国南方的其他少数民族，除了文化上跟藏族十分接近的少数民族，明显也（有意）避免食用乳制品。东亚人（有意）避免食用乳制品，很可能主要因为豆类和猪肉同样含有蛋白质，而且使用起来更加省钱。大多数亚洲人消化不了生鲜奶，唯独在孩童时期可以，因为大概在人们六岁的时候，肠道内就会停止分泌乳糖酶（可以分解乳糖，要不然乳糖就会引起消化不良或者更加严重的情况）。然而，印度人和中亚人是全世界最依赖乳制品的民族，并没有受乳糖酶停止分泌的影响。他们仅仅用乳酸杆菌之类的细菌处理一下，因为乳酸杆菌也能分解乳糖。这种技术与中亚"蛮夷"的联系过于紧密与彻底，无法在中国大量传播。此外，中国很可能觉得，不说别的，单单在马匹繁育方面，中亚蛮夷就占据了主导地位，因而在贸易往来里建

立了长期而牢固的地位。如果再在乳制品方面依赖蛮夷，原有的平
衡就会被打破，向着大大有利于中亚人和蒙古人的方向倾斜。中国
人对于饮用牛奶，肯定没有宗教方面的禁忌，甚至没有强烈的厌恶
感。在当今整个远东地区，人们迅速而轻易地接受了牛奶——考虑
到牛奶引发的消化不良，人们有饮用含糖量高的浓缩罐装牛奶的倾
向，但这种接受很可能过于轻易了。难闻的乳酪是我们爱吃的，远
东的人们却仍然有些排斥。他们认为，乳酪是从动物肠道里流出的
黏液，腐臭难当。这种看法让我们觉得很有趣。但说到底，许多西
方人也排斥气味浓烈的乳酪。

饮料

　　饮料自然也属于食物加工范畴。开水是常见饮品，牵涉的加工
过程少之又少，其他饮料的加工过程却要复杂得多。绿茶这种普通饮
料，可以仅仅指茶叶树的脱水叶片，但是至少会涉及如下工序：初步
仔细挑选并采摘茶叶树最外层的茶叶（茶的质量取决于茶的生长阶段，
也取决于产地和品种）；萎凋处理；要揉捻茶叶以便破坏其细胞组织，
茶叶里的香味化学物质就会释放出来；最后还要进行干燥。半发酵的
茶，比如乌龙茶，在人们心里有更高的地位。人们会酌情将半发酵茶
置于潮湿环境里，令之发酵一段时间。红茶经过了高度发酵以及加热
脱水，却不受中国人青睐，因而中国生产的红茶几乎全部用于出口。
中国人讲述了一种起源神话，描述对象就是这种红茶（得名于冲泡出
的茶水的颜色，干茶叶的颜色却是黑的）：外国人想要茶，中国的茶
叶生产者就把最糙的茶叶和茶梗拿了出来，胡乱投入船舱。这些茶
叶和茶梗经过漫长的海运才能运抵外国，在途中就已经腐坏了。红
茶确实常常由较粗糙的茶叶制成，当然也经过了发酵。西方语言里
表示茶（tea）的词源自 ch'a，而蒙语里 chai（ch'a 加上语法所要求

的后缀）往往是传播的中转站。同样是茶这个汉字，到了闽南语里面，发音就变成了 te，而 te 与 tea 源自同样的根音，又为欧洲最西端提供了表示茶的词语。茶一直在坚守自身的地位，而且增加了使用范围。不过，在马来西亚、新加坡、印度尼西亚，中国华侨喝上了咖啡。在美国和其他国家，这种情况也越来越多了。凡是有中国人的地方，碳酸饮料和果肉饮料都被广泛享用，且广受欢迎。虽然这两种饮料是西方人的新发明，而且开始传播的时间很晚，我们也必须将其看成中国饮食不可或缺的一部分，视为茶的常见替代品。深受部分人喜爱的豆浆，也已经随着碳酸饮料传播开去，并且广受欢迎。

　　酒精饮料就是酒，在英语里通常叫作"wine"，不过，根据 wine 这个词的正确用法——由水果酿造而成的酒精饮料——中国的酒并不是 wine。当然，中国也酿造出了真正的葡萄酒，但这在我们讨论之外。正确的说法是，在中国南方，所有的酒不是啤酒（由谷物酿造而成，未经过蒸馏），就是白酒（经蒸馏制成而没有年份的酒，主要成分是淀粉——尽管常见的错误说法是"主要成分通常为土豆"，实际情况却并非如此）。有些白酒可能年份够高，有资格成为威士忌，但是就我们遇到的白酒而言，没一种年份够高而且质量够好。有些白酒反反复复蒸馏了十二次，极其浓烈，远远超过了 100 度（酒精含量约为 50%，标准酒精度就是 100 度）。即便是中国南方的啤酒，通常也比西方世界的啤酒浓烈。当然，如果是现代啤酒厂，严格使用西方生产线，并遵循贮藏而使自身陈化的工艺（很明显，在当今时代，所有远东国家都拥有这些啤酒厂、生产线和工艺），那么酿出的啤酒不在此列，不会比西方世界的啤酒更浓烈。酒常常用于浸泡药物，以便制造出草药酊剂，甚至可以制造出五蛇酊剂以及类似的万灵酊剂。因此，人参酒制造于中国北方或者朝鲜，但是为南方人所普遍饮用，这种酒仅仅是用度数极高的白酒泡人参而制成的。有种饮料更加异乎寻常，虽然不在我们讨论范围内，所展现的药酒制造过程却令我们产生浓厚兴趣。这种酒叫羊肉酒，制造时要用到两岁的羯羊，并将其浸泡于蒸馏过的发酵奶、酸化的新鲜脱脂奶以及甜食（包括葡萄）中，以便为酵母菌提供营养物质。人们不管得了什么病，都用药酒来治。而且从趋势来看（西方的"味美思酒"和"利口酒"也有类似的趋势，但更加明显），许多药酒要脱离药物的范畴进入嗜好之物的行列了。归根结底，所有这些酒的核心都是谷物——要浸泡、去芽以便培养出麦芽（从中可以分离出麦芽糖浆，也就是在理论上具有药用价值的流行增甜剂，不会继续分离出酒精），然后加入酵母菌，好让麦芽糖发酵而变成酒精。值得一提的是，中文短语"脸红"与酒有关，意指稍有醉意。这种说法是有根据的。东亚人喝酒之后非常容易脸红（比世界上其他地方的人更容易脸红），即便喝的酒少之又少，也会有这种表现。这是遗传了前人的秉性，有人对此进行了科学阐释。

糖、油和盐

除了上文所提的蜂蜜和麦芽糖浆（类似于糖蜜的物质），还可以这样来制糖：榨甘蔗，熬甘蔗汁，然后在甘蔗汁结晶之前，以黏土对熬制出来的东西进行过滤提纯，以便尽量达到个人想要的纯度。人们制造盐的方式与此类似：从井中获取卤水，然后熬成盐，或者对海水进行脱水处理来制盐。内陆的中国人意识到，甲状腺肿发病率与盐的来源相关。有人得了甲状腺肿，他们就说盐有问题。英国探险家谢立山认为，这种说法仅仅是中国人的又一个傻兮兮的信念，不予承认——但是，这个信念跟中国的许多民间说法一样，完全正确。

中国人的食用油常常是猪油，在中国的西南端（云南高原）尤其如此，说福建话的人也是如此。但是植物油更常见，其常见来源是油菜籽，长江流域的植物油尤其如此——这种植物不是欧洲油菜籽，而是出自中国本土的芥菜（以及某些地区的芸薹属植物）。人们把这些菜籽碾碎之后，从中榨出了植物油。在如今的某些地区，花生比油菜生长得好，所以比油菜更为重要。

　　鲁道夫·霍梅尔列出了糖、盐、油生产过程的全部细节，用途方面的信息却较少。某些类型的油是必不可少的基本用油，而且需求量相当大，任何中国烹饪都要用。用极简的方式加工主食却是例外，不需要用油。与流行看法相反的是，油炸在中国南方十分常见。炒——用的油比油炸少——这种烹饪方法也十分普遍，需要大量用油。糖则用得少得多，极甜的食物不是传统南方人所喜欢的。近年来，这种情况却已经变了。糖类消费爆炸式增长——碳酸饮料的消费量排首位，后面跟着糖果和饼干，再后面是其他甜食。关于这一点，我们在下一节不得不多说一些。而在这一节，我们只需要说，在这种增长发生之前，南方人的用糖量极少。盐通过酱油、黄豆酱、咸菜以及咸鱼进入饮食。我们观察到的家庭很少直接用盐，或者根本不用。广东人尤其如此，他们想要菜肴有咸味，就加入黑大豆做的豆豉。此外，酱油和咸菜足以提供一切必要的盐分。

中国南方食物的营养和营养价值

　　　　数百年前的某位贤人，秉持保健原则，设计了某份食谱，如今的中国才有了某道菜肴。中国菜多半有这种渊源。没有这种渊源的菜难得一见。

　　尽管弗朗西斯·尼科尔斯这段话言过其实，但是中国烹饪在营养方面的优点是众所周知的。中国人积攒了数千年的经验，在烹饪方面胜过尼科尔斯所谓的贤人——那些招人喜欢却只存在于想象里的人。一般的中国烹饪术不仅能为人们提供合适的饮食，更为切题的是，与其他任何类型的饮食相比，中国南方的饮食能够供给更大的人口密度。我们在其他地方也说过，这是一种极小化极大（minimax）策略：尽量提高能够养活的人数，尽量降低所需使用的土地（包括能量和营养物质）。农业涉及巧妙地储存和循环利用营养物质，还涉及精心地、保守地摄入能量，以便可能留存的东西都不至于浪费掉。但是更引人注目的是人们对农作物的选择，换言之，也就是对食物的选择。从我们发现的结果来看，这些农作物都是所需土地最少，而产生的营养价值最多的农作物。它们通常都是劳动集约型的；为养活更多的人口，中国农业已经走上了所需劳动力越来越多的方向（因为农业技术实际在退化）。在我看来，先有农业的提升，之后才有人口增长的可能。不过，有个观点必须重点说明：农业提升既没有直接引发人口增长，也不是人口密度提高的结果。然而，中国南方的食物采购系统要是处于最佳状态，那么在全世界来说都是最好的，而且可以向西方世界传授许多经验。西方世界在能量和营养物质方面的浪费极大，不可能持续太长时间。

　　碳水化合物是植物制造得最多的化学物质，也是人类饮食所必需的，大多数人类社会获取的热量大部分都来自碳水化合物。因此，农业系统的基础是富含碳水化合物的主要农作物。成功的农业系统含有备用农作物，以应对主要农作物歉收的情况。最成功的系统以主要农作物为基础，而且是那些不仅碳水化合物产量高，而且能产生诸多其他营养物质的主要农作物。因此，这些系统能够有效利用土地以及人们的时间。（此处把"成功"定义得较简单："与其他系统相比，供养的人更多，而且供养时间更长。"）稻谷是这类主要农作物里最佳的。每英亩稻谷产生的热量，比同面积的任何其他谷物都高——至少水稻产生的热量属于这种情况——对于谷物来说，稻谷产出的植物蛋白数量很高，维生素 B 也很丰富。经过去壳之后，这些额外的好处就被清除了，这种谷物几乎沦为纯粹的淀粉。不过，在 19 世纪现代机械引入之前，还没有过度加工的精米出现。一般的老式碾磨确实会除去一些营养物质，但是剩余的营养物质还是很多。粗磨白米的功能更加全面，易煮、易存、易消化，不是糙米能比得上的（白米就跟白面一样，是与人的身份联系在一起的。耐藏就是成就这种联系的元素之一。实际上，之所以有这种联系，部分原因是高度碾磨花费更高，也因为碾磨之后的产品通常更加新鲜、米虫更少。当然，白米之所以耐藏，很大一部分原因是降低了营养价值——谷物碾磨得越厉害，能在其中活下来的米虫就越少！）实际上，粗磨米只要碾磨得适度，与糙米相比并没有明显的劣势。也有例外，粗磨米所含的维生素 B_1 以及 B 族维生素里那几种并不出名的维生素，就不如糙米多。糙米明显富含维生素 B，但是大多存在于磨掉的种皮里面。实际上，人们正是意识到精磨米和脚气病有关联之后发现了维生素。当时的人们还意识到，因精磨而除去的东西反而能治愈这种病。后来的人们发现，脚气病是由缺乏维生素 B_1 引起的。然而，即便是普通的精磨，也不会完全毁掉大米的维生素和蛋白质价值。

小麦是另外一种广泛使用的重要谷物，蛋白质和维生素 B 含量明显比大米高，但是每英亩的小麦产量不如稻子。因此，在中国的环境下，每英亩小麦所产出的营养物质，很可能不如稻子多。高度碾磨而且漂白的白面，现在越来越受中国各个群体欢迎，其与全麦面的差异却远远大于精磨米和糙米的差异。实际上，这种差异约等于淀粉和某些谷物蛋白的差异。但是，向白面里面加料（基本上指替代某些较为碍事的维生素 B）是常有的事。不幸的是，受替代的不包括那些量少而至关重要的维生素 B 以及微量矿物质。

与主要作物相比，中国南方的备用主要作物通常不够有营养，而且每英亩的营养物产量也不够高，但也有几个有趣的例外。每英亩玉米产生的热量，除了比不上水稻，比其他任何谷物都高。玉米也有不好的地方，即缺乏蛋白质和维生素。不过，玉米各品种的情况并不一样，中国也有蛋白质和维生素价值高的玉米，营养物质含量较佳的新品系也正在引入中国。在消化过程里，玉米所含某些化学物质也会减少蛋白质和钙的含量。新大陆早就存在一种技术，可以利用碱液和生石灰来烹饪或者加工玉米，从而中和其中的化学物质，并且为玉米补充钙。中国明显从来没有获得这种技术。到目前为止，土豆的维生素 C 含量比谷物高，但是维生素 C 存在于土豆皮，通常一煮就煮掉了，或者煮之前就削掉了，又或者煮之后就剥掉了。中国南方地区的高粱、小米、大麦和荞麦鲜有人调查。然而，从在其他地区的低产量以及相对低的营养物价值来看，人们显然觉得它们不是营养的重大来源——但在诸如蛋白质含量这种事情上，各品系的情况差异之大令人惊叹。最后要说的是，红薯除了维生素 A 含量非常高，其他营养物质都极少。实际上，红薯含有的并不是维生素 A，而是胡萝卜素。人体把胡萝卜素（尤其是 β - 胡萝卜素）转化为维生素 A。胡萝卜素呈明亮的橙红色。红薯的营养价值可以从这种颜色的饱和度判断出来。各品系的情况差别很大，但大多数品系的橙红色都具有高饱和度。某些中国红薯的蛋白质含量比较可观，普通红薯就不是这样了。新几内亚高原红薯品系的蛋白质含量很高，这种品系大概起源于南美洲，与传至中国的品系关系不太远。我们非常期待将来会出现对各地农民培育的中国蔬菜品系的分析。

概言之，在南方，人们从主食里获取了充足的碳水化合物，也可以从中获取所需的许多蛋白质。如果主食没有经过高度碾磨，他们还可以从中获取维生素 B 和各种矿物质。他们可以从红薯里获取胡萝卜素。然而，谷物提供的蛋白质太少，无法维持健康（大多数情况是这样），几乎不提供维生素 C。一般来说，它们也不足以成为铁、钙、维生素 A 的来源，在很多情况也不足以成为维生素 B_2 和烟酸的来源。如果经过了高度碾磨，除了淀粉，它们几乎不足以成为任何东西的来源，除非对它们进行人工加料。

有了大豆这种奇迹般的优质农作物，以上大多数缺陷都可以弥补。一磅普通干大豆的蛋白质含量，是一磅牛排的两倍，而且冠绝同等重量的所有食物。必须承认的是，如果我们只拿瘦牛肉来计算，且仅比较热量相等的情况，而不是重量相等的情况，那么，牛肉的蛋白质含量领先于大豆（同等重量的大豆所含热量是肉类的两倍多）。然而，如果我们对比每英亩地产生的蛋白质，牛肉所含蛋白质就少到无足轻重了。每英亩大豆所产蛋白质，是每英亩土地上所能供养的牛所产蛋白质的 10—20 倍，甚至更多倍（倘若人们为牛补充食物）。有人会说植物蛋白不完整，缺乏蛋白质必不可少的氨基酸。但是植物蛋白其实只比肉类蛋白少某几类氨基酸。大多数谷物蛋白（尤其是玉米蛋白）的赖氨酸含量低，大豆在这方面的表现却好得多。所有植物蛋白（包括大豆）的甲硫氨酸含量都较低，一磅大豆的甲硫氨酸含量只是与一磅牛肉持平，但这个含量仍然是可观的。大豆明显是蛋白质的最佳来源。此外，如果大豆转化成了豆腐，这种情形就有所改变。许多碳水化合物留在了压豆腐残余的液体之中，而大豆里的蛋白质跟油混在一起，沉淀后凝固。因此，同等热量的蛋白质比例就提高了。

不过，蛋白质含量高并不是大豆的唯一优点。一磅干大豆的铁含量比牛肝高，维生素 B_1 含量是糙米的 3 倍，维生素 B_2 含量是糙米的 6 倍，维生素 A、钙以及其他营养物质的含量也相当可观。大豆转化为豆腐之后，溶于水的许多维生素 B_1、维生素 B_2 以及其他 B 族维生素都被去除了，铁和钙却集中了起来（由于沉淀过程中要加入化学物质，后者的含量常常会增加）。我们必须注意到，大豆也有不那么幸运的地方。在大豆所包含的化学物质里面，往往有一些会与碘形成相对难消化的化合物。在某些情况下，这些化合物所含蛋白质无法利用，或者难以消化，而且含有一系列毒素。大豆经过加热和加工之后，这些问题就会迎刃而解。

蚕豆和花生跟大豆相比，没那么有营养，但是差别不是特别明显，而且能够很好地为饮食补充营养。蚕豆是人们用得最多的其他蔬菜，在农民所面临的耕作条件下，每英亩蚕豆的产量高，所富含营养物质恰好是其他饮食缺少的，尤其是维生素 A 和维生素 C。卷心菜是最常见的蔬菜，维生素 A 和维生素 C 的含量都较高。红辣椒是以上三种物质最为丰富的来源之一，而且也有非常高含量的其他矿物质。西红柿和胡萝卜的维生素 A 含量也高，而西红柿的维生素 C 含量高。南方大多水果要么维生素 A 含量高，要么维生素 C 含量高，或者在这两方面的含量都高。具体而言，在常见来源里面，鲜辣椒荚所含维生素 C 最丰富。就所含胡萝卜素最丰富的蔬菜而言，维生素 A 的先锋胡萝卜、红薯、辣椒不分胜负。在铁的常见来源里面，大豆和辣椒的铁含量大概是最丰富的。这种矿物质是许多美洲饮食都缺乏的，也是世界上营养不足的地区所缺乏的。

在动物类食物方面，人们注意到了蛋类，因为蛋类的蛋白质（尤其是蛋白中含有的蛋白质）在氨基酸含量方面非常平衡，引人注目，因而有助于跟大豆和其他食物的氨基酸平衡进行对比。猪肉是特别有价值的肉类，因为它的维生素 B_2 含量非常高——大部分其他食物（包括肉类）的维生素 B_2 都比猪肉少得多——也因为猪肝的铁含量高到惊人，居然是大多数动物肝脏含铁量的两倍多。在这种肉里，其他维生素和矿物质也有良好的表现。人们也会发现，猪肉之所以重要，不仅因为养猪要不了多少猪食，而且用最次的猪食都能养猪，也因为猪肉的营养价值高。鱼和家禽则大不相同，是因为所含脂肪较少，而稀缺氨基酸的含量非常高（植物蛋白最缺甲硫氨酸，而鱼和家禽普遍含有甲硫氨酸）。猪油当然属于饱和脂肪，而花生油和油菜籽油属于多元不饱和脂肪，内含丰富的亚麻酸（饮食里必须要有的）。

至于其他还没提及的营养物质，维生素 D 通常于皮肤之中合成，因受阳光的影响而产生。要是遇到城市里天气阴沉的情况，维生素 D 的产生量就不足。肝脏里的维生素 D 十分丰富，果仁也是如此。人体需求量较小的其他维生素（维生素 E、维生素 K 及叶酸之类），和维

生素 D 一样，大量存在于动物内脏之中，存在于小麦和其他种子之中
（尤其存在于胚芽之中，因而经过碾磨的种子会丧失维生素 D）。新鲜
蔬菜、水果、酵母菌里的维生素 D 没么多，相对于人体需求而言却也
足够了。尽管我们手里的统计数据既没有说明中国食物所含维生素的
影响范围，也没有表现出食物所含维生素有多充足，但我们还是认为，
即便人们的饮食不充足，或者只是近乎充足，其中的维生素含量也是
充足的，因为通常的调查结果就是这样。（人类从来没有出现过维生
素 E 缺乏症，除非人类所得饮食受到了控制，而且一律是人工合成
的。不过，东方世界对这种缺乏症也没多少探索。）从提供维生素来说，
广泛使用大豆发酵制品显得格外重要，因为大多数营养物质都见于其
中的大豆、酵母菌和其他维生素之中，而且含量十分丰富。即便是少
量发酵制品，也能提供充足的营养。酵母菌也含有维生素 B，而且含
量往往较高。人们应该详细研究大豆发制品。微生物肯定既能把自身
的营养价值融入其中，也能把大豆的营养价值体现在里面。

　　恰当的烹饪方法可以保护食物里的维生素和矿物质。实际上，有
一种烹饪方法提高了食物的营养价值——用上铸铁锅，食物里的铁元
素就会增加，因为有了高温烹饪，铸铁锅里的铁元素会融入食物之中。
一个质量优良、使用频繁的旧铁锅，肯定能让许多家庭不贫血。众所
周知，中国食物的烹饪时间相对短一些，常常是炒出来的。如果食物
是煮出来的，人们会拿煮食物的水当汤，罕有弃置不用的情况。丢弃
油炸用油的情况更为罕见。因此在这些情况下，维生素因氧化或溶解
而遭丢弃的可能性是最低的。大众媒体夸大了中国饮食在这方面的情
况——毕竟许多中国菜肴要长时间煨炖，其中的水、油以及其他溶剂，
最后会变成碟、盘里的残羹。中国食物在这方面的相对营养价值，或
许要跟西方菜肴（比如英国菜）对比才会十分明显，因为西方菜肴里
的蔬菜煮的时间非常长，有时候还要换两三次水，等蔬菜煮好了又丢
弃所有的煮菜水。

　　人们也普遍认为中国饮食的胆固醇含量低。这个优点让人起疑，因为高胆固醇饮食并不总是与心血管疾病风险增高相关联，也肯定不是得心血管疾病的原因。无论如何，中国饮食在这方面获得的评价过高。一般人吃低胆固醇饮食，纯粹是因为必须这么吃，一旦过上了体面的生活，就会开始在饮食方面投入丰富的蛋类（蛋黄是胆固醇最丰富的来源之一）及猪肉（质量好的肥肉）。受青睐的是脏器类（大脑是人们喜欢的器官肉类，而且跟任何食物比起来，其胆固醇含量都是最高的）。在使用含有多元不饱和脂肪酸植物油的地区，比如广东，胆固醇的使用情况和云南之类的地方相比，简直是天差地别，因为那些地方的常见食用油是猪油，或者说猪油至少是常见食用油的一种。

　　一方面，中国南方人肯定在全世界最健康的人群之列——确切地说，他们曾经是这样。他们食用的糖少之又少。吃糖是形成龋齿的主要因素。糖类除了提供热量，毫无营养价值，而且会排挤饮食里更加有营养的食物。糖类也可能和心脏病有关联，而且必定跟糖尿病的发病率有关联。根据香港外科医生李树芬的记述："在我的整个执业生涯里，我只遇到过两个属于穷人阶级且为糖尿病所苦的病人。这两位男性是为欧洲家庭做西餐的厨师。"我询问之后才发现，他们习惯于食用主人的残羹冷炙。

　　中国南方的饮食也并非十全十美。人们可以大幅增加奶制食物的使用（实际上，奶制品的使用正在增加）。当前的潮流走向了越来越多的加工食品及糖类食品，这应该扭转过来。现在的山坡地带往往是砍掉了树木的荒地，其实可以用于种植维生素丰富的水果，如芒果之类。香料的使用数量可以大大增加。我们已经注意到，红辣椒是维生素 A 极其丰富的来源，也是许多其他营养物质的上佳来源。东南亚的大部分其他咖喱香料——姜黄、孜然、芫荽籽及其他东西——也含有丰富的营养物质。这些东西跟水果一样，可以轻轻松松地种植于如今的荒地上。然而，这一切都是理想而不切实际的建议。中国人口密度大，只要闹饥荒必然将导致社会分裂。这就证明了统计数据确认的观点：与地球上的其他任何饮食相比，中国南方饮食养活的人更多，能让人们吃得更好，而所需土地却更少。

20世纪的营养水平转变

我们的任务是概述现代中国的饮食情况——大概涵盖20世纪的中国。在这一时期内，中国南方的营养质量经历了历史上最大的变化。我们明显不能忽略这一现象。然而，已有的数据过少而且零散，不足以对现象进行解释，所以不值得引用。唯独本章前文着重提到的卜凯著作里提到的数据值得引用。综合游记、农业报告、几项调查和研究的结果、人种志资料，以及我们自己的观察结果，我们可以拿出一个假说来解释这一现象。

19世纪发生了多起灾难性的社会大事件——太平天国起义、土客械斗以及其他大事件——中国南方大部分地区的人口急剧减少，人均耕地面积因之增加。从理论上来说，中国南方居民比以前吃得更好。实际情况明显不是这样。穿过受影响地区的旅行家——在这些旅行家里面，亚历山大·霍西最有洞察力、最懂农业——记述道：这些地区的情况之糟糕，甚于人口较稠密而受叛乱影响较小的地区。究其原因，明显是中国南方的农业是劳动密集型，而且依赖贸易。劳动力供应急剧减少，毁坏了贸易网络，其危害之大不是每英亩的人口减少能补偿得了的，至少许多区域的情况是这样。

晚清时期的中国南方处于发展停滞期，绝不可能是富裕时期，但这一时期相对和平与安全。只有土匪肆虐的荒山野岭相对不那么和平和安全。大部分城市居民吃得相当差，部分原因是大量吸食鸦片——吸食者的钱用来买了鸦片，而生产者的耕地用来种了鸦片。另一方面，中国有很大比例的耕地（西南地区尤其如此）从生产食物转变为生产鸦片，却没有引发大规模的饥荒，就说明食物采购系统还有相当大的余地。在这一时期内，农民主要以谷物类主食为生，靠着大豆、卷心菜和白萝卜勉强糊口。在西南地区，人们靠动物制品糊口。富人吃着与他们的地位相称的菜肴，菜肴种类十分广泛。辛亥革命前后都属于混乱时期，社会动荡不安，许多地区难以避免地出现了饥荒和贫困。

　　1920 年代的时局短暂回到了稳定状态。卜凯的调查时期为 1920 年代末至 1930 年代初，属于相对和平与食物充足的时期。1930 年代的大萧条带来的困难，似乎没有原本可能的困难那么严重，因为大部分南方人都是纯粹的农民，食物都是自己种出来的。他们的贸易活动受了影响，但是水稻田的产量没受影响。在土地贫瘠地区以及地主横行的地区，问题就严重了。1920—1930 年代的乡村研究通常都会描述这样一个情景：大部分穷人都挨饿，而且营养不良，但是普通村民明显过得还行。谁的土地要是不止极小一块，谁的工作收入要是稍好一点，谁就有花样多且质量佳的饮食。尽管南方必定有局部饥荒，而且我们预计，人种志学者已经在能吃上饭的村庄调查过了。这种情形与干燥的北方天差地别，因为那里经常闹饥荒，人们长期挨饿。只有长江下游各省份与北方差别较小，因为那些地方也经常闹饥荒，通常是局部饥荒。由于气候温和多雨，植物没有季节性停止生长的时候，人们就不必靠停止四处活动来节省他们拥有的少量热量。在解放战争结束之前，韩丁身在中国北方，他记述的情况也是如此：由于南方食物有着惊人的多样性，人们在饮食方面不必只吃小米。

　　由于日本人的侵略（即便在南方受入侵之前），这一切都改变了。贫穷的地区遭到了毁坏，富裕的地区变得贫穷。据人回忆，这一时期的人们靠红薯藤和野菜过活，甚至食用更糟糕的食物，差不多每户人家都有人饿死。在整个抗日战争期间，饥荒变得越来越严重。饿死者的数量永远不会为人所知，其数量远超数百万。抗日战争的结束意味着人们可以休养生息，但随后爆发了内战，全面休养生息就不可能了。共产党于1949年取得了内战的胜利（1949年之后才加强了对南方较偏远地区的控制），和平与平等最终来临。中国在短短几年之间大体上消灭了饥荒。生产增长了，物质分配平等了，而且——常常为人所忽略而至关重要的一点——提高食物质量、迅速而方便地分配食物成了国家的目标。国家取得了长足的进步，而且还在持续进步。商店里有充足的罐装商品、腌制商品、干货，现在也依然如此。如今也几乎不可能发生局部饥荒。穷人已经真正消除了饥饿。通常情况下，普通人也能吃上多样且充足的饮食。1960年至1961年之间以及之后的一段时间内，激进的政策和恶劣的天气带来了人们生活上的艰辛。尽管对普通人来说，他们获得的配给食物完全充足，而对工作艰苦的渔民来说食物就不充足了。根据我们的调查结果，南方渔民冬季出海一趟，一天所用热量超过1,000卡路里。这种非常高的数字是无可否认的，食物分配者却没有足够的重视。然而，渔民实际也降低了工作量，并且食用了他们捕获的杂鱼。他们远远没到挨饿的地步。

　　1961年之后，中国的形势就已经稳步改善了。所有的记述、照片现在都证明：在中国南方（以及北方），食物匮乏的情况已经消除了。这种胜利似乎是世界上的富裕国家无法复制的。此外，很明显的是，中国虽然取得了这样的胜利，却没有牺牲中国饮食的质量、花样以及烹饪技巧。如今的普通人确实也能享受这些美食，中国的饮食因此传播得更为广泛了。"冷战"时期，有图书指责中国的饮食，并提到"公社食物的标准清单"以及"只有最普通的食物"。如今看来，这些指责非常可笑。这里说的"冷战"鼓吹者总是在没有中国人参与的情况下下判断。与之相比，戴维克鲁克和伊莎贝尔·柯鲁克讲述的故事更符合中国实际，也可信得多（因为这是亲历者讲述的故事）。不可否认的是，他们讲的是北方的故事，但是这些故事讲得非常好，我们不可能弃而不用。有个公社确实让烹饪适应了社会需要。有些蹩脚的厨师尝试制造老一套的饮食。村民们都很理智,迅速集体站起来反对。这让厨师们明白了一个道理:烹饪是一项光荣的工作,劣质的食物不是共产主义食物,而且违反了共产主义(这种食物会引起纷争,会引起食物产量降低)。共产主义厨师的明确而紧要的职责是:尽量做出最好的食物。公社食堂里互相比拼,看看谁做的食物最好。这个公社还发现,当地的酒类品牌"白色闪电"(由小米蒸馏而成),可以给医疗器具消毒。这个理由让公社觉得,白色闪电值得不断生产。当然,南方也出现了类似的情况。

在中国之外,祖籍为中国南方之人的营养状态也已经稳步提高了。如今在新加坡等地,营养不良已经不是普遍现象了。然而,总体情况也不是一片大好。虽然食物的质量提高了,供应上有改观,极度有害的西化却也一直同时存在,牵涉低出粉率面粉、高精白米。最重要的是,不管什么类型的白糖都有人在用。根据我的研究结果,马来西亚的西化或许是最严重的。当地华人对英国文化的适应,始于英国的殖民统治,而在英国离开之后,仍在继续增强。从前,他们向极其有营养且高质量的马来西亚饮食取经,从而创造出了绝妙的混搭饮食"娘惹菜",现在却不再这么做了。碳酸饮料、糖果、饼干、工厂批量生产的糕点(所用材料基本上是没添加营养成分的面粉、白糖和廉价的食用油),已经逐步变成了他们的主要饮食。从接受调查的小孩来看,他们的热量有 25% 到 30% 来自白糖,其余几乎全部来自精制米粉、精白米以及精炼油。他们的营养状况很差。他们的牙齿长得越快,得龋齿的速度就越快。当地水果好吃且有营养,华人却避而不吃,以为那些水果是他们鄙视的马来农民种的。他们反而吃上了廉价的糖果,因为这与权威而现代的西方世界密切相关。遍布全球的碳酸饮料打起广告来,会精心强调他们处于现代世界的领先地位。这样的碳酸饮料也在中国本土也站稳了脚跟。

食物的制备和使用

中国南方饮食的一致性和多样性

由于南方的食物十分多样，我们必须先描述它的多样性，才能继续尝试挑出南方食物的共同点。然而，南方菜——指与饮食相关的实际学问、策略和规矩，而非原材料和营养价值列表——是个整体。不可否认，南方菜现有的定义很蹩脚，使得南方菜逐步变为了北方菜、越南菜以及其他菜系。另一方面，南方少数民族也有各种南方菜的变体，而这些菜愈发显得独特，以至于我们不得不将其当成差异极大的饮食文化来讲。然而，南方菜的核心是独特的，所有南方厨师都抓住了这个核心。一旦这些厨师离开南方地区以及南方的中心，这个核心就逐渐消失了。

南方菜最吸引外来者的是多样性。从传统上来说，中国菜分为五种地方菜，或者至少分为五大地方菜，也就是川菜、粤菜、闽菜、鲁菜和豫菜。这些菜系的区别特征大概是味道：川菜或湘 - 川之菜，因有了辣椒而呈辣味；粤菜走的是甜和酸甜路线；闽菜的最大特色是汤；山东是海鲜之乡、大蒜之乡，而且是最古老的厨艺之乡；河南以糖醋鱼而闻名。这种分类有趣地表现了中国人的痴迷——把一切事物都分作五种类型。然而，这种分类还稍微有点别的东西可说，既可以从南方人的选择（为什么选这五种当作五大地方菜）来评论，也可以评论这种分类方法的特色。因为鲁菜和豫菜都是北方菜，在我们的讨论范围之外，我们就此略过，把讨论放到三种南方菜上。在这里，我们怀着尊敬之情，至少要再加三种我们喜欢的菜系。我们认为它们和五大菜系有着同等的地位——云南菜、长江下游菜（包括扬州菜、杭州菜、淮菜，还包括历史较短而兼收并蓄的上海菜）以及客家菜。理查德·休斯引用 James Wei 的话，一个菜系想受到认可的话，这个菜系的餐馆要能"按顾客要求，在任何一个晚上，为之提供超过一百道菜，而且要用地方特产做成这些菜"。我们可以保证，客家菜和长江下游菜可以做到这一点，同样也相当确信云南菜可以做到这一点。迄今为止，这三种菜系都被人们忽视了，因为云南菜被归为四川菜的分支，致使其特色为人所低估；长江下游菜明显被许多人混淆为鲁菜，甚至被混淆为闽菜；客家人被人们当作简朴的山地人，不怎么做饭——这是个很荒谬的看法。此外，我们也听过其他南方省份有独特菜系的说法，贵州的独特菜系尤其突出。非汉族人口的菜系很可能不符合 Wei 的标准，而且不是严格意义上的"中国菜"，至少不符合菜系分类者设定的"中国菜"。那些菜虽然鲜为人知，却也不应该遭忽视。

我们将在下文区分各个菜系，并明确指出我们辨别较知名菜系之时，希望使用哪些足够独特的标志。对于其他菜系来说，我们至少会列出它们的特色地方菜。

四川 - 湖南菜：特色为密集使用花椒、辣椒和大蒜。所用坚果和禽肉类型较广泛，而使用方法较复杂。各种刺激的味道都能和谐地融为一体。格外有特色的菜肴——既是为了打出它们的名声，也是为证明刚刚所言非虚——包括酸辣汤、樟茶鸭、陈皮牛肉、核桃糊（似乎跟东部的奶油核桃有关，又似乎跟中亚的坚果哈尔瓦有关）。

云南菜：与四川菜接近，可能源自四川菜，但是现在自有特色。云南菜使用奶制品——酸奶、炸豆腐和奶酪——格外引人注目。味道辛辣浓烈，但是刺激性没那么大，属于重点突出的强烈味道，可以把主要食材的微妙味道发挥出来。所有猪肉制品都有巨大的使用量，包括全中国最好的火腿和香肠，除此之外就是腌制的猪头。山区的特产有野味和野生菌之类。云南典型菜肴的记述见于尼尔·彼得，但是从传统上来说，全世界对这种菜系的了解少之又少，相关的菜谱几乎找不到。

粤菜：对于非粤籍人士来说，或者说得更准确一点，对于不了解这种菜系的外行来说，粤菜指的是杂碎和咕噜肉。凡是对中国饮食非常了解的人都知道，杂碎不是典型的粤菜。但是不那么为人所知的是，粤菜用的糖非常少。糖醋类菜肴比较罕见，而且不那么受青睐，例外的是咕噜肉（而且即便是这道菜，人们也常常避而不吃）和糖醋小黄鱼（属于时令鱼类）。在肉菜里面加上水果是粤菜的一种特点，但是在国外质量不太好的粤菜馆里，这种特点被极度放大了。（北方人对粤菜厨师有个刻板印象：他们厨艺不行就用白糖来掩盖。对于某些蹩脚的粤菜厨师来说，这种刻板印象没有冤枉他们。然而，对于能在广州或者香港谋生的厨师来说，就不符合事实了。）粤菜更典型的特点是：炒菜常常要加上豆豉来调味；海鲜，既有新鲜的，也有脱水的或者盐渍的；同一道菜里面有海鲜又有肉类；做菜偏爱植物油，而非猪油；有各种切得很细致的蔬菜，包括亚热带蔬菜。我们所想到的代表顶级粤菜的特色菜肴是较朴素自然的海鲜和鱼类菜肴，即蒸虾配辣酱，蒸蟹配佳醋，蒸贻贝配姜丝、大葱和橘皮，鱼配豆豉等等。广州人是烹饪简单小吃的行家：馄饨汤，面条（尤其是广州鸡蛋面配以新鲜的芥菜，以及面条配叉烧，也就是广州的红烧肉），以及饮茶仪式不可或缺的无数点心。（广州人很少指明这种小吃指什么，而点心这个词本身有点书面用语的味道。"去饮茶"所暗指的小吃，跟"去饮茶"所暗指的悠闲社交活动以及更为深入地谈论政治一样，都是不确定的。深入谈论政治是茶馆生活不可或缺的一部分。）

　　跟所有中国菜一样，粤菜也有许多地方变体。有种独特的粤菜叫潮汕菜。潮汕菜出名，主要原因是它向世界输出了杂碎。一般来说，这种食物是经加热制成的，内含杂七杂八的残羹冷炙以及豆芽，非常朴实无华。如今，其起源传说已经广为人知：某天晚上，旧金山一家餐馆已经打烊，却有人反复请求老板供应食物，他还无法拒绝（一个故事版本说那个人是醉酒的矿工，其他版本又说那个人是李鸿章或者其他有名的中国访客）。但是他没有食材了，于是把当天的剩菜剩饭炒了出来，"杂碎"这道菜因此而生。杂碎在老潮汕菜里的起源，是由李树芬这位不知疲倦的美食猎人（"捕猎"大型野味和食物）查考出来的。潮汕菜能提供的食物，比杂碎好得多，而且大部分和其他粤菜基本相似，只不过同一道菜加的原材料要少一些。

客家菜：这种菜系的特色是格外善解人意。人们选择脆生生的蔬菜，而且要最新鲜的，采用多种刀法切制，并用多种方法拌和，最终使它们融为一体，然后微微地煮一下，以便产生最鲜美的味道。客家菜没有大量使用大蒜、香料，也没有大量使用味道浓重的油。凡是用到的动物部位，都进入了某种菜肴之中。我们吃过一道绝妙的菜，其主材为牛犊脊髓，配菜为常见而讨人喜欢的蔬菜，小心翼翼地炒制而成。另有一种客家特色菜是盐焗鸡，仅仅是在鸡的内外抹上盐，然后拿来焗。我们还发现了许多以各种蔬菜为皮的酿鱼丸——辣椒酿鱼丸是我们最喜欢吃的，其次是苦瓜酿鱼丸以及著名的酿豆腐，其制法为把老豆腐切成小块，往其中加入鱼茸。酿豆腐和酿蔬菜，已经广为新加坡的其他华人群体所借鉴。

闽菜：这个菜系与闽语的关系很密切，而与福建省本身的关系就没那么密切了。因此，广东潮州人和汕头人保存了闽菜的一个变体。这种菜虽然受了粤菜的影响，但还是看得出闽菜的基本特性。海南人与讲闽南语的人有亲缘关系，虽然长期分隔，但是他们的语言仍然明显接近闽南语，而且在饮食上保留了闽菜的某些特点。闽菜重视汤是出了名的。炖菜和由肉类做成的高汤，也是闽菜里常有的，还有各式各样的粥。许多粥还滚烫着就开始喝了。讲闽南话的人得食道癌的概率高，其原因可能就在于此。鱼丸、龟肉、真菌、小型的蛤蜊，属于做汤更为有趣和典型的材料，或者说汤底。闽菜还有个特点，即便不那么出名，但是可能更加独特：借鉴凝固大豆的方法（即用石膏、明矾之类），来凝固猪血和禽血。猪血通产要像豆腐一样切成方块，然后加上大葱来炒制。家禽血会切成细条，然后跟各种蘸酱一起端上桌，通常还会配上家禽其他部位做成的菜。因此，潮州菜的特色是蒸鹅、鹅肝以及鹅血，并配有蒜泥醋蘸酱。在所有东南亚华人中，"海南人"（传统上指餐馆老板和看饭店老板）以卖"海南鸡饭"闻名。这种菜涉及沸水煮鸡，而鸡最好用年龄特别小的，而且要用家养的、吃芝麻的鸡。汤底要用高汤，煮饭的水也要用高汤。鸡血、鸡肠以及所有的内脏，都会和鸡肉一起端上桌。因此，吃海南鸡饭的人除了能喝到鸡汤，吃到极好的米饭，还能吃到由这只鸡做成的各式菜肴。

　　闽菜大量使用猪油。最次的闽菜可能就是乱糟糟的一堆没有关联的蔬菜，以及动物比较奇怪部位的肉，加猪油来炖，所有东西都变成了油腻的糊状物。人们认为，潮州菜从粤菜里吸收的菜品类型更多，更注重可以快速出锅的食物。

　　长江下游菜：在这个标签下，我们归入了大量来自长江下游和淮河流域的地方菜，它们与北方的鲁菜关系密切。如果坚持使用五大菜系的划分法，它们大概应该置于鲁菜之下，但是它们比鲁菜更加丰富多样。除了大量用油（通常是植物油），整个地区菜肴的主要特点是多样且变化多端。如果餐饮行业的新手发现自己遇到的菜明显比较复杂和精致，而且与其他菜系区别不明显，他要是把那道菜归到这一类的话，保准没问题。如果他们遇到的菜要稍微煮得久一点，以各种值得注意的海水产品和淡水产品为特色，或者本身格外不同寻常且有趣，那么把它们归到这一类就更没问题了。在这里，我们已经到达了食用红烧肉（加酱油炖出来的肉）的区域，食用各种各样凉菜的区域，把小麦当作真正重要主食的区域（实际上。闽菜里的小麦使用量也很大，只不过形式是面条）。再往北部，这个水生食物和变化无穷的世界就逐渐变成了几种北方菜系，也包括鲁菜。我们急需美食地图绘制员画出这片区域的边界，以及区域内的分界线。赵步伟讲过她的安徽老家，好像说那片区域也有自身的特色菜。毫无疑问，那片区域确实有特色菜。毫无疑问，长江流域和淮河流域的所有其他地区，也有自身的特色菜。我们对这些特色菜需要更多的了解。

　　我们要是只讲地方菜的多样性，似乎不够，必须略讲一下地方菜所用烹饪工序。对于什么样的烹饪工序应该得到承认，权威们各执己见。在烹制某种菜肴的不同阶段，两道工序可以融合为一道工序。这种融合到了什么程度才算创造一道新的工序？权威们也没有一致意见。特定烹饪方法在哪些特定区域占主导地位？他们也没有列出相关清单。要综合回答这些问题，必须要有进一步的研究才行。因此，在泛泛而谈之外，我们别无所求。要想多了解一些有用的烹饪方法说明（如果读者是厨师的话），以及和文化相关的分类（如果读者是人种志学者的话），可参看米勒·格洛丽亚布莱、罗孝建、赵步伟的著作。但要说最好的办法，还是参看一本高质量的中文食谱。

　　烹饪方法最大的差异，要数"水烹法"和"油烹法"之间的差异。我们首先说水烹法，人们可以煮熟食物，也可以蒸熟食物。不管食谱上怎么说，煮都是中国厨房里最重要的烹饪工序。这主要是因为中国人的主食（大米和面条）是煮出来的（在罕有大米的地方，人们往往煮饺子来吃，又或者把面粉，比如荞麦粉或者玉米粉，做成糊状物，然后做成干燥的饼）。但是汤菜也是煮出来的，汤菜和炖菜几乎是每个中国人的日常食物的重要组成部分。文火煨罐菜，尤其是"砂锅"，以及猛火煮熟食物以后进一步烹饪或者腌泡，都仅仅是煮的变体。自助餐也是煮着吃的。食客们就着沸水或者高汤，将切得很细的食材或者预备的生食材自行烹制而食，形容这种吃法的词是汆和涮。这类菜里最常见的要数火锅（在粤语里叫"打边炉"）。但是这类菜也有其他类型，包括新加坡的"潮州沙嗲"，即先把蛤蜊、鹌鹑蛋及其他美食串在木制小烤肉扦上（马来西亚人做沙嗲时，要用到木扦），然后置于沸水里煮熟。

　　蒸通常用于制作小吃（大部分点心都属于小吃）以及水生食物（如鱼蟹）。任何东西蒸起来都好吃，而且有时候就是这么烹制的，但是许多人认为大多数中国食物都是蒸制的，其实不然。到了中国之外，即便是煮制的米饭，也常常被人们叫作"蒸"米饭，人们也相信这些米饭是"蒸出来的"。蒸制通常涉及把木蒸笼或者竹蒸笼置于沸水之上，然后把整个蒸笼紧紧地盖住。有时候，蒸制食物用的是汽锅，而不是蒸笼。在这种情况下，化为蒸汽的沸水再次凝结之时，汽锅里就会积一层水，也就为汽锅里的食物提供了一层蒸馏而成的汤汁。云南菜给人带来的隐秘乐趣正在于此。

油烹通常指"炒"。但是，油烹里更常见的是油炸，而不是常常声称的"炒"。市场上卖的某些油炸食品是现成的，炸豆腐尤其如此。翻炒指的是把油加热到冒烟的地步，然后把切得很细的蔬菜和肉类倒入油中，一边烙，一边疾速翻动几秒。有了这种方法，食物的风味、鲜度、维生素和脆度，就可以最大限度地保留下来。大块食物，如鱼和芙蓉蛋之类，要较长的时间才能烹制好，需要的油更多而翻动更少。油在锅里噼啪作响的程度，往往能说明食物是够熟了还是不够熟。厨师做菜靠耳朵听的时候，比靠眼睛看的时候多。（有些厨师甚至只听蒸汽的嘶嘶声，就能判断蒸制的食物是否蒸好了。）油炸往往涉及迅速用沸油把食材汆一遍，或者至少用热油汆一遍，然后再烙一下。不过，烙要在食材有了较厚、较脆、较油腻的外皮之后进行。煎要用到闽菜的烹饪方法，也就是把蔬菜和肉类（常常是大块的器官肉）混合物放入已融化而温热的猪油里，并用文火煨，最后就会产生一种极度软嫩而油腻的菜肴。这种菜肴恰恰与人们对中国饮食的流行看法相反。

在中国的烹饪方法里面，只加热而不用水、油以及其他任何东西的方法，并不常见。烤由专门的商人来进行，用于制造叉烧及地方特色菜。四川的烟熏樟茶鸭也是烤出来的，只不过烤的时间较短，所以这种鸭子实际上是炸出来的。烘烤借自西方，现在已经成为常见的烹饪方法了。糕饼、果挞，甚至包子，都可以烘烤出来。包子的传统做法是蒸，但是烤包子已经广泛传播，味道还出奇地好。这种包子有多传统？我们不知道，但明显是一项现代发明。传统中国的主要烘烤商品——属于北方商品，不过已经深入到了中国最南端——是烧饼。烧饼用小麦粉和芝麻做成，要插起来，放入一个大罐子或者罐状炉里烘烤。这就是近东地区的标准烹饪方法——到了印度西北部、巴基斯坦和伊朗，就发展成了无与伦比的唐杜里烹饪法（tandur）——毫无疑问，这种方法传入中国的时间并不悠久，芝麻卷的概念传入中国的时间也不悠久。北方用扦子插着烤和用炭火来烤，虽然经典，在南方几乎不为人知。例外的是鸭子，有时候还有其他肉类，经过腌泡后插在扦上烤。粤菜专家以及其他菜系的厨师就是这么处理的。叉烧就是用相关的一种烧烤形式制成的。

按工序烹制同一样食物是常见的精妙之事。食物可以熏制（放在冒烟的材料上烤），然后煮熟，接着油炸；又或者煮熟了再炒；又或者煮个半熟，存起来，需要的时候再用，而不是在食客要的时候，就胡乱倒入热汤里，使之完全煮熟。举例来说，云南的过桥米线就是如此烹饪出来的（"过桥"这个名字，指把炊具里的米线倒入食客碗里，以便进行最后的烹饪）。

最后要说的是，生吃食物根本不是常有的事。水果通常是生吃的。此外就没有多少食物可以如此了。许多冷盘和凉菜几乎一律是经过冷却的熟食。"不经烹饪"大多限于蘸酱（酱油辣椒酱、蒜末醋汁、梅子酱等）。即便是这一类食物，其中许多食材也在某个工序中加热了。数千年的经验使食客们认识到：凡是类似于美国沙拉或者日本生鱼片的食物，在中国的环境中都太过危险。生鱼曾经是中国人大量食用的食物，但是现在非常罕见——举例来说，生鱼只是偶尔出现于粤菜里的生鱼粥之中。大多数广州人都知道，这道菜常有大量的寄生虫，应该避而不吃。盐渍和发酵食物通常是安全的，因为细菌和寄生虫都死于腌制过程了。即便如此，盐渍和发酵食物通常也要煮熟才吃。但是这并不意味着中国食物是安全的。受污染的食材和水常常有碍食物安全。更重要的是，炒制食物经过的烹饪时间不够长，没法杀死变形虫包囊、寄生虫卵及包囊。人们要么为了美食而冒险食用中国食物，要么把食物煎炸久一点，又或者煮半小时再吃。时间够长才能让人们收获安全感，无寄生虫之虞，但是随之产生的损失甚于收获，因为食物的营养价值和质量都会受损，而且烹饪所耗燃料会增多，这也会造成一笔损失。

无论是有关地方菜系和各种烹饪风格的叙述，还是有关原材料的讨论，前文涉及的都是有关南方饮食多样性的讨论，那么，南方菜的一致性体现在哪些方面？

我们已经讨论过了一致性的最基本元素，也就是原材料——南方人较多食用大米、鱼、猪肉、蔬菜，较少食用北方人偏爱的小麦、大豆和羊肉。要区分南方菜、越南菜，首先要把各自的地区变体放在一起，然后按下列特征进行其区分。区分南方菜和南方少数民族的菜，通常也可以这么进行。依据这些特征，甚至能大概区分南方菜和北方菜。

1. 人们的食物主要是小吃、米饭配肉浇头或者蔬菜浇头（主菜），以及汤类。在宴会上，米饭几乎没人理，而浇头取而代之成为主菜。

2. 在南方大地上，有十个月到十二个月都是生长季。人们使用的蔬菜种类非常广泛，而且会尽可能用新鲜的。大多数菜肴都是蔬菜和肉类的搭配。

3. 味道辛辣而且辣得舒服，通常要加豆豉，而且要拌上醋、辣椒和其他类似的原料。醋、糖和花生油或者菜籽油是常见原料。对比来看，南方有真正的香料，也就是咖喱粉；北方较少用醋和糖，蔬菜用得更少，调味剂多用芝麻油、八角茴香、大蒜、洋葱及豆酱（不是南方的豆豉）。

4. 食物往往是用武火烹饪出来的。南部的咖喱菜、北部的罐罐菜、红烧菜以及炖菜，都是用文火慢速烹饪出来的。粤菜却把武火烹饪推向了极致，炒和煮快如闪电，而客家菜和四川菜并没有远远落在后面，其他菜系偶尔也能做得这么快。

其他独特之处可以列出来，只不过有了以上四点，南方烹饪的基本原则就可以确定了。其中许多原则广泛存在于东亚烹饪之中，有些是南方烹饪特有的，但是由这些原则形成的总体风格是中国南方烹饪所特有的。

极小化极大（minimax）的策略不仅运用在饮食营养价值方面，在烹饪方面也会使用：以最小的投入，换取最大的产出。农作是例外，因为极少的劳动时间投入换不来极大的农业产出。具体而言，为了产出最大化，人们尽量减少燃料、厨具和食物原料的使用，尤其是较贵重的那些。人们并不总是执行这种策略，但是会定期执行，而且频率之高使得这种策略足以成为整个南方菜的特点。尽量缩短时间之后，燃料就节省了。即便要加大热量来缩短时间，结果还是会节省燃料。短时间内充分利用大量燃料，比文火慢炖更有效率。食物切得非常薄，烹饪速度最快。烹饪完成之后，最好的状态是有点"生"，足以让人觉得脆（蔬菜）或者嫩（肉类）。粤菜地区就是如此，做粤菜用的油会加热到冒烟。油和贵重香料也能够节约使用，而节约油类是靠炒这种烹饪方式来实现的。如果一大盘蔬菜里只放几片肉，肉的味道会达到极致，极少的肉也会引人注目。人们钟爱新鲜的农产品，这就意味着浪费极小，因为鲜嫩的食材没有嚼不动的部分需要舍弃，而且成本极低，因为吃的是当令蔬菜，不用买反季的，最后因烂掉而损失的部分极小。我们在香港农村调查期间（1965—1966），那里的家庭主妇和家庭主夫，坚决要求买到的蔬菜必须是一小时前或两小时前刚采摘的，而猪肉同样要是新近宰杀的猪，也就是一小时前或者两小时前刚宰杀的猪，而鱼得是一天之内捕的。城市化使得这种要求无法实现，但是只要有可能，家庭主妇和家庭主夫就会坚持。对于同一种鱼来说，活鱼的价钱最高可达到死鱼的十倍。鱼类栖息的水域也要考虑——水质越干净，鱼的质量越好。这些判断标准不仅保证了鱼的味道，也让食客免于吃到腐坏或受污染的鱼。最后，把许多食物切配、拌制，放入一个盘子里，这样用到的和要洗的盘子更少。

　　食物的味道应该是丰富的、能让人有食欲的，各种味道都能凸显却不会掩盖其他味道。几乎所有食物都是和其他食物搭配着吃的，而且加调味品，甚少例外。然而，调味品既不是有多种辣味的，也不是那种简单直接的蒜蓉辣椒酱。理想的情况是，蔬菜的味道（有时候还有水果或者真菌）是和肉类的味道混在一起的。在借助其他食物的情况下，所有这些滋味都能发挥出来。这些食物包括少量到中等数量的辣椒、大蒜、生姜、醋、大豆发酵物之类，偶尔还会包括八角茴香和花椒之类气味较浓的香料。即便是湖南–四川菜也是这么处理的。人们一旦习惯了吃辣椒，就会觉得辣椒的味道相当温和。注意，我们说的是味道温和，没说对身体的影响温和。为了不让辣椒的味道掩盖其他食物的味道，人们会把辣椒和其他味道浓烈的调味品搭配着用，世界上的某些菜系就是这么用的。当然，上述情况没反映小吃的实际情况。美食家食用小吃的时候，也搭配着更为有趣的食物，以便平衡小吃的味道。

　　人们对食物的预设是要和吸收剂一起烹饪或者食用。吸收剂几乎不会增加味道，主要功能在于吸收所有或者某些肉汁和味道，凸显之，融合之，进而增加食物的口感。米饭是最初的吸收剂，也是主要吸收剂。如今的饮食吸收剂已经增加了，不仅数量更多，而且质量更高，比如木耳和燕窝。这些吸收剂不仅是打底的食物，还会让食物变得具体起来，而且比其他食物更能吸收某些味道，每吃一口饭菜都会因此而变成一次独特的体验。

　　厨师和食客之间的界限之所以会模糊不清，部分原因在于上述情况产生的必然结果。米勒·格洛丽亚布莱正确地指出。食客不会为食物“加作料”（从加盐和加胡椒粉的角度来说），因为加作料是烹饪必不可少的一部分，烹饪完成后就没有理由这么做了，举例来说，许多粤菜不会单独加盐，都是加黑豆豉。黑豆必须经过烹饪才能用。但是大部分餐食都会配上调味酱汁，如果只用酱油，可以称为某些食物的蘸料或者淋汁。比普通食物品质更高的食物拥有复杂的蘸料。法国人习惯于把所有菜肴都浸入在酱汁中，然后才端上桌。中国美食家可能会反感这一点，因为他们更喜欢随意在酱汁里蘸一下食物，保持食物的酥脆，控制每一口食物的酱汁量。糖醋型菜肴上桌的时候，旁边常常摆着糖醋汁。在精致的粤菜里，这种配置尤其典型。外国的中餐馆把肉类浸泡于酱汁之中，属于向没有特点的味道妥协。许多菜肴都有"官方"蘸酱，就粤菜来说，蘸酱的代表是用于水煮虾的辣椒酱、用于鲜蟹的醋汁；就潮州菜来说，蒸鹅要用现制的蒜蓉醋；有种酱汁以麦芽糖浆打底，奇特而令人着迷，可做某些鱼丸的蘸酱。其他方面的例证也很丰富。当然，由食客控制且最受喜爱的菜肴是火锅。吃火锅时，客人可以按自己的口味来烹饪。其实，将馔铺在米饭之上这种惯常吃法也与此类似。各种调料拌和与融合的方式，是由食客控制的。没有哪两口菜是一样的，每一口菜都是独立调配的。

人们有意识地不断追求饮食的多样性。特定时间必须吃什么，并没有规定。特定节日要吃必不可少的节庆类食物，但这只是例外情况。而且这些食物的存在仅仅证明了一个观点：有了节日这个借口，原本因制作麻烦、花费高而可能失传的食物，就可以继续制作了。如今，这些食物可能失传，更是出于这个原因。

中国南方根本没有食物禁忌的概念。饥荒早就把食物禁忌铲除了。实际上，除了云南，南方人过去使用的乳制品不多，但是这种情况已经有了相当大的变化。虽然血在福建人之外的世界用得不多，但是反对吃血的宗教规定（如犹太教和伊斯兰教）或者不成文的文化禁忌（如美国）也是不存在的。同样，忠诚于特定的饮食，也是不多见的现象。中文文化里的超级食物，也就是大米，比较清淡，可以跟任何食物搭配着吃。在尝试新异食物方面，南方人通常反应很快。

他们也有某些拒绝的表现，跟每个人面对奇特饮食的反应一样，但他们适应起来也很快、很容易，远胜大部分其他文化的人。（仿佛一个人的饮食越富于变化、越优质，那个人就更容易适应不同的饮食，反之亦然。虽然我们体验到的情况就是这样，但是这种总结只是对实际情况的猜测。）

各个民族都一直持续不断地关心饮食。论起全世界对美食学的关心，没有哪种文化像中国文化这么上心，就连法国文化也比不上。这个观点尽人皆知，我们就不必细说了。但是这个观点又太重要，我们没法弃而不谈。各个阶层的中国人都知道去哪儿找到最佳的食物。香港新界元朗区有家馄饨店，曾经闻名于整个新界西部。每个人都渴望去那里就餐。那个馄饨店十分普通，属于工人阶层社区内卖馄饨和面条的地方，店面小，摆了几张桌子和几把椅子，不是高档餐馆，但是各阶层的人都蜂拥而至。西方美食家吃起饭来，往往把优雅的环境当作必不可少的要素。中国美食家却注重食物本身。

食物的质量涉及多个层面，无法全面分析，但是前文已经提及了某些层面：调味品的融合，包括融合有辣味的调味品，以及某些吸收剂；新鲜度越高越好；口感要酥脆，要体现各种口感的对比；要与季节、时间、场合相合；要体现味道的独特、细微之处。每次烹饪活动都遵守了有关质量的规定，至少理论上是如此。当然也有例外。中国也有大量蹩脚厨师。另外，由于海外中餐界脱离了主流烹饪传统，而且常常成为偏见和歧视的受害者，烹饪的标准往往有所降低。举例来说，对于那些较穷的马来西亚人华人，尤其是经济政治地位在恶化的华人，对食物的关注已经让步于绝望。烹饪标准没有得以维持，对质量的关注就成了一种理念的残骸，而且正在快速消失。中国传统正遭抛弃。西方的传统最为糟糕，而且对营养来说就是最大的灾难，却越来越占据主导地位。然而，即便在这些穷人中间，许多中国传统也得以保留。等到经济状况好转，人们就会重新拥抱优质食物。这种情况正在经济有进展的地区上演。

前文旨在帮助读者不用菜谱也能烹饪中国菜。此外，我们还有最后一条说明，那就是有关中国厨具的几条指导原则。这些指导原则似乎没必要罗列在这里，因为任何一本优秀的食谱都会有这些。但是我们想通过罗列指导原则，讨论它们与通行的极小化极大模式的关系。就炊具而言，这种策略意味着尽量减少必需炊具的数量，以便在烹饪过程最大限度地发挥它们的作用。因此，用到的炊具不多。所有炊具——尤其是最常用的——都经久耐用。优质的工具应该能用几代人，而且应该由廉价的材料制成，这样替换起来也容易。这种工具应该是百搭的，做什么都用得上。

这方面最重要的当然是镬。镬是标准的锅，底部为弧形，是炒和炸的理想锅形。少许油就可以在锅底形成一个小油洼。同时，铲食物的时候沿着镬壁往上铲，这样就可以把其中的油沥干。用于煮菜时，镬同样表现良好。把蒸架放入其中，再加个锅盖盖住整个蒸架，镬就变成了蒸笼。可以跟镬搭配的有扁口金属铲子，可用于翻动食物，还有竹制把手的笊篱，可以把食物从液体里捞出来。有了这些东西，加上竹制蒸笼以及蒸笼盖，再加上砧板和菜刀，基本厨具就配齐了。菜刀要用常见的大型砍肉刀，具有多种用途，可以拿来劈柴、去除鱼内脏、刮鱼鳞、切蔬菜、剁肉、拍蒜（用刀背）、剪指甲、削笔、削新筷子、杀猪、修面（只要这种刀够锋利，或者用刀之人认为这种刀够锋利）、解新仇旧恨。即便是砍刀（machete），也没菜刀的用途广泛。

完美的厨房还会配几个小炖锅以及一个砂锅，可能的话，还会另配一个较高的蛋形砂锅。砂锅用的是粗陶，而粗陶的含砂量非常高，因而有砂锅之名。陶器可以吸附油脂，而让部分水蒸气穿过，这就保存了味道（砂锅壁中有砂，食物的味道经年累月地吸附于砂中，就能对砂锅起到保养作用），而且密闭的砂锅可以让多余的水汽慢慢散发出去。砂锅也可以慢慢导热，是理想的炖锅，而中国人也的确是用砂锅来炖煮——镬升温和降温都过快，没法好好炖制食物。内壁上釉的砂锅可以用来煮饭，但是现代人煮饭用的是金属锅。人们还需用到许多辅助工具，比如从液体里捞起大块食物的打结竹签、操纵食物的长筷子，都可以临时制造，就算要买，价格也便宜。没多少辅助工具涉及特殊开支。与极小化极大规则不合的，主要是模具类工具。雕刻而成的木质模具可用于制作小糯米糕或者饼干，饼铛可以用于制作薄饼，而制作月饼又需要特殊的模具。这些必须买，而且既不便宜（从中国的标准来看），也不容易制造。茶具，包括烧水壶和茶壶，也是需要采购的较为重要的工具。人们想要美观、做工优良和耐用的茶具，而茶具很容易就成为最贵的厨具，远胜其他。

厨房里炉灶分为两类：体积小而可以移动的；体积巨大而建在地上的，看起来像个祭坛，实际也是祭坛（其中住着灶神。灶神特别关注这个地方，也不管灶后那面墙上已有一个小祭坛，可以用于上香之类的事情）。如今，体积小的炉灶往往是电热炉或者煤气灶。不过，传统的炭炉仍然见得到，一般要先在一个桶的内部涂上黏土，等黏土凝固了，把桶移走，在黏土底部刻凿出进气口，再在进气口里放入带孔的黏土篦子，然后放入窑里烧制。炭是烹饪中国食物的最好介质。炭会释放适度的热量，有适度的冷却速度，用扇子扇风可以达到难以置信的高温，而且炭火可控，也能够按照人们的想法为食物增加风味。然而，也可以燃烧温度更高的气体燃料，比如丙烷，可以充当炭的优质替代品。

餐具是体现南方饮食统一性的另一个特色，所注重的同样是耐用性、质量和成本。除了筷子、陶瓷饭碗、盛主菜的大浅盘、盛蘸料的小碟子，南方的餐具少之又少。普通家庭各有各的碗，还有几个起辅助作用的盘子，还会直接用锅盛主菜，遇到特殊场合则会用上佳的大浅盘来盛食物。最常见的饭碗是瓷碗，十分常见的是青花瓷碗（历经五百年，形状和花纹都没怎么改变），可装下350毫升左右的液体。

一场筵席之后，青花瓷碗常常用于盛酒。从传统上来说，青花瓷碗就是穷人的酒杯。近年来，除了更加传统的茶杯，西式玻璃杯也成了人们常用的酒杯。茶杯通常大概能盛 160 毫升左右的液体，但是福建地区（肯定还包括其他主要的茶叶产区）的茶叶鉴赏行家更喜欢 30 毫升左右的小茶杯。除了这些基本餐具，还有汤碗、粥碗、各种蘸碟、陶瓷汤匙、点心盘，以及大量其他形式的餐具。与见于北方以及更早时代的餐具相比，并没有显著的不同，但与近来从西方引进的那些餐具大不相同。本书其他各章对餐具已有精彩描述。此处要重点说的是，餐具的制作材料为黏土和竹子——常见、容易加工、廉价的材料——制作过程（从挑选材料到最后上釉或者雕刻）都注重耐用性和装饰性。同样，这些餐具也大概体现了"投入极小，而用途极大"的原则。（与之相比，西式餐具则较复杂，消耗的能量和原材料过多，比如用金属和塑料。与此相反，印度的用餐安排则较简，盘碟就是香蕉叶，进食工具就是手指。中国人要是见着了，肯定会认为这些安排过于简朴与艰苦，也并不实用。）

饮食的非生存面向

莱宁格尔·马德琳已经指出，每个社会的饮食都有多种用途，以下用途是所有社会共有的：(1) 提供营养；(2) 开启并维护人际关系；(3) "决定人际距离的性质和程度"；(4) "表现社会宗教观念"；(5) 表现社会地位、社会权威、特定个人和团体的成就；(6) "有助于处理人类的心理需求和压力"；(7) "奖励、惩罚、影响他人的行为"；(8) 影响某个群体的政治经济地位；(9) "检测、处理并阻止社会、身体和文化上的行为偏差以及病征"。这个清单可能并不完备，但是已经论述了饮食的若干用途。在中国南方的饮食传统里，所有这些用途都有良好的体现。饮食大大促进了社交。人们每天都要饮食，而且食物也十分容易分割和称量，饮食的制备和使用过程都属于社交活动，几乎所有用餐活动都属于社交事件。因此，饮食分享就是极好的社会纽带，与人分享饮食会传递出社交的形式和内容。实际上，饮食的交际价值仅次于营养价值。言语被迫变成场面话的时候，食物则会传递某种信息。许多外国人和中国人吃完一顿饭，离席就会说中国人"不可捉摸"，因为他们仅仅讲一些淡而无味的客气话。对于中国人来说，餐食本身就代表了要传达的信息，而且十分明显。简而言之，食物管理是一切和谐的关键——个体和谐，社会和谐，以及宇宙的和谐。

　　南方人的许多行为都旨在保持和谐。根据我们掌握的诸多证据，我们认为，保持个体和谐、社会和谐、宇宙和谐属于基本一致的目标，这些目标也是医疗、社会和宗教行为系统的主要目标。饮食与这些行为系统大有关系，选择恰当的饮食就是保持个体和谐之道。具体而言，就是通过妥善控制"热食"或者"凉食"，从而平衡热气（"精神上的热"）和凉气（"精神上的凉"）。这种看法见于古典医学传统之中，而在民间信仰里的出现频率非常高。餐食，从与朋友们享用的小吃，到正式宴会上的饮食，是社会纽带最重要而具体的表现，而且实际上也在创造并维持社会纽带。在所有主要仪式之中，用食物献祭都是必需的，而且是与神祇交流的关键途径。在中国民间信仰中，人们明显将人类的饮宴与祭神等同起来了。有人曾告诉作者："我们献祭是为了让神仙们对我们满意（舒服）。"而且即便是祭鬼和祭阎王，"我们也打算把神仙们灌醉，好让他们在高兴之余把我们的先人放出地府。"特定的人类食物和祭品有相同之处。宇宙和谐与身体和谐的相同之处也是十分明显的：宇宙的阴与阳必须平衡，而人体的阴与阳也必须如此（热与凉就是这种平衡的表现之一）。人们食用了适宜的食物，而且分量恰当，身体健康就得以保持。食用对症的食物和药草，身体的疾病就得以治愈（食物与药草往往是灵媒开具的，而且受到魔法的保护，或者有魔法相伴）。同样由于有了恰当的饮食，社会与宗教组成的整体得以保持稳定与平衡。在某种程度上说，身体与餐食是相辅相成的：身体是许多不同食物的连接点，餐食是许多不同人士的连接点，或者是人与神的连接点。基本的信念是，世界是个和谐的地方，而要保持和谐，必须依靠这些切合实际的措施。印度人认为所有有关饮食的交流都是神圣的，即便最粗陋的餐食也和祭神的饮食具有类似的性质。中国人几乎不这么看，而且有相反的看法：祭神的祭品就是比较突出的餐食，是普通餐食的下级分类。共同享用这些餐食的是鬼神，而非看得见、摸得着的人类。

在这些食物领域里，极小化极大化的策略就不再重要了。我们甚至可以说，在这些领域里，相反的策略才是重要的。节庆场合——世俗宴会或者宗教祭祀——以不同等级的奢华程度为特色，涉及最为昂贵的物品。重大仪式，如台湾每隔几年才举行的仪式，需要最为昂贵的祭品，要耗费好几年才能积累而成。

饮食的非生存面向主要包含三个方面：个人的、社会的和宇宙的。接下来，我们要更详尽地讨论这三个方面。

个人方面。民间医疗大多是通过口服药来进行的。针灸、手术之类是精英们关注的东西，太贵、太玄妙，老百姓享受不起。食疗和草药治疗是主要的治疗方法，人们一直在用。

食物与药草相混难别，诸如黄花菜之类的食物，几乎介于两者之间。有些食物可能几乎专门作药用，或者往往如此，而另一些食物可能仅作食物之用，但是在保健方面的特点众所周知。饮食之中也可能有一大部分是药草。豆瓣菜和胡萝卜当作药物使用的频率，大概和当作食物差不多。这两种食物都是"凉性食物"，至少在粤语地区的民间药物里是这样。草药和食疗药物既可能牵涉世俗的自我药疗，也可能涉及靠神力治病的情况，也就是依靠灵媒与神祇或者先人联系，然后从他们手中获取药方。在许多情况下，"灵媒"给病人治病，涉及开具口服药。最常见的是用自己的血写一句咒语，然后烧化，让病人把烧得的灰放入茶中喝掉。这种茶往往由药草制成。"鬼神"经常（通过"灵媒"）告诉病人纠正或者改变饮食模式——多吃增强体力的食物或凉性食物，或许还会告诉病人具体吃哪样食物或者哪几样食物。

人们认为饮食不仅对健康很重要，而且是必要的。人们主要关心的是热性食物或者凉性食物。各种食物形成了一个不可分割的整体，居中的是凉热平衡的食物，大米就是其中的绝佳代表。（对作者认识的一个广州人来说，普通的煮制干饭是凉热平衡的食物，而粥是凉性食物，因为煮粥用的水多。对于在马来西亚的闽南人来说，这个整体的重心转变成了热性食物。粥是凉热平衡的食物，而煮制干饭成了热性食物。其实食物的凉热性质同样有了相应的转变。这种情况似乎和闽南人较大的不安全感和恐惧感相关，因为他们对食物的凉热系统不那么了解，害怕因为摄入热量过少而虚弱无力。他们觉得自己需要热性主食来让自己生存下去。）凉性食物淡而无味，热量低，多属于植物类食物。豆瓣菜和黄花菜热量极低，和许多药草的性质一样。热性食物味道更重、更丰富，含有的香料更多。烈酒和宴会上香料多而且油腻的食物，属于热量最高的食物。特定的食物加工过程会降低或者提高食物的热量。这些加工过程包括用凉水浸泡（热量最低）、煮（热量低）、炒（热量高，却不十分高）、烤、烘，还包括炸（热量十分高）。加工时间持续得越长，食物的热量就越高，因而长时间烘焙的食物是人们格外感兴趣的。凉热平衡必须保持住。男性本来就更加阳刚，应该稍微多注重一下热性食物，但是这样一来，热量过高的风险就变大了；女性本来就更加阴柔，应该食用较凉的食物，但是这样一来，就有热量过低的风险。

与凉热二分法相互结合的是少有人提及的干湿二分法。即便有食物属于干的或者湿冷的，其数量也寥寥无几。鲇鱼和某些贝类属于湿热类食物。湿热类食物通常也是毒物。性病这种和毒物有关的湿热疾病，就和这些湿热类食物有关。如果男性吃饭的时候避开贝类，他肯定会遭到他人的善意嘲弄。除此之外，干湿二分法对南方人来说就没有多少意义，不过很可能在其他地区十分重要。

不论在任何地区，这类分类系统会都会有变动，在中国南方也不例外。这种与体液有关的医学分类系统，蔓延于整个欧洲和许多受欧洲影响的美洲新大陆地区，会因人的不同而产生变化，也会因村庄不同而产生变化。这种分类系统的总体倾向很明显。人们总是把油腻食物视作热性食物，而通常把非常稀薄、寡淡、热量低的食物视作凉性食物。但不论在中国还是在其他国家，我们要是连续问两个人，就算有可能打探出同样的凉热食物清单，打探过程也会十分艰难。

跟凉热食物相关又有特色的食物，要数补气的补药。对于身体的关键功能来说，这些食物有各种各样的促进作用。影响全身的一般补药，如人参和生姜之类，就属于这类（广为人知的是，它们有激发性欲或者增强生育能力的特点，但是这种能力绝对是杜撰出来的，是因为人们相信它们是一般的兴奋剂和补药）。鸡汤也是宝贵的食物（鸡汤是全世界最为通用的万灵丹），总是拿给坐月子的妇女饮用。地方上也有许多说法。就广州的渔民而言，他们认为，强有力的鞍带石斑鱼死后，身体里的"气"可以进入任何腮寄生虫之中。这些寄生虫因而是气最为集中的来源，或者是人体之气的激发物最为集中的来源。这些地方说法有待研究的地方还多得多。人们对它们几乎完全不了解。

笼统而言，人们要是认为病人的病是凉性的，或者跟凉性的关系极大，治病的时候就会让病人食用热性食物，反之亦然。健康的人必须努力在所有饮食里保持凉热平衡，偶尔还要额外服用人参、生姜或者类似的食物才行。但实际情况是，除非人们生病了，否则只有那些有疑病症倾向的人才会非常担心凉热平衡。然而，既然肠胃失调及宿醉之类的情况属于"热"病，自我治疗就成了常有的事。由于宴会上的食物和酒一般都是"热性"的，不论从实际上来说，还是从比喻意义上来说，都是如此（虽然在炎热的南方，温酒的传统远远没有在寒冷的北方那么重要）。由于人们因之而得病之后，可以采取相应的对策，自我医疗大部分时候都行得通，这极大地增强了人们对凉热系统的信任。

对小孩子来说，恰当的食物指凉热平衡的食物（比起成年人，儿童更容易凉热失衡），尤其是寡淡而含淀粉的食物，大米粥或许是这类食物的典型。在马来西亚，有些闽南人较穷，他们的小孩子几乎只吃大米、清汤面和甜食——这种饮食所产生的营养价值极低，而导致蛀牙的可能性极高。然而，这些小孩子很早就认识了蔬菜、鱼肉以及其他蛋白质丰富而脂肪含量低的食物。对大部分群体而言，这些东西很快就成了小孩子的主要饮食，但是对马来西亚的闽南人以及其他几个群体来说，小孩子很长一段时间内的主食都是面粉和糖类，尤其是遇到成年人的食物非常辣的情况（这是马来西亚的常见情况）。

民间食疗和医学的其他方面，有关毒物及将毒物排出身外的食物的理念非常重要，但是我们对此知之甚少。我们对其原则和变化形式了解得不够细致，因而没法在这里讨论。民间医药与饮食的总体需要进一步的研究。我们在这里搁置不论，转而回到更接近本书核心的主题上来。

社会方面。在传统的中国南方，几乎每种饮食活动都有社交属性。其中的凉热平衡不值一提。个人可能会吃零食或者喝一点点茶，但这不是真正的"喝茶"。几乎只有独居而赤贫之人，才会在许多时候独自用餐。其他人会跟家人一起用餐，要是没有家人陪伴，就会跟朋友们一起在茶馆、工作场所或者其他社交场合就餐。即便所有家人回家的时间都不同，回来了就各自就餐，他们之间存在一种纽带，也就是分享米饭和共同进餐的感情。毕竟食物是家中妇女在家庭的中心（即灶上）烹制而成的。谁要是回家晚且独自回来，其他家人通常会跟他寒暄，往往还会象征性地跟他一起吃饭。一般的就餐——不合格的吃饭，也就是以米饭或者其他主食打底，顶上能浇哪种就浇哪种馐——

是在家中进行的，也就是按上文所述方式进行的。其他饮食活动通常发生于家庭之外。下文将依据其重要程度及正式程度逐级讨论。

小吃，比如几碗面条之类，可以从街头小贩那里买到。有些小群体经常会使用这种普遍的消遣方式。卖面条的流动摊贩会在学校和工作场所提供餐饮服务。

饮茶，或者饮用近来的舶来品（咖啡、汽水、啤酒等），则是更为严肃的事情。这种事情可能发生在随意而友好的社交场合，却往往意味着更为正式和具体的东西。我们可以想见的是，在特定的时间或者至少是在大概的时间，地方上的成年人会到茶馆或者与茶馆对等的地方（以马来西亚、新加坡和印度尼西亚为例，与茶肆对应的是咖啡店），与人会面、讨论地方时事，并处理任何正在进行的事务。小男孩们也慢慢进入了这一人生阶段，起初路过的时候，偶尔喝瓶汽水，后来与他们的父亲在其中就座，之后逐渐独自光顾那些店铺，但是去的时间没有他们的父亲那么固定，坐的位置也没他们的父亲那么显眼。到最后，他们成了一家之主，就变成了那里的常客。地方领袖——擅长解决争端和面子政治的非正式专家——会精心挑选特定的时间与店铺来"办公"。这明显是中国广泛存在的现象，但是在人类学文献里，绝少有人讨论。

上述现象还有更为正式的一种下级分类，牵涉预先安排的聚会。地点在上文提及的那类小店铺，会上要喝茶，吃小吃，如点心或者面条之类，甚至还会喝些酒。这些事情是为久别重逢的人举行的，有时候是为初次见面的人举行的。他们见面的时候，都要讨论特定的事情，但是那些事情不会十分重要。

另外一种相关的行为是串门喝茶、吃小吃。在这种情况中，涉及的饮食大概是一样的，只不过用食的环境不同。通常来说，这种女性行为相当于男性泡茶馆的行为，后者明显是男性的专属行为。有时候，一户人家的所有人都会来串门喝茶。如果来串门的只有男性，大部分地区的男性则会把喝茶的地方改成茶馆，而不会挤在家里。

　　就正式程度而言，在餐馆就餐要正式得多。商业交易及其他重要而具体的事务，最终都是在这种环境里讨论并敲定的。全家人一起下馆子，是要遇到非常特别的情况才会出现的，比如吃团圆饭之类。所有重要事务，只要涉及一家之主以及与之地位相当的外人，肯定都会在某个时刻放到餐桌上讨论。涉及的事情越重要，就餐的人越重要，食物就越高档。食物的质量比价格重要得多。

　　真正的重大事件，比如婚礼、十六岁生日、久别的重要亲戚来拜访，都要求人们准备一场正式的宴会，而且要预先筹划，要安排多道主菜，并按顺序上菜（八道菜大概是最低要求，具体数量多半取决于该场合有多重要，主人家有多少食材），要安排许多酒和肉；米饭要少，或者仅安排淀粉类食物的时候，数量也要少；宴会要持续四到六个小时，甚至更长时间。在这些场合里，最为正式的场合会有鱼翅之类的标志性菜肴，作用仅在于表示所属宴会非同寻常。这些正式场合往往有乐队奏乐及其他娱乐活动。主人往往会催着大厨做出顶级的地方特色菜。赴宴的客人数量比寻常就餐时多，要么有八个人，要么有十个，甚至更多。这一数量同样取决于宴会属于哪种场合，主人家有多少食材，在地方上的地位如何。

　　正如地方上的非正式领袖——也包括各种官方人员——必须定期在当地茶馆亮相，他还必须设宴。他与官方越近、越重要，设宴的频率和豪华程度就必须越高。由于地位类似的客人必须轮流设宴，那么在外就餐的频率就是衡量其地位的合理标准。对于贫穷而社会地位正在向上流动的人来说，这种模式会极大地消耗他们的资源。虽然这样的模式如今在中国本土遭到批评，却远远没到废除的地步。

　　宴会的正式程度——需遵守的礼节有多少、要遵守到什么程度——与场合的重要程度以及相关群体的社会地位正相关。就香港的蜑民举行的宴会而言，其正式程度不高不低。轻轻松松地大吃一通是其特色。宴会开始之后要不了多久，他们就会喝烈酒，等食物上来之后喝得更猛。就耗费体力而言，打渔属于最耗体力的工作之列。出于这种职业性质，香港疍户就成了大吃大喝的人群。对于中国的中产阶级和上层阶级而言，即便是在家吃的一顿饭，也有一整套规矩，而宴会可能会十分正式，不过鲜有西方宴会那么正式，严肃程度和精细程度都比不上西方宴会。（毕竟，疍户的宴会不可能出现用错叉子的情况。）基本的规矩相当简单，不过要是在重要场合使用的话，就无比棘手了。下文是适用于所有场合的主要规范（家人之间在家中聚餐要讲究的一般规范，不在此例）。

最基本的一点是对主客角色的过度追求。按规范，主人应该夸大自己请客人吃喝的兴趣；客人见到自己这么麻烦主人，要夸张地表示自己有多不情愿这么做。因此，主人非常热情地、不断地劝客人用餐，把菜夹到他们的盘子里，不断给他们的杯子斟满酒，还会在不同客人之间周旋，并说出各种劝吃劝喝的话。对于每样东西，客人们都会推让两次或两次以上（推让到第二次或者第三次的时候，客人推让的口气，实际暗示着他会接受主人的劝吃劝喝，还是确实在拒绝），不管主人怎么催，都会尽力吃喝得不多也不少，而且会大讲感谢之辞，而最重要的是大讲道歉之辞，说自己为主人添的麻烦过多，同时说自己受之有愧。主人会劝他们不要拘礼、不要客气、不要过意不去。他们回应的时候，则会说自己不是纯粹地客气，而是认真的。主人们会期望客人们夸饭菜的质量好，不过，通常在这方面来说，客人们却没必要违心地奉上赞词。如前文所述，主人会努力拿出质量最好的饭菜。全世界的宴会主人恐怕都有类似的态度，只不过比起其他国家，中国宴会主人重复这种态度的频率更高。人们期望男性喝得适量，而期望女性喝得比男性少。然而，"适量"的定义因场合和社会群体而异。许多中产阶级闽南女性到了宴会上，根本不喝酒。另一方面，在疍户的婚礼上，人们会期望疍户群体里的男性领袖动真格，互相拼酒，并与疍户里的委托人拼酒。一般来说，这些人喝掉的烈酒数量，会多到让人难以置信——足以喝死任何未曾久经酒桌之人[4]。

　　上文已经简略地提过，在较早的时候，某些特定食物是有影响力的具体标志。最广为人知而且在全世界的地位、价值都很高的食物，要数鱼翅（把鱼翅做成浓汤）。地方特色菜也常常会亮相——香港的地方特色菜包括活鱼，以及特级海鲜干货或腌制海鲜。在其他地区，燕窝、熊掌之类也充当了食物。中餐里许多有名的奇异菜肴，如我们刚刚列举的那些，之所以充当了食物，并不是由于它们的味道或者珍稀程度，而是因为它们是地位的象征、场合的标志。由于它们珍稀、昂贵、显眼，也就传达了一个信息：这场宴会非比寻常，我们做成的事情确实特别。当然，主人的地位越高，场合越特别，所上食物的等级越高。等级多半由价格来决定。珍稀程度是价格的部分决定因素，有时候，一样并没有别具一格特色的普通食物，却地位显著。比如，与其他许多鱼类相比，在马来西亚槟城地位颇高的一种鱼并没有更珍稀、更美味、更新鲜、更有异国情调（但目前它们的确变稀有了，因为水产业盯上这种鱼类，进行了严重的过度捕捞）。它们或许更像中国南方的鱼类，多计，味美，色白。毫无疑问，它们最初获得崇高地位，就是由于这些特点，但是它们现在的价值被抬高了，远远超过了任何此类差异所能提供的价值，而且纯粹是社会因素导致的（最近的情况是，它们的珍稀程度对它们的价值产生了某种影响）。当然，与之形成对比的是，其他食物过于普通、平淡无奇、便宜，以至于跟贫穷联系了起来，因而罕见于宴会之上，即便它们是极佳的食物，而且大受欢迎，也无济于事。腌制蔬菜和某些次要主食即为其例。特殊场合的食物，往往是从通常不会吃的食物里挑选出来的。因此，在香港的广州人会突然搜寻许多罕见而高档的海鲜，而平常吃鱼的广州渔民则会搜寻肉类，拿肉类当珍味。大米这种极好的主食，由于太过寻常而不会显眼，对餐食来说太过重要与基础而无法被人忽视。在最为高档的宴会上，大米上桌的时间靠后，不是以米饭的形式出现，就是以炒饭的形式出现，或者这两种形式都有，只有那些最饿的人（或者说最没有策略的人）才会大吃一通。就一般的午餐和晚餐而言，大米同样充当着极佳的打底食物。

食物的选择明显有比附地位的成分。从传统上来说，人们力图模仿宫廷菜，或者任何能代表朝廷的地方菜。如今，地位高而受到模仿的则是西方菜。原因不只是西方菜地位高，也有其他方面的考虑使得人们接纳了外来食物。举例来说，由于有生产西方食物用于出口的需求，本地人就随之熟悉了具有"国际"风格的食物，渴望那些在其他地方已经取得成功的新异食物，对食物的多样性有兴趣。影响食物选择的因素可能还有经济需求，以及广告商和其他利益方的诱惑。罐装奶粉起初受欢迎，是因为它们可以给孩子们提供良好的营养。到如今，罐装奶粉激增，却没有反映许多群体的真实需求。在中国，由于民族自豪感和经济独立，而人们又采用了西方技术（如制造罐头之类）来储藏和销售食物，于是，中国就形成了罐头制造、腌制、装瓶的一条龙行业，极其成功，但是中国本身受西方食物的影响极小。安全和标准化早已实现，产品质量一直在改善。更为有趣的是，中国人已经在自己的土地上见到了西方人，然后把食物出口到了国外，准确地说是出口到了华人市场（比如新加坡的华人市场），近来还吸引了更广泛的群体。离我们较近的中餐馆开在了洛杉矶的唐人街，但是它们的顾客绝不可能全都具有中国背景。在诸如上文提及的外国群体里，这些多样而高质量食物的声望，已经可以与更西式的食物相提并论。有些群体原本正在养成食用西餐的习惯，现在有了重新喜欢中餐的迹象。然而，中餐里也包含一些西餐仿制品，尤其仿制了烈酒和含酒精饮料，其次也仿制了糖果、饼干之类。

那些弱小的海外群体却走向了另一的极端。他们西化的速度越来越快。在加利福尼亚，这种情况不足为奇，而在马来西亚，模仿西式饮食习惯则是引人注目的现象。简而言之，原因在于华人和马来西亚人相互独立，关系紧张，导致华人拒绝采用或者拒绝继续采用马来西亚人的饮食习惯。年轻华人缺乏对自身传统的自豪感，也就放弃了中国人的饮食习惯，吸引他们的是由世界商业和政府团体形成的新兴"国际"文化。上文已经讨论过这种趋势，我们在其他地方也讨论过。相较而言，泰国和印度尼西亚的华人更倾向于吸收当地人的饮食习惯，同时吸收西方饮食习惯。

然而，中餐不可能消失——即便在这些海外华人群体之中，也不可能消失。牛奶和冰激凌、糖果和面包可以融入中餐之中，就像中餐馆已经融入西方的饮食场景一样，但是华人对中国饮食传统保持着非常强烈的自豪感，而且保留着和这些传统相关的知识，不可能让它们失传。这种情况可与传统服饰和建筑相对比，甚至可以跟许多音乐、民间戏曲以及其他艺术对比，因为在大部分地区，这些东西都被对应的西方艺术形式取代了。然而，跟上述艺术的情况相比，有关全球饮食的预测结果正好相反，因为随着全球食物问题加剧，哪种食物兼具质量、多样性，又有极高的土地和资本利用效率，其他国家就可能采用哪种食物。尽管如此，除了餐馆，全世界私人烹制的中国食物不仅风格越来越多，数量也越来越大。

最后，我们可以补充说一下食物对民族特征的塑造。食物可以区分不同的民族群体——非汉族或汉族。南方少数民族在这方面的情况，鲜有人研究，但是他们大概也有标志性的特色食物。每个地方的中国人都保留了特定的食物和烹饪方式，是有意重申自己的种族特定。在华人群体里，出生地是由食物来表现的，特定食物变成了普遍接受并认可的出生地标志，比如糖醋类菜肴成广州人的标志，酿豆腐成了客家人的标志。在许多华人群体聚居的地区，比如新加坡和马来西亚，华人之间有许多借鉴和学习彼此烹饪风格的现象。他们的烹饪风格往往比较暧昧，主要是因为某些群体的成员已经被其他群体同化了，只不过同化程度深浅有别，母语为马来语或者英语的华人更是被同化的结果。但是从中国大陆各地迁移到台湾地区的群体，却还明显没有融入。在这里，烹饪风格仍然是极其重要的出生地标志，在申明个人身份方面也极其重要，以商业优势而论也极其重要，因为在台湾地区，为来自天南地北的食客提供家乡菜是最受欢迎的一门生意。

简而言之，食物就是交流。凡是要敲定生意或者进行重要交易，建立稳固的联系，彰显或维护地位，没有共餐这一环都是不可能实现的。这门生意的社会动态更多地体现在食物的花费、地位、质量以及摆放方式里，而语言所能传达的较少。许多难以言传的东西，以及更多言传则不礼貌的东西，都能经由这个渠道传达出来。正如某个人类学家所指出的，食物的这种用法通行于全世界，但是就其发展程度而言，没有哪种文化比得了中国文化。

宇宙方面。我们已经认识到，食物具有交流作用。与语言相似的是，食物按语法（烹饪方法以及内在层面的社交原则和看待世界的原则），把各种音位（原材料）结合起来，传达有关社会、个人等方面的信息。与语言不同的是，在传达信息的过程里，食物可以为身体提供营养，这一点是实用而积极的价值。

与世界的隐形部分交流是最为费力与困难的，而把食物当作这种交流的关键则是自然而然的，而且是不可避免的。在中国南方的宗教里，宗教与世俗并没有明确的区别，人间与鬼神世界也没有明确的区别。世上只有一个宇宙，但是如果我们想接触这个宇宙里的某些世界和某种生物，只有通过祈祷和祭祀仪式才能实现。一般的民间宗教不是儒教、道教和佛教融合而成的，而是先于它们而存在的（即便没有名字）独立宗教形式。在这种宗教形式里，与宗教、信奉及按教义进行活动最为接近的说法是"拜神"。其他地方已经多次描写过这个宗教系统，此处就不详细说了。此处关注的是宗教活动里如何使用食物。

因为看得见的世界的策略、结构和系统，与看不见的世界基本一样，中国南方宗教就认定世界的这两个部分具有相似之处。如果某样东西在这个部分有效率、成功、有用，或者说受人喜欢，人们就认为，这样东西到了另一个部分同样如此。两者之间也是互补的。人们有个足够符合逻辑的假设：我们无法掌控的事物（特别是健康和运气）是由另外一个世界的存在物来掌控的；专属于"我们这一边"掌控的事物（特别是物质财富，包括食物），"神"就不怎么好掌控了。因此，就健康和运气而言，我们要依赖"神"的地方还很多；就衣物、钱财和食物而言，"神"要依赖我们的地方就很多。烧纸钱、纸衣和纸做的物品（甚至可以烧纸房子、纸汽车）是祭祀仪式的核心。这些象征物的焚烧过程要是具有恰当的仪式，它们到了看不见的世界就会变成实实在在的东西。人们献上食物之后，"神"就会享用食物的精华，而剩余的祭品则成了拜神者的口中餐。正如本书其他章所写的那样，真实有形的食物（及其他物品）曾经是逝者的随葬品，而现代人有了节约观念，也就节省了许多食物，但是这样一来，考古学家们就丧失了一个数量丰富的信息源。节约化并没有就此止步。民间宗教不仅在中国本土基本被彻底铲除了，也正在急速消失于所有华人之中。举例来说，祭祀先人的时候，有些马来西亚华人会租一头烤猪当祭品。此类做法让人怀疑他们对先人的敬意。由于同一头猪可能会献给二十群先人，人们不禁好奇，每次献祭之后，猪的精神实体是否会恢复如初，或者说，每一群先人是否只得到了猪的二十分之一精神实体。为我们提供信息的人并不了解这一点，而且更糟糕的是，他们并不在乎这一点。因此，我们这个世俗时代就出现了宗教信仰的衰落。

由于看不见的世界是整个世界不可或缺的一部分，食物在宗教和社会里的作用一样，其宗教用途明显是社会用途的延伸。印度教里明显的相反趋势，即将社会用途建立在严格的神学或者仪式考虑基础上，在中国完全不存在。食物有彰显场合重要程度的作用，因此可以按所属场合来分等级。食物也可以成为仪式空间和时间位置的标志。在实践中，这就意味着场合越重要，祭品的体积就越大；特定的场合有特定仪式用食物；祭品相应有特定献祭时间和地点。献祭有通行的规范，但是向某些神献祭的时候要用特别的食物，而且每个节假日都要用上各自的传统菜肴 [5]。

最低等级的拜神仪式仅仅需要烧三炷香，不用进献食物，而在此等级之上的任何拜神仪式，都包含进献食物。最低标准是茶和水果，几乎所有仪式里都有水果，茶的情况通常也是如此，因为其他标准都是以此为基础，而非取而代之。标准的水果是红色的或橙色的，金黄而带猩红属于宗教颜色，一般和好运、吉事以及宗教相关。因此，常见的水果是枣子、橙子和柑橘。也有人用柚子，并认为柚子有奇效。泡过柚子皮的水可用于净化仪式，有驱鬼、净化拜神者身心的效果。柚子之所以重要，是因为像很多猩红的水果一样属于柑橘？或者因为某种古老而神秘的信仰？有些水果既不是红色水果，也不属于柑橘，但也常常用来献祭，它们与其他食物没有那么神秘的联系。其中最常见的是香蕉和苹果。甘蔗有好几种宗教方面的用途，也和宗教有好几种联系，但是这些用途和联系的起源都是不明确的，而且大部分文献里的相关描述都很含混。许多仪式都会使用甘蔗，通常把它用作较重要而吉利场合的标志，比如寺庙开张之类场合。在中国的宗教之中，水果一般都有巨大的意义。桃子虽然不是祭品，却在巫术和宗教艺术方面极其重要。在埃亨·埃米莉的描述中，台湾的某个村庄有一种怪异而独特的看法，也就是把女性等同于果树。

在更为重要的祭祀仪式上，除了上茶，还会上酒。除了献水果，还会包含一碗面或者其他次要主食。就算上文的仪式没有这种模式，这类仪式上的祭品也呈现出"三种一组"的模式。正如最简单的祭品为三炷小香，最典型的祭品是三盘水果、三杯茶之类。祭品通常遵循"一种一组"或者"三种一组"的模式。"四种一组"的往往是一个盘子装四个橙子或者四个橘子。"两种一组"的模式明显不常见。毫无疑问，这是因为"两种一组"的模式是有形世界的正确敬献模式（人们带的礼物会是两瓶酒、两篮子水果之类）。但是我们发现，"两种一组"的模式有时候也是存在的。

在比上文的仪式高一个等级的仪式上，祭品几乎就是常见菜肴。这些菜肴里几乎总是会包含一整只鸡或者一整只鸭（有时候鸡或鸭就是唯一的菜肴）。分量更大的祭品包含的禽类更多，或者包好用猪肉做成的菜肴（分为用猪肉和蔬菜做的，用猪肉和面条做的，用烤猪肉做的），或者二者兼而有之。

等级最高的第四种祭品是献一整头猪，或者差不多会献上一整头猪。在广州人的祭拜仪式里，这种祭品几乎总是一头金猪——烤全猪，并浇上糖浆（使得烤全猪的颜色变得和宗教有联系，也就是成了"金黄中带着猩红色"）。跟枣子和柑橘一样，这种颜色必定也是一种吉祥的颜色。闽南人举行祭拜仪式之时，并没有把金猪当作献祭的关键概念，而是对生食和熟食进行了复杂的排列组合——在某些仪式上使用生食，在其余仪式上使用熟食，在仪式进行过程中把生食变成熟食。具体使用情况因群体而异。在许多仪式中，尤其是在那些求神大赐好运的仪式里，小麦馒头（类似于包子，却没有馅）被做成了猩红色，大量用于敬神，有时候的使用量巨大。这类情形里，尤其是在求神赐予生儿子的好运的时候，也存在大量使用红蛋的情况。没有染色的蛋多见于较为普通的仪式中。在一年一度祭祀赐福之神的节日上，人们常常会见到巨量的红色包子。香港的佛教节日盂兰盆节主要在长洲岛上庆祝。由于节日里的红色包子十分显眼，结果很多人就称这个节日为"包山节"。节日里会制造三座巨型包山，这些巨型包山曾经完全是用包子做的，现在是用竹子和纸做成的，而且在外面稀疏地贴上了一层包子，以便包子尽量达到更高的地方。

尽管几乎任何食物可以拿来当敬神的祭品，但是其中意义最重大、地位最重要的标准祭品是猪和禽类。鸡具有宗教意义——举例来说，公鸡血可以驱鬼——但是鸭与鹅也可用作祭品。猪和禽类的这种宗教意义，明显源自传播广泛且历史久远的东南亚祭神模式。由于近段时间的宗教皈依情况（比如皈依于伊斯兰教），这种模式如今已经在许多地区湮灭了，但仍一直存在于信奉传统宗教的人群中。与南方宗教的许多其他东西（尤其是地方崇拜和饮食习惯）一样，这种宗教意义可能是中国人在南迁并同化非中国群体过程中承袭而来的。

祭品直接摆在神像或者神殿面前。水果摆在主要祭品的左右两边，茶和酒摆在主要祭品的前面，其他菜肴围着主要祭品摆。随着仪式或者地方的变化，这种摆放方式也会有所改变，但是一般的摆放规矩都是这样。寺庙之中有供桌，通常在面向拜神者一侧有一幅画，画中在审判人的灵魂，或者至少有无形世界审判灵魂的法庭。祭品就放在供桌上，两旁是点燃的香。许多人同时在同一个神像面前献祭，人群往往会平稳流动，每个人都会拿着自己的祭品，然后短暂地放在供桌上，再重新带出去。水果、馒头及饮料可以留下，但是肉类和主要菜肴总是会被带走，然后吃掉。如果祭品是某个志愿协会凑出来的，肉类则会按抓阄的结果来分配，或者按预定的方案来分配，也就是多半根据协会成员的凑钱比例进行对应的分配。有时候，仪式上用过的食物会获得神奇的特性。生姜挂在纸上做的东西进献给神祇之后，其壮阳的力量就会激增，可以拿到志愿协会的宴会及食物分配会议上拍卖掉。拍得者如果遵守恰当的行为规范，当年就会有个儿子降生。至少香港盛行这种信仰，我们还没其他地方碰到过。

祭祀时间方面的特点涉及祭祀的年、月、日，甚至涉及在更长的时间（最多六十年）内如何循环。黎明和夜晚的时候要上香，有时候也会献上食物，一般是献给家庭世界的所有守护神及其他神祇。每年都会有一连串的重大节日，这就意味着几乎在任何规定的时间，在某个地点，都会有某个人正在献上标准祭品——水果、主要菜肴、猪肉等等。每个家庭每天都会献祭两三次；过年的时候，向祖先或者任何力量强大的神献祭；清明节祭祖；在每年祭祀各自群体的守护神的日子，向他或者她献祭。因此，许多渔民及靠海为生的群体的女守护神、靠近中国东南沿海的某些陆地群体的女守护神，也就是天后，又称妈祖，一般在农历三月二十三日受到祭祀，祭祀过程中会举行重大的仪式。但是有些渔村碰巧有其他守护神，妈祖在那些地方就不会受到盛大祭祀，取而代之的是本地守护神。相邻村庄似乎倾向于信奉不同的守护神，村民们因此得以参观彼此的节日。各个村庄要是足够大，足以建立自己的集市，那么各个村庄也倾向于建立不同的（世俗）赶集日。

除了标准祭品，某些场合也会用到特殊的食物。在这里，我们没必要开列这些食物的完整清单，开了也没用，而且中国南方任何地区也不存在这种完整清单。最有名且传播最广的特殊食物，要数中秋节的月饼、端午节的粽子，以及过年吃的水果和种子。最后这些特殊食物各有各的神话，但是有趣的是，它们都是水果和种子。总体来说，这种情况明显说明，这些食物的作用之一就是保证生育能力。许多独特的种子就有这种作用。举例来说，莲花的种子叫莲子，这个名字的字面意思就和"连子"相似。这些食物背后的民间传说不仅有趣，而且相当出名。一般来说，特殊的节日食物要么是小甜点（饼和饼干之类），要么是水果和种子。这些食物经济、独特，其组合可以进行无限调整，因为它们不是常用食物。尤其是甜食这类食物，非常罕见于传统饮食中。一个场合要是有了小份甜食，就会变得特别起来，而且这些甜食总是花费低廉、容易制作。由于它们总是十分受小孩欢迎，所以在一切高等文化以及许多原始文化里，甜食都是一种有力的媒介，可以用来纪念某个特殊的日子，让年轻人难以忘怀并热切期待。因此，要想让同化人们，使他们接受一连串的节日，就必须使用甜食。

更笼统地说，中国南方节日中流行大吃大喝的庆祝行为。人们会故意尽量把节日安排得不同寻常而且激动人心，好让他们从单调乏味的世界里解脱出来。鲜艳的颜色，震耳欲聋的喧闹之声，味道浓烈而极好吃、人们期盼已久的食物，以及节日的总体气氛，这些都是节日的特征，而且确实能给人们带来情感和身体上最强烈的体验。这种情况不仅能让节日变得重要起来，而且会为人们创造一种心境，使人们经常获得心醉神迷、超乎寻常的宗教体验。对于维护热烈的宗教传统来说，这种情况必不可少。

结 语

本章中，我们首先展现了中国食物对资源的最高效利用，然后逐步推进到描写奢华的宴会和祭品。我们已经证明，中国食物倾向于最大化地利用饮食的充足程度，从而争取投入最少的土地和资本。也就是说，中国食物通常会利用营养物质最丰富的营养源，而且要采用最有效率的利用方式。这种情况与使用丰盛的节日餐食是一致的吗？我们认为两者确实是一致的。研究文化生态学的权威已经向世界做出了提醒：看似浪费的风俗，往往具有非常现实的作用，即便是在"专注于来世的"印度是如此，更不要说在"讲究实际的"中国。从反面来说，我们很容易说明中国宴饮的最终花费并不多，因为所有的食物都被吃掉了，唯独剩余少量的水果和馒头，而且宴会的食物都是普通的日常食物。根据我们的了解，猪和鸡是最高效的转换者，可以把废物转化为高质量的蛋白质。得益于节日和祭品的急迫需求，人们得到了高质量的蛋白质，以及形形色色的蔬菜类食物。宴会也许是经济方面的负担，却有益于生态，使得人们种植并吃上营养价值高的东西。要是没有宴会，人们就会觉得吃不起——不但失去了长期健康，结果还损害了生态系统的运作。

从正面来说又怎么样呢？宴会本身的所有花费、所有地位偏见

（使得最不贫穷的人得到的食物最多），实际上改善了生态系统，而非仅仅把这个系统稳住了，并维持下去？对于这个问题，我们的答案同样是肯定的。我们的证据是，即便是极度注重实用和经济的现代中国政府，也没有废除美食。然而，我们并不认为宴会仅仅或者主要对营养方面有好处，对狭义的生态系统有好处。"人类赖以生存的不仅仅是面包"，也不仅仅是营养物质。食物不仅仅指面包，也不仅仅指营养物质。如果全世界维护和创造人际纽带都要靠食物（确实如此），如果人类想成为名副其实的伙伴的时候，普遍都采用共餐这种方式，那么符合逻辑且确实不可避免的是，中国人会把共餐用作社交活动的标志和沟通手段，而且形式十分高雅。此外，在全世界所有令人愉悦的东西里面，饮食是最容易掌控的，而且是在公共场合里最容易管理的。它们可以用来增强或者放松某一群体的情绪，也可以用来传递无关紧要或者至关重要的信息。每个人都要吃东西，而且吃东西的频率相当高，每个人都可以学着享受美食，而且在自然环境下多样性占了上风，那么，我们完全有理由追求饮食上的多样性和质量。我们要想具体表现群体的共同现实，为现实找出有形的象征物，那么，食物系统就是我们可以利用的系统，而且是最为自然的系统。要杜绝吃得差或者食用害健康的食物，最稳妥且最好的办法注重饮食质量，做到持续不断且仔细。此外，这种办法不仅仅是生存的保障，对所有享受生活的方式而言，也是最恒定、最可靠且最便宜的方式。

注释

[1]　最近，由于农业技术和管理的发展，在卜凯划定边界之北很远的地方，人们大规模地种植了稻谷。不幸的是，对于随之产生的饮食转变，我们没有相关资料。此外，间渡区域肯定存在，而稻谷是其中的许多谷物之一；但

是对这类区域，我们只有零星的证据可以支持其存在。

[2]   要注意的是，绿豆的学名不是 Phaseoulus mungo（黑绿豆）。由于 18 世纪
       植物学上的混乱，aureus 的印度俗名 aureus 拉丁化之后，变成了另外一种
       豆类，也就是印度黑绿豆。

[3]   要想了解香港的主要鱼类和贝类，可参见尤金·安德森的记述。这些鱼类
       和贝类大多也是每个沿海地区的主要类型。要想了解和鱼塘相关的资料，
       可参见尤金·安德森和玛利亚·安德森的其他著作。

[4]   疍户出席宴会，一直都是豪饮一场，在日常生活里喝也常常喝相当多的酒，
       但是他们之中里几乎没有人酗酒。根据我们的观察，疍户的酗酒率比中国
       人的总体酗酒率低得多，而中国人本来以总体酗酒率低而闻名。酒类的花
       费以及饮酒的社会规矩，能部分解释这个现象，但是中国社会互相关联、
       十分乐于助人的性质，也极为重要。

[5]   可惜的是，在中国南方的宗教饮食习惯里面，没有哪种得到了十分良好的
       描述，当代的情况尤其如此。对于早期宗教的饮食习惯，现代人收集的资
       料完全没法跟高延和禄是遒收集的相比。敦礼臣对北京的节日和节日食物
       有过精彩记述，但是和南方对应的描述，我们一无所知。在许多有关中国
       南方群体的宗教的记述里，食物几乎完全被忽略了。近段时间以来，埃亨·埃
       米莉的记述跟我们的主题相符，而且是质量最好的，但是记述得不够全面。
       其他涉及地方群体的有用记述，包括焦大恒的记述，加里·西曼的记述，
       裴达礼的记述及其他记述。有关广州人和在马来西亚的闽南人的宗教饮
       食习惯，我们在其他地方有过比较详细的描述。有关这个主题，还需要
       有能跟克利福德·格尔茨和列维-斯特劳斯的著作相提并论的严肃著作。
       已经有人利用了人种志的技术来研究（尤其可以参看弗雷克·查尔斯产
       生的影响），但是类似于列维-斯特劳斯、玛丽·道格拉斯、安德里安娜·莱
       勒及其余著作的推断却不够。我们之所以说出这些情况，是希望促使人
       种志研究者像中国人本身一样，尽量多注意食物。明显由于英美人对过
       于能填饱肚子的食物有偏见，人种志研究者就忽略了这一至关重要的领
       域，而出身于清教徒文化不那么浓的文化里的人种志研究者则例外。因此，
       法国人在这一领域处于领先地位（尤其是列维-斯特劳斯），其他欧洲大
       陆人种志研究者，比如尼尔斯-阿尔维德-布林厄斯周围的瑞典群体也比
       英美人更加主动，也就不奇怪了。不幸的是，已经有英美人种志研究者，
       以及在英国或者美国受过学术训练的中国人研究过中国南方了。

参考文献

中文文献

I 古代典籍

《礼记》,〈四部备要〉,上海:中华书局,1936。

(东汉)郑玄注:《周礼注疏》,〈四部备要〉,上海:中华书局,1936。

(晋)杜预注、(唐)孔颖达疏:《春秋左传注疏》,〈四部备要〉,上海:中华书局,1936。

(西汉)司马迁:《史记》,北京:中华书局,1959。

(西汉)司马迁:《史记》,上海:商务印书馆,1936。

(东汉)班固:《汉书》,上海:商务印书馆,1932。

(南朝宋)范晔:《后汉书》,上海:开明书店,1935。

(南朝宋)范晔:《后汉书》,上海:商务印书馆,1932。

(西汉)贾谊:《新书》,上海:商务印书馆,1937。

(西汉)刘向:《说苑》,台北:艺文印书馆,1967。

(西汉)桓宽:《盐铁论》,上海:上海人民出版社,1974。

（东汉）许慎：《说文解字》，香港：太平书局，1969。

（清）段玉裁：《说文解字注》，台北：艺文印书馆，1955。

（东汉）王充：《论衡》，〈国学基本丛书〉，上海：商务印书馆，1937。

（东汉）王充：《论衡》，上海：上海人民出版社，1974。

（东汉）刘熙：《释名》，上海：商务印书馆，1939。

（东汉）应劭：《风俗通义》，上海：商务印书馆，1937。

（东汉）应劭：《汉官仪》，孙星衍校辑，台北：中华书局，1962。

（东汉）崔寔：《四民月令》，北京：中华书局，1965。

（东汉）魏伯阳：《参同契》，〈丛书集成〉，长沙：商务印书馆，1937。

（西晋）陈寿：《三国志》，上海：商务印书馆，1932。

（东晋）葛洪：《西京杂记》，〈汉魏丛书〉，上海：商务印书馆，1937。

（南朝梁）昭明太子：《文选》，台北：文化图书出版公司，1971。

（五代）刘昫：《旧唐书》，〈四部备要〉，上海：中华书局，1936。

（五代）刘昫：《旧唐书》，《太平御览》卷第八五七，上海：1892。

（北宋）欧阳修：《新唐书》，〈四部备要〉，上海：中华书局，1936。

（北宋）王溥：《唐会要》，〈国学基本丛书〉，上海：商务印书馆，1935。

（清）陈世熙：《唐代丛书》，台北：新兴书局，1968。

《大唐六典》，京都：京都帝国大学文学部，1935。

《全唐诗》，台北：复兴书局，1967。

《全唐文》，台北：文友书店，1972。

（唐）道世：《法苑珠林》，〈四部丛刊〉，上海：商务印书馆，1922。

（唐）段成式：《酉阳杂俎》，〈丛书集成〉，上海：商务印书馆，1937。

（唐）段公路：《北户录》，台北：新兴书局，1968。

（唐）房千里：《投荒杂录》，引自《太平广记》三让睦记刻本。

（唐）冯贽：《云仙杂记》，上海：商务印书馆，1939。

（唐）李浚：《摭异记》，台北：新兴书局，1968。

（唐）刘恂：《岭表录异》，〈榕园丛书〉，广陵墨香书屋重修印本，1913。

（唐）刘恂：《岭表录异》，引述自《太平御览》鲍崇城刻本，上海。

（唐）陆羽：《茶经》，〈唐代丛书〉，台北：新兴书局，1968。

（唐）孙愐：《唐韵》，引述自《容斋续笔》，〈国学基本丛书〉，上海：商务
　　印书馆，1935。

（唐）韦巨源：《食谱》，引述自《清异录》刘恒茂印本，1920。

（五代）王定保：《唐摭言》，〈唐代丛书〉，台北：新兴书局，1968。

（五代）王仁裕：《开元天宝遗事》，台北：新兴书局，1968。

（元）脱脱：《宋史》，上海：开明书店，1935年版。

（清）徐松：《宋会要辑稿》，北京：中华书局，1957。

（北宋）司马光：《资治通鉴》，东京：凤文馆，1882。

（北宋）李昉等：《太平广记》，道光二十六年（1846）三让睦记刻本。

（北宋）李昉等：《太平御览》，光绪十八年（1892）鲍崇城刻本。

（北宋）王钦若等：《册府元龟》，崇祯十五年（1642）刻本五绣堂翻刻。

（北宋）高承：《事物纪原集类》，台北：新兴书局，1969。

《本心斋蔬食谱》，佚名，〈丛书集成〉，上海：商务印书馆，1936。

（北宋）蔡襄：《茶录》，咸淳九年（1273）百川学海本。

（北宋）蔡襄：《荔枝谱》，〈丛书集成〉，上海：商务印书馆，1936。

（北宋）郭茂倩：《乐府诗集》，北京：文学古籍刊行社，1955。

（北宋）寇宗奭：《本草衍义》，引述自《本草纲目》，上海：商务印书馆，
　　1930。

（北宋）刘蒙：《菊谱》，〈古今图书集成〉，上海：中华书局，1934。

（北宋）欧阳修：《欧阳文忠公集》，〈国学基本丛书〉，台北：商务印书馆，
　　1967。

（北宋）阮阅：《诗话总龟》，〈四部丛刊〉，上海：商务印书馆，1922。

（北宋）苏轼、沈括：《苏沈良方》，〈丛书集成〉，长沙：商务印书馆，
　　1939。

（北宋）苏轼：《东坡七集》，台北：中华书局，1970。

（北宋）苏颂：《图经本草》，引述自《本草纲目》，上海：商务印书馆，
　　1930。

（北宋）陶谷：《清异录》，光绪二年（1876）陈其元庸闲斋刻本，1920 年
　　冀县刘恒茂印本。

（北宋）王禹偁：《小畜集》，〈四部丛刊〉，上海：商务印书馆，1922。

（北宋）张师正：《倦游杂录》，〈五朝小说〉，顺治三年（1646）杭州宛委山
　　堂刻本。

（北宋）朱肱：《北山酒经》，载于《说郛》，上海：商务印书馆，1927。

（北宋）朱彧：《萍洲可谈》，〈丛书集成〉，长沙：商务印书馆，1936。

（北宋）庄季裕：《鸡肋编》，〈丛书集成〉，上海：商务印书馆，1936。

（南宋）高似孙：《蟹略》，载于《说郛》，上海：商务印书馆，1927。

（南宋）灌圃耐得翁：《都城纪胜》，上海：古典文学出版社，1957。

（南宋）韩彦直：《橘录》，〈丛书集成〉，上海：商务印书馆，1936。

（南宋）洪迈：《夷坚志》，长沙：商务印书馆，1941。

（南宋）陆游：《老学庵笔记》，〈宋人小说〉，上海：商务印书馆，1930。

（南宋）陆游：《入蜀记》，〈四部丛刊〉，上海：商务印书馆，1922。

（南宋）孟元老：《东京梦华录》，上海：古典文学出版社，1957。

（南宋）王灼：《糖霜谱》，〈丛书集成〉，上海：商务印书馆，1936。

（南宋）吴自牧：《梦粱录》，上海：古典文学出版社，1957。

（南宋）西湖老人：《西湖老人繁胜录》，上海：古典文学出版社，1956。

（南宋）阳枋：《字溪集》，〈四库全书〉，上海：商务印书馆，1935。

（南宋）叶绍翁：《四朝闻见录》，乾隆三十九年（1774）知不足斋丛书本。

（南宋）赵珙：《蒙鞑备录》，〈丛书集成〉，北京：商务印书馆，1936。

（南宋）周密：《齐东野语》，上海：商务印书馆，1959。

（南宋）周密：《武林旧事》，上海：古典文学出版社，1957。

柯劭忞：《新元史》，天津：退耕堂刻本，1922。

（元）大司农司编撰：《农桑辑要》，武英殿聚珍版翻印，台北：中华书局，
　　1966。

（元）王祯：《农书》，北京：中华书局，1956。

（元）贾铭：《饮食须知》，引述自《饮馔谱录》，台北：世界书局，1962。

（元）忽思慧：《饮膳正要》,〈四部丛刊续编〉, 上海：商务印书馆, 1938。

（元）郑骞：《校订元刊杂剧三十种》, 台北：世界书局, 1962。

王季烈：《孤本元明杂剧》, 上海：涵芬楼印本, 1941 年版；北京：中国戏
　　剧出版社, 1957。

《明太祖实录》, 台北：历史语言研究所, 1963 年版。

《大明会典》,〈万有文库〉, 上海：商务印书馆, 1936。

（明）李时珍：《本草纲目》, 北京：光绪十一年（1885）张绍棠南京味古
　　斋刻本, 人民卫生出版社影印, 1957。

（明）李时珍：《本草纲目》, 上海：商务印书馆, 1930。

（明）李时珍：《本草纲目》, 香港：商务印书馆, 1957。以下系前代作者
　　的著作, 其中大多数都没有保存下来, 但已融入《本草纲目》之中, 且
　　在薛爱华那一章里有广泛引用：甄权《药性本草》、陈藏器《本草拾遗》、
　　萧炳《四声本草》、李珣《海药本草》、孟诜《食疗本草》、苏恭《唐本草》、
　　孙思邈《千金食治》。

（明）瞿佑：《剪灯新话》, 上海：古典文学出版社, 1957。

（明）冯梦龙：《警世通言》, 李田意辑校, 台北：世界书局, 1958。

（明）冯梦龙：《醒世恒言》, 李田意辑校, 台北：世界书局, 1959。

（明）冯梦龙：《古今小说》, 即《喻世明言》, 上海：涵芬楼排印, 1947；台北：
　　据李田意摄日本内阁文库天许斋本影印, 世界书局, 1958。

（明）凌濛初：《初刻拍案惊奇》, 李田意辑校, 香港：友联出版社, 1967；
　　王古鲁搜录, 上海：古典文学出版社, 1957。

（明）凌濛初：《二刻拍案惊奇》, 王古鲁搜录, 上海：古典文学出版社,
　　1957。

（明）董谷：《碧里杂存》, 引述自《盐邑志林》, 上海：商务印书馆, 1937。

（明）顾起元：《客座赘语》, 万历四十六年（1618）刻本, 光绪三十年（1904）
　　收入〈金陵丛刻〉。

（明）顾炎武：《日知录》, 上海：商务印书馆, 1929。

（明）郎瑛：《七修类稿》, 北京：中华书局, 1959。

（明）刘侗：《帝京景物略》，北京：古典文学出版社，1957。

（明）沈榜：《宛署杂记》，北京：北京出版社，1961。

（明）陶宗仪：《辍耕录》，〈丛书集成〉，上海：商务印书馆，1939。

（明）谢肇淛：《五杂组》，上海：中华书局上海编辑所，1959。

（明）姚士麟：《见只编》，引述自《盐邑志林》，上海：商务印书馆，1937。

（明）叶子奇：《草木子》，北京：中华书局，1959。

（明）张卤：《皇明制书》，东京：古典研究会，1966-67。

（明）朱国祯：《涌幢小品》，北京：中华书局，1959。

《光禄寺则例》，北京：道光十九年（1839）光禄寺刻本。

《通商各关华洋贸易总册》，上海：海关总税务司署，1885。

（清）纪昀：《历代职官表》，上海：商务印书馆，1936。

（清）胡培翚：《仪礼正义》，〈万有文库〉，上海：商务印书馆，1933。

（清）王念孙：《广雅疏证》，〈丛书集成〉，上海：商务印书馆，1939。

（清）陈梦雷、蒋廷锡：《古今图书集成》，上海：中华书局，1934。

（清）严可均：《全上古三代秦汉三国六朝文》，北京：中华书局，1958。

（清）富察敦崇：《燕京岁时记》，台北：广文书局，1969。

（清）顾禄：《清嘉录》，〈清代笔记丛刊〉，上海：文明书局，1936。

（清）黄六鸿：《福惠全书》，山根幸夫编纂，东京：汲古书院，1973。

（清）李斗：《扬州画舫录》，乾隆六十年（1795）自然庵初刻本。

（清）李化楠：《醒园录》，李调元整理，引述自《函海》，台北：艺文印书馆，
　　1968。

（清）李渔：《笠翁偶集》，雍正八年（1730）芥子园刻本《笠翁一家言全集》本。

（清）李渔：《闲情偶寄》，〈中国文学珍本丛书〉，上海：上海杂志公司，
　　1936。

（清）梁章钜：《归田琐记》，台北：广文书局，1969。

（清）梁章钜：《浪迹续谈》，台北：广文书局，1969。

（清）刘献廷：《广阳杂记》，北京：中华书局，1957。

（清）孙承泽：《春明梦余录》，光绪七年（1881）刻本。

（清）孙承泽：《天府广记》，北京：北京出版社，1962；香港：龙门书店，
　　1968。

（清）王韬：《瓮牖余谈》，台北：广文书局，1969。

（清）袁枚：《随园食单》，道光四年（1824）小仓山房藏版。

（清）袁枚：《小仓山房文集》，上海：中华书局，1933。

徐珂：《清稗类钞》，上海：商务印书馆，1918。

雷瑨：《清人说荟》，台北：广文书局，1969。

Ⅱ 近现代研究论著

爱新觉罗·溥仪：《我的前半生》，北京：群众出版社，1964。

安志敏等：《庙底沟与三里桥》，北京：科学出版社，1959。

北京历史博物馆、河北省文物管理委员会：《望都汉墓壁画》，北京：中国
　　古典艺术出版社，1955。

曹汝霖：《一生之回忆》，香港：春秋杂志社，1966。

曾昭燏、蒋宝庚、黎忠义：《沂南古画像石墓发掘报告》，北京：文化部文
　　物管理局，1956。

陈奇猷：《韩非子集释》，香港：中华书局，1974。

傅培梅：《培梅食谱》，台北：中国烹饪补习班，1969。

高明：《礼学新探》，香港：香港中文大学，1963。

耿以礼：《中国主要植物图说：禾本科》，北京：科学出版社，1959。

《汉唐壁画》，北京：外文出版社，1974。

何炳棣：《黄土与中国农业的起源》，香港：香港中文大学出版社，1969。

何炳棣：《中国会馆史论》，台北：学生书局，1966。

何浩天：《汉画与汉代社会生活》，台北：中华书局，1958。

河北省文化局文物工作队：《望都二号汉墓》，北京：文物出版社，1959。

河南省文化局文物工作队：《郑州二里岗》，北京：科学出版社，1959。

胡昌炽：《蔬菜学各论》，台北：中华书局，1966。

胡道静：《释菽篇》，《中华文史论丛》Vol.3:111-19，上海：中华书局上海
　　编辑所，1963。

胡厚宣：《卜辞中所见之殷代农业》，《甲骨学商史论丛》第二集，成都：齐
　　鲁大学国学研究所，1945。

湖南省博物馆、中科院考古研究所、文物编辑委员会：《长沙马王堆一号汉
　　墓发掘简报》，北京，文物出版社，1972。

湖南省博物馆：《长沙马王堆一号汉墓》，北京：文物出版社，1973。

江苏博物馆：《江苏省明清以来碑刻资料选集》，北京：文物出版社，1959。

蒋名川：《中国韭菜》，北京：财政经济出版社，1956。

劳榦：《居延汉简考释》，台北：历史语言研究所，1960。

李汉三：《先秦两汉之阴阳五行学说》，台北：钟鼎文化出版公司，1967。

李晋华：《明代敕撰书考》，北京：燕京大学图书馆，1932。

李朴：《蔬菜分类学》，台北：中华书局，1963。

李乔苹：《中国化学史》，台北：商务印书馆，1955。

刘文典：《淮南鸿烈集解》，台北：商务印书馆，1974。

陆文郁：《诗草木今释》，天津：天津人民出版社，1957。

洛阳区考古发掘队：《洛阳烧沟汉墓》，北京：科学出版社，1959。

吕思勉：《两晋南北朝史》，上海：商务印书馆，1948。

吕思勉：《秦汉史》，上海：商务印书馆，1947。

吕思勉：《先秦史》，上海：商务印书馆，1941。

毛泽东：《湖南农民运动考察报告》，《毛泽东选集》第一卷，北京：人民出
　　版社，1968。

瞿宣颖：《中国社会史料丛钞》，上海：商务印书馆，1937。

尚秉和：《历代社会风俗事物考》，上海，商务印书馆，1938。

石声汉：《〈齐民要术〉概论》，北京：科学出版社，1959。

石声汉：《〈齐民要术〉概论》第 2 版，北京：科学出版社，1962。

石声汉：《〈齐民要术〉今释》，北京：科学出版社，1958。

石声汉：《〈氾胜之书〉今释》，北京：科学出版社，1959。

石声汉：《从〈齐民要术〉看中国古代的农业科学知识》，北京：科学出版社，
　　1957。

石兴邦等：《西安半坡》，北京：文物出版社，1963。

陶孟和：《北平生活费之分析》，北京：社会调查所，1928。

王国维：《校松江本〈急就篇〉》，收录于《海宁王忠悫公遗书》，1927。

王佩诤：《盐铁论札记》，北京：商务印书馆，1958。

吴晗：《灯下集》，北京：三联书店，1960。

吴其濬：《植物名实图考长编》，上海：商务印书馆，1936。

向达：《唐代长安与西域文明》，北京：三联书店，1957。

杨西孟、陶孟和：《上海工人生活程度的一个研究》，北京：北平社会调查所，
　　1931。

叶楚伧、柳诒徵、王焕镳：《首都志》，南京：正中书局，1935。

叶荣华：《中国名菜大全》，台北：万里书店，1967。

尹仲容：《吕氏春秋校释》，台北：中华丛书委员会，1958。

张通之：《白门食谱》，南京通志馆《南京文献》No.2：12，1947。

中国科学院考古研究所：《沣西发掘报告》，北京：文物出版社，1962。

中国科学院考古研究所：《考古学基础》，北京：科学出版社，1958。

中国科学院考古研究所：《洛阳中州路》，北京：科学出版社，1959。

重庆市博物馆：《四川汉画像砖选集》，北京：文物出版社，1957。

重庆市博物馆：《四川汉画像砖选集》，北京：文物出版社，1957。

Ⅲ 期刊论文

安金槐、王与刚：《密县打虎亭汉代画像石墓和壁画墓》，《文物》No.10：
　　49-62，1972。

安志敏：《略论我国新石器时代文化的年代问题》，《考古》No.6:35-44,47,

1972。

德日进、杨钟健:《安阳殷墟之哺乳动物群》,《中国古生物志丙种第十二号第一册》,北京：实业部地质调查所、国立北平研究院地质学研究所,1936。

东北博物馆:《辽阳三道壕两座壁画墓的清理简报》,《文物参考资料》No.12:49-58,1955。

方豪:《光绪元年自休城至金陵乡试帐》,《食货月刊》Vol2 No.5:288-90,1972。

方豪:《乾隆十一年至十八年杂帐及嫁妆账》,《食货月刊》Vol2 No.1:57-60,1972。

方豪:《乾隆五十五年自休宁至北京旅行用账》,《食货月刊》Vol1 No.7:366-70,1971。

方扬:《我国酿酒当始于龙山文化》,《考古》No.2:94-97,1964。

冯汉骥:《四川的画像砖墓及画像砖》,《文物》No.11:35-45,1961。

高洪:《群众饮食活动的社会意义》,《盘古》No.71:11-13,1974。

高耀亭:《马王堆一号汉墓中供饮食用的兽类》,《文物》No.9:76-80,1973。

广州市文物管理委员会:《广州市文管会1955年清理古墓葬工作简报》,《文物参考资料》No.1:71-76,1957。

贵州省博物馆:《贵州黔西县汉墓发掘简报》,《文物》No.11:42-47,1972。

郭沫若:《洛阳汉墓壁画试探》,《考古学报》No.2:1-7,1964。

河南省博物馆:《济源泗涧沟三座汉墓的发掘》,《文物》No.2:46-53,1973。

河南省文化局文物工作队:《洛阳西汉壁画墓发掘报告》,《考古学报》No.2:103-49,1964。

湖南省博物馆:《长山马王堆二、三号汉墓发掘简报》,《文物》No.7:39-48,1974。

华东文物工作队山东组:《山东沂南汉画像石墓》,《文物参考资料》,

No.8:35-68，1954。

黄盛璋：《江陵凤凰山汉墓简牍及其在历史地理研究上的价值》，《文物》
    No.6:66-77，1974。

黄士斌：《洛阳金谷园村汉墓中出土有文字的陶器》，《考古通讯》No.1:36-
    41，1958。

黄彰健：《论〈皇明祖训录〉所记明初宦官制度》，《近代史研究所集刊》
    No.33:77-98，1961。

济南市博物馆：《试谈济南无影山出土的西汉乐舞、杂技、宴饮陶俑》，《文
    物》No.5:19-23，1972。

嘉峪关市文物清理小组：《嘉峪关汉画像砖墓》，《文物》No.12:24-41，
    1972。

金善宝：《淮北平原的新石器时代小麦》，《作物学报》No.1:67-72，1962。

考古编辑部：《关于长沙马王堆一号汉墓的座谈纪要》，《考古》No.5:37-
    42，1972。

劳榦：《论鲁西画像三石——朱鲔石室、孝堂山、武氏祠》，《历史语言研究
    所集刊》Vol.8 No.1:93-127，1939。

黎金：《广州的两汉墓葬》，《文物》No.2:47-53，1961。

李文信：《辽阳发现的三座壁画古墓》，《文物参考资料》No.5:15-42，
    1955。

李仰松：《对我国酿酒起源的探讨》，《考古》No.1:41-44，1962。

林乃燊：《中国古代的烹调和饮食》，《北京大学学报》No.2:59-144，1957。

凌纯声：《匕鬯与醴柶考》，《民族学研究所集刊》No.12:179-216，1961。

凌纯声：《中国及东亚的嚼酒文化》，《民族学研究所集刊》No.4:1-30，
    1957。

凌纯声：《中国酒之起源》，《历史语言研究所集刊》No.29:883-907，1958。

刘斌雄：《殷商王室十分组制试论》，《民族学研究所集刊》No.19:89-114，
    1965。

刘枝万：《中国民间信仰论集》，民族学研究所专刊之二十二，台北：民族

学研究所，1974。

罗福颐：《内蒙古自治区托克托县新发现的汉墓壁画》，《文物参考资料》
　　No.9:41-43，1956。

马承原：《漫谈战国青铜器上的画像》，《文物》No.10:26-29，1961。

麦英豪：《广州华侨新村西汉墓》，《考古学报》No.2:39-75，1958。

内蒙古文物工作队、内蒙古博物馆：《和林格尔发现一座重要的东汉壁画墓》，
　　《文物》No.1:8-23，1974。

钱穆：《中国古代北方农作物考》，《新亚学报》No.2:1-27，1956。

秦光杰等：《江西修水山背地区考古调查与试掘》，《考古》No.3:353-67，
　　1962。

全汉昇：《南宋的稻米生产与运销》，《历史语言研究所集刊》No.10:403-
　　32，1948。

山东省文物管理委员会：《禹城汉墓清理简报》，《文物参考资料》No.6:77-
　　89，1955。

沈元：《〈急就篇〉研究》，《历史研究》No.3:61-87，1962。

石璋如：《从笾豆看台湾与大陆》，《大陆杂志》Vol.1 No.4:16-17，1950。

石璋如：《河南安阳小屯殷墓中的动物遗骸》，《文史哲学报》No.5:1-14，
　　1953。

石璋如：《殷代的豆》，《历史语言研究所集刊》No.39:51-82，1969。

孙作云：《汉代社会史料的宝库》，《史学月刊》No.7:30-32，1957。

王振铎：《论汉代饮食器中的卮和魁》，《文物》No.4:1-12，1964。

王振铎：《再论汉代酒樽》，《文物》No.11:13-15，1963。

王仲殊：《汉代物质文化略说》，《考古学报》No.1:57-76，1956。

文物编辑部：《座谈长沙马王堆一号汉墓》，《文物》No.9:52-73，1972。

吴晗：《〈金瓶梅〉的著作时代及其社会背景》，《读史札记》，北京：三联书
　　店，1957。

吴晗：《晚明仕宦阶级的生活》，《大公报·史地周刊》第31期，1935年4
　　月19日号。

伍献文：《记殷墟出土之鱼骨》，《中国考古学报》No.4:139-53，1949。

许倬云：《两周农作技术》，《历史语言研究所集刊》No.42:803-27，1971。

杨建芳：《安徽钓鱼台出土小麦年代商榷》，《考古》No.11:630-31，1963。

杨钟健、刘东生：《安阳殷墟之哺乳动物群补遗》，《中国考古学报》No.4:145-52，1949。

于景让：《黍稷粟粱与高粱》，《大陆杂志》No.13:67-76、115-20，1956。

于省吾：《商代的谷类作物》，《东北人民大学人文科学学报》No.1:81-107，1957。

袁国藩：《十三世纪蒙人饮酒之习俗仪礼及其有关问题》，《大陆杂志》Vol.34 No.5:14-15，1967。

张秉权：《殷代的农业与气象》，《历史语言研究所集刊》No.42:267-336，1970。

张光直：《商周青铜器器形、装饰花纹与铭文综合研究初步报告》，《民族学研究所集刊》No.30:239-315，1972。

张守中：《1959年侯马"牛村古城"南东周遗址发掘简报》，《文物》No.8/9:11-14，1960。

长江流域第二期文物考古工作人员训练班：《湖北江陵凤凰山西汉墓发掘简报》，《文物》No.6:41-54，1974。

浙江省文物管理委员会：《绍兴漓渚的汉墓》，《考古学报》No.1:133-40，1957。

浙江省文物管理委员会：《吴兴钱山漾遗址第一、二次发掘报告》，《考古学报》No.2:73-91，1960。

中国科学院考古研究所、湖南省博物馆：《马王堆二、三号汉墓发掘的主要收获》，《考古》No.1:47-61，1975。

中国科学院考古研究所满城发掘队：《满城汉墓发掘纪要》，《考古》No.1:8-18，1972。

中尾佐助：《河南省洛阳汉墓出土的稻米》，《考古学报》No.4:79-82，1957。

外文文献

Ahern, Emily. 1973. *The Cult of the Dead in a Chinese Village*. Stanford:Stanford Univ. Press.

Altschul, Aaron M. 1965. *Proteins, their Chemistry and Politics*. London: Chapman and Hall.

Amano, Motonosuke. 1965. "Yuan Ssu-nung Ssu chuan *Nung-sang chi-yao* ni tsuite." *Tohōgaku*, 30:7.

Anderson, E. N., Jr., 1970a. *The Floating World of Castle Peak Bay*. Anthropological Studies no. 3. Washington, D.C.: American Anthropological Association.

——. 1970b. "Reflexions sur la cuisine." *L'Homme* 10. no. 2:122-24.

——. 1972. *Essays on South China's Boat People*. Taipei: Orient Cultural Service.

——. 1973. "Oh Lovely Appearance of Death: The Deformations of Religion in an Overseas Chinese Community." Paper read at the annual meeting of the American Anthropological Association at New Orleans, Louisiana.

Anderson, E. N., Jr., and Anderson, Marja L. 1973a. *Mountains and Walter: The Cultural Ecology of South Coastal China*. Taipei: Orient Cultural Service.

——. 1972b. "Penang Hokkien Ethnohoptology." *Ethnos* 1972:134-47.

——. 1974. "Folk dietetics in two Chinese communities, and its implications for the study of Chinese medicine." Paper read at the Conference on Chinese Medicine, February 1974, at the University of Washington, School of Medicine.

Anonymous. 1973. *The Genius of China*. An exhibition of archaeological finds of the People's Republic of China, held at the Royal Academy, London, from 29 September 1973 to 23 January 1974. Sponsored by *the Times* and *Sunday Times* in association with the Royal Academy and the Great B ritian / China Committee; We tetham, Kent: Westetham Press.

Ayers, William, 1971. Chang Chih-tung and Educational Reform in China. Cambridge, Mass.: Harvard Univ. Press.

Baker, Hugh. 1968. *A Chinese Lineage Village*. Stanford: Stanford Univ. Press.

Beals, Alan R. 1974. *Village Life in South India*. Chicago: Aldine.

Bell, John. 1965. *A Journey from St. Petersburg to Pekin, 1719-1722*. Edited by J. L. Stevenson. Edinburgh: Edinburgh Univ. Press.

Bennett, Adrian. 1967. *John Fryer. the Introduction of Western Science and Technology into Nineteenth Century China*. East Asia Monographs. Cambridge, Mass.: Harvard Univ. Press.

Berg, Alan D. 1973. *The Nutrition Factor*. Washington, D. C.: Brookings Institute.

Bishop, Carl W. 1933. "The Neolithic Age in Northern China." *Anliquiry* 7:389-404.

Boodberg. Peter A. 1935. "Kumiss or Arrack." *Sino-A raica* 4. no. 2. Berkeley.

Bringeus, Nils-Arvid, and Wegelmann, Gunter, eds. 1971. *Ethnological Food Research in Europe and USA*. Göttingen: Otto Schwartz.

Brock, J. F., and Autret, M. 1952. *Kwashiorkor in Africa*. FAO Nutritional Studies, no. 8. Rome: Food and Agriculture Organization of the United Nations.

Brothwell, Don, and Brothwell, Patricia. 1969. *Food in Antiquity*. New York: Praeger.

Buchanan, Keith. 1970. *The Transformarion of the Chinese Earth*. London: G. Bell and Sons.

Buck. John Lossing. 1930. *Chinese Farm Economy*. Chicago: Univ. of Chicago Press. Chicago Press.

——. 1937. Land Utilization in China. Nanking: Univ. of Nanking.

Chaney, R. W. 1935. "The Food of Peking Man." *News Service* Bulletin, Carnegie Institute, vol. 3, no. 25:199-202. Washington.

Chang, Kwang-chih. 1964. "Some dualistic phenomena in Shang society." *Journal of Asian Studies* 24:45-61.

———. 1968. *The Archaeology of Ancient China*. 2d ed., rev. New Haven: Yale Univ. Press.

———. 1973a. "Food and food vessels in ancient China." *Transactions of the New York Academy of Sciences,* 2d ser. 35:495-520.

———. 1973b. "Radiocarbon dates from China: Some initial interpretations." *Current Anthropology* 14:525-28.

Chang, Te-ch'ang. 1972. "The economic role of the Im perial household in the Ch'ing dynasty." *Journal of Asian Studies* 31:243-73.

Chao, Buwei Yang. 1963. *How to Cook and Eat in Chinese*. New York: John Day.

———. 1972. How to Cook and Eat in Chinese. New York: Vintage Books.

Chao, Y. R. 1953. "Popular Chinese plant words; a descriptive lexico-grammatical study." *Language* 29:379-414.

Ch'en, Han-seng. 1936. *Agrarian Problems in Southernmost China*. Shanghai: Kelly and Walsh.

———. 1949. *Frontier Land Systems in Southernmost China*. New York: Institute of Pacific Relations.

Ch'en, Ta. 1939. *Emigrant Communities in South China*. New York: Institute of Pacific Relations.

Cheng, F. T. 1962. *Musings of a Chinese Gourmet*. 2d ed. London: Hutchinson.

Ch'i, Ssu-ho. 1949. "*Mao Shih* ku ming k'ao." *Yenching Journal of Chinese Studies* 36:263-311.

Ch'uan, Heng. 1963ed. *Das Keng-shen wai-shih: Eine Quelle zur spaten Mongolenzeit*.Translated by H. Schulte-Uffelage. Berlin: Akademie-Verlag.

Church, Charles F. , and Church, Helen N. 1970. *Food Values of Portions Commonly Used: Bowes and Church*. 11th ed. Philadelphia: Lippincott.

Clair, Colin. 1964. *Kitchen and Table.* New York and London: Abelard-Schuman.

Committee on Food Protection, Food and Nutrition Board. 1973. *Toxicants Occurring Naturally in Foods.* 2d ed. Washington, D. C.: National Research Council.

Cooper, William C., and Sivin, Nathan. 1973. "Man as a medicine: pharmacological and ritual aspects of traditional therapy using drugs derived from the human body." In *Chinese Science,* edited by Nayakarna and Sivin, pp. 203-12. Cambridge, Mass: MIT Press.

Creel, H. G. 1937. *The Birlh of China.* New York: Ungar.

Crook, David, and Crook, Isabel. 1966. *The First Years of Yangyi Commune.* London: Routledge, Kegan Paul.

Dardess, John W. 1974. "The Cheng Communal Family: Social Organization and Neo-Confucianism in Yüan and Early Ming China." *Harvard Journal of Asiatic Studies* 34:7-52.

Dean, R. F. A. 1958. "Use of processed plant proteins as human food." In *Processed Plant Foodstuffs,* edited by A. M. Altschul. New York: Academic Press.

Der Ling. Princess. 1935. *Son of Heaven.* New York: Appleton.

Dore, Henri. 1914-38. *Researches into Chinese Superstitions.* 31vols. Shanghai: T'usewei.

Douglas, Mary. 1970. *Natural Symbols.* London: Barrie and Rockliff.

——. 1971. "Deciphering a Meal." *Daedalus,* Winter 1971. pp. 61-81.

Eberhard, Wolfram. 1958. *Chinese Festivals.* New York: Abelard-Schuman.

Edie, Harry H., and Ho, B. W. C. 1959. "*Ipomoea aquatica* as a vegetable crop in Hong Kong." *Economic Botany* 23, no.1:32-36.

Egerton, Clement. trans 1939. *The Golden Lotus [Chin-p'ing-mei].* 4 vols. London ; Routledge & Sons. 1939.

Elvin, Mark. 1973. *The Pattern of the Chinese Past*. Stanford: Stanford Univ. Press.

Epstein, H. 1969. *Domestic Animals of China*. Farnham Royal, England: Common-wealth Agricultural Bureaux.

Fairbank, John King. 1969. *Trade and Diplomacy on the China Coast: the Opening of the Treaty Ports, 1842-54*. Stanford: Stanford Univ. Press.

Fairbank, Wilma. 1972. *Adventures in Retrieval*. Harvard-Yenching Institute Series. no.28, Cambridge, Mass.: Harvard Univ. Press.

Fei, Hsiao-tung. 1939. *Peasant Life in China*. London: Routledge, Kegan Paul.

Fei, Hsiao-tung, and Chang, Chih-i. 1948. *Earthbound China*. London: Routledge, Kegan Paul.

Firth, Raymond. 1939. *Primitive Polynesian Economy*. London: Routledge and Sons.

Fitzgerald, C. P. 1941. *The Tower of Five Glories*. London: Cresset Press.

Fong, Y. Y., and Chan, W. C. 1973. "Bacterial production of di-methyl nitrosamine in salted fish." *Nature* 243:421.

Fortune, Robert. 1857. *A Resident Among the Chinese: Inland, On the Coast, and at Sea*. London: John Murray.

Frake, Charles. 1961. "The diagnosis of disease among the Subanun of Mindanao." *American Anthropologist* 63:113-32.

——. 1964. "A structural dscription of Subanun Religious Behavior." In *Explorations in Cultural Anthropology: Essays in honor of George Peter Murdock*, edited by W. H. Goodenough, pp. 111-29. New York: McGraw-Hill.

Franke, H. 1970. "Additional notes on non-Chinese terms in the Yüan Imperial Dietary Compendium *Yin shan cheng-yao*." *Zentralasiatische Studien* 4:7-16.

——. 1975. "Chinese texts on the Jurchen: a translation of the Jurchen monographs in the *San-ch'ao pei-meng hui-pien*." *Zentralasialische Studien*

9:172-77.

Franke, W. 1968. *An Introduction to the Sources of Ming History*. Kuala Lumpur: Univ. of Malaya Press.

Gamble, Sidney. 1954. *Ting Hsien, a North China Rural Community*. New York: Institute of Pacific Relations.

Geertz, Clifford. 1960. *The Religion of Java*. Glencoe, Ⅲ .: Free Press.

Gemet, Jacques. 1962. *Daily Life in China on the Eve of the Mongol Invasion* 1250-76. Stanford: Stanford Univ. Press.

Goodrich, L. C. 1940. "Brief communication." *Journal of the American Oriental Society* 60:258-60.

Grist, F. 1965. *Rice*. 4th ed. London: Longmans.

Groot, J. J. M. de. 1892-1910. *The Religious System of China*. 6 vols. Leiden, Nether- lands: Brill.

Gulik, Robert van. 1951. *Erotic Color Prints of the Ming Period*. 3 vols. Privately printed. Tokyo.

Guy, R. A., and Yeh, K. S. 1938. "Peking diets." *Chinese Medical Journal* 54:201.

Hagerty, Michael J. 1940. "Comments on Writings Concerning Chinese Sorghums." *Harvard Journal of Asiatic Studies* 5:234-63.

Hahn, Emily, and the Editors of Time-Life Books. 1968. *The Cooking of China*. New York: Time-Life Books.

Hanan, Patrick. 1961. "A landmark of the Chinese novel." In *The Far East: China and Japan*, edited by Douglas Grant and Millar McClure. Toronto: Univ. of Toronto Press.

——. 1962. "The text of the *Chin P'ing Mei*." Asia Major, n.s. 9, no.1:1-57.

——. 1963. "Sources of the *Chin P'ing Mei*." Asia Major, n.s. 10, no.1:23-67.

——. 1973. *The Chinese Short Story: Studies in Dating, Authorship, and Composition*. Cambridge.

Handy. Ellice. 1960. *My Favorite Recipes*, 2d ed. Singapore: M. P. H.

Harlan, Jack R., and de Wet, J. M. 1973. "On the quality of evidence for origin and disposal of cultivated plants." *Current Anthropology* 14:51-62.

Harris, Marvin. 1966. "The cultural ecology of India's sacred cattle." *Current Anthropology* 7, no. 1:51-66.

——. 1968. *The Rise of Anthropological Theory*. New York: Crowell.

Hawkes, David. 1959. *Ch'u Tz'u, The Songs to the South*. Oxford: Clarendon Press.

Hayashi, Minao. 1961-62. "Sengoku-jidai no gazomon." *Kokogaku Zasshi* 47:190-212; 264-92; 48:1-22.

——. 1964. "Inshū seidō iki no meishō to yōto." *Tōhōgakuhō* 34:199-297. Kyoto.

——. 1975. "Kandai no inshoku." *Tōhōgakuhō* 48:1-98.

Herklots, G. A. C. 1972. *Vegetables in South-East Asia*. London: Allen and Unwin.

Hinton, William. 1966. *Fanshen*. New York: Monthly Review Press.

Ho, Ping-ti. 1955. "The introduction of American food plants into China." *American Anthropologist* 57:191-201.

——. 1956. "Early-ripening Rice in Chinese History." *Economic Historical Review*, 2d ser., 9:200-18.

——. 1959. *Studies on the Population of China. 1368-1953*. Cambridge, Mass.: Harvard Univ. Press.

——. 1969b. "The loess and the origin of Chinese agriculture." *American Historical Review* 75:1-36.

Hommel, Rudolf P. 1937. *China at Work*. New York: John Day.

Hosie. A. 1897. *Three Years in Western China*. New York: Dodd, Mead.

——. 1914. On the Trail of the Opium Poppy. London: George Philip and Son.

Howe, Robin. 1969. *Far Eastern Cookery*. New York: Drake.

Hsia, C. T. 1968. *The Classic Chinese Novel, a Critical Introduction*. New York:

Columbia Univ.Press.

Hsia, Tsi-an. 1968. *The Gate of Darkness: Studies on the Leftist Literary Movement, in China.* Seattle: Univ. of Washington Press.

Hsu, F. L. K. 1967. *Under the Ancestor's Shadow.* 2d ed. Garden City, N.Y.: Doubleday and American Museum of Natural History.

Hsu-Balzer, Eileen ; Balzer, Richard; and Hsu, Francis L. K. 1974. *China Day by Day*, New Haven: Yale Univ. Press.

Huang, Tzu-ch'ing, and Chao, Yün-ts'ung. 1945. "The preparation of ferments and wines by Chia Ssu-hsieh of the later Wei." *Harvard Journal of Asiatic Studies* 9:24-44.

Hucker, C.O. 1958. "Governmental organization of the Ming dynasty." *Harvard Journal of Asiatic Studies* 21:21.

——. 1961. *The Traditional Chinese State in Ming Times, 1368-1644.* Tucson: Univ. of Arizona Press.

Hughes, Richard. 1972. "A toast to Monkey Head." *Far Eastern Economic Review* (April 29), pp. 27-28.

Huizinga, J. 1949. *Homo Ludens · : A Study of the Play-element in Culture.* London: Routledge, Kegan Paul.

Hummel. Arthur, ed. 1943. *Eminent Chinese of the Ch'ing Period, 1644-1912.* 2 vols. Washington, D.C.: U. S. Government Printing Office.

Hung. William. 1952. *Tu Fu, China's Greatest Poet.* Cambridge. Mass.: Harvard Univ. Press.

Hunter, William C. 1885. *Bits of Old China.* London: Kegan Paul.

Hutchinson, J. G. 1973. "Slash and burn in the tropical forests." *National Parks and Conservation Magazine* (March), pp. 9-13.

Hymowitz, T. 1970. "On the domestication of the soybean." *Economic Botany* 24:408-44.

Ishida, Mikinosuke. 1948. *Tō-shi sōshō.* Tokyo: Yōshohō.

Ishida, Mosaku, and Wada, Gunichi. 1954, *The Shōsōin: An Eighth-Centuy Treasure House*. Tokyo: Mainichi shimbunsha.

Jametel, Maurice. 1886. *La Chine inconnue*. Paris: J. Rouam.

——. 1887. Pekin. *Souvenirs de l'Empire du Milieu*. Paris: Pion.

Jordan, David. 1972. *Gods, Ghosts and Ancestors*. Berkeley and Los Angeles: Univ. of California Press.

Kates, George N. 1967. *The Years That Were Fat: The Last Years of Old China*. Cambridge: MIT Press.

King, F. H. 1911. *Farmers of Forty Centuries*. New York: Mrs. F. H. King.

Kitamura, Jirō. 1963. "Yū-yo zasso no shokubutsu kiji." In *Chūgoku chusei kagaku gijutsu-shi no kenkyü*, Tokyo.

Krapovickas, A. 1969. "The origin, variability, and spread of the groundnut (Arachis hypogaea)." ln *The Domestication of Plants and Animals*, edited by P. J. Ucko and W. Dimbleby, pp. 427-41. London: Duckworth.

Kulp, Daniel Harrison, II. 1925. *Country Life in South China*. New York: Columbia Univ. Press.

Kuwabara, Jitsuz ō . 1935. *Chang Ch'ien Hsi-cheng K'ao*. Translated by Yang Lien. 2d ed. Shanghai: Commercial Press.

Kuwayama, Ryūhei. 1961. "Chin P'ing Mei inshoku-kō," part 2, "Gyokai." *Tenri Daigaku Gakuho* 35, July 1961, pp. 41-48.

Langlois, John D. 1973. "Chin-hua Confucianism Under the Mongols 1279-1368. " Ph.D. dissertation, Princeton.

Lao, Yan-shuan. 1969. "Notes on non-Chinese terms in the Yuan Imperial Dietary Compendium Yin-shan cheng-yao." *Bulletin of the Institute of History and Philology*, Academia Sinica, no. 39:399-416. Taipei.

Lau, D. C., trans. 1970. *Mencius*. Harmondworth, Middlesex, England: Penguin Books.

Laufer, Berthold. 1909. *Chinese Pottery of the Han Dynasty*. Leiden,

Netherlands.

——. 1919. *Sino-Iranica: Chinese contributions to the history of civilization in ancient Iran: with special reference to the history of cultivated plants and products*. Field M useum of Natural History, Anthropological Series, vol. 15, no. 3. Chicago.

Legge, James, trans. 1872. *The Ch'un Ts'ew, with the Tso Chuen. The Chinese Classics*,vol. 5. Oxford: Clarendon Press.

——. 1885. *The Li Ki* [trans. of *the Li Chi*]. *The Sacred Books of the East*, edited by F. Max Müller, vols. 27, 28. Oxford: Clarendon Press.

——. 1893. *Confucian Analects* [trans. of *Lun Yü*]. The Chinese Classics, vol. I. Oxford: Clarendon Press.

——. 1895. *The Works of Mencius* [trans. of *Meng Tzu*]. The Chinese Classics, 2d ed., vol. 2. London: Henry Frowde.

——. 1967. *Li Chi: Book of Rites*. New York: University Books.

Lehrer, Adrienne. 1969. "Semantic cuisine." *Journal of Linquistics* 5, no. 1:39-56.

Leininger, Madeleine. 1970. "Some cross-cultural universa and non-universal functions, beliefs and practices of food. "In *Dimensions of Nutrition*, edited by J. Dupont, pp. 153-79. Denver: Colorado Associated Universities Press.

Leppik, E. E. 1971. "Assumed gene centers of peanuts and soybeans." *Economic Botany* 25:188-94.

Levi-Strauss, Claude. 1964-71. *Mythologiques*. 4 vols. Paris: Pion.

——. 1965. "Le triangle culinaire." *L'Arc (Aix-en-Provence)*, no. 26:19-29. (English translation in *New Society*, December 22, 1966, pp. 937-40. London.)

Li, Hui-lin. 1959. *The Garden Flowers of China*. New York: Ronald Press.

——. 1969. "The vegetables of ancient China." *Economic Botany* 23:253-60.

——. 1970. "The origin of cultivated plants in Southeast Asia." *Economic*

Botany 24:3-19.

Li. Shu-fan. 1964. *Hong Kong Surgeon*. New York: Dutton.

Lin, Hsiang Ju, and Lin. Tsuifeng. 1969. *Chinese Gastronomy*. New York: Hastings House.

Lin. Yutang. 1935. *My Country and My People*. New York: John Day.

Lo, Kenneth. 1971. *Peking Cooking*. New York: Pantheon.

——. 1972. *Chinese Food*. Harmondsworth, M iddlesex, England: Penguin Books.

Lu, Gwei-djen, and Needham. Joseph. 1951. "A contribution to the history of Chinese dietetics." *Isis* 42:13-20.

Macartney, Lord George. 1962. *An Embassy to China, being the Journal kept by Lord Macartney during his embassy to the Emperor Ch'ien-lung 1793-94*. Edited by J. L. Cranmer Byng. London: Longman's Green.

MacGowan, D. J. 1886. "Chinese Guilds or Chambers of Commerce and Trade Unions." *Journal of the North China Branch of the Royal Asiatic Society*. n.s., 21:133-92.

——. 1907. Sidelights on Chinese Life. London: Kegan Paul.

MacNair, Harley Farnsworth. 1939. *With the White Cross in China*. Peking: Henry Vetch.

Mallory, Walter H. 1926. *China: Land of Famine*. American Geographical Society, Special Publication, no. 6. New York.

Marugame, Kinsaku. 1957. "Toda1no sake no sembai." *Toyo gakuho* 40, no. 3:66-332.

McCracken, Robert D. 1971. "Lactase deficiency: an example of dietary evolution." *Current Anthropology* 12, nos. 4-5:479-517.

Mei, Yi-pao. 1929. *The Ethical and Political Works of Morse*. London: Probsthain.

Mendoza, Juan Gonzalez de. 1853. *The History of the Great and Mighty*

Kingdom of China. Edited by George Staunton. London: Hakluyt Society.

Meng, T'ien-p'ei, and Gamble, Sidney. 1926. *Prices, Wages and the Standard of Living in Peking. 1900-24. The Chinese Social and Polirical Science Review,* Special Supplement, July 1926.

Miller, Gloria Bley. 1967. *The Thousand Recipe Chinese Cookbook.* New York: Atheneum.

Morse, Hosea Ballou. 1932. *The Gilds of China.* New York: Longman's.

Mote. F. W. 1974. "Introductory Note." In *A Catalogue of the Chinese Rare Books in the Gest Collection of the Princeton University Library,* compiled by Ch'ü Wan-li. Taipei.

Moule, A. C., and Pelliot, Paul, trans. 1938. *Marco Polo: The Description of the World.* 2 vols. London.

Movius, H. L., Jr. 1949. "Lower Palaeolithic cultures of Southern and Eastern Asia." *Transactions of the American Philosophical Society,* n.s., 38:330-420.

Museum of Fine Arts, North Kyushu. 1974. *Chung-hua Jen-min Kung-ho Kuo Han T'ang pi-hua chan.* Tokyo.

Nakagawa, Shundai. 1965. *Shinozuku Kibun.* Tokyo: Tokyo Bunko.

Nakayama, Shigeru, and Sivin, Nathan. eds. 1973. *Chinese Science: Explorations of an Ancient Tradition.* Cambridge, Mass.: MIT Press.

Naquin, Susan. 1974. "The Eight Trigram Rising of 1813." Ph.D. dissertation, Yale University.

Needham, Joseph. 1970. *Clerks and Craftsmen in China and the West.* Cambridge.

Neill, Peter. 1973. "Crosing the bridge to Yunnan." *Echo* 13, no. 5:20. Taipei.

Nichols, Francis H. 1902. *Through Hidden Shensi.* New York: Scribner's.

Nunome, Chōfū. 1962. "Tōdai ni okeru sadō no seiritsu." *Ritsumeikan bungaku* 200:161-187.

Odoric of Pordenone. 1913ed. *The Travels of Friar Odoric of Pordenone, 1316-*

30. Translated by Henry Yule. *Cathay and the Way Thither*. New ed., revised by Henry Cordier, vol. 2, London: Hakluyt Society.

Okazaki, Tsutsumi. 1955. "Chugoku kodai no okeru kamado ni tsuite-fu-o-keishiki yori ka-keishiki e no hensen wo chüshin to shite." *Toyoshi kenky ū* 14, no. 1/2:103-22.

Osgood, Cornelius. 1963. *Village Life in Old China*. New York: Ronald Press.

Pelliot. P. 1920. "A propos des Comans." Journal Asiatique, 11th ser., 15:125-203.

Perkins, Dwight, assisted by Wang, Yeh-chien, et al. 1969. *Agricultural Development in China. 1368-1968*. Chicago: Aldine.

Pillsbury, Barbara. 1974. "No Pigs for the Ancestors: the Chinese Muslims." Paper read at the Conference on Chinese Religion. at the University of California, Riverside.

Pillsbury, Barbara, and Wang, Ding-ho. 1972. *West Meets East: Life Among Chinese*. Taipei: Caves Books.

Piper, Charles Y. and Morse, William J. 1923. *The Soybean*. New York: McGraw-Hill.

Potter, Jack M. 1968. *Capitalism and the Chinese Peasant*. Berkeley and Los Angele: Univ. of California Press.

P'u, Sung-ling. 1969ed. *Contes extraordinaires du pavilion du loisir*. Translated by Yves Hervouet et al. UNESCO, Chinese Series. Paris: Gallimard.

Pulleyblank, E. G. 1963. "The consonantal system of Old Chinese" (part 2). *Asia Major* 9:205-65.

Pyke, Magnus. 1970. *Man and Food*. New York: McGraw-Hill.

Rawski, Evelyn Sakakida. 1972. *Agriculrural Change and the Peasan Economy of Sowh China*. Cambridge, Mass.: Harvard Univ. Press.

Renfrew, Jane M. 1973. *Paleoethnobolany: The Prehisloric Food Plants of the Near East and Europe*. New York: Columbia Univ. Press.

Rexroth, Kenneth, and Chung, Ling. 1972. *The Orchid Boat: Women Poets of China.* New York: McGraw-Hill.

Rockhill, W. W. 1900. *The Journey of William of Rubruck to the Eastem Parts of the World, 1235-55.* London: Hakluyt Society.

Roi, Jacques. 1955. *Traite des plantes medicinales chinoises. Encyclopedie biologique,* vol. 47. Paris.

Root, Waverly. 1958. *The Food of France.* New York: Random House.

——. 1971. *The Food of Italy.* New York: Atheneum.

Schafer, E. H. 1950. "The camel in China down to the Mongol dynasty." *Sinologica* 2:165

——. 1954. *The Empire of Min.* Tokyo: C. E. Tuttle.

——. 1956. "Cultural history of the Elaphure." *Sinologica* 4:250-74.

——. 1959a. "Falconry in T'ang times." *T'oung Pao* 46:293-338.

——. 1959b. "Parrots in Medieval China." In *Studia Serica Bernhard Karlgren Dedicate,* edited by S. Egerod, pp. 271-82. Copenhagen: E. Munskgaard.

——. 1962. "Eating turtles in ancient China." *Journal of the American Oriental Society* 82:73-74.

——. 1963. *The Golden Peaches of Samarkand; a Study of T'ang Exotics.* Berkeley and Los Angeles: Univ. of California Press.

——. 1965. "Notes on T'ang culture, II; Bacchanals." *Monumenta Serica* 24:130-34.

——. 1967. *The Vermilion Bird; T'ang Images ofthe Soiuh.* Berkeley and Los Angeles: Univ. of California f Press.

——. 1970. *Shore of Pearls; Hainan Island in Early Times.* Berkeley and Los Angeles: Univ. of Caljfornia Press.

Schafer, E. H., and Wallacker, Benjamin. 1958. "Local tribute products of the T'ang dynasty." *Journal of Oriental Studies* 4:213-48.

Schery, Robert W. 1972. *Plants for Man.* Englewood Cliffs, N.J.: Prentice-Hall.

Shen, Fu. 1960ed. *Chapters From a Floating Life: the Autobiography of a Chinese Artist.* Translated by Shirley M. Black. London: Oxford Univ. Press.

Shiba, Yoshinobu. 1968. *Sōdai shōgyō-shi kenkyū.* Tokyo. (Partially translated by Mark Elvin as *Commerce and Society in Sung China*, Michigan Abstracts of Chinese and Japanese Works on Chinese History, no. 2, 1970.)

Shih. Chung-wen. 1973. *Injustice to Tou O: A Study and Translation.* Cambridge.

——. 1976. *The Golden Age of Chinese Drama: Yuan Tsa-ch'u.* Princeton: Princeton Univ. Press.

Shinoda, Osamu. 1955. "Mindai no shoko seikatsu." In *Tenko Kaibutsu no kenk yu*, edited by K. Yabuuchi, pp.74-92. Tokyo.

——. 1959. Kodai-Shina ni okeru kappo." *Tōhōgakuhō* 30:253-74. Kyoto.

——. 1963a. "Chusei no sake." In *Chūgoku chūsei kagaku gijutsu-shi no kenky ū* . Tokyo: Kadokawa Book Co.

——. 1963b. "Shokkyō ko." In *Chūgoku chūsei kagaku gijutsu-shi no kenky ū* . Tokyo: Kadokawa Book Co.

——. 1963c. "Tō-shi shokubutsu-shaku." In *Chūgoku chūsei kagaku gijutsu-shi no kenkyū*. Tokyo: Kadokawa Book Co.

——. 1967. "So-en shuzo shi." In *So-en jidai no kagaku gijitsu-shi*, edited by Yabuuchi Kiyoshi. Kyoto.

——. 1974. *Chugoku Tabemono shi*. Tokyo: Shibata shoten.

Shinoda, Osamu, and Tanaka, Seüchi. 1970. *Chūgoku Shokkei Sōsho*. 2 vols. Tokyo.

Simon, G. E. 1868. "Note sur les petites societes d'argent en Chine." *Journal o.f the North China Branch of the Royal Asiatic Society*, n.s., 5:1-23.

Singer, Rolf. 1961. *Mushrooms and Truffles*. New York: Wiley-Interscience.

Sis, V., and Kalvodova, Dana. 1966. *Chinese Food and Fables*. Prague: Artia.

Smith, Allen K., and Circle, Sidney J. 1972. *Soybeans: Chemistry and*

Technology. Westport, Conn.: Avi.

Spuler, Bertold. 1972. *History of the Mongols, Based on Eastern and Western Accounts of the Thirteenth and Fourteenthh Centuries*. Translated by Helga and Stuart Drummond. Berkeley and Los Angeles: Univ. of California Press.

Steele. John. 1917. *The I Li. or Book of Etiquette and Ceremonial*. London: Probsthain.

Steinhart, John S., and Steinhart, Carol E. 1974. "Energy use in the U.S. food system." *Science* 184, no. 4134:307-16.

Stobart, Tom. 1970. *Herbs, Spices and Flavorings*. London: David and Charles.

Stuart, G. A. 1911. *Chinese Materia Medica: Vegetable Kingdom*. Shanghai: American Presbyterian Mission Press.

Su, Chung [Lucille Davis]. 1966. *Court Dishes of China: the Cuisine of the Ch'ing Dynasty*. Rutland and Tokyo: Tuttle.

Sung, Ying-hsing. 1966ed. *T'ien-kung k'ai-wu*. Translated and annotated by E-tu Zen Sun and Shiou-chuan Sun. University Park, Penn.

Swann, Nancy. trans. and annotator. 1950. *Food and Money in Anciem China: the Earliest Economic History of China to A. D. 25*. Princeton: Princeton Univ. Press.

Takakusu, J. 1896. *A Record of the Buddhist Religion as Practised in India and the Malay Archipelago (A.D. 671-95) by I-Tsing*. Oxford: Clarendon Press.

Tamba, Yasuyori. 1935. *I hsin ho*. Nihon koten zenshu, compiled by Masamune Atsuo et al. Tokyo: Nihon Koten Zenshü Kankokai.

Tannahill, Reay. 1968. *The Fine Art of Food*. London: Folio Society.

——. 1973. *Food in History*. New York: Stein and Day.

Teng, Ssu yü, and Fairbank, John K. 1954. *China's Response to the West; a Documentary Survey 1839-1923*. Cambridge, Mass.: Ha rvard Univ. Press.

Treudley, Mary B. 1971. *The Men and Women of Chung Ho Ch'ang*. Taipei: Orient Cultural Service.

Trubner, Henry. 1957. The Arts of the T'ang Dynasty. A loan exhibition organized by the Los Angeles County Museum from collections in America, the Orient, and Europe, January 8-February 17, 1957. Los Angeles: Los Angeles Museum.

Ts'ao, Hsüeh-ch'in. 1973ed. *The Story of the Stone. The Golden Days*, translated by David Hawkes, vol. I. Harrnondsworth, Middlesex. England: Penguin Books.

Tun. Li-ch'en. 1965. *Annual Customs and Festivals in Peking*. Translated by Derke Bodde. Hong Kong: Hong Kong Univ. Press.

Uphof, J. C. T. 1968. *Dictionary of Economic Plants*. Würzburg: Cramer.

Vavilov, N. I. 1949/50. *The origin, varialion, immunity and breeding of cultivated plants. Chronica Botanica* 13, no. 1/6.

Verdier, Yvonne. 1969. "Pour une ethnologie culinaire," *L'Homme* 9, no.1:49-57.

Vogel. Ezra. 1969. *Canton under Communism*. Cambridge, Mass.: Harvard Univ. Press.

Wada, Sei. 1957. *Minshi Shokkashi yakuchu*. 2 vols. Tokyo.

Waley, Arthur. 1956. Yuan Mei: Eighleenth Century Chinese Poet. London: Allen and Unwin.

——. 1960. The Book of Songs [trans. of Shih Ching, the Book of Poetry]. New York: Grove. Evergreen Books.

Wang, Yeh-chien 1973. *Land Taxation in imperial China, 1750- 1911*. Cambridge, Mass. Harvard Univ. Press.

Watson, Burton, trans. 1961. *Records of" the Grand Historian of China* [trans. of *Shih Chi*]. New York: Columbia Univ. Press.

Watt, Bernice, and Merrill, Annabel. 1963. *Composition of Foods*. Rev. ed. U.S. Government, Agriculture Handbook no. 8. Washington, D.C.

Weber, Charles D. 1968. *Chinese Pictorial Bronze Vessels of the Late Chou*

Period. Ascona, Switzerland: Artibus Asiae.

West, Stephen H. 1972. "Studies in Chin Dynasty (1115-1234) Literature." Ph. D. dissertation. Univ. of Michigan.

Wheatley, Paul. 1965. "A note on the extension of milking practices into Southeast Asia during the first millennium A.D." *Anthropos* 60:277-90.

Whyte, Robert O. 1973. "The gramineae, wild and cultivated. of monsoonal and equatorial Asia. (Section). Southeast Asia." *Asian Perspectives* 15, no.2:127-51.

Wilbur, C. Martin. 1943. *Slavery in China during the Former Han Dynasty 206BC-AD25*. Reissued 1967. New York: Russell and Russell.

Wilkinson, Endymion. 1973. "Chinese merchant manuals and route books," *Ch'ing shih wen t'i* 2. no. 9:8-34.

Williams. S. Wells. 1883. *The Middle Kingdom: a Survey of the Geography, Government, Literarure, Social Life, Arts and History of the Chinese Empire and its inhabitants*. rev. ed. 2 vols. New York: Scribner.

Wolff, Peter H. 1972. "Ethnic differences in alcohol sensitivity" Science 175, no. 4020:449-50.

Wu, Ching-tzu. 1957. *The Scholars*. Translated by Yang Hsien-yi and Gladys Young. Peking: Foreign Language Press.

Wu, Hsien.1928. "Checklist of Chinese foods," *Chinese Journal of Physiology* 1:153-86.

Yabuuchi, Kiyoshi, ed. 1955. *Tenkō Kaibutsu no kenkyū*. Tokyo.

Yabuuchi, Kiyoshi, and Yoshida, Mitsukuni. ed. 1970. *Min-Shin jidai no kagaku gijutsu shi*. Tokyo.

Yanai, Wataru. 1925. "Moko no saba-en to shison-en." In *Shiratori Hakushi kanreki kinen Tōyōshi ronso*. Tokyo. Reprinted in *Yanai's Mōkōshikenkyu*. Tokyo,1930.

Yang, C. K. 1965. *Chinese Communist Society: the Family and the Village*.

Cambridge, Mass.: MIT Press.

Yang, Hsien-yi. and Yang. Gladys. trans. 1974. *Records of the Hisrorian* [trans. of *Shih Chi*]. Hong Kong: Commercial Press.

Yang, Lien-sheng. 1961. *Studies in Chinese Institutional History*. Harvard-Yenching Institute Studies, no.20. Cambridge, Mass.: Harvard Univ. Press.

Yang, Martin C. 1945. *A Chinese Village.* New York: Columbia Univ. Press.

Yü, Huai, 1966ed. *A Feast of Mist and Flowers: the Gay Quarters of Nank ing at the End of the Ming.* Translated by Howard Levy. Mimeographed edition. Yokohama.

Yü, Ying-shih. 1967. *Trade and Expansion in Han China.* Berkeley and Los Angeles: Univ. of California Press.

Yuan, Tsing. 1969. *Aspects of the Economic History of the Kiangnan Region During the Late Ming Period. ca. 1520-1620.* Ann Arbor, Mich.: University Microfilms.

Yudkin, John. 1972. *Sweet and Dangerous.* New York: Wyden.

编辑说明

本书英文版于 1977 年首次出版，既是面向西方大众读者介绍中国饮食文化的普及读物，也是具有开创性的历史学和人类学研究著作。此次经张光直先生后人授权，以初版为底本，译成中文，意在向国内大众读者普及和传承中国传统文化。

为方便阅读，本版很遗憾地略去了原版夹注，也略去了部分面向西方读者的辅助信息，保留参考文献附录，感兴趣的读者可以按图索骥，深入阅读。

以上敬请读者知悉和理解。限于编辑和翻译水平，本书不免有错漏之处，我们期盼读者的批评指正和交流。

主　　编｜谭宇墨凡
特约编辑｜王子豪　朱天元

营销总监｜张　延
营销编辑｜狄洋意　闵　婕　许芸茹

版权联络｜rights@chihpub.com.cn
品牌合作｜zy@chihpub.com.cn

出品方　至元文化（北京）
CHIH YUAN CULTURE

Room 216, 2nd Floor, Building 1, Yard 31,
Guangqu Road, Chaoyang, Beijing, China